普通高校"十二五"规划教材

智能化测量控制仪表
原理与设计
（第 3 版）

徐爱钧　徐　阳　编著

北京航空航天大学出版社

内 容 简 介

本书在第 2 版的基础上做了修订，全面系统地阐述了基于 80C51 单片机的智能化测量控制仪表基本原理与设计方法。介绍了新一代增强型 80C51 单片机的基础知识以及汇编语言和 Keil C51 高级语言应用程序设计方法。详细论述了智能化测量控制仪表的人机接口、过程通道接口、串行通信接口、硬件和软件抗干扰技术、测控算法与数据处理技术、仪表硬件及软件的设计方法。给出了大量实用硬件电路和软件程序。还介绍了一种新型的 Proteus 虚拟仿真平台以及与 Keil μVision 集成开发环境相配合，进行单片机应用系统自我开发的方法。

本书可作为高等院校工业自动化与仪表、电子测量仪器、计算机应用等相关专业的教学用书，也可供从事开发研制智能化测量控制仪表的工程技术人员阅读参考。

图书在版编目(CIP)数据

智能化测量控制仪表原理与设计 / 徐爱钧，徐阳编著. --3 版. --北京:北京航空航天大学出版社,2012.3
 ISBN 978 - 7 - 5124 - 0333 - 8

Ⅰ.①智… Ⅱ.①徐…②徐… Ⅲ.①智能仪器—自动测量仪 Ⅳ.①TP216

中国版本图书馆 CIP 数据核字(2011)第 010952 号

版权所有,侵权必究。

智能化测量控制仪表原理与设计
(第 3 版)

徐爱钧　徐　阳　编著
责任编辑　刘　星

*

北京航空航天大学出版社出版发行

北京市海淀区学院路 37 号(邮编 100191)　http://www.buaapress.com.cn
发行部电话:(010)82317024　传真:(010)82328026
读者信箱:emsbook@gmail.com　邮购电话:(010)82316936
北京九州迅驰传媒文化有限公司印装　各地书店经销

*

开本:787×960　1/16　印张:29.25　字数:655 千字
2012 年 3 月第 1 版　2020 年 1 月第 3 次印刷　印数:7 001～8 000 册
ISBN 978 - 7 - 5124 - 0333 - 8　定价:49.00 元

若本书有倒页、脱页、缺页等印装质量问题,请与本社发行部联系调换。联系电话:(010)82317024

前　言

单片机又称微控制器（Microcontroller），是在一块芯片上同时集成了 CPU、ROM、RAM 以及各种功能 I/O 接口的超大规模集成电路。单片机具有体积小、价格低、功能强、可靠性高以及使用方便灵活的特点，通过它能够很容易地将计算技术与测量控制技术相结合，组成新一代所谓"智能化测量控制仪表"。研制基于单片机的各种智能化测量控制仪表，周期短，成本低，易于更新换代，维修方便，在计算机与仪表一体化设计中具有其他微型计算机无法比拟的优势，这对仪表研制开发人员来说具有很大的吸引力。

近年来，单片机技术得到了突飞猛进的发展，许多半导体厂商争相推出各具特色的单片机芯片，使单片机用户具有更多选择余地。国内很多厂商、研究所都在研制开发各种智能化测量控制仪表，广大仪表设计、生产和使用人员都迫切希望了解和掌握单片机在测量控制仪表中的应用技术，许多高等院校也开设了智能仪表类的单片机应用技术课程。为了适应这种发展趋势，我们于 1996 年在北京航空航天大学出版社出版了本书的第 1 版，得到读者好评，并被评为 1998 年度湖北省科学技术进步三等奖。2004 年推出第 2 版，被许多高等院校选作为教材，至今已经多次重印。

利用这次再版的机会，对原书进行了如下修订：

第 2 章阐述单片机基础知识，也是本书后面各章的基础，为了更有利于读者学习，对本章做了重新编排，删除了一些过时内容，给出了具体应用程序示例，增加了对新型 FLASH 单片机内部功能与应用的介绍。

第 3 章增加了 Keil C51 应用程序设计的内容，在单片机应用开发中采用 C 语言进行程序设计，可以极大地提高编程效率，同时增强系统的可靠性和可维护性。

第 4 章增加了特别适用于智能化仪表的串行接口 DAC 和 ADC 芯片接口技术以及单片微转换器 ADμC8xx 的介绍。

第 5 章增加了点阵字符和点阵图形液晶显示模块以直接方式和间接方式与单片机进行接口的内容。

同时，删除了其余各章中部分过时内容，例如吃力不讨好的汇编语言数据处理等，改用第 3 章介绍的 Keil C51 库函数进行处理，可以达到事半功倍的效果。本书各章大都同时给出了汇编语言和 C51 应用程序设计实例。

由于单片机本身的特点,传统教学方法很难在教学中体现单片机的实际运行过程,尤其是一些涉及硬件的操作,如定时器/计数器控制、外围功能接口设计等,仅通过理论学习很难理解,教学效果也不好。英国 Labcenter 公司推出的 Proteus 软件带来了新契机,利用虚拟仿真技术,在 PC 机上绘制单片机硬件原理图,并直接在原理图上编写调试应用程序,配合各种虚拟仪表来展现整个单片机系统的运行过程,在原理图设计阶段就可以对系统性能进行评估,验证所设计的硬件电路和软件程序是否达到技术指标要求,使设计过程变得简单容易,很好地解决了长期以来困扰单片机教学中软件和硬件无法很好结合的难题。本书附录 B 中介绍了 Proteus 虚拟仿真技术,给出了在 Proteus 集成环境中绘制电路原理图、采用汇编语言和 Keil C51 进行应用程序设计的范例。

徐阳参加了本书的修订工作,并编写了第 3 章、第 4 章、第 5 章以及附录 B,其余各章由徐爱钧编写。在修订过程中还得到彭秀华、朱镕涛、杨青胜、裴顺、吴子平等的协助,在此一并表示衷心的感谢。

由于作者水平有限,书中难免会有不足之处,恳请读者批评指正。有兴趣的朋友,请发送邮件到:ajxu@163.com,与本书作者沟通;也可发送邮件到:emsbook@gmail.com,与本书策划编辑进行交流。

徐爱钧
2012 年 1 月
于长江大学

目 录

第1章 绪 论 ... 1
1.1 智能化测量控制仪表的基本组成及其发展 ... 1
1.2 智能化测量控制仪表的功能特点 ... 3
1.3 智能化测量控制仪表的设计方法 ... 5
  复习思考题 ... 9

第2章 智能化测量控制仪表中的专用微处理器 ... 10
2.1 80C51系列单片机的特点 ... 10
2.2 80C51单片机的结构 ... 11
  2.2.1 基本组成与内部结构 ... 11
  2.2.2 引脚功能 ... 14
2.3 80C51单片机的存储器结构 ... 15
2.4 80C51单片机的CPU时序 ... 18
2.5 80C51单片机的复位信号与复位电路 ... 20
2.6 80C51单片机的并行I/O口 ... 21
2.7 80C51单片机的指令系统 ... 25
  2.7.1 指令和助记符 ... 25
  2.7.2 指令的字节数 ... 25
  2.7.3 寻址方式 ... 26
  2.7.4 指令分类详解 ... 30
2.8 80C51单片机的汇编语言程序设计与实用子程序 ... 39
  2.8.1 汇编语言格式与伪指令 ... 39
  2.8.2 应用程序设计 ... 41
  2.8.3 定点数运算子程序 ... 43
2.9 80C51单片机的定时器/计数器 ... 56
  2.9.1 定时器/计数器的控制寄存器与逻辑结构 ... 56
  2.9.2 定时器/计数器应用举例 ... 64
2.10 80C51单片机的串行口 ... 65
  2.10.1 串行通信方式与串行口控制寄存器 ... 65

  2.10.2 串行口应用举例 …………………………………………………… 72
 2.11 80C51 单片机的中断系统 ………………………………………………… 73
  2.11.1 中断的概念 ………………………………………………………… 73
  2.11.2 中断申请与控制 …………………………………………………… 74
  2.11.3 中断响应 …………………………………………………………… 77
  2.11.4 中断系统应用举例 ………………………………………………… 79
 2.12 80C51 单片机的节电工作方式 …………………………………………… 81
  2.12.1 空闲方式和掉电方式 ……………………………………………… 82
  2.12.2 节电方式的应用 …………………………………………………… 83
 2.13 80C51 单片机的系统扩展 ………………………………………………… 84
  2.13.1 程序存储器扩展 …………………………………………………… 85
  2.13.2 数据存储器扩展 …………………………………………………… 86
  2.13.3 并行 I/O 端口扩展 ………………………………………………… 87
  2.13.4 利用 I^2C 总线进行系统扩展 …………………………………… 100
 2.14 新型 FLASH 单片机简介 ………………………………………………… 107
  2.14.1 Atmel 公司的 AT89x51 …………………………………………… 107
  2.14.2 NXP 公司的 89C51RD2 …………………………………………… 113
  2.14.3 SST 公司的 89E564RD …………………………………………… 118
 复习思考题 …………………………………………………………………………… 124

第 3 章 单片机高级语言 Keil C51 应用程序设计 …………………………… 127

 3.1 Keil C51 程序设计的基本语法 …………………………………………… 127
  3.1.1 Keil C51 程序的一般结构 ………………………………………… 127
  3.1.2 数据类型 …………………………………………………………… 128
  3.1.3 常量、变量及其存储模式 ………………………………………… 129
  3.1.4 运算符与表达式 …………………………………………………… 131
 3.2 C51 程序的基本语句 ……………………………………………………… 135
  3.2.1 表达式语句 ………………………………………………………… 135
  3.2.2 复合语句 …………………………………………………………… 135
  3.2.3 条件语句 …………………………………………………………… 136
  3.2.4 开关语句 …………………………………………………………… 136
  3.2.5 循环语句 …………………………………………………………… 137
  3.2.6 goto、break、continue 语句 ……………………………………… 138
  3.2.7 返回语句 …………………………………………………………… 138

3.3 函数 ·· 139
　3.3.1 函数的定义与调用 ··· 139
　3.3.2 中断服务函数与寄存器组定义 ··· 140
3.4 Keil C51 编译器对 ANSI C 的扩展 ··· 141
　3.4.1 存储器类型与编译模式 ·· 141
　3.4.2 关于 bit、sbit、sfr、sfr16 数据类型 ··· 143
　3.4.3 一般指针与基于存储器的指针及其转换 ·· 146
　3.4.4 C51 编译器对 ANSI C 函数定义的扩展 ·· 147
3.5 C51 编译器的数据调用协议 ··· 151
　3.5.1 数据在内存中的存储格式 ··· 151
　3.5.2 目标代码的段管理 ·· 153
3.6 与汇编语言程序的接口 ··· 155
3.7 绝对地址访问 ·· 160
　3.7.1 采用扩展关键字"_at_"或指针定义变量的绝对地址 ················· 160
　3.7.2 采用预定义宏指定变量的绝对地址 ··· 162
3.8 Keil C51 库函数 ··· 162
　3.8.1 本征库函数 ·· 163
　3.8.2 字符判断转换库函数 ·· 163
　3.8.3 输入/输出库函数 ··· 164
　3.8.4 字符串处理库函数 ·· 166
　3.8.5 类型转换及内存分配库函数 ··· 167
　3.8.6 数学计算库函数 ·· 168
复习思考题 ··· 169

第 4 章 智能化测量控制仪表的 DAC 和 ADC 接口 ······································· 171

4.1 A/D 及 D/A 转换器的主要技术指标 ··· 171
　4.1.1 A/D 转换器的主要技术指标 ·· 171
　4.1.2 D/A 转换器的主要技术指标 ·· 172
4.2 DAC 接口技术 ·· 172
　4.2.1 常用 DAC 芯片的接口方法 ·· 174
　4.2.2 利用 DAC 接口实现波形发生器 ··· 183
　4.2.3 串行 DAC 与 80C51 单片机的接口方法 ······································· 188
4.3 ADC 接口技术 ·· 193
　4.3.1 比较式 ADC 接口 ·· 194

  4.3.2 积分式 ADC 接口 …… 203
  4.3.3 串行 ADC 与 80C51 单片机的接口方法 …… 213
 4.4 数据采集系统 …… 217
  4.4.1 前置放大器 …… 219
  4.4.2 采样保持器 …… 223
  4.4.3 新型单片数据采集系统 ADμC8xx 简介 …… 226
 复习思考题 …… 235

第 5 章 智能化测量控制仪表的键盘与显示器接口技术 …… 236

 5.1 LED 显示器接口技术 …… 236
  5.1.1 7 段 LED 数码显示器 …… 236
  5.1.2 串行接口 8 位共阴极 LED 驱动器 MAX7219 …… 244
 5.2 键盘接口技术 …… 253
  5.2.1 编码键盘 …… 254
  5.2.2 非编码键盘 …… 255
  5.2.3 键值分析 …… 263
 5.3 8279 可编程键盘/显示器芯片接口技术 …… 273
  5.3.1 8279 的工作原理 …… 273
  5.3.2 8279 的数据输入、显示输出及命令格式 …… 275
  5.3.3 8279 的接口方法 …… 282
 5.4 LCD 液晶显示器接口技术 …… 289
  5.4.1 LCD 显示器的工作原理和驱动方式 …… 289
  5.4.2 点阵字符型液晶显示模块 …… 290
  5.4.3 点阵图型液晶显示模块 …… 305
 复习思考题 …… 312

第 6 章 智能化测量控制仪表的通信接口 …… 314

 6.1 串行通信接口 …… 314
  6.1.1 RS-232C 标准 …… 314
  6.1.2 串行通信方式 …… 319
 6.2 串行通信的实现 …… 321
  6.2.1 仪表相互之间的通信 …… 321
  6.2.2 仪表与上位机之间的通信 …… 325
  6.2.3 RS-422 和 RS-423 标准 …… 339
 复习思考题 …… 340

第 7 章 智能化测量控制仪表的抗干扰技术 ························ 341

7.1 干扰源 ··· 341
7.1.1 串模干扰、共模干扰及电源干扰 ·· 341
7.1.2 数字电路的干扰 ·· 343
7.2 硬件抗干扰措施 ·· 345
7.2.1 串模干扰的抑制 ·· 345
7.2.2 共模干扰的抑制 ·· 347
7.2.3 输入/输出通道干扰的抑制 ·· 348
7.2.4 电源与电网干扰的抑制 ·· 352
7.2.5 地线系统干扰的抑制 ··· 353
7.3 软件抗干扰措施 ·· 354
7.3.1 数字量输入/输出中的软件抗干扰 ·· 354
7.3.2 程序执行过程中的软件抗干扰 ·· 355
7.3.3 系统的恢复 ··· 360
复习思考题 ··· 363

第 8 章 智能化测量控制仪表中的常用测量与控制算法 ··············· 364

8.1 数字滤波算法 ·· 365
8.1.1 一阶惯性滤波 ··· 365
8.1.2 限幅滤波 ·· 367
8.1.3 中位值滤波 ··· 368
8.1.4 算术平均值滤波 ·· 369
8.1.5 滑动平均值滤波 ·· 371
8.1.6 加权滑动平均滤波 ·· 373
8.1.7 复合滤波法 ··· 373
8.2 校正算法 ··· 374
8.2.1 系统误差的模型校正法 ·· 374
8.2.2 利用校准曲线通过查表法修正系统误差 ····································· 376
8.2.3 非线性特性的校正 ·· 379
8.3 量程自动转换与标度变换 ··· 385
8.3.1 量程自动转换 ··· 385
8.3.2 标度变换 ·· 387
8.4 PID 控制算法 ·· 388
8.4.1 基本控制规律 ··· 388

8.4.2 完全微分型 PID 控制算法 ……………………………………………… 390
8.4.3 不完全微分型 PID 控制算法 …………………………………………… 393
8.4.4 PID 算法的改进 …………………………………………………………… 395
复习思考题 ……………………………………………………………………………… 398

第 9 章 智能化测量控制仪表的设计方法与实例分析 ……………………………… 399

9.1 智能化测量控制仪表的总体设计 ……………………………………………… 400
9.2 智能化测量控制仪表的硬件电路设计 ………………………………………… 401
 9.2.1 仪表中专用单片机系统的设计 …………………………………………… 401
 9.2.2 仪表中其他功能组件的设计 ……………………………………………… 403
 9.2.3 仪表中硬件电路设计过程 ………………………………………………… 404
9.3 智能化测量控制仪表的软件设计 ……………………………………………… 406
 9.3.1 概　述 ……………………………………………………………………… 406
 9.3.2 自顶向下设计 ……………………………………………………………… 407
 9.3.3 模块化和结构化编程 ……………………………………………………… 408
9.4 智能化真有效值数字电压表实例分析 ………………………………………… 408
 9.4.1 单片真有效值/直流转换器 ……………………………………………… 409
 9.4.2 仪表单元电路的工作原理 ………………………………………………… 411
9.5 智能化真有效值数字电压表的监控程序 ……………………………………… 416
 9.5.1 仪表的键盘功能 …………………………………………………………… 417
 9.5.2 仪表的监控程序结构 ……………………………………………………… 417
 9.5.3 仪表的主要功能模块简介 ………………………………………………… 419
复习思考题 ……………………………………………………………………………… 425

附录 A　80C51 指令表 …………………………………………………………………… 426

附录 B　Proteus 虚拟仿真 ……………………………………………………………… 433

 B.1　集成环境 ISIS ………………………………………………………………… 433
 B.2　绘制原理图 …………………………………………………………………… 437
 B.3　创建汇编语言源代码仿真文件 ……………………………………………… 440
 B.4　在原理图中进行源代码仿真调试 …………………………………………… 442
 B.5　原理图与 Keil 环境联机仿真调试 …………………………………………… 445

附录 C　常用集成电路芯片的引脚排列图 …………………………………………… 453

参考文献 …………………………………………………………………………………… 458

第 1 章 绪 论

随着微电子技术的不断发展,微处理器芯片的集成度越来越高,已经可以在一块芯片上同时集成 CPU、存储器、定时器/计数器、并行和串行接口甚至 A/D 转换器等。人们把这种超大规模集成电路芯片称作"单片微控制器"(Single Chip Microcontroller),简称为单片机。单片机的出现,引起了仪器仪表结构的根本性变革,以单片机为主体取代传统仪器仪表的常规电子线路,可以容易地将计算技术与测量控制技术结合在一起,组成新一代的所谓"智能化测量控制仪表"。这种新型的智能仪表在测量过程自动化、测量结果的数据处理以及功能的多样化方面,都取得了巨大的进展。目前在研制高精度、高性能、多功能的测量控制仪表时,几乎没有不考虑采用微处理器使之成为智能仪表的,而目前在仪器仪表中使用最多的微处理器就是单片机。在测量控制仪表中采用单片机技术使之成为智能仪表后能够解决许多传统仪表不能或不易解决的难题,同时还能简化仪表电路,提高仪表的可靠性,降低仪表的成本,加快新产品的开发速度。这类仪表的设计重点已经从模拟和逻辑电路的设计转向专用的单片机模板或功能部件、接口电路以及输入/输出通道的设计、通用或专用软件程序的开发。目前,这类智能化测量控制仪表已经能够实现四则运算、逻辑判断、命令识别、自诊断自校正甚至自适应和自学习的功能。随着科学技术的进一步发展,这类仪表的智能程度必将会越来越高。

1.1 智能化测量控制仪表的基本组成及其发展

以单片机为核心的智能化测量控制仪表的基本组成如图 1.1 所示。

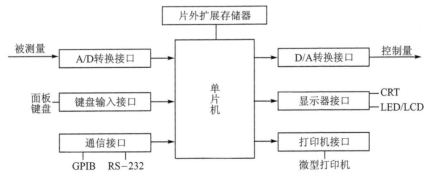

图 1.1 智能化测量控制仪表的基本组成

单片机是仪表的主体,对于小型仪表来说,单片机内部的存储器已经足够;大型仪表要进行复杂的数据处理,或者要完成复杂的控制功能,其监控程序较大,测量数据较多,这时就需要在单片机外部扩展片外存储器。被测量的模拟信号经过 A/D 转换之后,通过输入通道进入单片机内部;单片机根据由键盘置入的各种命令,或者送往打印机打印,或者经过 D/A 转换后成为能够完成某种控制功能的模拟电压。通信接口的功能是通过 GPIB 或者 RS-232 接口总线与其他仪器仪表甚至计算机做远距离通信,以达到资源共享的目的。智能化测量控制仪表的整个工作过程都是在软件程序的控制下自动完成的,装在仪表内部 EPROM 中的监控程序由许多程序模块组成,每一个模块完成一种特定功能,例如实现某种算法、执行某一中断服务程序、接收并分析键盘输入命令等。编制完善的监控程序中的某些功能模块,能够取代某些硬件电路的功能。但是需要指出的是,智能化测量控制仪表中引入单片机之后,有可能降低对某些硬件电路的要求,但这绝不是说可以忽略测试电路本身的重要性,尤其是直接获取被测信号的传感器部分,仍应给予充分的重视,有时提高整台仪表性能的关键仍然在于测试电路尤其是传感器的改进。现在传感器也正在受着微电子技术的影响,不断发展变化。传感器正朝着小型、固态、多功能和集成化的方向发展。有许多国家正致力于将微处理器与传感器集成于一体,以构成超小型、廉价的测量仪器的主体。

近年来智能化测量控制仪表的发展很快。国内市场上已经出现了各种各样的智能化测量控制仪表,例如,能够自动进行差压补偿的智能节流式流量计,能够对各种谱图进行分析和数据处理的智能色谱仪,能够进行程序控温的智能多段温度控制仪,以及能够实现数字 PID 和各种复杂控制规律的智能式调节器等。国际上智能化测量控制仪表更是品种繁多,例如,美国 FLUKE 公司生产的直流电压标准器 5440A,内部采用了 3 个微处理器,其短期稳定性达到 1 ppm,线性度可达到 0.5 ppm;美国 RACA-DANA 公司的 9303 型超高电平表,利用微处理消除电流流经电阻所产生的热噪声,测量电平可低达 -77 dB,英国 JISKOOT AUTOCONTROL 公司生产的在线取样系统、在线调和系统,能够对原油、精炼化学品等各种非均匀液体自动取样分析,并能对两种以上形成分流,按精确的配比进行调和;法国 TE 电器公司生产的 TSX 系列可编程序控制器,能够完成各种顺序控制、定位调速、机床数控以及系统识别等功能;美国 HONEYWELL 公司生产的 DSTJ-3000 系列智能变送器,能进行差压值状态的复合测量,可对变送器本体的温度、静压等实现自动补偿,其测量精度可达到 ±0.1% FS;美国 FOXBORO 公司生产的数字化自整定调节器,采用了专家系统技术,能够像有经验的控制工程师那样,根据现场参数迅速地整定调节器。这种调节器特别适合于对象变化频繁或非线性的控制系统。由于这种调节器能够自动整定调节参数,可使整个系统在生产过程中始终保持最佳品质。

近 20 年来,由于微电子学的进步以及计算机应用的日益广泛,智能化测量控制仪表已经取得了巨大的进展。从技术背景上来说,硬件集成电路的不断发展和创新是一个重要因素。各种集成电路芯片都在朝超大规模、全 CMOS 化的方向发展。CMOS 电路具有功耗低、工作温度范围宽的特点,近年来又采用"硅门"技术取代了原来的"金属门"技术,使 CMOS 电路的速度与 NMOS 及 PMOS 基本相同,输入保护技术也已经有效地克服了静电损坏的缺点。目前已经出现了许多超大规模的 CMOS 集成电路芯片,例如 80C51、80C552 等新一代增强型单片机芯片。这种新一代单片机不仅与 MCS-51 单片机在指令系统上完全兼容,而且在其芯片内部集成了许多新的功能部件,例如片内 A/D 转换器、片内看门狗电路(Watchdog Timer)、片内脉宽调制器电路(PWM)、芯片间串行总线(I^2C BUS)等,从而使用户具有了更大选择范围。一个全 CMOS 电路系统的功耗只是普通 TTL 系统功耗的 1/10,采用这种 CMOS 芯片组成的智能化测量控制仪表可以采用干电池供电,从根本上解决了市电工频干扰的问题;同时还可以使仪器小型化,以便于野外使用。如今还出现了许多专用的数字信号处理芯片,例如美国 TI 公司生产的 TMS320 系列数字信号处理芯片,其运算速度非常快,特别适用于数字信号处理仪表,例如各种逻辑分析仪等。

1.2 智能化测量控制仪表的功能特点

传统测控仪表对于输入信号的测量准确性完全取决于仪表内部各功能部件的精密性和稳定性水平。图 1.2 所示是一台普通数字电压表的结构框图,滤波器、衰减器、放大器、A/D 转换器以及参考电压源的温度漂移电压和时间漂移电压都将反映到测量结果中去。如果仪表所采用器件的精密性高些,则这些漂移电压会小些;但从客观上讲,这些漂移电压总是存在的。另外,传统仪表对于测量结果的正确性也不能完全保证。所谓正确性是指仪表应在其各个部件完全无故障的条件下进行测量,而传统仪表在其内部某些部件发生故障时仍然继续进行测量,并继续给出测量结果值,显而易见这时的测量结果将是不正确的。智能化测量控制仪表的出现使上述两个问题的解决有了突破性的进展。

智能化测量控制仪表可以采用自动校准技术来消除仪表内部器件所产生的漂移电压。如图 1.3 所示,在每次进行实际测量之前,单片机发出指令使开关 K 接地,此时仪表的输入为 0,仪表的测量值即是仪表内部器件(滤波器、衰减器、放大器和 A/D 转换器等)所产生的零点漂移值,将此值存入单片机的内部数据存储器 RAM 中;然后单片机发出指令使开关 K 接入被测电压进行实际测量。由于漂移的存在,实际测量值中包含有零点漂移值,因此只要将测量值与零点漂移值相减,即可获得准确的被测电压值。

众所周知,任何仪表都必须要进行周期性的校准,以保证其额定精度的合法性。传统仪表的校准通常是采用与更高一级的同类仪表进行对比测量来实现的。这种校准方法费时、费力,而且校准后,在使用时还要反复查对检定部门给出的误差修正值表,给用户造成很大的不便。智能化测量控制仪表提供了一种先进而方便的自动校准方法。如图 1.3 所示,校准时,单片机发出指令使开关 K 接到基准源上(基准源可以是从仪表外部加入的标准量,也可以是仪表自带的标准基准电压),此时仪表的输入为标准电压,仪表将对这一标准电压的测量值存入表内

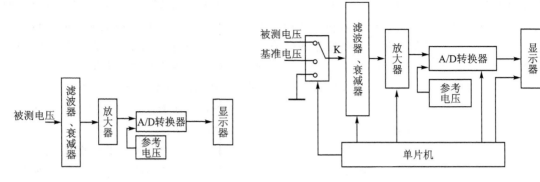

图 1.2 普通数字电压表的原理框图   图 1.3 智能化数字电压表的原理框图

的非易失性 RAM 中(一个采用镉镍电池供电的非易失性 RAM 中的信息可保存 10 年以上),作为表内标准,从而可以在以后的各次实际测量中,用这一标准值对测量值进行修正。这种校准方法完全基于单片机的计算与存储功能,校准时间短,操作方便,不用打开机盖,无需调整任何元件,非专业人员也可操作,因此深受仪表使用者的欢迎。自动校准是智能化测量控制仪表的一大功能特点,它可降低仪表对于内部器件(如衰减器、放大器等)稳定性的要求,这点对于仪表的设计和制造都有重大意义。

在提高仪表的可靠性,保证测量结果的正确性方面,智能化测量控制仪表也明显优于传统仪表。通常智能化测量控制仪表都设置有自检功能。所谓自检,就是仪表对其自身各主要部件进行的一种自我检测过程,目的是检查各部件的状态是否正常,以保证测量结果的正确性。自检一般分为开机自检、周期性自检和键控自检 3 类。

开机自检是每当接通电源或复位时,仪表即进行一次自检过程。周期性自检是在仪表的工作过程中,周期性地插入自检操作;这种周期性自检是完全自动的,通常在仪表工作的间歇期间插入,不干扰正常测量过程。除非是检查到故障,周期性自检是不为仪表操作者所察觉的。键控自检是在仪表的面板上设置一个专门的自检按键,需要时可由操作人员启动仪表进行自检。

仪表自检的内容比较广泛,自检项目与仪表的功能和特性密切相关。通常自检的对象包括 RAM、ROM、A/D 转换器、显示器以及一些特殊功能部件等。对于不同的自检对象和目的,检查的方法也不相同。对于 RAM 的自检可采用写入数据和读出数据是否一致的方法进行。如果写入与读出的数据不一致,则说明该 RAM 器件存在故障。对于显示器的自检可让其全部发光。如果某一显示器不发光,则说明它存在故障。对于 A/D 转换器的自检可给其施加一个标准电压,如果此时的 A/D 转换结果数据在预期的范围之内,则说明 A/D 转换器工作正常。对于 ROM 的自检可采用校验和的方法进行,如图 1.4 所示,在将程序代码写入 ROM 时,保留一个单元(一般为最后一个单元)不写程序代码,而是写入"校验字"。利用这个校验字使 ROM 的每一竖列都具有奇数个"1",这样就使 ROM 的每一竖列的校验和全为"1"。当进行 ROM 自检时,如果程序的出口参数(即校验和)为"11111111",则说明该段程序代码没有丢失。

在进行自检的过程中,如果检测到仪表的某一部分存在故障,仪表将以某种特殊的显示方式提醒操作人员注意,并显示当前的故障状态或故障代码,从而使仪表的故障定位更加方便。一般来说,仪表的自检项目越多,则使用和维修也就越方便,但是相应的自检硬件和软件也就越复杂。

ROM 地址	ROM 内容	
1	01011010	程序代码
2	10100110	
3	11000101	
4	00111110	
5	00000010	
6	11110000	
7	11101101	
8	11100111	校验字
	11111111	校验和

图 1.4　ROM 中的程序代码和校验字

智能化测量控制仪表内含单片机,可以充分利用单片机对于数据的处理能力,最大限度地消除仪表的随机误差和系统误差。随机误差存在于每一次测量过程之中,而且其大小、符号都是不确定和不可预知的。但是 N 个测量数据中所包含的随机误差具有统计规律。概率统计理论证明,随机误差服从正态分布。N 个测量值中包含的随机误差具有对称性或相消性,因此可以用统计平均的方法来消除随机误差。概率统计理论还证明,对于 N 个带有随机误差的测量数据,当 N 逐步增大时,其平均值是真值的无偏估计值。因此,在智能化测量控制仪表完成一次测量,实际上是对被测量进行了 N 次采样之后,取这 N 次采样值的平均值。对于仪表系统误差的消除可以采用前面介绍的自动校准方法。利用单片机对于测量数据的计算处理能力,是智能化测量控制仪表提高测量和控制准确度的一个重要方法。此外,还可以用这种方法来进行仪表的非线性特性校正。根据仪表功能的不同,数据处理的方法也多种多样,详细内容将在本书第 8 章讨论。智能化测量控制仪表除了具有上述功能之外,还可以带有串行或并行通信接口,从而使之具有数据远传和远地程控的能力。利用若干台带有 GPIB 接口的智能化测量控制仪表,可以方便地组成一个自动测控系统。

智能化测量控制仪表是科学技术发展到今天的最新产物,尽管目前这类仪表的智能化程度还不是很高,但是可以预计随着微电子技术、信息技术、计算技术以及人工智能技术的不断发展和完善,这种新一代的智能化测量控制仪表的智能程度必将越来越高。

1.3　智能化测量控制仪表的设计方法

智能化测量控制仪表设计的主要内容通常包含硬件(连同单片机在内的全部电子线路)、软件(包括监控管理程序及各种功能模块)及仪表结构工艺这 3 大部分。设计者应该熟悉该仪表的工作原理和技术性能,应能对仪表的硬件部分独立进行设计和计算;能够根据该仪表的各项测量功能独立进行软件设计;还要能够根据所设计的原理电路,综合考虑仪表的性能和技术要求,合理地布置元器件,并绘制出仪表的线路图;最后,对所设计的仪表进行总调,发现设计中的错误之处及时修正,直至所设计的智能化测量控制仪表达到预期的要求。

在智能化测量控制仪表的设计研制过程中,要按仪表的功能把硬件和软件分成若干个模块,对各个模块采用"自顶向下"的顺序分别进行设计和调试,最后将各模块连接起来进行总调。首先要对智能化测量控制仪表进行总体设计,按仪表应完成的任务确定其功能。例如:仪表是用于过程控制还是用于数据采集和处理,要求的精度如何;仪表输入信号的类型、范围如何;是否需要进行隔离;仪表的输出采用什么形式,是否需要进行打印输出;仪表是否需要具有通信功能,采用并行还是串行通信;仪表的成本应控制在什么范围之内等。另外还要对整台仪表的结构、外形、面板布置以及使用环境等给予充分的考虑。在总体设计中要绘制出仪表的系统总图及各功能模块的流程图,拟定详细的工作计划。完成总体设计后,再根据这些计划按流程图对仪表各部分硬件和软件进行具体的设计。

在智能化测量控制仪表中,单片机是它的核心,因此在硬件设计时首先要考虑单片机的选择,然后再确定与之配套的外围芯片。在选择单片机时,要考虑的因素有字长(即数据总线宽度)、寻址能力、指令功能、执行速度、中断能力以及市场对该种单片机的软、硬件支持状况等。

用于工业现场以测量控制为主要目的的单片机,以及用于通用计算机系统以大量数据处理为主要目的的通用微处理器,因为它们的应用领域和应用目的有很大不同,所以它们的发展方向也不尽相同。通用微处理器为了满足大量数据处理对于高速性、大容量的要求,其数据总线宽度从 8 位向 16 位、32 位甚至更宽的范围发展是十分必要的。而用于测量控制的单片机,其大多数测控参数如温度、压力、流量等对于运算速度和数据容量的要求则相对有限,在单片机的主振频率已达 20~40 MHz 范围时,其数据处理速度已退居控制功能之后。因此,新一代单片机并不急于增加数据总线的宽度,而是大力发展其控制功能和控制运行的可靠性。由于 8 位单片机的价格低,适用范围广,在智能化测量控制仪表领域内有着十分广阔的应用前景。未来的单片机市场上,8 位单片机仍会稳定一个相当长的时期。目前在我国 MCS-51 系列单片机已经形成主流局面,世界市场上 SIEMENS、NXP(原 PHILIPS 半导体)等大电气商的介入,特别是 NXP 公司在 MCS-51 基础上发展了新一代的 80C51 系列单片机,将使我国对于 8 位单片机的应用需求量在短期内不会有很大的改变。80C51 系列单片机具有数据存储器和程序存储器两个寻址空间,分别都为 64 KB。这种寻址空间,对于一般的智能化测量控制仪表来说已经足够了。在指令功能和执行速度上,80C51 系列单片机也是比较合理的,它的算术和逻辑运算指令功能较强,而且还有乘除指令和位操作指令(即布尔操作指令)。在全部 111 条指令系统中,仅有 17 条 3 字节指令,其余均为单字节或双字节指令。一般而言,指令的字节数越少,则其执行速度越快。80C51 系列单片机的中断源有 5~7 个(NXP 单片机 80C552 的中断源多达 15 个),因此其中断处理能力较强,能满足一般实际应用的要求。80C51 系列单片机的市场支持能力也十分巨大,其外围扩展芯片十分丰富。尤其是 NXP 单片机 80C51 的多功能系列可适用于不同的应用领域。例如:需要可靠的参数保护可选用该系列中有片内 256 字节

EEPROM 的 8XC851 单片机；在小电压、低功耗应用时可选用 8XCL410；需要大量 I/O 口时可选用 8XC451；需要综合性能优异且带片内 A/D 转换器、片内 PWM 时可选用 8XC552 等。此外，NXP 单片机 80C51 还提供一种 I^2C BUS（芯片间总线），使单片机应用系统的随意性（结构、规模、形态）得以充分发挥，使用户可方便地组成自己的模块化系统。

在充分考虑上述各种因素正确选择了单片机之后，还要进行输入/输出接口和其他功能组件的设计。输入/输出接口是智能化测量控制仪表与外部设备交换信息的通道，它包括 A/D 和 D/A 转换接口、键盘显示器接口、打印机接口以及各种通信接口等。在进行上述各种接口设计过程中，要画出详细电路图并进行参数计算，标出各个芯片的型号、器件参数值，然后根据电路图在试验中进行调试，发现设计不当之处随时修改。在试验板上调试成功之后再制作印刷电路板，这样可以逐步发现硬件问题，而在试验板上改动硬件设计比在印刷板上改动要容易得多。最后还应指出，在硬件电路设计时还应考虑到仪表的可维修性，即在电路上适当增加若干故障检查手段，如各种短路点及跳线等。这样做虽然会增加一些成本，但可节省今后产品维修的费用。

软件设计也是智能化测量控制仪表的一个主要内容。设计者不仅应能熟练地进行各种硬件电路设计，同时还必须掌握软件的设计方法。通常的软件设计方法是先画出程序流程图，然后根据流程图写出程序。常用的程序设计技术有下面 3 种。

1. 模块法

模块法是把一个长的程序分成若干个较小的程序模块进行设计和调试，然后把各个模块连接起来。智能仪表监控程序总的可分为 3 大模块，即监控主程序、接口管理程序和命令处理子程序。命令处理子程序通常又可分为测试、数据处理、输入/输出、显示等子程序模块。由于程序分成一个个较小的独立模块，因而方便了编程、纠错和调试。

2. 自顶向下设计方法

研制软件有两种截然不同的方式，一种称为"自顶向下"（Top-down）法，另一种称为"自底向上"（Bottom-up）法。所谓"自顶向下"法，概括地说，就是从整体到局部，最后到细节。即先考虑整体目标，明确整体任务，然后把整体任务分为一个个子任务，子任务再分成子任务，同时分析各子任务之间的关系，最后拟订各子任务的细节。这犹如要建造一座房子，先要设计总体图，再绘制详细的结构图，最后一块砖一块砖地建造起来。所谓"自底向上"法，就是先解决细节问题，再把各个细节结合起来，就完成了整体任务。"自底向上"是传统的程序设计方法。这种方法有严重的缺点：由于从某个细节开始，对整体任务没有进行透彻的分析与了解，因而在设计某个模块程序时很可能会出现原来没有预料到的新情况，以至于要修改或重新设计已经设计好的程序模块，造成返工，浪费时间。目前，都趋向于采用"自顶向下"法，但事情不是绝对的，不少程序设计者认为，这两种方法应该结合起来使用。一开始在比较"顶上"时，应该采用"自顶向下"法；但"向下"到一定的程度，有时需要采用"自底向上"法。例如对某个关键的细节问题,先编制程序,并在硬件上运行,取得足够的数据后再回过头来继续设计。

3. 结构化程序设计

结构化程序(Structured Programming)设计是 20 世纪 70 年代起逐渐被采用的一种新型的程序设计方法,它不仅在许多高级语言中应用,如结构 BASIC、结构 FORTRAN 等,而且其基本结构同样适用于汇编语言的程序设计。结构化程序设计的目的是使程序易读、易查、易调试,并提高编制程序的效率。在结构化程序设计中不用或严格限制使用转移语句。结构化程序设计的一条基本原则是每个程序模块只能有一个入口、一个出口。这样一来,各个程序模块可分别设计,然后用最小的接口组合起来,控制明确地从一个程序模块转移到下一个模块,使程序的调试、修改或维护都要容易得多。大的复杂程序可由这些具有一个入口和一个出口的简单结构组成。

在结构化程序设计中仅允许使用下列基本结构:

(1) 顺序结构,这是一种线性结构。在这种结构中程序被顺序连续地执行,如序列:

P1

P2

P3

计算机首先执行 P1,其次执行 P2,最后执行 P3。这里 P1、P2、P3 可为一条语句,也可为一个程序模块。

(2) 选择结构,如图 1.5 所示。

(3) 循环结构,有 Repeat-until 和 Do-while 两种形式。Repeat-until 结构先执行过程后判断条件,如图 1.6(a)所示。而 Do-while 结构是先判断条件再执行过程,如图 1.6(b)所示。前者至少执行一次过程,而后者可能连一次过程也不执行。两种结构所取的循环参数的初值也是不同的。例如,若要进行 N 次循环,往下计数,到零时出口,则在 Repeat-until 结构中,循环参数初值取为 N;而在 Do-while 结构中,循环参数初值应取为 $N+1$。

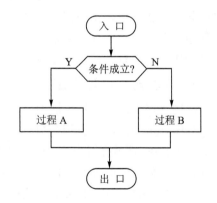

图 1.5 选择结构

以上结构可嵌套任意层数。

理论证明:采用这 3 种基本结构可构成任何程序。结构化程序设计具有上面所述的许多优点,但也有缺点,如用结构程序法设计的程序,其执行速度比较慢,占用的存储器比较多,由于限于 3 种结构而使某些任务难于处理等。

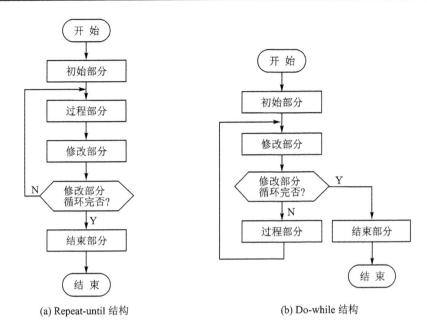

图 1.6 循环结构

复习思考题

1. 试画出智能化测量控制仪表的基本组成框图,叙述各个组成部分的功能。
2. 智能化测量控制仪表具有哪些功能特点?
3. 智能化测量控制仪表由于引入了单片机,是否因此能用软件来取代仪表的全部硬件功能? 仪表中哪些硬件电路仍是必须加以重视的? 为什么?
4. 智能化测量控制仪表硬件设计上对单片机的选择应考虑哪些主要因素?
5. 常用的程序设计方法有哪几种?
6. 结构化程序设计中有哪几种基本结构? 画出它们的结构框图。

第 2 章　智能化测量控制仪表中的专用微处理器

很多仪表生产厂家在研制开发智能化测量控制仪表时,都趋向于采用 8 位微处理器,例如 80C51 系列单片机。这是因为 8 位微处理器具有 64 KB 寻址能力,这对于一般的测量控制仪表来说已足够了。尤其是 80C51 系列单片机,它不仅可寻址 64 KB 的程序空间,还可寻址 64 KB 的数据空间,即在物理结构上它具有两个寻址空间,这点对于要求测量控制过程较为复杂、程序或表格较为庞大、测量数据较多以及实时数据处理较复杂的场合尤为适用。另外,单片机在一块超大规模集成电路芯片上同时集成了 CPU、ROM、RAM 及定时器/计数器,使用者只需外接少量的接口电路就可组成一个测量控制仪表的专用微处理器系统。目前市场上单片机的硬件支持芯片及软件应用程序也十分丰富,这些使智能化测量控制仪表的研制开发周期相对缩短,并且使仪表的体积也相对缩小,造价也可适当降低。到目前为止,80C51 系列单片机有了很大的发展,除了 Intel 公司之外,NXP、SIEMENS、AMD、FUJUTSU、OKI、ATMEL、SST、WINBOND 等公司都推出了以 80C51 为核心的新一代 8 位单片机。这种新型单片机的集成度更高,在片内集成了更多的功能部件,例如 A/D、PWM、PCA、WDT 以及高速 I/O 口等;因此,许多仪表生产厂家都乐于采用 80C51 系列单片机作为其所生产的测量控制仪表的专用微处理器。本章从测量控制仪表中专用微处理器的角度来阐述 80C51 系列单片机的结构原理、指令系统、并行和串行接口、内部计数器/定时器及中断系统等基本知识。

2.1　80C51 系列单片机的特点

80C51 系列单片机可分为无片内 ROM 型和带片内 ROM 型两种。对于无片内 ROM 型的芯片,必须外接 EPROM 才能应用(典型芯片为 80C31)。带片内 ROM 型的芯片又分为片内 EPROM 型(典型芯片为 87C51)、片内 FLASH 型(典型芯片为 89C51)、片内掩膜 ROM 型(典型芯片为 80C51),一些公司还推出了一种带有片内一次性可编程(One Time Programming,简称 OTP)ROM 的芯片(典型芯片为 97C51)。一般来说,片内 EPROM 型或片内 FLASH 型芯片适合于开发样机和需要现场进一步完善的场合。当样机开发基本成功后,可以采用 OTP 型芯片进行小批量试生产;完全成功后,再采用带掩膜 ROM 的 80C51 进行大批量生产。

80C51 系列单片机在存储器的配置上采用程序存储器与数据存储器分开的结构,利用不同的指令和寻址方式进行访问,可分别寻址 64 KB 的程序存储器空间和 64 KB 的数据存储器空间,充分满足工业测量控制的需要。80C51系列单片机共有111条指令,包括乘除指令和位操作指令。中断源有5个(8032/8052为6个),分为2个优先级,每个中断源的优先级是可编程的。在80C51系列单片机的内部RAM区中开辟了4个通用工作寄存区,共有32个通用寄存器,可以适用于多种中断或子程序嵌套的情况。另外,还在内部RAM中开辟了1个位寻址区,利用位操作指令可以对其中各个单元的每一位直接进行操作,特别适合于解决各种控制和逻辑问题。ROM型80C51在单芯片应用方式下其4个并行I/O口(P0～P3)都可以作为输入/输出使用,在扩展应用方式下需要采用P0和P2口作为片外扩展地址总线使用。80C51单片机内部集成了一个全双工的异步串行接口,可同时发送和接收数据,为单片机之间的相互通信或与上位机通信带来极大的方便。

2.2　80C51单片机的结构

2.2.1　基本组成与内部结构

80C51单片机的基本组成如图2.1所示。

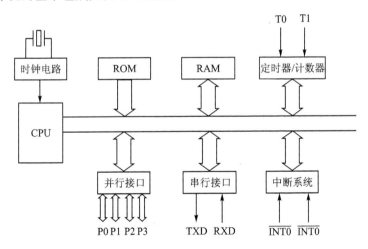

图2.1　80C51单片机的基本组成

在很多情况下,单片机还要与外部设备或外部存储器相连接。连接方式采用三总线(地址、数据、控制)方式。但在80C51单片机中,没有单独的地址总线和数据总线,而是与通用并行I/O口中的P0及P2口共用。P0口分时作为低8位地址线和8位数据线用,P2口则作为高8位地址线用,可形成16条地址线和8条数据线。但是一定要建立一个明确的概念,单片机在进行外部扩展时的地址线和数据线都不是独立的总线,而是与并行I/O口共用的,这是80C51单片机结构上的一个特点。

图 2.2 所示为 80C51 单片机内部结构框图。其中中央处理器 CPU 包含运算器和控制器两大部分,运算器完成各种算术和逻辑运算,控制器在单片机内部协调各功能部件之间的数据传送和运算操作,并对单片机外部发出若干控制信息。

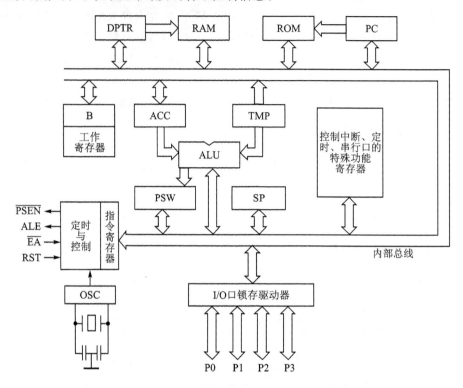

图 2.2　80C51 单片机的内部结构

1. 运算器

运算器以算术逻辑单元 ALU 为核心,加上累加器 ACC、暂存寄存器 TMP 和程序状态字寄存器 PSW 等组成。ALU 主要用于完成二进制数据的算术和逻辑运算,并通过对运算结果的判断来影响程序状态字寄存器 PSW 中有关位的状态。累加器 ACC 是一个 8 位寄存器(在指令中一般写为 A),它通过暂存寄存器 TMP 与 ALU 相连。ACC 的工作最为繁忙,因为在进行算术逻辑运算时,ALU 的一个输入多为 ACC 的输出,而大多数运算结果也需要送到 ACC 中。在做乘除运算时,B 寄存器用来存放一个操作数,它也用来存放乘除运算后的一部分结果。若不做乘除操作,B 寄存器可用作通用寄存器。程序状态字寄存器 PSW 也是一个 8 位寄存器,用于存放运算结果的一些特征。其格式如下:

D7	D6	D5	D4	D3	D2	D1	D0
CY	AC	F0	RS1	RS0	OV	\	P

其中各位的意义如下：

CY　　　　进位标志。在进行加法或减法运算时，若运算结果的最高位有进位或借位，CY=1；否则 CY=0。在执行位操作指令时，CY 作为位累加器。

AC　　　　辅助进位标志。在进行加法或减法运算时，若低半字节向高半字节有进位或借位，AC=1；否则 AC=0。AC 还作为 BCD 码运算调整时的判别位。

F0　　　　用户标志。用户可根据自己的需要对 F0 赋以一定的含义，例如可以用软件来测试 F0 的状态以控制程序的流向。

RS1 和 RS0　　作寄存器组选择。可以用软件来置位或复位。它们与工作寄存器组的关系如表 2-1 所列。

OV　　　　溢出标志。当两个带符号的单字节数进行运算，结果超出 $-128\sim+127$ 范围时，

表 2-1　RS1、RS0 与工作寄存器组的关系

RS1	RS0	工作寄存器组	片内 RAM 地址
0	0	第 0 组	00H～07H
0	1	第 1 组	08H～0FH
1	0	第 2 组	10H～17H
1	1	第 3 组	18H～1FH

OV=1，表示有溢出；否则 OV=0，表示无溢出。

PSW 中的 D1 位为保留位，对于 8051 来说没有意义，对于 8052 来说为用户标志，与 F0 相同。

P　　　　奇偶校验标志。每条指令执行完毕后，都按照累加器 A 中"1"的个数来决定 P 值，当"1"的个数为奇数时，P=1；否则 P=0。

2. 控制器

控制器包括定时控制逻辑、指令寄存器、指令译码器、程序计数器 PC、数据指针 DPTR、堆栈指针 SP、地址寄存器和地址缓冲器等。它的功能是对逐条指令进行译码，并通过定时和控制电路在规定的时刻发出各种操作所需的内部和外部控制信号，协调各部分的工作。下面简单介绍其中主要部件的功能。

- 程序计数器 PC：用于存放下一条将要执行指令的地址。当一条指令按 PC 所指向的地址从程序存储器中取出之后，PC 的值会自动增量，即指向下一条指令。
- 堆栈指针 SP：用来指示堆栈的起始地址。80C51 单片机的堆栈位于片内 RAM 中，而且属于"上长型"堆栈，复位后 SP 被初始化为 07H，使得堆栈实际上由 08H 单元开始。

- 指令译码器：当指令送入指令译码器后，由译码器对该指令进行译码。即把指令转变为所需要的电平信号，CPU 根据译码器输出的电平信号使定时控制电路产生执行该指令所需要的各种控制信号。
- 数据指针寄存器 DRTR：是一个 16 位寄存器，由高位字节 DPH 和低位字节 DPL 组成，用来存放 16 位数据存储器的地址，以便对片外 64 KB 的数据 RAM 区进行读/写操作。

2.2.2 引脚功能

采用 40 引脚双列直插封装（DIP）的 80C51 单片机引脚分配如图 2.3 所示。

各引脚功能如下：

V_{SS}(20)：接地。

V_{CC}(40)：接 +5 V 电源。

XTAL1(19) 和 XTAL2(18)：在使用单片机内部振荡电路时，这两个端子用来外接石英晶体和微调电容，如图 2.4(a)所示。在使用外部时钟时，则用来输入时钟脉冲，但对 NMOS 和 CMOS 芯片接法不同。图 2.4(b)所示为 NMOS 芯片 8051 外接时钟。图 2.4(c)所示为 CMOS 芯片 80C51 外接时钟。

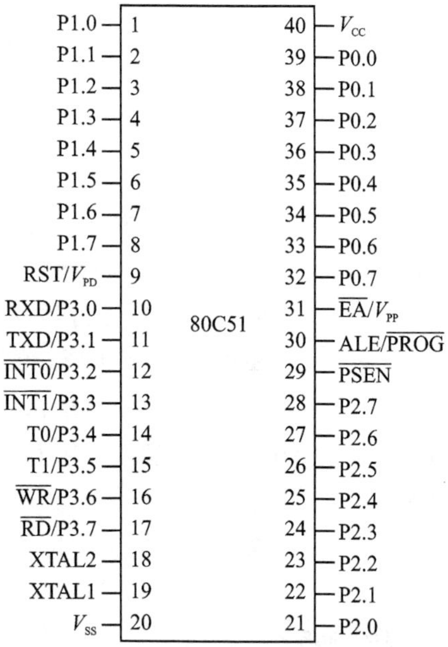

RST/V_{PD}(9)：RST 是复位信号输入端。当此输入端保持两个机器周期（24 个振荡周期）的高电平时，就可以完成复位操作。第 2 功能是 V_{PD}，即备用电源输入端。当主电源发生故障，降低到规定的低电平以下时，V_{PD} 将为片内 RAM 提供备用电源，以保证存储在 RAM 中的信息不丢失。

图 2.3 80C51 系列单片机引脚分配图

ALE/$\overline{PROG}$(30)：ALE 是地址锁存允许信号，在访问外部存储器时，用来锁存由 P0 口送出的低 8 位地址信号。在不访问外部存储器时，ALE 以振荡频率 1/6 的固定速率输出脉冲信号。因此它可用作对外输出的时钟。但要注意，只要外接有存储器，ALE 端输出的就不再是连续的周期脉冲信号。第 2 功能 $\overline{PROG}$ 是用于对 8751 片内 EPROM 编程的脉冲输入端。

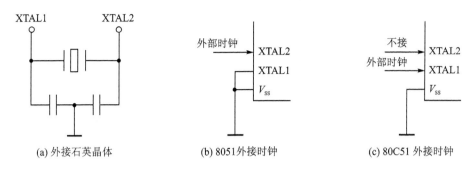

图 2.4　80C51 单片机的时钟接法

$\overline{PSEN}$(29)：它是外部程序存储器 ROM 的读选通信号。在执行访问外部 ROM 指令时，会自动产生 $\overline{PSEN}$ 信号；而在访问外部数据存储器 RAM 或访问内部 ROM 时，不产生 $\overline{PSEN}$ 信号。

$\overline{EA}/V_{PP}$(31)：访问外部存储器的控制信号。当 $\overline{EA}$ 为高电平时，访问内部程序存储器；但当程序计数器 PC 的值超过 0FFFH(对 8051/80C51/8751)或 1FFFH(对 8052)时，将自动转向执行外部程序存储器内的程序。当 $\overline{EA}$ 保持低电平时，只访问外部程序存储器，不管是否有内部程序存储器。第 2 功能 V_{PP} 为对 8751 片内 EPROM 的 21 V 编程电源输入。

P0.0～P0.7(39～32)：双向 I/O 口 P0。第 2 功能是在访问外部存储器时，可分时用作低 8 位地址和 8 位数据线；在对 8751 编程和校验时，用于数据的输入/输出。P0 口能以吸收电流的方式驱动 8 个 LS 型 TTL 负载。

P1.0～P1.7(1～8)：双向 I/O 口 P1。P1 口能驱动(吸收或输出电流)4 个 LS 型 TTL 负载。在对 EPROM 编程和程序验证时，它接收低 8 位地址。在 8052 单片机中，P1.0 还用作定时器 2 的计数触发输入端 T2，P1.1 还用作定时器 2 的外部控制端 T2EX。

P2.0～P2.7(21～28)：双向 I/O 口 P2。P2 口可以驱动(吸收或输出电流)4 个 LS 型 TTL 负载。第 2 功能是在访问外部存储器时，输出高 8 位地址。在对 EPROM 编程和校验时，它接收高位地址。

P3.0～P3.7(10～17)：双向 I/O 口 P3。P3 口能驱动(吸收或输出电流)4 个 LS 型 TTL 负载。P3 口的每条引脚都有各自的第 2 功能，详见 2.6 节。

2.3　80C51 单片机的存储器结构

图 2.5 所示为 80C51 系列单片机的存储器结构图。在物理上它有 4 个存储器空间：片内程序存储器、片外程序存储器以及片内数据存储器和片外数据存储器。在访问这几个不同的存储器时应采用不同形式的指令。

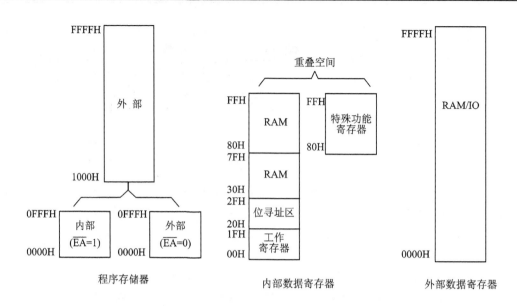

图 2.5 80C51 单片机存储器结构

80C51 系列单片机的程序存储器 ROM 地址空间为 64 KB,其中 ROM 型单片机具有 4 KB 的片内 ROM。CPU 的控制器专门提供一个控制信号 $\overline{EA}$ 来区分片内 ROM 和片外 ROM 的公用地址区:当 $\overline{EA}$ 接高电平时,单片机从片内 ROM 的 4 KB 存储器区取指令。当指令地址超过 0FFFH 后,就自动地转向片外 ROM 取指令。当 $\overline{EA}$ 接低电平时,所有的取指操作均对片外程序存储器进行,这时片外程序存储器的地址范围为 0000H~0FFFFH。对于无 ROM 型单片机,$\overline{EA}$ 端必须接地。

80C51 系列单片机的片外数据存储器 RAM 也有 64 KB 的寻址区,在地址上是与 ROM 重叠的。80C51 单片机通过不同的信号来选通 ROM 或 RAM。当从外部 ROM 中取指令时,用选通信号 $\overline{PSEN}$;而当从外部 RAM 中读/写数据时,则采用读/写信号 $\overline{RD}$ 或 $\overline{WR}$ 来选通,因此不会因地址重叠而发生混乱。在某些特殊应用场合,如单片机的开发系统等,需要执行存放在数据存储器 RAM 内的程序。这时可采用将 $\overline{PSEN}$ 和 $\overline{RD}$ 信号作逻辑"与"的方法将 80C51 单片机的外部程序存储器与数据存储器空间合并,与所得结果产生一个低电平有效的读选通信号,用于合并的存储器空间寻址。

80C51 系列单片机的片内数据存储器 RAM 有 256 字节,其中 00H~7FH 地址空间是直接寻址区。该区域内从 00H~1FH 地址为工作寄存器区,安排了 4 组工作寄存器,每组占用 8 个地址单元,记为 R0~R7。在某一时刻,CPU 只能使用其中任意一组工作寄存器。究竟选择哪一组工作寄存器,则由程序状态字寄存器 PSW 中 RS0 和 RS1 的状态决定,如表 2-1 所列。
片内 RAM 的 20H~2FH 地址单元为位寻址区,共 16 字节,每个字节的每一位都规定了位地址。该区域内每个地址单元除了可以进行字节操作之外,还可进行位操作,片内 RAM 的位地址分配如图 2.6 所示。

RAM地址	MSB							LSB	
7FH									127
⋮									
2FH	7F	7E	7D	7C	7B	7A	79	78	47
2EH	77	76	75	74	73	72	71	70	46
2DH	6F	6E	6D	6C	6B	6A	69	68	45
2CH	67	66	65	64	63	62	61	60	44
2BH	5F	5E	5D	5C	5B	5A	59	58	43
2AH	57	56	55	54	53	52	51	50	42
29H	4F	4E	4D	4C	4B	4A	49	48	41
28H	47	46	45	44	43	42	41	40	40
27H	3F	3E	3D	3C	3B	3A	39	38	39
26H	37	36	35	34	33	32	31	30	38
25H	2F	2E	2D	2C	2B	2A	29	28	37
24H	27	26	25	24	23	22	21	20	36
23H	1F	1E	1D	1C	1B	1A	19	18	35
22H	17	16	15	14	13	12	11	10	34
21H	0F	0E	0D	0C	0B	0A	09	08	33
20H	07	06	05	04	03	02	01	00	32
1FH~18H	工作寄存器3区								31~24
17H~10H	工作寄存器2区								23~16
0FH~08H	工作寄存器1区								15~8
07H~00H	工作寄存器0区								7~0

图 2.6 80C51 单片机片内 RAM 位地址

片内 RAM 的 80H~FFH 地址空间是特殊功能寄存器(SFR)区。对于 51 子系列,只在该区域内安排了 21 个特殊功能寄存器;对于 52 子系列,则在该区域内安排了 26 个特殊功能寄存器,同时扩展了 128 字节的间接寻址片内 RAM,地址也为 80H~FFH,与 SFR 区地址重叠。但在使用时,可通过指令加以区别。表 2-2 所列为 80C51 单片机特殊功能寄存器地址及符号表,表中带"*"号的为可位寻址的特殊功能寄存器。内部 RAM 中的各个单元都可以通过其地址来寻找,而对于工作寄存器,一般使用 R0~R7 表示;对于特殊功能寄存器,也是直接用其符号名较为方便。需要指出的是,80C51 单片机的堆栈必须使用片内 RAM,而片内 RAM 空间十分有限,因此要仔细安排堆栈指针 SP 的值,以保证不会发生堆栈溢出而导致系统崩溃。

表 2-2　80C51 单片机特殊功能寄存器一览表

特殊功能寄存器符号	片内 RAM 地址	说　明	特殊功能寄存器符号	片内 RAM 地址	说　明
ACC*	E0H	累加器	P3*	B0H	P3 口锁存器
B*	F0H	乘法寄存器	PCON	87H	电源控制及波特率选择寄存器
PSW*	D0H	程序状态字	SCON*	98H	串行口控制寄存器
SP	81H	堆栈指针	SBUF	99H	串行数据缓冲器
DPL	82H	数据指针(低 8 位)	TCON*	88H	定时器控制寄存器
DPH	83H	数据指针(高 8 位)	TMOD	89H	定时器方式选择寄存器
IE*	A8H	中断允许寄存器	TL0	8AH	定时器 0 低 8 位
IP*	B8H	中断优先级寄存器	TH0	8BH	定时器 0 高 8 位
P0*	80H	P0 口锁存器	TL1	8CH	定时器 1 低 8 位
P1*	90H	P1 口锁存器	TH1	8DH	定时器 1 高 8 位
P2*	A0H	P2 口锁存器			

2.4　80C51 单片机的 CPU 时序

80C51 单片机内部有一个高增益反向放大器,用于构成振荡器。反向放大器的输入端为 XTAL1,输出端为 XTAL2,分别是 80C51 的第 19 和第 18 脚。在 XTAL1 和 XTAL2 之间接一个石英晶体及两个电容,就可以构成稳定的自激振荡器。当振荡频率在 6~12 MHz 时,通常取 30 pF 左右的电容进行微调,如图 2.7 所示。晶体振荡器的振荡信号经过片内时钟发生器进行 2 分频,向 CPU 提供两相时钟信号 P1 和 P2。时钟信号的周期称为状态时间 S,它是振荡周期的 2 倍,在每个状态的前半周期 P1 信号有效,在每个状态的后半周期 P2 信号有效。CPU 就以这两相时钟信号为基本节拍指挥单片机各部分协调工作。

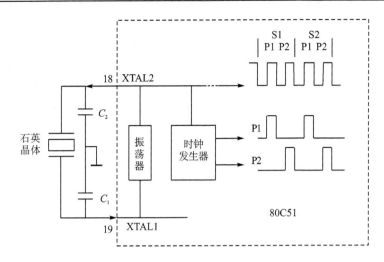

图 2.7 80C51 的片内振荡器及时钟发生电路

CPU 执行一条指令所需要的时间是以机器周期为单位的。80C51 单片机的一个机器周期包括 12 个振荡周期,分为 6 个 S 状态:S1~S6。每个状态又分为 2 拍,即前面介绍的 P1 和 P2 信号;因此,一个机器周期中的 12 个振荡周期可表示为 S1P1、S1P2、S2P1、…、S6P1、S6P2。当采用 12 MHz 的晶体振荡器时,一个机器周期为 1 μs。CPU 执行一条指令通常需要 1~4 个机器周期。指令的执行速度与其需要的机器周期数直接有关,所需机器周期数越少速度越快。80C51 单片机只有乘、除 2 条指令需要 4 个机器周期,其余均为单周期或双周期指令。

图 2.8 所示为几种典型的取指令和执行时序。从图中可以看到,在每个机器周期内,地址锁存信号 ALE 两次有效,第 1 次出现在 S1P2 和 S2P1 期间,第 2 次出现在 S4P2 和 S5P1 期间。单周期指令的执行从 S1P2 开始,此时操作码被锁存在指令寄存器内。若是双字节指令,则在同一机器周期的 S4 状态读第 2 个字节。若是单字节指令,在 S4 状态仍进行读,但操作无效,且程序计数器 PC 的值不加 1。

图 2.8(a)和图 2.8(b)分别为单字节单周期和双字节单周期指令的时序,它们都在 S6P2 结束时完成操作。

图 2.8(c)为单字节双周期指令的时序,在 2 个机器周期内进行 4 次操作。由于是单字节指令,所以后面的 3 次操作无效。

图 2.8(d)为 CPU 访问片外数据存储器指令 MOVX 的时序,它是一条单字节双周期指令。在第 1 个机器周期的 S5 状态开始送出片外数据存储器的地址,进行数据的读/写操作。在此期间没有 ALE 信号,所以在第 2 个周期不会产生取指操作。

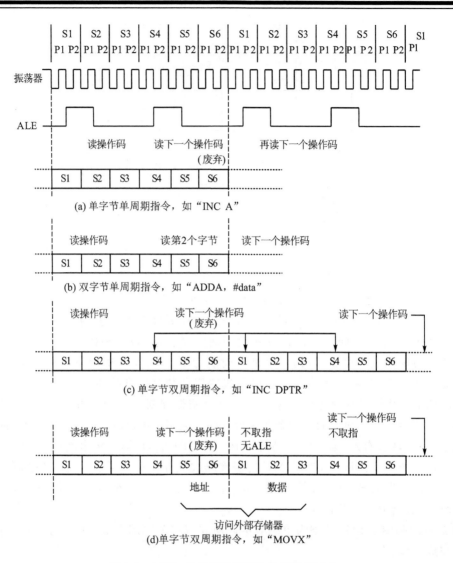

图 2.8 80C51 单片机的取指和执行周期时序

2.5 80C51 单片机的复位信号与复位电路

80C51 单片机与其他微处理器一样,在启动时需要复位,使 CPU 和系统的各个部件处于一种确定的初始状态。复位信号从单片机的 RST 引脚输入,高电平有效,其有效电平应维持至少 2 个机器周期。若采用 6 MHz 的晶体振荡器,则复位信号至少应持续 4 μs 以上,才可以保证可靠复位。

复位操作有上电自动复位和按键手动复位两种方式。上电自动复位是通过外部复位电路的电容充电来实现的,其电路如图 2.9(a)所示。只要电源 V_{CC} 电压上升时间不超过 1 ms,通过在 V_{CC} 与 RST 之间加一个 22 μF 的电容,RST 与 V_{SS} 引脚(即地)之间加一个 1 kΩ 的电阻,就可以实现上电自动复位。

按键手动复位电路如图 2.9(b)所示。它是在上电自动复位电路的基础上增加一个电阻 R_1 和一个按键 RESET 实现的。它不仅具有上电自动复位的功能,在按下 RESET 按钮后,电容 C 通过 R_1 放电,同时电源 V_{CC} 通过 R_1 和 R_2 分压。而 R_2 要比 R_1 大许多,大部分电压降落在 R_2 上,从而使 RST 端得到一个高电平导致单片机复位。

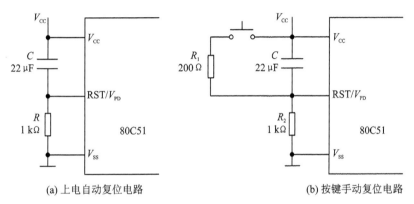

(a) 上电自动复位电路　　　　　　　　(b) 按键手动复位电路

图 2.9　复位电路

上述电路中的电阻、电容参数适用于 6 MHz 的外接晶振,能保证复位信号持续 2 个机器周期的高电平。复位电路虽然简单,但其作用非常重要。一个实际单片机应用系统能否正常工作,首先要检查能否产生正确的复位信号。复位以后,单片机内部各寄存器的状态如下:

PC	0000H	TMOD	00H
ACC	00H	TL0	00H
PSW	00H	TH0	000H
SP	07H	TL1	00H
DPTR	0000H	TH1	00H
P0~P3	FFH	SCON	00H
IP	××000000B	SBUF	不定
IE	0×000000B	PCON	0×××0000B

复位不影响片内 RAM 的内容。当加上电源电压 V_{CC} 以后,RAM 的内容是随机的。

2.6　80C51 单片机的并行 I/O 口

80C51 单片机有 4 个并行 I/O 口,称为 P0、P1、P2、P3。每个口都有 8 根引脚,共有 32 根

I/O 引脚,它们都是双向通道。每一条 I/O 引脚都能独立地用作输入或输出。作输出时数据可以锁存,作输入时数据可以缓冲。P0~P3 口各有一个锁存器,分别对应 4 个特殊功能寄存器地址:80H、90H、A0H、B0H。图 2.10 为 P0~P3 各口中的一位逻辑图。这 4 个 I/O 口的功能不完全相同,它们的负载能力也不相同。P1、P2、P3 都能驱动 4 个 LSTTL 门电路,并且不需外加电阻就能直接驱动 MOS 电路。P0 口在驱动 TTL 电路时能带动 8 个 LS 型 TTL 门,但驱动 MOS 电路时若作为地址/数据总线,可直接驱动;而作 I/O 口时,则需外接上拉电阻才能驱动 MOS 电路。

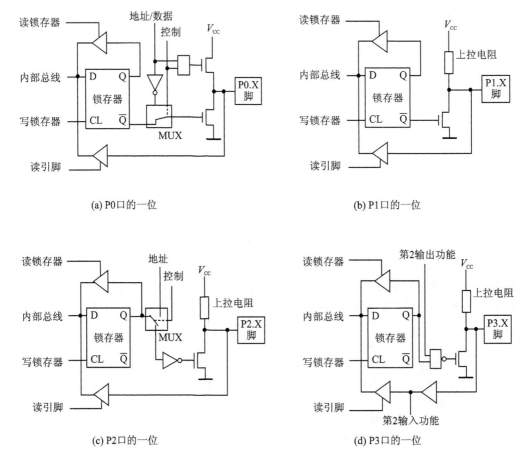

图 2.10 80C51 单片机并行 I/O 口一位的逻辑图

1. P0 口

P0 为三态双向口,它可作为输入/输出端口使用,也可作为系统扩展时的低 8 位地址/8 位数据总线使用。P0 口内部有一个 2 选 1 的 MUX 开关,当 80C51 以单芯片方式工作而不需要外部扩展时,内部控制信号将使 MUX 开关接通到锁存器。此时 P0 口作为双向 I/O 端口。由于 P0 口没有内部上拉电阻,通常要在外部加一个上拉电阻来提高驱动能力。当 80C51 需要进行外部扩展时,内部控制信号将使 MUX 开关接通到内部地址/数据线。此时,P0 口在 ALE 信号的控制下,分时输出低 8 位地址和 8 位数据信号。

2. P1 口

P1 口为准双向口,它的每一位都可以分别定义为输入或输出使用。P1 口作为输入口使用时,有两种工作方式,即所谓"读端口"和"读引脚"。读端口时实际上不从外部读入数据,只把端口锁存器中的内容读入到内部总线,经过某种运算和变换后,再写回到端口锁存器。属于这类操作的指令很多,如对端口内容取反等。读引脚时才真正地把外部的输入信号读入到内部总线。逻辑图中各有两个输入缓冲器,CPU 根据不同的指令分别发出"读端口"或"读引脚"信号,以完成两种不同的操作。在读引脚,也就是从外部输入数据时,为了保证输入正确的外部输入电平信号,首先要向端口锁存器写入一个"1",然后再进行读引脚操作;否则,端口锁存器中原来状态有可能为"0"。加到输出驱动场效应管栅极的信号为"1",该场效应管导通,对地呈现低阻抗。这时即使引脚上输入的是"1"信号,也会因端口的低阻抗而使信号变化,使得外加的"1"信号读入时不一定是"1"。若先执行置"1"操作,则可使驱动场效应管截止,引脚信号直接加到三态缓冲器,实现正确的读入。因为 P1 口在进行输入操作之前需要有这样一个附加准备动作,所以称之为"准双向口"。P1 作为输出口时,如果要输出"1",只要将"1"写入 P1 口的某一位锁存器,使输出驱动场效应管截止,该位的输出引脚由内部上拉电阻拉成高电平,即输出为"1"。要输出"0"时,将"0"写入 P1 口的某一位锁存器,使输出驱动场效应管导通,该位的输出引脚被接到地端,即输出为"0"。

3. P2 口

P2 口也是一个准双向口,有两种使用功能:作为普通 I/O 端口或作为系统扩展时的高 8 位地址总线。P2 口内部结构与 P0 口类似,也有一个 2 选 1 的 MUX 开关。P2 作 I/O 端口使用时,内部控制信号使 MUX 开关接通到锁存器,此时 P2 口的用法与 P1 口相同。P2 口作外部地址总线使用时,内部控制信号使 MUX 开关接通到内部地址线,此时 P2 口的引脚状态由所输出的地址决定。需要特别指出的是,由于对片外地址的操作是连续不断的,只要进行了外部系统扩展,此时 P0 口和 P2 口就不能再用作 I/O 端口了。

4. P3 口

P3 口为多功能口,除了用作通用 I/O 口之外,它的每一位都有各自的第 2 功能,详见表 2-3。P3 口作通用 I/O 口时,其使用方法与 P1 口相同。P3 口的第 2 功能可以单独使用,即不用第 2 功能的引脚仍可以作通用 I/O 口线使用。

80C51 单片机没有独立的对外地址、数据和控制"三总线"。当需要进行外部扩展时,需要采用 I/O 口的复用功能,将 P0、P2 口用作地址/数据总线,P3 口用其第 2 功能,形成外部地址、数据和控制总线,如图 2.11 所示。P0 口在进行外部扩展时分时复用,在读/写片外存储器时,P0 口先送出低 8 位地址信号,该信号只能维持很短时间;然后 P0 又送出 8 位数据信号。为了使在整个读/写片外存储器期间,都存在有效的低 8 位地址信号,必须在 P0 口上外接一个地址锁存器,在 ALE 信号有效期间将低 8 位地址锁存于锁存器内,再从这个锁存器对外输出低 8 位地址。P2 口在进行外部扩展时只用作高 8 位地址线,在整个读/写期间 P2 口输出信号维持不变,因此 P2 不需外接锁存器。一般在片外接有存储器时,P0 和 P2 口不能再用作通用 I/O 口,此时只有 P1 口可作通用 I/O 口用,P3 口没有使用第 2 功能的引脚还可以用作 I/O 口线。另外还要注意,外接程序存储器 ROM 的读/写选通信号 $\overline{PSEN}$,而外接数据存储器 RAM 的读/写选通信号为 $\overline{RD}$ 和 $\overline{WR}$,从而保证外部 ROM 和外部 RAM 不会发生混淆。

表 2-3 P3 口的第 2 功能定义

端口引脚	第 2 功能
P3.0	RXD(串行输入口)
P3.1	TXD(串行输出口)
P3.2	$\overline{INT0}$(外部中断 0 输入)
P3.3	$\overline{INT1}$(外部中断 1 入)
P3.4	T0(定时器 0 外部输入)
P3.5	T1(定时器 1 外部输入)
P3.6	$\overline{WR}$(外部 RAM 写选通)
P3.7	$\overline{RD}$(外部 RAM 读选通)

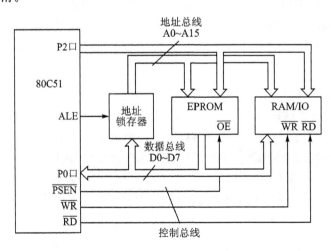

图 2.11 单片机与外部存储器、I/O 端口的连接

2.7　80C51 单片机的指令系统

指令系统是一套控制单片机执行操作的编码,是单片机能直接识别的命令。指令系统在很大程度上决定了单片机的功能和使用是否方便灵活。指令系统对于用户来说也是十分重要的,只有详细了解了单片机的指令功能,才能编写出高效的软件程序。本节介绍 80C51 单片机的指令系统。

2.7.1　指令和助记符

指令本身是一组二进制数代码,记忆起来很不方便。为了便于记忆,将这些代码用具有一定含义的指令助记符来表示。助记符一般采用有关英文单词的缩写,这样就容易理解和记忆单片机的各种指令了。下面是两条分别用代码形式和助记符形式书写的指令:

十六进制代码	助记符	功　能
740A	MOV A,♯0AH	将十六进制数 0AH 放入累加器 A 中
2414	ADD A,♯14H	累加器 A 中的内容与十六进制数 14H 相加,结果放在累加器 A 中

尽管采用助记符后,书写的字符增多了,但由于增强了可读性,使用时会觉得更方便。采用助记符和其他一些符号来编写的指令程序,称为汇编语言源程序,汇编语言源程序经过汇编之后即可得到可执行的机器代码目标程序。

2.7.2　指令的字节数

一条指令通常由两部分组成,即操作码和操作数。操作码用来规定这条指令完成什么操作,例如是做加减运算,还是数据传送等。操作数则表示这条指令所完成的操作对象,即是对谁进行操作。操作数可以直接是一个数,或者是一个数所在的内存地址。

操作码和操作数都是二进制代码。在 80C51 单片机中,8 位二进制数为一个字节。指令是由指令字节组成的,对于不同的指令,指令的字节数不相同。80C51 单片机有单字节、双字节或三字节指令。

1) 单字节指令

单字节指令中既包含操作码的信息,也包含操作数的信息。这可能有两种情况:

一种是指令的含义和对象都很明确,不必再用另一个字节来表示操作数。例如,数据指针加 1 指令"INC DPTR"。由于操作的内容和对象都很明确,故不必再加操作数字节,其指令码为

10100011

另一种情况是用一个字节中的几位来表示操作数或操作数所在的位置。例如,从工作寄

存器向累加器 A 传送数据的指令"MOV A,Rn",其中 Rn 可以是 8 个工作寄存器中的一个。在指令码中分出 3 位来表示这 8 个工作寄存器,用其余各位表示操作码的作用,指令码为

| 1 | 1 | 1 | 0 | 1 | r | r | r |

其中最低 3 位码用来表示从哪个寄存器取数,故 1 个字节也就够了。80C51 单片机共有 49 条单字节指令。

2) 双字节指令

双字节指令一般是用一个字节表示操作码,另一个字节表示操作数或操作数的地址。这时操作数或其地址是一个 8 位的二进制数,因此必须专门用一个字节来表示。例如,8 位二进制数传送到累加器 A 的指令"MOV A,♯data",其中"♯data"表示 8 位二进制数,也称立即数,这就是双字节指令,其指令码为

| 0 | 1 | 1 | 1 | 0 | 1 | 0 | 0 | ♯data

双字节指令的第 2 个字节,也可以是操作数所在的地址。80C51 单片机共有 45 条双字节指令。

3) 三字节指令

三字节指令则是一个字节的操作码,两个字节的操作数。操作数可以是数据,也可以是地址,因此,可能有 4 种情况:

操作码	立即数	立即数
操作码	地 址	立即数
操作码	立即数	地 址
操作码	地 址	地 址

80C51 单片机共有 17 条三字节指令,只占全部指令的 15%。一般而言,指令的字节数越少,其执行速度越快。从这个角度来说,80C51 单片机的指令系统是比较合理的。

2.7.3 寻址方式

所谓寻址,就是寻找操作数的地址。在用汇编语言编程时,数据的存放、传送、运算都要通过指令来完成。编程者必须自始至终十分清楚操作数的位置,以及如何将它们传送到适当的寄存器去运算。因此,如何从各个存放操作数的区域去寻找和提取操作数就变得十分重要。所谓寻址方式,就是通过确定操作数所在的地址把操作数提取出来的方法,它是汇编语言程序设计中最基本的内容之一,必须要十分熟悉。

在 80C51 单片机中,有 7 种寻址方式:

(1) 寄存器寻址;

(2) 直接寻址;

(3) 立即寻址;
(4) 寄存器间接寻址;
(5) 变址寻址;
(6) 相对寻址;
(7) 位寻址。
下面分别说明。

1. 寄存器寻址

寄存器寻址就是以通用寄存器的内容作为操作数,在指令的助记符中直接以寄存器的名字来表示操作数的位置。在 80C51 单片机中,没有专门的通用硬件寄存器,而是把内部数据 RAM 区中 00H~1FH 地址单元作为工作寄存器使用。共有 32 个地址单元,分成 4 组,每组 8 个工作寄存器,命名为 R0~R7,每次可以使用其中一组。当以 R0~R7 来表示操作数时,就属于寄存器寻址方式。例如:

```
MOV A,R0
ADD A,R0
```

前一条指令是将 R0 寄存器的内容传送到累加器 A 中,后一条指令则是对 A 和 R0 的内容做加法运算。

特殊功能寄存器 B 也可当作通用寄存器使用;但用 B 表示操作数地址的指令不属于寄存器寻址,而是属于下面所讲的直接寻址。

2. 直接寻址

在指令中直接给出操作数地址,就属于直接寻址方式。在这种方式中,指令的操作数部分直接是操作数的地址。

80C51 单片机中,用直接寻址方式可以访问内部数据 RAM 区中 00H~7FH 共 128 个单元以及所有的特殊功能寄存器。在指令助记符中,直接寻址的地址可用 2 位十六进制数表示。对于特殊功能寄存器,可用它们各自的名称符号来表示,这样可以增加程序的可读性。例如:

```
MOV A,3AH
```

就属于直接寻址。其中 3AH 所表示的就是直接地址,即内部 RAM 区中的 3AH 单元。这条指令的功能是将内部 RAM 区中 3AH 单元的内容传送到累加器 A,即 A←(3AH)。该指令的功能如图 2.12 所示。

3. 立即寻址

若指令的操作数是一个 8 位或 16 位二进制数,就称为立即寻址。指令中的操作数称为立即操作数。

图 2.12 直接寻址操作

由于 8 位立即数和直接地址都是 8 位二进制数(两位十六进制数),因此在书写形式上必须有所区别。在 80C51 单片机中采用"#"号来表示后面的是立即数而不是直接地址。例如"#3AH"表示立即数 3AH,而直接写 3AH 则表示 RAM 区中地址为 3AH 的单元。例如指令:

  MOV A,#3AH
  MOV A,3AH

前一条指令为立即寻址,执行后累加器 A 中的内容变为 3AH;后一条指令为直接寻址,执行后累加器 A 中的内容变为 RAM 区中地址为 3AH 单元的内容。在 80C51 单片机中,只有一条 16 位立即数指令:

  MOV DPTR,#data16

其功能是将 16 位立即数送往数据指针寄存器。由于是 16 位立即数,需要 2 个字节表示,因此,这是一条三字节指令,即一字节指令码、二字节立即数。指令格式如下:

| 1 0 0 1 0 0 0 0 | 立即数高 8 位 | 立即数低 8 位 |

4. 寄存器间接寻址

若以寄存器的名称间接给出操作数的地址,则称为寄存器间接寻址。在这种寻址方式下,指令中工作寄存器的内容不是操作数,而是操作数的地址。指令执行时,先通过工作寄存器的内容取得操作数地址,再到此地址所规定的存储单元取得操作数。

80C51 单片机可采用寄存器间接寻址方式访问全部内部 RAM 地址单元(8051 为 00H~7FH,8052 为 00H~FFH),也可访问 64 KB 的外部 RAM。但是这种寻址方式不能访问特殊功能寄存器。通常用工作寄存器 R0、R1 或数据指针寄存器 DPTR 来间接寻址,为了对寄存器寻址和寄存器间接寻址加以区别,在寄存器名称前面加一个符号"@"来表示寄存器间接寻址。例如:

  MOV A,@R0

该指令的功能如图 2.13 所示。指令执行之前 R0 寄存器的内容 3AH 是操作数的地址,内部 RAM 区中地址为 3AH 单元的内容 65H 才是操作数。执行后,累加器 A 中的内容变为 65H。若采用寄存器寻址指令:

  MOV A,R0

则执行后累加器 A 中的内容变为 3AH。对这两类指令的差别和用法,一定要区分清楚,正确使用。

5. 变址寻址

变址寻址是以某个寄存器的内容为基本地址,然后在这个基址上加以地址的偏移量,才是真正的操作数地址。80C51 单片机没有专门的变址寄存器,而是采用数据指针 DPTR 或程序计数器指针 PC 的内容为基本地址。地址偏移量则是累加器 A 中的内容,将基址与偏移量相加,即以 DPTR 或者 PC 的内容与 A 的内容之和作为实际的操作数地址。80C51 单片机采用变址寻址方式可以访问 64 KB 的外部程序存储器地址空间。例如指令:

MOVC A,@A+DPTR

该指令的功能如图 2.14 所示。指令执行前(A)=11H,(DPTR)=02F1H,故实际操作数的地址应为 02F1H+11H=0302H。指令执行后,将程序存储器 ROM 中 0302H 单元的内容 1EH 传送到累加器 A。需要注意的是,虽然在变址寻址时采用数据指针 DPTR 作为基址寄存器,但变址寻址的区域都是程序存储器 ROM,而不是数据存储器 RAM;另外,尽管变址寻址方式的指令助记符和指令操作都较为复杂,但却是一字节指令。

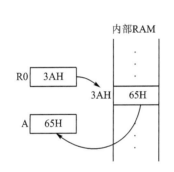

图 2.13 寄存器间接寻址操作

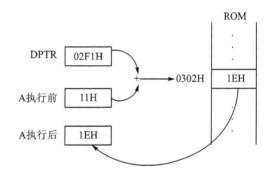

图 2.14 变址寻址操作

6. 相对寻址

80C51 单片机设有转移指令,分为直接转移指令和相对转移指令。相对转移指令需要采用相对寻址方式,此时指令的操作数部分给出的是地址的相对偏移量。在指令中以 rel 表示相对偏移量。rel 为一个带符号的常数,可正也可以负。若 rel 值为负数,则应用补码表示。一般将相对转移指令本身所在的地址称为源地址,转移后的地址称为目的地址,它们的关系为:

目的地址=源地址+指令字节数+rel

例如指令:

SJMP rel

该指令的功能如图 2.15 所示。这条指令的机器码为"80,rel",共两个字节。设该指令所在的源地址为 2000H,rel 的值为 54H,则转移后的目的地址为 2000H+02H+54H=2056H。

7. 位寻址

采用位寻址方式的指令,其操作数是 8 位二进制数中的某一位。在指令中要给出是内部 RAM 单元中的哪一位,即给出位地址。位地址在指令中用 bit 表示。

80C51 内部 RAM 中有 1 个可位寻址区,地址为 20H～2FH,共 16 个单元。其中每个单元的每一位都可单独作为操作数,共 128 位。另外,如果特殊功能寄存器的地址值能被 8 整除,则该特殊功能寄存器也可以进行位寻址。表 2-4 列出了这些特殊功能寄存器及其位地址。

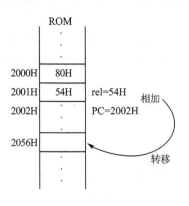

图 2.15 相对寻址操作

表 2-4 可以位寻址的特殊功能寄存器

特殊功能寄存器	单元地址	表示符号	位地址
P0	80H	P0.0～P0.7	80H～87H
TCON	88H	TCON.0～TCON.7	88H～8FH
P1	90H	P1.0～P1.7	90H～97H
SCON	98H	SCON.0～SCON.7	98H～9FH
P2	A0H	P2.0～P2.7	A0H～A7H
IE	A8H	IE.0～IE.7	A8H～AFH
P3	B0H	P3.0～P3.7	B0H～B7H
IP	B8H	IP.0～IP.7	B8H～BFH
PSW	D0H	PSW.0～PSW.7	D0H～D7H
ACC	E0H	ACC.0～ACC.7	E0H～E7H
B	F0	B.0～B.7	F0H～F7H

在 80C51 单片机中,位地址的表示可以采用以下几种方式:
- 直接用位地址 00H～FFH 来表示,例如 20H 单元的 0～7 位可表示为 00H～07H。
- 采用第 n 单元第 n 位的表示方法,例如 25H.5,表示 25H 单元的第 5 位。
- 对于特殊功能寄存器可直接用寄存器名加位数的表示方法,例如 ACC.3 和 PSW.7 等。
- 用汇编语言中的伪指令定义。

2.7.4 指令分类详解

80C51 单片机共有 111 条指令,按指令功能可分为算术运算指令、逻辑运算指令、数据传送指令、控制转移指令及位操作指令 5 大类。

1. 算术运算指令

算术运算指令包括加、减、乘、除法指令。加法指令又分为普通加法指令、带进位加法指令和加1指令。

普通加法指令如下：

```
ADD   A,Rn          ；Rn(n=0~7)为工作寄存器
ADD   A,direct      ；direct 为直接地址单元
ADD   A,@Ri         ；Ri(i=0~1)为工作寄存器
ADD   A,#data       ；#data 为立即数
```

这组指令的功能是将累加器 A 的内容与第二操作数的内容相加，结果送回到累加器 A 中。在执行加法的过程中，如果位 7 有进位，则进位标志 CY 置 1；否则 CY 清 0。如果位 3 有进位，则辅助进位标志 AC 置 1；否则 AC 清 0。如果位 6 有进位而位 7 没有进位，或者位 7 有进位而位 6 没有进位，则溢出标志 OV 置 1；否则 OV 清 0。

带进位加法指令如下：

```
ADDC   A,Rn         ；Rn(n=0~7)为工作寄存器
ADDC   A,direct     ；direct 为直接地址单元
ADDC   A,@Ri        ；Ri(i=0~1)为工作寄存器
ADDC   A,#data      ；#data 为立即数
```

这组指令的功能与普通加法指令类似，唯一的不同之处是在执行加法时，还要将上一次进位标志 CY 的内容也一起加进去。对于标志位的影响与普通加法指令相同。

加1指令如下：

```
INC    A
INC    Rn           ；Rn(n=0~7)为工作寄存器
INC    direct       ；direct 为直接地址单元
INC    @Ri          ；Ri(i=0~1)为工作寄存器
INC    DPTR         ；DPTR 为 16 位数据指针寄存器
```

这组指令的功能是将所指出操作数的内容加 1。如果原来的内容为 0FFH，则加 1 后将产生上溢出，使操作数的内容变成 00H，但不影响任何标志。指令"INC DPTR"是对 16 位数据指针寄存器 DPTR 执行加 1 操作。指令执行时，先对数据指针的低 8 位 DPL 的内容加 1。当产生上溢出时，就对数据指针的高 8 位 DPH 加 1，但不影响任何标志。

十进制调整指令：

```
DA   A
```

这条指令的功能是对累加器 A 中内容进行 BCD 码调整，通常用于 BCD 码运算程序中，

使 A 中的运算结果为两位 BCD 码数。该指令的执行过程如图 2.16 所示。

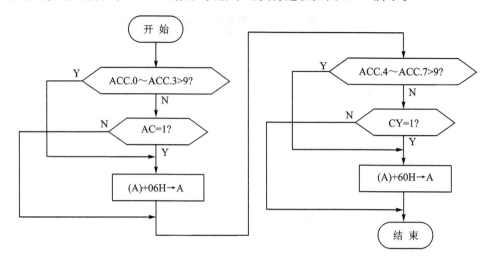

图 2.16 "DA A"指令的执行过程

减法指令只有带进位减法和减 1 指令。带进位减法指令如下：

```
SUBB    A,Rn        ;Rn(n=0～7)为工作寄存器
SUBB    A,direct    ;direct 为直接地址单元
SUBB    A,@Ri       ;Ri(i=0～1)为工作寄存器
SUBB    A,#data     ;#data 为立即数
```

这组指令的功能是将累加器 A 的内容与第 2 操作数的内容相减,同时还要减去上一次进位标志 CY 的内容,结果送回到累加器 A 中。在执行减法的过程中,如果位 7 有借位,则当前进位标志 CY 置 1;否则 CY 清 0。如果位 3 有借位,则辅助进位标志 AC 置 1;否则 AC 清 0。如果位 6 有借位而位 7 没有借位,或者位 7 有借位而位 6 没有借位,则溢出标志 OV 置 1;否则 OV 清 0。

减 1 指令如下：

```
DEC     A
DEC     Rn          ;Rn(n=0～7)为工作寄存器
DEC     direct      ;direct 为直接地址单元
DEC     @Ri         ;Ri(i=0～1)为工作寄存器
```

这组指令的功能是将所指出操作数的内容减 1。如果原来的内容为 00H,则减 1 后将产生下溢出,使操作数的内容变成 0FFH,但不影响任何标志。

单字节乘法指令如下：

```
MUL     AB
```

这条指令的功能是将累加器 A 中的 8 位无符号整数与寄存器 B 中的 8 位无符号整数相乘,乘积为 16 位整数。乘积的低 8 位存放在累加器 A 中,高 8 位存放在寄存器 B 中。如果乘积大于 255(0FFH),则溢出标志 OV 置 1;否则 OV 清 0。进位标志总是被清 0。

单字节除法指令如下:

```
DIV    AB
```

这条指令的功能是将累加器 A 中的 8 位无符号整数除以寄存器 B 中的 8 位无符号整数,所得商的整数部分存放在累加器 A 中,余数部分存放在寄存器 B 中,进位标志 CY 和溢出标志 OV 清 0。如果原来 B 中的内容为 0(被 0 除),则执行除法后 A 和 B 中的内容不定,且溢出标志 OV 置 1。在任何情况下,进位标志总是被清 0。

2. 逻辑运算指令

逻辑运算指令分为简单逻辑操作指令、逻辑"与"指令、逻辑"或"指令以及逻辑"异或"指令。简单逻辑指令如下:

```
CLR    A            ;对累加器 A 清 0
CPL    A            ;对累加器 A 内容求反
RL     A            ;累加器 A 内容向左环移 1 位
RLC    A            ;累加器 A 内容带进位位 CY 向左环移 1 位
RR     A            ;累加器 A 内容向右环移 1 位
RRC    A            ;累加器 A 内容带进位位 CY 向右环移 1 位
SWAP   A            ;将累加器 A 高半字节(ACC.7~ACC.4)与低半字节(A.3~A.0)交换
```

逻辑"与"指令如下:

```
ANL    A,Rn         ;(A)∧(Rn)→A,n=0~7
ANL    A,direct     ;(A)∧(direct)→A
ANL    A,@Ri        ;(A)∧((Ri))→A,i=0 或 1
ANL    A,#data      ;(A)∧#data→A
ANL    direct,A     ;(direct)∧(A)→direct
ANL    direct,#data ;(direct)∧#data→direct
```

这组指令的功能是将两个操作数的内容按位进行逻辑"与"运算,结果送入累加器 A 或由 direct 所指出的内部 RAM 单元。

逻辑"或"指令如下:

```
ORL    A,Rn         ;(A)∨(Rn)→A,n=0~7
ORL    A,direct     ;(A)∨(direct)→A
ORL    A,@Ri        ;(A)∨((Ri))→A,i=0 或 1
ORL    A,#data      ;(A)∨#data→A
ORL    direct,A     ;(direct)∨(A)→direct
ORL    direct,#data ;(direct)∨#data→direct
```

这组指令的功能是将两个操作数的内容按位进行逻辑"或"运算,结果送入累加器 A 或由 direct 所指出的内部 RAM 单元。

逻辑"异或"指令如下:

```
XRL    A,Rn          ;(A)⊕(Rn)→A,n=0~7
XRL    A,direct      ;(A)⊕(direct)→A
XRL    A,@Ri         ;(A)⊕((Ri))→A,i=0 或 1
XRL    A,#data       ;(A)⊕#data→A
XRL    direct,A      ;(direct)⊕(A)→direct
XRL    direct,#data  ;(direct)⊕#data→direct
```

这组指令的功能是将两个操作数的内容按位进行逻辑"异或"运算,结果送入累加器 A 或由 direct 所指出的内部 RAM 单元。

3. 数据传送指令

80C51 单片机的存储器区域可分为以下 3 个部分:

程序存储器　　　　　0000H~FFFFH
内部 RAM　　　　　　00H~FFH
外部 RAM/IO 区　　　0000H~FFFFH

指令对哪一个存储器区域进行操作是由指令的操作码和寻址方式确定的。对于程序存储器 ROM 只能通过变址寻址方式采用 MOVC 指令访问;对于特殊功能寄存器只能采用直接寻址和位寻址方式,不能采用间接寻址方式;对于 8052 单片机内部 RAM 的高 128 字节,则只能采用寄存器的间接寻址方式,而内部 RAM 的低 128 个字节既能间接寻址,也能直接寻址;外部数据存储器 RAM 只能通过间接寻址方式用 MOVX 指令访问。

数据传送到累加器 A 的指令如下:

```
MOV   A,Rn
MOV   A,direct
MOV   A,@Ri         ;i=0 或 1
MOV   A,#data
```

这组指令的功能是把源操作数的内容送入累加器 A。

数据传送到工作寄存器 Rn 的指令如下:

```
MOV   Rn,A          ;n=0~7
MOV   Rn,direct     ;n=0~7
MOV   Rn,#data      ;n=0~7
```

这组指令的功能是把源操作数的内容送入当前工作寄存器区中的某一个寄存器 R0～R7。

数据传送到内部 RAM 单元或特殊功能寄存器 SFR 的指令如下：

```
MOV    direct,A
MOV    direct,Rn      ;n=0～7
MOV    direct,direct
MOV    direct,@Ri     ;i=0 或 1
MOV    direct,#data
MOV    @Ri,A          ;i=0 或 1
MOV    @Ri,direct     ;i=0 或 1
MOV    @Ri,#data      ;i=0 或 1
MOV    DPTR,#data16
```

这组指令的功能是把源操作数的内容送入指定的内部 RAM 单元或特殊功能寄存器。最后一条指令的功能是将 16 位数据送入数据指针寄存器 DPTR。

堆栈操作指令如下：

```
PUSH  direct           ;进栈
POP   direct           ;出栈
```

在 80C51 单片机的特殊功能寄存器中有一个堆栈指针寄存器 SP。进栈指令的功能是首先将堆栈指针 SP 的内容加 1，然后将直接地址所指出的内容送入 SP 指出的内部 RAM 单元。出栈指令的功能是将 SP 所指出的内部 RAM 单元的内容送入由直接地址所指出的字节单元，同时将栈指针 SP 的内容减 1。

累加器 A 与外部数据存储器之间的数据传送指令如下：

```
MOVX   A,@DPTR         ;((DPTR))→A
MOVX   A,@Ri           ;((P2Ri))→A,i=0 或 1
MOVX   @DPTR,A         ;(A)→(DPTR)
MOVX   @Ri,A           ;(A)→(P2Ri)
```

这组指令的功能是在累加器 A 与外部数据存储器 RAM 或 I/O 口之间进行数据传送。

查表指令如下：

```
MOVC   A,@A+PC
MOVC   A,@A+DPTR
```

这是两条很有用的查表指令，它们可用来查找存放在程序存储器中的常数表格。其中第一条指令是以程序计数器 PC 作为基址寄存器，累加器 A 的内容作为无符号数偏移量与 PC 的内容（下一条指令的起始地址）相加，得到一个 16 位的地址，并将该地址指出的程序存储器单元的内容送入累加器 A。这条指令的优点是不改变特殊功能寄存器和 PC 的状态,只要根据 A 中的内容就可以取出表格中的常数。缺点是表格只能放在该条查表指令后面的 256 个单元之中,表格的大小受到限制,而且表格只能被一段程序所利用。第 2 条指令是以数据指针寄存器 DPTR 作为基址寄存器,累加器 A 的内容作为无符号数偏移量与 DPTR 的内容相加,得到一个 16 位的地址,并将该地址指出的程序存储器单元的内容送入累加器 A。这条查表指令的执行结果只与 DPTR 和累加器 A 的内容有关,而与该条指令存放的地址及常数表格存放的地址无关;因此,表格的大小和位置可以在 64 KB 的程序存储器中任意安排,并且一个表格可以为各个程序块所公用。

字节交换指令如下:

```
XCH    A,Rn           ;n=0~7
XCH    A,direct
XCH    A,@Ri          ;i=0 或 1
```

这组指令的功能是将累加器 A 的内容和源操作数的内容相互交换。

半字节交换指令如下:

```
XCHD A,@Ri            ;i=0 或 1
```

这条指令的功能是将累加器 A 的低 4 位内容和 R(i) 所指出的内部 RAM 单元的低 4 位内容相互交换。

4. 控制转移指令

无条件短跳转指令如下:

```
AJMP   addr11
```

这是 2 KB 范围内的无条件跳转指令。它把程序存储器划分为 32 个区,每个区为 2 KB。转移的目标地址必须与 AJMP 后面一条指令的第 1 个字节在同一个 2 KB 的范围之内(即转移目标地址必须与 AJMP 下一条指令的地址 A15~A11 相同),否则将引起混乱。该指令执行时先将 PC 的内容加 2,然后将 11 位地址送入 PC.10~PC.0,而 PC.15~PC.11 保持不变。

相对转移指令如下:

```
SJMP   rel
```

这是一条无条件跳转指令。执行时在(PC)+2 后,把指令中有符号偏移量 rel 加到 PC 上, 计算出偏移地址。因此,转移的目标地址可以在这条指令前 128 字节到后 127 字节之间。

长跳转指令如下:

```
LJMP   addr16
```

这条指令执行时把指令的第 2 和第 3 字节分别装入 PC 的高 8 位和低 8 位字节中,无条件地转向指定的地址。转移的目标地址可以在 64 KB 程序存储器地址空间的任何地方。

散转指令如下:

```
JMP    @A+DPTR
```

这条指令的功能是把累加器 A 中的 8 位无符号数与数据指针 DPTR 中的 16 位数相加,结果作为下一条指令的地址送入 PC,不改变累加器 A 和数据指针 DPTR 的内容,也不影响标志。

条件转移指令是当满足某一特定条件时执行转移操作的指令。条件满足时转移(相当于一条相对转移指令),条件不满足时则顺序执行下面一条指令。转移的目的地址在以下一条指令的起始地址为中心的 256 字节范围之内(−128~+127)。当条件满足时,把 PC 的值加到下一条指令的第 1 字节地址,再把有符号的相对偏移量 rel 加到 PC 上,计算出转移地址。

条件转移指令如下:

```
JZ     rel                  ;(A)=0 时转移
JNZ    rel                  ;(A)≠0 时转移
JC     rel                  ;CY=1 时转移
JNC    rel                  ;CY=0 时转移
JB     bit,rel              ;(bit)=1 时转移
JNB    bit,rel              ;(bit)=0 时转移
JBC    bit,rel              ;(bit)=1 时转移,并清"0"bit 位
```

80C51 单片机没有专门的比较指令,但是提供了如下 4 条比较不相等转移指令:

```
CJNE   A,    direct, rel
CJNE   A,    #data,rel
CJNE   Rn,   #data,rel      ;n=0~7
CJNE   @Ri,  #data,rel      ;i=0 或 1
```

这组指令的功能是比较前面两个操作数的大小,如果它们的值不相等则转移。在把 PC 的值加到下一条指令的起始地址后,再把指令最后一个字节的有符号相对偏移量加到 PC 上,计算出转移地址。如果第 1 操作数(无符号整数)小于第 2 操作数(无符号整数),则进位标志 CY 置 1,否则 CY 清 0。不影响任何一个操作数的内容。

减 1 不为 0 转移指令如下:

```
DJNZ   Rn,    rel           ;n=0~7
DJNZ   direct, rel
```

这组指令把源操作数(Rn、direct)的内容减 1,并将结果回送到源操作数中。如果相减的

结果不为 0,则转移到由相对偏移量 rel 计算得到的目的地址。

80C51 单片机提供了两条子程序调用指令,即短调用和长调用指令。短调用指令如下:

ACALL　addr11

这是一条 2 KB 范围内的子程序调用指令。执行时先把 PC 的值加 2 获得下一条指令的地址,然后把获得的 16 位地址压进堆栈(PCL 先进栈 PCH 后进栈),并将堆栈指针 SP 的值加 2,最后把 PC 值的高 5 位与指令提供的 11 位地址 addr11 相连接(PC15~PC11,A10~A0),形成子程序的入口地址并送入 PC,使程序转向执行子程序。所调用的子程序的起始地址必须在与 ACALL 指令后面一条指令的第 1 个字节在同一个 2 KB 区域的程序存储器中。

长调用指令如下:

LCALL　addr16

这条指令无条件地调用位于 16 位地址 addr16 处的子程序。它把 PC 的值加 3 以获得下一条指令的地址并将其压入堆栈(先低位字节后高位字节),同时把 SP 的值加 2,接着把指令的第 2 和第 3 字节(A15~A8,A7~A0)分别装入 PC 的高 8 位和低 8 位字节中,然后从 PC 所指出的地址开始执行程序。LCALL 指令可以调用 64 KB 范围内程序存储器中的任何一个子程序。不影响任何标志。

子程序返回指令如下:

RET

这条指令的功能是从堆栈中弹出 PC 的高 8 位和低 8 位字节,同时把 SP 的值减 2,并从 PC 指向的地址开始继续执行程序。不影响任何标志。

中断返回指令如下:

RETI

这条指令的功能与 RET 指令相似,不同的是它还对单片机的内部中断状态标志清 0。

空操作指令如下:

NOP

这条指令只完成(PC)+1,而不执行任何其他操作。

5. 位操作指令

80C51 单片机内部 RAM 中有一个位寻址区,还有一些特殊功能寄存器也可以位寻址,提供了丰富的位操作指令。

位数据传送指令如下:

MOV　C,bit
MOV　bit,C

这组指令的功能是把由源操作数指出的位变量送到目的操作数指定的位单元中。其中一个操作数必须为进位标志,另一个操作数可以是任何可寻址位。

位变量修改指令如下：

```
CLR    C         ;0→CY
CLR    bit       ;0→bit
CPL    C         ;对 CY 的内容取反
CPL    bit       ;对 bit 位取反
SETB   C         ;1→CY
SETB   bit       ;1→bit
```

这组指令对操作数所指出的位进行清 0、取反、置 1 的操作,不影响其他标志。

位变量逻辑与指令如下：

```
ANL    C,bit
ANL    C,/bit
```

这组指令的功能是将进位标志与指定的位变量(或位变量的取反值)相"与",结果送到进位标志。不影响别的标志。

位变量逻辑或指令如下：

```
ORL    C,bit
ORL    C,/bit
```

这组指令的功能是将进位标志与指定的位变量(或位变量的取反值)相"或",结果送到进位标志。不影响别的标志。

附录 A 按指令功能列出了 80C51 的全部指令。

2.8　80C51 单片机的汇编语言程序设计与实用子程序

2.7 节介绍了 80C51 单片机的指令系统,实际应用中将这些指令按需要有序地排列成一段完整的程序,就可以完成某一特定的任务。通常把这种程序称为汇编语言源程序,它主要由指令助记符和一些汇编伪指令组成。而把可以直接在计算机上运行的机器语言程序称为目标程序,由汇编语言源程序转换为目标程序的过程称为"汇编"。可以通过查附录 A 的指令表将汇编语言源程序中的指令逐条翻译为机器代码。实际上现在已经有许多在个人计算机上运行的专门"汇编程序"(如 ASM51 等),可以很方便地将汇编语言源程序转换成目标代码。

2.8.1　汇编语言格式与伪指令

80C51 单片机汇编语言程序由若干条指令行组成,其一般格式如下：

[标号:] 操作码,[操作数] [;注释]

其中:

"标号"是可选项,可用来表示程序的地址。

"操作码"是 80C51 单片机的指令助记符。

"操作数"是可选项,它依赖于不同的 80C51 指令,有些指令不需要操作数,有些指令则需要 1～3 个操作数,操作数可以是数字、符号或地址。十进制数以字符"D"为后缀,十六进制数以字符"H"为后缀,八进制数以字符"O"为后缀,二进制数以字符"B"为后缀。省略后缀时则默认为十进制数。立即数的前面须冠以符号"♯"。

"注释"也是可选项,它是为理解程序含义而加上的文字解释,注释文字前面必须有一个分号。

在对汇编语言源程序进行汇编时,80C51 指令行将被转换为一一对应的目标代码,它们可以被单片机 CPU 执行。另外,汇编语言源程序还包含一些不能被单片机 CPU 执行的指令,称为"汇编伪指令"。它们仅提供汇编控制信息,用于在汇编过程中执行一些特殊操作,而不会被转换为目标代码。下面介绍一些常用的汇编伪指令。

1. 设置起始地址——ORG

一般格式: ORG nnnn

其中,nnnn 为 4 位十六进制数,表示程序的起始地址。ORG 伪指令总是出现在每段程序的开始处,用于对该段程序在程序存储器中进行定位。需要注意的是,由 ORG 设置的程序空间地址应从小到大,不能重复。

例子:
    ORG 1000H
  MAIN: MOV A,20H
    ⋮

表示该段程序在程序存储器中的起始地址为 1000H。换句话说,这里标号"MAIN"所代表的就是地址值 1000H。

2. 定义字节——DB

一般格式:[标号:] DB 项或项表

其中,"项或项表"是单个字节数据或多个由逗号隔开的单字节数据,它们可以是数值,也可以是用引号括起来的 ASCII 字符串。DB 伪指令的功能是将项或项表的数据存入由标号(地址)开始的连续存储器单元之中。

例子:
    ORG　1000H
  SEG1: DB 53H,78H
  SEG2: DB 'THIS IS A TEST'

注意:项或项表若为数值,其范围为 00～FFH;若为字符串,其长度不能超过 80 个字符。

3. 定义字——DW

一般格式：[标号：] DW 项或项表

DW 的基本含义与 DB 相似，不同之处在于 DW 用于定义 16 位数据。

例子：　　　　　ORG　1000H

　　　　　TABLE：DW　1234H,78H

4. 保留存储器空间——DS

一般格式：[标号：] DS 表达式

DS 伪指令的功能是从标号指定的存储器地址开始，保留由表达式的值规定的存储器空间单元。

例子：　　　　　ORG　1000H

　　　　　TEMP：DS　10

本例表示从 TEMP 地址(1000H)开始保留 10 个连续的存储器单元。

5. 为标号赋值——EQU

一般格式：字符名 EQU 表达式

EQU 伪指令的功能是将表达式的值赋给"字符名"。"字符名"一旦赋值之后，它的值在整个程序中就不能再改变。注意，这里"字符名"与标号不同，它后面没有冒号。

例子：　　　　　PPAGE　EQU 9000H

　　　　　EN　　EQU 1

6. 源程序结束——END

一般格式：END

END 是一个程序结束标志，通常放在汇编语言源程序的结尾。

2.8.2 应用程序设计

在进行应用程序设计时，首先要确定算法，算法的优劣很大程度上决定了程序的效率；另外，还要尽可能画出程序框图，以便于分析程序流程。具体设计中还有主程序和子程序之分。主程序又称为前台程序，它通常是一个无穷循环；子程序又称为后台程序，它可以是各种功能子程序，也可以是中断服务子程序。主程序完成单片机系统的初始化，如内存单元清 0、开放中断等。子程序一般完成某个具体任务，如数据采集、存储、运算等。一般在前台主程序的循环体中根据需要不断调用各种后台功能子程序，从而完成单片机应用系统规定的任务。

【例 2-1】 用程序实现 $c=a^2+b^2$。假设 a、b、c 分别存放于单片机片内 RAM 的 30H、31H、32H 三个单元。主程序通过调用子程序 SQR 用查表方式分别求得 a^2 和 b^2 的值，然后进行相加得到最后的 c 值。程序框图如图 2.17 所示。

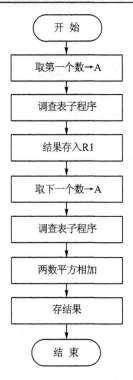

图 2.17 例 2-1 的程序框图

主程序如下：

```
            ORG     0000H           ;程序的复位入口
    START:  LJMP    MAIN
            ORG     0030H           ;主程序入口
    MAIN:   MOV     A,30H           ;取得 a 值
            LCALL   SQR             ;调查表子程序
            MOV     R1,A            ;a² 暂存于 R1 中
            MOV     A,31H           ;取得 b 值
            LCALL   SQR             ;调查表子程序
            ADD     A,R1            ;计算 a² + b²
            MOV     32H,A           ;存结果
            SJMP    $               ;循环,等待
```

查表子程序如下：

```
            ORG     0F00H
    SQR:    MOV     DPTR,#TAB
            MOVC    A,@A+DPTR       ;查表求得平方值
```

```
        RET                         ;子程序返回
TAB:    DB      0,1,4,9,16          ;平方表
        DB      25,36,49,64,81
        END                         ;程序结束
```

这是一个包含了主程序、子程序以及汇编伪指令的完整汇编语言程序例子。一般应用程序都可以参照这个方式编写,先编写一个主程序框架,再编写各个功能子程序。为了调用方便,应对子程序的入口和出口条件作尽可能详细的说明,并根据需要对主程序和子程序分别定位到适当的存储器地址;最后在主程序中通过调用子程序来完成所要求的任务。

下面再来看一个利用循环实现软件延时 10 ms 的子程序例子。

【例 2-2】 若单片机的晶振为 6 MHz,则一个机器周期为 2 μs。子程序的入口条件为:(R0)=延时毫秒数,(R1)=1 ms 预定值。出口条件为:定时时间到,返回。

```
                                            机器周期数
        ORG     1000H
DELAY:  MOV     R0,#10      ;延时 10 ms 值→R0      1
DL2:    MOV     R1,#MT      ;1 ms 预定值→R1        1
DL1:    NOP                 ;延时 1 个机器周期      1
        NOP                 ;延时 1 个机器周期      1
        DJNZ    R1,DL1      ;1 ms 延时循环          2
        DJNZ    R0,DL2      ;10 ms 延时循环         2
        RET                 ;延时结束,返回          2
```

这是一个双重循环程序,内循环的预定值 MT 尚需计算。因为各条指令执行时所需要的机器周期数是确定的,预定延时时间也已经给定 1 ms,故 MT 的值确定方式如下:

$$(1+1+2) \times 2 \ \mu s \times MT = 1\ 000 \ \mu s$$
$$MT = 125 = 7DH$$

将 7DH 代替程序中的 MT,即可以实现 10 ms 的延时。上面计算中仅考虑了内循环的执行时间。若考虑其他指令的影响,则该子程序的精确延时时间应为

$$(1+2) \times 2 \ \mu s + [(1+2) \times 2 \ \mu s + (1+1+2) \times 2 \ \mu s \times 125] \times 10 = 10\ 066 \ \mu s$$

2.8.3 定点数运算子程序

为了帮助读者进一步熟悉 80C51 单片机指令系统,同时学习汇编语言程序设计技巧,本节给出了一套定点数运算子程序。

定点数就是小数点固定的数,可以把小数点固定在数值的最高位之前,对于有符号的数,小数点应在符号位与最高数值位之间,即:

符号位　•数值部分

也可以把小数点固定在最低数值位后面,即:

符号位　数值部分•

有符号数的表示法有原码和补码两种。

1. 原码表示法

用原码表示一个数时,符号位为 0 表示正数,符号位为 1 表示负数。例如,二进制数 00110100 表示十进制数＋52;而二进制数 10110100 表示十进制数－52。

原码表示法的优点是简单直观,执行乘除运算及输入/输出都比较方便;缺点是加减运算较为复杂。一般来讲,对原码表示的有符号数执行加减运算时,必须按符号位的不同执行不同的运算,运算过程中符号位不直接参加运算。用原码表示的 0 有两个,即正 0(00000000)和负 0(10000000)。

2. 补码表示法

在计算机中一般都采用补码来表示带符号的数。正数的补码表示与原码相同,即最高位为 0,其余位为数值位。负数用补码表示时,最高位为 1,数值位要按位取反后再在最低位加 1,才是该负数的数值。例如,十进制数＋51 的二进制补码为 00110011;而十进制数－51 的二进制补码为 11001101。

在补码表示法中,只有一个零(正 0),而数值位为 0 的负数为最小负数。8 位二进数补码所能表示的数值范围为－128～＋127。当负数采用补码表示后,可将减法运算转换成加法运算。例如,十进制数＋83 的 8 位二进数补码为 01010011,十进制数－4 的 8 位二进数补码为 11111100,从而

$$(83-4)_{10} = (83+(-4))_{10} = (01010011)_2 + (11111100)_2 = (01001111)_2 = (79)_{10}$$

补码表示法的优点是加减运算简单,可直接带符号位进行运算;缺点是乘除运算复杂。在执行补码加减运算时,有时会发生溢出,故需要对运算结果进行判断。例如:

$$(+123)_{10} + (+81)_{10} = (+204)_{10}$$

而采用 8 位二进制补码运算时,所能表示的最大值为$(+127)_{10}$,这种情况下就会发生溢出。

下面来分析补码运算时溢出的判断方法。

$$(+123)_{10} = (01111011)_2, \quad (81)_{10} = (01010001)_2$$
$$(01111011)_2 + (01010001)_2 = (11001100)_2$$

这时最高位(符号位)无进位,而次高位(即数值最高位)有进位,从而产生了溢出。由此可见,当带符号数进行补码加减运算时,如果符号位和数值最高位都有进位或者都无进位,则运算结

果没有溢出；否则有溢出。为了方便补码运算的溢出判断，80C51 单片机在特殊功能寄存器 PSW 中设置了一个 OV 位，专门用来表示补码运算中的溢出情况。OV＝1 表示发生了补码运算溢出，OV＝0 无溢出。

对于补码表示的数执行乘除运算时，常先将其转换成原码，再执行原码的乘除运算，最后再把积转换成补码。

【例 2-3】 双字节数取补子程序。将(R4R5)中的双字节数取补，结果送 R4R5。

```
CMPT: MOV   A,R5
      CPL   A
      ADD   A,#1
      MOV   R5,A
      MOV   A,R4
      CPL   A
      ADDC  A,#0
      MOV   R4,A
      RET
```

在一个采用位置表示法的数制中，数的左移和右移分别等价于执行乘以或除以基数的操作。对于十进制数，左移 1 位相当于乘以 10，右移 1 位相当于除以 10。对于二进制数，左移 1 位相当于乘以 2，右移 1 位相当于除以 2。由于一般带符号数的最高位为符号位，故在执行算术移位操作时，必须保持符号位不变；并且为了符合乘以或除以基数的要求，在向左或向右移位时，需选择适当的数字移入空位置。下面以带符号的二进数为例，说明算术移位的规则。

- 正数：由于正数的符号位为 0，故左移或右移都移入 0；
- 原码表示的负数：由于负数的符号位为 1，故移位时符号位不参加移位，并保证左移或右移时都移入 0；
- 补码表示的负数：补码表示的负数左移操作与原码相同，移入 0。右移时，最高位应移入 1。由于负数的符号位为 1，正数的符号位为 0，故对补码表示的数执行右移操作时，最高位可移入符号位。

【例 2-4】 双字节原码数左移 1 位子程序。将(R2R3)左移 1 位，结果送 R2R3，不改变符号位，不考虑溢出。

```
DRL1: MOV   A,R3
      CLR   C
      RLC   A
      MOV   R3,A
      MOV   A,R2
      RLC   A
```

```
        MOV   ACC.7,C      ;恢复符号位
        MOV   R2,A
        RET
```

【例 2-5】 双字节原码右移 1 位子程序。将(R2R3)右移 1 位,结果送 R2R3,不改变符号位。

```
DRR1:   MOV   A,R2
        MOV   C,ACC.7      ;保护符号位
        CLR   ACC.7        ;移入 0
        RRC   A
        MOV   R2,A
        MOV   A,R3
        RRC   A
        MOV   R3,A
        RET
```

【例 2-6】 双字节补码右移 1 位子程序。将(R2R3)右移 1 位,结果送 R2R3,不改变符号位。

```
CRR1:   MOV   A,R2
        MOV   C,ACC.7      ;保护符号位
        RRC   A            ;移入符号位
        MOV   R2,A
        MOV   A,R3
        RRC   A
        MOV   R3,A
        RET
```

补码表示的数可以直接相加,所以双字节无符号数加减程序也适用于补码的加减法。在例 2-7 和例 2-8 中,当 OV=1 时表示补码运算发生溢出。

【例 2-7】 双字节无符号数加法子程序。将(R2R3)和(R6R7)两个无符号数相加,结果送 R4R5。

```
NADD:   MOV   A,R3
        ADD   A,R7
        MOV   R5,A
        MOV   A,R2
        ADDC  A,R6
        MOV   R4,A
        RET
```

【例 2-8】 双字节无符号数减法子程序。将(R2R3)和(R6R7)两个双字节数相减,结果送 R4R5。

```
NSUB1: MOV   A,R3
       CLR   C
       SUBB  A,R7
       MOV   R5,A
       MOV   A,R2
       SUBB  A,R6
       MOV   R4,A
       RET
```

对于原码表示的数,不能直接执行加减法运算,必须先按操作数的符号决定运算种类,然后再对数值部分进行操作。

对加法运算,首先要判断两个数的符号位是否相同。若相同,则执行加法(注意,这时加法只对数值部分进行,不包括符号位)。当加法结果有溢出时,最终结果溢出;当无溢出时,结果的符号位与被加数相同。若两个数的符号位不同,则执行减法。当够减时,结果的符号位等于被加数的符号位;当不够减时,则应对差取补,而结果的符号位等于加数的符号位。

对于减法运算,只需先把减数的符号位取反,然后执行加法运算。设被加数(或被减数)为 A,它的符号位为 A_0,数值为 A^*,加数(或减数)为 B,它的符号位为 B_0,数值为 B^*,A、B 均为原码表示的数,则按上述算法可得出如图 2.18 所示的原码加减运算框图。

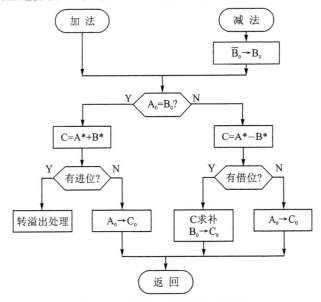

图 2.18 原码加减运算程序框图

【例 2-9】 双字节原码加减运算子程序。(R2R3)和(R6R7)为两个原码表示的数,最高位为符号位,求(R2R3)±(R6R7)结果送 R4R5。程序中 DADD 为原码加法子程序入口,DSUB 为原码减法子程序入口。出口时 CY=1 发生溢出,CY=0 为正常。

```
DSUB:  MOV    A,R6          ;减法入口
       CPL    ACC.7         ;取反符号位
       MOV    R6,A
DADD:  MOV    A,R2          ;加法入口
       MOV    C,ACC.7
       MOV    F0,C          ;保存被加数符号位
       XRL    A,R6
       MOV    C,ACC.7       ;C=1,两数异号;C=0,两数同号
       MOV    A,R2
       CLR    ACC.7         ;被加数符号清 0
       MOV    R2,A
       MOV    A,R6
       CLR    ACC.7         ;加数符号清 0
       MOV    R6,A
       JC     DAB2
       ACALL  NADD          ;同号执行加法
       MOV    A,R4
       JB     ACC.7,DABE
DAB1:  MOV    C,F0          ;恢复结果的符号
       MOV    ACC.7,C
       MOV    R4,A
       RET
DABE:  SETB   C
       RET                  ;溢出
DAB2:  ACALL  NSUB1         ;异号执行减法
       MOV    A,R4
       JNB    ACC.7,DAB1
       ACALL  CMPT          ;不够减,取补
       CPL    F0            ;符号位取反
       SJMP   DAB1
```

二进制数的乘法运算可以仿照十进制数进行。下式说明了两个二进制数 A=1011 和 B=1001 手算乘法步骤:

	1011	被乘数
×	1001	乘数
	1011	第 1 次部分积
	0000	第 2 次部分积
	0000	第 3 次部分积
	1011	第 4 次部分积
	1100011	累计乘积

在手算过程中,先形成所有的部分积,然后在适当的位置上将这些部分积进行累加。因为计算机一次只能完成两个数相加,所以对部分积的累加必须通过多次相加才能实现。把手算乘法改成用重复加法实现的过程如下:

(1) 累计乘积清 0。
(2) 从最低位开始检查各个乘数位。
(3) 如果乘数位为 1,将被乘数加到累计积;否则不加。
(4) 左移 1 位被乘数。
(5) 步骤 1~4 重复 n 次(n 为字长)。

在实际程序中实现该算法时,把结果单元与乘数联合组成一个双倍字,将左移被乘数改为右移结果单元与乘数。这样一方面可以简化加法,另一方面可以用右移来完成乘数最低位的检查,得到的最终结果为双倍位字。图 2.19 为完成该算法的流程图,图 2.20 为具体程序框图。

【例 2 - 10】 无符号二进制乘法程序。将(R2R3)和(R6R7)两个双字节无符号数相乘,结果送 R4R5R6R7。

```
NMUL: MOV    R4,#0
      MOV    R5,#0
      MOV    R0,#16        ;16 位二进制数
      CLR    C
NMLP: MOV    A,R4          ;右移 1 位
      RRC    A
      MOV    R4,A
      MOV    A,R5
      RRC    A
      MOV    R5,A
      MOV    A,R6
```

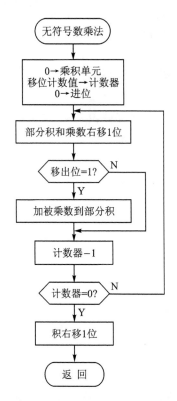

图 2.19　无符号二进制乘法流程图

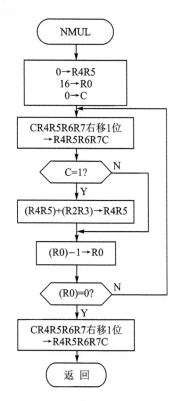

图 2.20　无符号双字节乘法程序框图

```
        RRC   A
        MOV   R6,A
        MOV   A,R7
        RRC   A
        MOV   R7,A
        JNC   NMLN         ;C 为移出的乘数最低位。若为 0,不执行加法
        MOV   A,R5         ;执行加法
        ADD   A,R3
        MOV   R5,A
        MOV   A,R4
        ADDC  A,R2
        MOV   R4,A
NMLN:   DJNZ  R0,NMLP      ;循环 16 次
        MOV   A,R4         ;最后再右移 1 位
```

```
        RRC     A
        MOV     R4,A
        MOV     A,R5
        RRC     A
        MOV     R5,A
        MOV     A,R6
        RRC     A
        MOV     R6,A
        MOV     A,R7
        RRC     A
        MOV     R7,A
        RET
```

使用重复加法实现的乘法速度比较慢。下面再介绍一种利用单字节乘法指令来实现的多字节乘法。因为

$(R2R3) \times (R6R7) = ((R2) \times (R6)) \times 2^{16} +$
$\quad ((R2) \times (R7) + (R3) \times (R6)) \times 2^{8} +$
$\quad (R3) \times (R7)$

从而可以得到如图 2.21 所示的算法。

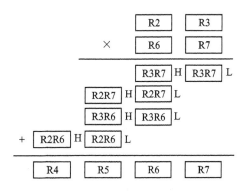

图 2.21 双字节二进制数快速乘法

【例 2-11】 无符号双字节快速乘法。将 (R2R3)和(R6R7)两个双字节无符号数相乘，结果送 R4R5R6R7。

```
QMUL:   MOV     A,R3
        MOV     B,R7
        MUL     AB          ;R3×R7
        XCH     A,R7        ;R7=(R3×R7)L
        MOV     R5,B        ;R5=(R3×R7)H
        MOV     B,R2
        MUL     AB          ;R2×R7
        ADD     A,R5
        MOV     R4,A
        CLR     A
        ADDC    A,B
        MOV     R5,A        ;R5=(R2×R7)H
        MOV     A,R6
```

```
        MOV     B,R3
        MUL     AB              ;R3×R6
        ADD     A,R4
        XCH     A,R6
        XCH     A,B
        ADDC    A,R5
        MOV     R5,A
        MOVC    F0,C            ;暂存CY
        MOV     A,R2            ;R2×R6
        MUL     AB
        ADD     A,R5
        MOV     R5,A
        CLR     A
        MOV     ACC.0,C
        MOV     C,F0            ;加以前加法的进位
        ADDC    A,B
        MOV     R4,A
        RET
```

对原码表示的带符号的二进制数乘法,只需要在乘法之前,先按正正得正、负负得正、正负得负的原则,得出积的符号;然后符号位清 0,执行无符号乘法;最后送积的符号。设被乘数为 A,其符号为 A_0,数值为 A^*,乘数 B 的符号位为 B_0,数值为 B^*,积 C 的符号位为 C_0,数值为 C^*,可得原码带符号数 A×B 的算法如图 2.22 所示。

【例 2-12】 将(R2R3)和(R6R7)中两个原码有符号数相乘,结果送 R4R5R6R7。操作数的符号位在最高位。

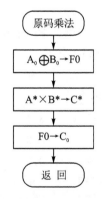

图 2.22 原码带符号数乘法框图

```
IMUL:   MOV     A,R2
        XRL     A,R6
        MOV     C,ACC.7
        MOV     F0,C            ;暂存积的符号
        MOV     A,R2
        CLR     ACC.7           ;被乘数符号位清0
        MOV     R2,A
```

```
        MOV     A,R6
        CLR     ACC.7           ;乘数符号位清0
        MOV     R6,A
        ACALL   NMUL            ;调用无符号双字节乘法子程序
        MOV     A,R4
        MOV     C,F0            ;回送积符
        MOV     ACC.7,C
        MOV     R4,A
        RET
```

二进制数除法也可以采用类似于人工手算除法的方法来实现。首先对被除数高位和除数进行比较,如果被除数高位大于除数,则商位为1,并从被除数减去除数,形成一个部分余数;如果被除数高位小于除数,商位为0,且不执行减法。接着把部分余数左移1位,与除数再次进行比较。如此循环,直至被除数的所有位都处理完为止。商如果为 n 位,则需循环 n 次。这种除法先比较被除数和除数的大小,根据比较结果确定商为1或0,并且当商为1时才执行减法,称之为比较法。一般情况下,如果除数和商均为双字节,则被除数为4个字节;如果被除数的高两个字节大于或等于除数,则商不能用双字节表示,此时为溢出。所以,在除法之前首先检验是否会发生溢出,如果溢出则置溢出标志不执行除法。比较除法的流程如图2.23所示,具体程序流程图如图2.24所示。在图2.24中,(R2R3R4R5)为被除数,其中R4R5又用于存放商,F0作为溢出标志位,商1采用R5加1的方法,商0则不操作,因为此时R5的最低位为0。

【例2-13】 将(R2R3R4R5)和(R6R7)中两个无符号数相除,结果商送R4R5,余数送R2R3。

```
NDIV1:  MOV     A,R3            ;先比较是否发生溢出
        CLR     C
        SUBB    A,R7
        MOV     A,R2
        SUBB    A,R6
        JNC     NDVE1
        MOV     B,#16           ;无溢出,执行除法
NDVL1:  CLR     C               ;执行左移1位,移入为0
        MOV     A,R5
        RLC     A
        MOV     R5,A
        MOV     A,R4
        RLC     A
        MOV     R4,A
```

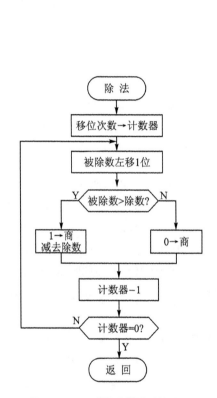
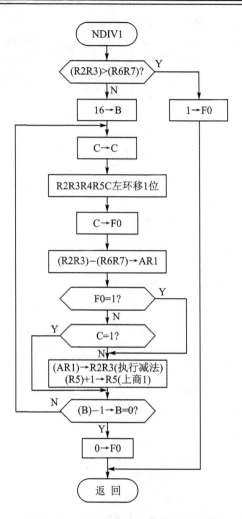

图 2.23　二进制比较除法流程图　　图 2.24　双字节无符号数除法流程图

MOV	A,R3	
RLC	A	
MOV	R3,A	
XCH	A,R2	
RLC	A	
XCH	A,R2	
MOV	F0,C	;保存移出的最高位
CLR	C	
SUBB	A,R7	;比较部分余数与除数

```
            MOV     R1,A
            MOV     A,R2
            SUBB    A,R6
            JB      F0,NDVM1
            JC      NDVD1
NDVM1:  MOV     R2,A                ;执行减法(回送减法结果)
            MOV     A,R1
            MOV     R3,A
            INC     R5                  ;商为1
NDVD1:  DJNZ    B,NDVL1             ;循环16次
            CLR     F0                  ;正常出口
            RET
NDVE1:  SETB    F0                  ;溢出
            RET
```

有符号数原码除法与原码乘法一样,只要在除法之前先计算商的符号(同号为正,异号为负),然后符号位清0。执行不带符号的除法,最后送商的符号。

【例2-14】 原码带符号数双字节除法。将(R2R3R4R5)和(R6R7)两个原码带符号数相除,结果送R4R5。符号位在操作数的最高位。

```
IDIV:   MOV     A,R2
        XRL     A,R6
        MOV     C,ACC.7
        MOV     00H,C               ;保存符号位
        MOV     A,R2
        CLR     ACC.7               ;被除数符号位清0
        MOV     R2,A
        MOV     A,R6
        CLR     ACC.7               ;除数符号位清0
        MOV     R6,A
        ACALL   NDIV1               ;调用无符号双字节除法子程序
        MOV     A,R4
        JB      ACC.7,IDIVE
        MOV     C,00H               ;回送商的符号
        MOV     ACC.7,C
        MOV     R4,A
        RET
IDIVE:  SETB    F0                  ;溢出
        RET
```

2.9 80C51 单片机的定时器/计数器

80C51 单片机内部有 2 个 16 位可编程定时器/计数器,记为 T0 和 T1。80C52 单片机内除了 T0 和 T1 之外,还有第 3 个 16 位的定时器/计数器,记为 T2。它们的工作方式可以通过指令对相应的特殊功能寄存器编程来设定,或作定时器用,或作外部事件计数器用。

定时器/计数器在硬件上由双字节加法计数器 TH 和 TL 组成。

作定时器使用时,计数脉冲由单片机内部振荡器提供,计数频率为 $f_{osc}/12$,每个机器周期加 1。

作计数器使用时,计数脉冲由 P3 口的 P3.4(或 P3.5)即 T0(或 T1)引脚输入,外部脉冲的下降沿触发计数,计数器在每个机器周期的 S5P2 期间采样外部脉冲。若一个周期的采样值为 1,下一个周期的采样值为 0,则计数器加 1,故识别一个从 0 到 1 的跳变需要 2 个机器周期;因此对外部计数脉冲的最高计数频率为 $f_{osc}/24$,同时还要求外部脉冲的高低电平保持时间均要大于 1 个机器周期。

2.9.1 定时器/计数器的控制寄存器与逻辑结构

定时器/计数器的工作方式由特殊功能寄存器 TMOD 编程决定,定时器/计数器的启动运行由特殊功能寄存器 TCON 编程控制。不论用作定时器还是用作计数器,每当产生溢出时,都会向 CPU 发出中断申请。

1) 方式控制寄存器 TMOD

方式控制寄存器 TMOD 的地址为 89H,控制字格式如下:

D7	D6	D5	D4	D3	D2	D1	D0
GATE	C/$\overline{T}$	M1	M0	GATE	C/$\overline{T}$	M1	M0
T1 方式字段				T0 方式字段			

低 4 位为 T0 的控制字,高 4 位为 T1 的控制字。

- GATE 为门控位。它对定时器/计数器的启动起辅助控制作用。GATE=1 时,定时器/计数器的计数受外部引脚 P3.2($\overline{INT0}$)或 P3.3($\overline{INT1}$)输入电平的控制,此时只有当 P3 口的 P3.2(或 P3.3)引脚即 $\overline{INT0}$(或 $\overline{INT1}$)上的电平为 1 才能启动计数;GATE=0 时,定时器/计数器的运行不受外部引脚输入电平的控制。

- C/$\overline{T}$ 为方式选择位。C/$\overline{T}$=0 为定时器方式,采用单片机内部振荡脉冲的 12 分频信号作为计数脉冲。若采用 12 MHz 的晶振,则计数频率为 1 MHz,从计数值便可计算出定时时间。C/$\overline{T}$=1 为计数器方式。采用外部引脚(T0 为 P3.4,T1 为 P3.5)的输入脉冲作为计数脉冲,当 T0(或 T1)上的输入信号发生从高到低的负跳变时,计数器加 1。最高计数频率为单片机晶振频率的 1/24。
- M1、M0 两位的状态确定定时器/计数器的工作方式,详见表 2-5。

表 2-5 定时器/计数器的方式选择

M1	M0	工作方式
0	0	方式 0,为 13 位定时器/计数器
0	1	方式 1,为 16 位定时器/计数器
1	0	方式 2,为自动重装常数的 8 位定时器/计数器
1	1	方式 3,仅适用于 T0,分成 2 个 8 位定时器/计数器

2) 运行控制寄存器 TCON

运行控制寄存器 TCON 的地址为 88H,格式如下:

D7	D6	D5	D4	D3	D2	D1	D0
TF1	TR1	TF0	TR0	IE1	IT1	IE0	IT0

- TF1 为定时器/计数器 T1 的溢出标志位。当 T1 被允许计数以后,T1 从初值开始加 1 计数,计数器的最高位产生溢出时 TF1 置 1,并向 CPU 申请中断;当 CPU 响应中断时,由硬件 TF1 清 0。TF1 也可由软件查询清 0。
- TR1 为定时器/计数器的运行控制位,由软件置位和复位。当方式控制寄存器 TMOD 中的 GATE 位为 0,且 TR1 为 1 时,允许 T1 计数;TR1 为 0 时,禁止 T1 计数。当 GATE 为 1 时,仅当 TR1 为 1 且 $\overline{INT1}$(P3.2)输入为高电平时,才允许 T1 计数;当 TR1 为 0 或 $\overline{INT1}$ 输入为低电平时,都禁止 T1 计数。
- TR0 为定时器 T0 的运行控制位,其功能与 TR1 类似。
- TF0 为定时器 T0 的溢出标志位,其功能与 TF1 类似。

运行控制寄存器 TCON 的低 4 位与外部中断有关,将在中断部分中叙述。
下面以定时器/计数器 T1 为例介绍其工作方式。

1) 方式 0 和方式 1

方式 0 为 13 位定时器/计数器,由 TL1 的低 5 位和 TH1 的 8 位构成;方式 1 为 16 位定时器/计数器,TL1 和 TH1 均为 8 位。图 2.25 为 T1 工作于方式 0 和方式 1 时的逻辑结构示意图。

图中 TL1 在加 1 计数溢出时向 TH1 进位,当 TH1 加 1 计数溢出时置"1"溢出中断标志 TF1。$C/\overline{T}=0$ 时,电子开关打在上面,振荡器的 12 分频信号($f_{osc}/12$)作为计数信号,此时 T1 作定时器用。$C/\overline{T}=1$ 时,电子开关打在下面,计数脉冲为 T1(P3.5)引脚上的外部输入脉冲,当 P3.5 发生由高到低的负跳变时,计数器加 1,这时 T1 作外部事件计数器用。由于检测到一次负跳变需要 2 个机器周期,所以最高的外部计数脉冲频率不能超过单片机振荡器频率的 1/24。

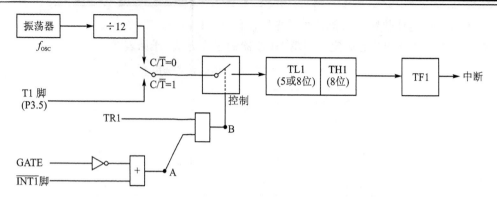

图 2.25 定时器/计数器 T1 方式 0 和方式 1 逻辑结构

GATE=0 时,A 点电位为常"1",B 点电位取决于 TR1 的状态。TR1=1 时,B 点为高电平,电子开关闭合,计数脉冲加到 T1,允许 T1 计数;TR1=0 时,B 点为低电平,电子开关断开,禁止 T1 计数。当 GATE=1 时,A 点电位由 $\overline{INT1}$(P3.3)输入电平确定,仅当 $\overline{INT1}$ 输入为高电平且 TR1=1 时,B 点才是高电平,使电子开关闭合,允许 T1 计数。

2) 方式 2

方式 2 为自动恢复初值,即常数自动装入的 8 位定时器/计数器。定时器 T1 工作于方式 2 的逻辑结构如图 2.26 所示。TL1 作为 8 位计数器,TH1 作为常数缓冲器。当 TL1 计数器溢出时,在溢出中断标志 TF1 置 1 的同时,将 TH1 中的初始计数值重新装入 TL1,使 TL1 从初始值开始重新计数。

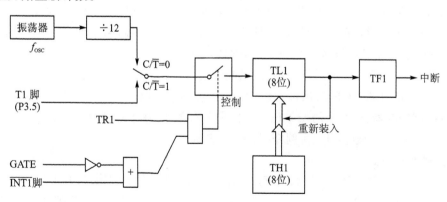

图 2.26 定时器/计数器 T1 方式 2 逻辑结构

3) 方式 3

方式 3 是为了增加一个附加的 8 位定时器/计数器而提供的,它使 80C51 单片机具有 3 个定时器/计数器。方式 3 只适用于 T0。当定时器 T1 处于方式 3 时,相当于 TR1=0,停止计数。此时 T0 的逻辑关系结构示详见图 2.27。T0 分为 2 个独立的 8 位计数器 TL0 和 TH0。

TL0 使用 T0 的状态控制位 $C/\overline{T}$、GATE、TR0、$\overline{INT0}$；而 TH0 被固定为一个 8 位定时器（此时不能用作外部计数方式），并使用定时器/计数器 T1 的状态控制位 TR1 和 TF1，同时占用 T1 的中断源。一般情况下，只有当定时器/计数器 T1 用作串行口波特率发生器时，定时器 T0 才定义为方式 3，以增加一个 8 位计数器。当 T0 定义为方式 3 时，T1 可定义为方式 0、方式 1 和方式 2。

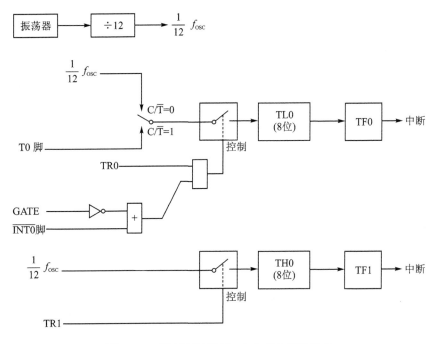

图 2.27　定时器/计数器 T0 方式 3 逻辑结构

80C52 单片机除了定时器 T0 和 T1 之外，还有一个 16 位定时器 T2。与 T2 相关的特殊功能寄存器有 TL2、TH2、RCAP2L、RCAP2H 和 T2CON 等。TL2 和 TH2 构成 16 位加法计数器，RCAP2L、RCAP2H 构成 16 位常数/捕捉寄存器。T2 具有 3 种操作方式：常数自动装入方式、捕捉方式（也称为陷阱方式）和串行口的波特率发生器方式。

在常数自动装入方式下，RCAP2H、RCAP2L 作为 16 位计数初值常数寄存器。每当由 TH2、TL2 组成的 16 位计数器发生溢出时，自动将 RCAP2H、RCAP2L 中的常数值装入到 TH2、TL2 中重新进行计数。

在捕捉方式下，当外部从 T2EX(P1.1) 引脚输入一个负跳变信号时，自动将 TH2、TL2 当前的计数值捕捉到 RCAP2H、RCAP2L 中。

定时器/计数器 T2 共用 P1.0 和 P1.1 引脚。P1.0 作为 T2 的外部计数脉冲输入端，P1.1 作为捕获/重装触发控制。

定时器/计数器 T2 控制寄存器 T2CON 的地址为 C8H，其控制字格式如下：

	D7	D6	D5	D4	D3	D2	D1	D0
	TF2	EXF2	RCLK	TCLK	EXEN2	TR2	C/$\overline{T2}$	CP/$\overline{RL2}$

定时器 T2 的工作方式由 T2CON 的 D0、D2、D4、D5 控制,详见表 2-6。

对 T2CON 中各位含义说明如下:

TF2　　T2 溢出中断标志。T2 加 1 计数溢出时,TF2 置 1。该标志须由软件清 0。当 T2 作为串行口波特率发生器时,TF2 不会被置 1。

EXF2　　T2 外部中断标志。当 EXT2=1,T2EX(P1.1)引脚发生负跳变时,EXF2 置 1,该标志也须由软件清 0。

RCLK　　串行口的接收时钟选择标志。若为 1,将用 T2 的溢出脉冲作为串行口方式 1、方式 3 时的接收时钟;若为 0,将用 T1 的溢出脉冲将作为串行口接收时钟。

TCLK　　串行口的发送时钟选择标志。若为 1,将用 T2 的溢出脉冲作为串行口方式 1、方式 3 时的发送时钟;若为 0,将用 T1 的溢出脉冲将作为串行口发送时钟。

EXEN2　　T2 的外部允许标志。当 T2 工作于捕捉方式,EXEN2 为 1 时,T2EX(P1.1)引脚的负跳变信号将 TL2 和 TH2 的当前值自动捕捉到寄存器 RCAP2L 和 RCAP2H 中,同时中断标志 EXF2 置 1。当 T2 工作于常数自动重装方式,EXEN2 为 1 时,T2EX 引脚的负跳变信号将寄存器 RCAP2L 和 RCAP2H 的值自动装入 TL2 和 TH2,同时中断标志 EXF2 置 1。EXEN2=0 时,T2EX 引脚上的信号不起作用。

TR2　　T2 的运行控制位。TR2=1,允许计数;TR2=0,禁止计数。

C/$\overline{T2}$　　外部事件计数器/定时器标志。C/$\overline{T2}$=1 时,T2 为外部事件计数器,计数脉冲来自 T2(P1.0)引脚。C/$\overline{T2}$=0 时,T2 为定时器,单片机晶体振荡器频率 f_{osc} 的 12 分频信号作为计数信号。

CP/$\overline{RL2}$　　捕捉和常数自动重装方式选择位。CP/$\overline{RL2}$=1 为捕捉方式,CP/$\overline{RL2}$=0 为常数自动重装方式。当 TCLK 或 RCLK 为 1 时,CP/$\overline{RL2}$被忽略,T2 总是工作于常数自动重装方式。

表 2-6　定时器操作方式

RCLK	TCLK	TR2	CP/$\overline{RL2}$	工作方式
0	0	1	0	16 位常数自动重装方式
0	0	1	1	16 位捕捉方式
1	0	1	×	串行口波特率发生器
0	1	1	×	串行口波特率发生器
1	1	1	×	串行口波特率发生器
×	×	0	×	停止

下面介绍 T2 的 3 种工作方式。

1) 常数自动重装方式

T2 工作于常数自动重装方式的逻辑结构如图 2.28 所示。由 TL2 和 TH2 构成 16 位计数器，RCAP2L 和 RCAP2H 组成 16 位常数寄存器。由用户把计数器初值常数装入 TL2、TH2 和 RCAP2L、RCAP2H 中。

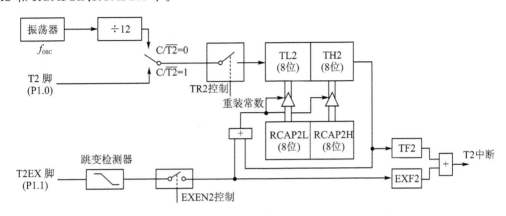

图 2.28　常数自动重装方式时 T2 的逻辑结构

$C/\overline{T2}=0$，TR2=1 时，晶体振荡器频率 f_{osc} 的 12 分频信号加到 T2，使 T2 以定时器方式工作。$C/\overline{T2}=1$，TR2=1 时，T2 作为外部事件计数器，对 T2(P1.0)引脚上的输入脉冲进行计数。每当由 TH2 和 TL2 组成的 16 位计数器加 1 计数溢出时，CPU 自动将 RCAP2H 和 RCAP2L 中的常数值装入 TH2 和 TL2 中，使 T2 重新从给定的初值开始计数，同时 TF2 中断标志置 1，向 CPU 发中断申请。当 EXEN2=1 时，除以上功能外，还有一个附加功能，即当 T2EX(P1.1)引脚上信号发生从 1 到 0 的负跳变时，也能使 RCAP2H 和 RCAP2L 中的常数值装入 TH2 和 TL2，同时中断标志 EXF2 置 1，向 CPU 发出中断申请。

T2 的 16 位常数自动重装方式是一种高精度的 16 位定时器/计数器工作方式。计数初值由初始化程序一次设定之后，在计数过程中不需要软件再次设定。若晶振频率为 12 MHz，计数初值为 a，则定时时间将精确的等于 $(2^{16}-a)$ μs。

2) 16 位捕捉方式

T2 工作于捕捉方式时的逻辑结构如图 2.29 所示。由 TH2 和 TL2 构成 16 位计数器，由用户程序对 TH2 和 TL2 设置初始值来选择 T2 的计数初值。计数脉冲也由 $C/\overline{T2}$ 选择。$C/\overline{T2}=0$ 时，晶体振荡器频率 f_{osc} 的 12 分频信号作为 T2 的计数脉冲；$C/\overline{T2}=1$ 时，以 T2(P1.0)引脚上的输入信号作为计数脉冲。TR2 后置 1，T2 从初值开始加 1 计数。计数溢出时，TF2 置 1，向 CPU 发出中断申请。这种方式下 T2 的初值必须由程序每次设定。

当 EXEN2 置 1 时，增加一个附加的功能，即 T2EX(P1.1)引脚上的信号发生负跳变时，将 TL2、TH2 的当前计数值捕捉到 RCAP2L 和 RCAP2H 寄存器中，同时中断标志 EXF2

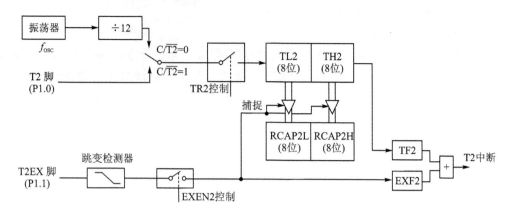

图 2.29 捕捉方式时 T2 的逻辑结构

置 1,向 CPU 发出中断申请。T2 的 16 位捕捉方式主要用于测试外部事件的发生时间,例如,测试 2 路脉冲之间的频率关系或输入脉冲的频率、周期等。

3) 串行口波特率发生器方式

T2 工作于串行口波特率发生器方式的逻辑结构如图 2.30 所示。这种方式与常数自动重装方式相似。若 $C/\overline{T2}=0$,以晶体振荡器频率 f_{osc} 的 2 分频(注意,不是 12 分频)信号作为 T2 的计数脉冲;若 $C/\overline{T2}=1$,则以 P1.0 引脚上的外部输入信号作为计数脉冲。当 T2 计数溢出时,将 RCAP2H 和 RCAP2L 中的常数(由软件设置)自动重新装入 TH2 和 TL2,使 T2 再次从这个初值开始计数,但是并不将 TF2 标志置 1。RCAP2H 和 RCAP2L 中的常数由软件设定后,T2 的溢出率是严格不变的,因而使串行口方式 1 和方式 3 的波特率非常稳定,其值为

$$波特率 = \frac{f_{osc}}{32 \times [65\ 536 - (RCAP2H)(RCAP2L)]} \quad (2-1)$$

式中,f_{osc} 为单片机振荡频率,(RCAP2H) 和 (RCAP2L) 分别为定时器 T2 计数初值的高、低字节。

T2 工作于波特率发生器方式时,计数溢出不会将 TF2 标志置 1,不向 CPU 申请中断,因此可以不必禁止 T2 的中断。如果 EXEN2=1,当 P1.1(即 T2EX 引脚)上的输入电平发生从 1 到 0 的负跳变时,也不会引起 RCAP2H 和 RCAP2L 中的常数被重新装入 TH2 和 TL2,仅仅 EXF2 标志置 1,向 CPU 请求中断;因此,T2EX 可以作为一个外部中断源使用。

在 T2 计数过程中(即 TR2=1 时),不应该对 TH2、TL2 进行读/写操作。此时读出的结果不会精确。如果写入,则会影响 T2 的溢出率而使波特率变得不稳定。在 T2 的计数过程中,可以对 RCAP2H 和 RCAP2L 进行读出操作,但不能进行写入操作。如果写入,则也会使波特率变得不稳定。因此,在初始化过程中,应先对 TH2、TL2、RCAP2H、RCAP2L 进行初始化,然后再将 TR2 置 1,启动 T2 计数。

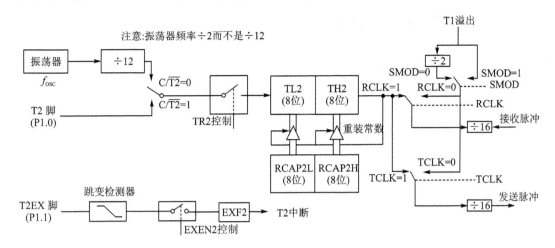

图 2.30　串行口波特率发生器方式下 T2 的逻辑结构

80C51 单片机的定时器/计数器是可编程的,因此,在进行定时或计数之前要进行初始化编程。通常 80C51 单片机定时器/计数器的初始化编程包括如下几个步骤:

(1) 确定工作方式,即给方式控制寄存器 TMOD 写入控制字。
(2) 计算定时器/计数器初值,并将初值写入寄存器 TL 和 TH。
(3) 根据需要对中断控制寄存器 IE 置初值,决定是否开放定时器中断。
(4) 使运行控制寄存器 TCON 中的 TR0 或 TR1 置 1,启动定时器/计数器。

在初始化过程中,要设置定时或计数的初始值,这时需要进行一点运算。由于计数器是加法计数,并在溢出时产生中断,因此初始值不能是所需要的计数模值,而是要从最大计数值开始倒退回去一个计数模值才是应当设置的计数初始值。设计数器的最大计数值为 M(根据不同工作方式,M 可以是 2^{13}、2^{16} 或 2^8),则计算初值 X 的公式如下:

计数方式:
$$X = M - 要求的计数值 \qquad (2-2)$$

定时方式:
$$X = M - \frac{要求的定时值}{12/f_{osc}} \qquad (2-3)$$

当采用 12 MHz 的晶振时,若定时器工作在方式 0,则最大定时值为

$$2^{13} \times 1 \ \mu s = 8.192 \ ms$$

若工作在方式 1,则最大定时值为

$$2^{16} \times 1 \ \mu s = 65.536 \ ms$$

若要增大定时值,可以采用降低单片机振荡频率的方法;但这会降低单片机的运行速度,而且定时误差也会加大,故不是最好的方法。而采用软件硬件结合的方法则效果较好。

2.9.2 定时器/计数器应用举例

【例 2-15】 假设单片机的振荡频率 $f_{osc}=6$ MHz，现要求产生 1 ms 的定时，试分别计算定时器 T1 在方式 0、方式 1 和方式 2 时的初值。

方式 0：最大计数值为 $M=2^{13}$，因此定时器的初值应为

$$X = 2^{13} - (1\times 10^{-3})/(2\times 10^{-6})$$
$$= 7692D$$
$$= 1111000001100B$$

其中高 8 位为 TH1 的初值，即 F0H，低 5 位为 TL1 的初值。

注意：这里 TL1 的初值应为 00001100B 即 0CH，因为在方式 0 时，TL1 的高 3 位是不用的，应都设为 0。

方式 1：最大计数值为 $M=2^{16}$，因此定时器的初值应为

$$X = 2^{16} - (1\times 10^{-3})/(2\times 10^{-6})$$
$$= 65036D$$
$$= 1111111000001100B$$
$$= FE0CH$$

此时高 8 位 TH1 的初值为 FEH，低 8 位 TL1 的初值为 0CH。

方式 2：最大计数值为 $M=2^8$，因此定时器的初值应为

$$X = 2^8 - (1\times 10^{-3})/(2\times 10^{-6})$$
$$= 256 - 500$$
$$= -254$$

计算得到的初值为负值，说明当 $f_{osc}=6$ MHz 时，不能采用方式 2（即常数自动装入）来产生 1 ms 的定时，除非把单片机的时钟频率降得很低。

【例 2-16】 利用定时器 T0 的方式 0 产生 1 ms 定时，在 P1.0 引脚上输出周期为 2 ms 的方波，设单片机的晶振频率 $f_{osc}=6$ MHz。本例采用查询方式来实现。这种方法在定时器计数过程中需要 CPU 不断查询定时器的溢出标志 TF0 的状态，从而占用较多 CPU 时间。程序如下：

```
        MOV   TMOD,#00H      ;设置 T0 工作方式
        MOV   TH0,#0F0H      ;装入定时初值
        MOV   TL0,#0CH
        SETB  TR0            ;启动 T0
LOOP:   JBC   TF0,NEXT       ;查询定时时间到否？
        SJMP  LOOP
NEXT:   MOV   TH0,#0F0H      ;重新装入定时初值
        MOV   TL0,#0CH
```

```
        CPL    P1.0              ;P1.0输出方波
        SJMP   LOOP
```

【例 2 - 17】 当特殊功能寄存器 TMOD 和 TCON 中的 GATE＝1、TR1＝1 时,只有 $\overline{\text{INT1}}$ 引脚上出现高电平时,T1 才被允许计数。利用这一特点可以测量加在 P3.3(即 $\overline{\text{INT1}}$ 引脚)上的正脉冲宽度。测量时,先将 T1 设置为定时方式,GATE 设为 1,并在 INT1 引脚为 0 时将 TR1 置 1,当 $\overline{\text{INT1}}$ 引脚变为 1 时将启动 T1 计数。当 $\overline{\text{INT1}}$ 引脚再次变为 0 时将停止 T1 计数,此时 T1 的计数值就是被测正脉冲的宽度。程序如下:

```
        MOV    TMOD,#90H         ;T1 工作于定时方式 1,GATE=1
        MOV    TL1,#00H          ;计数初值设为 0
        MOV    TH1,#00H          ;当 fosc 为 12 MHz 时最大脉冲宽度为 65.536 ms
RL1:    JB     P3.3,RL1          ;等待 P3.3 变低
        SETB   TR1               ;启动 T1
RL2:    JBN    P3.3,RL2          ;等待 P3.3 变高
RL3:    JB     P3.3,RL3          ;等待 P3.3 再次变低
        CLR    TR1               ;停止 T1
        MOV    A,TL1             ;读取脉冲宽度
        MOV    B,TH1
        SJMP   $
```

2.10　80C51 单片机的串行口

单片机在与外部设备或与其他的计算机之间交换信息时,通常采用并行通信和串行通信方式。
- 并行通信是指数据的各位同时进行传送(例如数据和地址总线)。其优点是传送速度快,缺点是有多少位数据就需要多少根传输线。这在数据位数较多、传送距离较远时就不宜采用。
- 串行通信是指数据一位一位地按顺序传送,其突出优点是只需一根传输线,特别适宜于远距离传输,缺点是传送速度较慢。

2.10.1　串行通信方式与串行口控制寄存器

串行通信又分为异步传送和同步传送。异步传送时,数据在线路上是以一个字(或称字符)为单位来传送的。各个字符之间可以是接连传送,也可以是间断传送,这完全由发送方根据需要来决定。另外,在异步传送时,发送方和接收方各用自己的时钟源来控制发送和接收。

1. 异步串行通信方式

在异步通信时,对字符必须规定一定的格式,以利于接收方能判别何时有字符送来及何时

是一个新字符的开始。异步通信字符格式如图 2.31 所示。

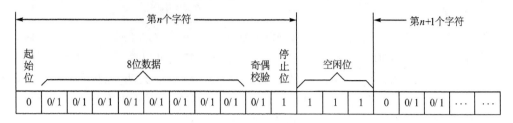

图 2.31 异步通信字符格式

一个字符由 4 个部分组成：起始位、数据位、奇偶校验位和停止位。

- 起始位为 0 信号，用来通知接收设备一个新的字符开始来到。线路在不传送数据时应保持为 1。接收端不断检测线路的状态。若连续为 1 以后又检测到一个 0，就知道又发来了一个新的字符。起始位还被用来同步接收端的时钟，以保证以后的接收能正确进行。
- 起始位后面紧跟着的是数据位，它可以是 5 位、6 位、7 位或 8 位。串行通信的速度与数据的位数成比例，因此要根据需要来确定数据的位数。
- 奇偶校验位只占 1 位，可规定不用奇偶校验位，则这一位就可省去。也可不用奇偶校验而加一些其他控制位，例如用来确定这个字符所代表信息的性质（是地址还是数据等），这时也可能使用多于 1 位的附加位。
- 停止位用来表征字符的结束，它一定是 1。停止位可以是 1 位或 2 位。接收端收到停止位时，就表示一个字符结束。同时也为接收下一个字符做好准备。若停止位以后不是紧接着传送下一个字符，则让线路上保持为 1。

图 2.31 表示的是第 n 个字符与第 $n+1$ 个字符之间不是紧接着传送的情形，两个字符之间存在空闲位，线路处于等待状态。存在空闲位是异步传送的特征之一。

在串行通信中有个重要指标叫"波特率"。它定义为每秒钟传送二进制数码的位数，以 b/s(位/秒)为单位。在异步通信中，波特率为每秒传送的字符数和每个字符位数的乘积。例如，每秒传送的速率为 120 字符/s，而每个字符又包含 10 位（1 位起始位、7 位数据位、1 位奇偶校验位和 1 位停止位），则波特率为

$$120 \text{ 字符/s} \times 10 \text{ b/字符} = 1200 \text{ b/s}$$

波特率与时钟频率不是一回事，时钟频率比波特率要高得多，通常高 16 倍或 64 倍。由于异步通信双方各用自己的时钟源，采用较高频率的时钟，在一位数据内就有 16 或 64 个时钟，捕捉正确的信号就可以得到保证。若时钟频率就是波特率，则频率稍有偏差就会产生接收错误。

因此在异步通信中，收/发双方必须事先规定两件事：一是字符格式，即规定字符各部分

所占的位数,是否采用奇偶校验,以及校验的方式(偶校验还是奇校验);二是采用的波特率,以及时钟频率与波特率之间的比例关系。

2. 同步串行通信方式

串行通信中还有一种同步传送方式,它是一种连续的数据块传送方式,如图 2.32 所示。在通信开始后,发送端连续发送字符,接收端也连续接收字符,字符与字符之间没有间隙,因此通信的效率高。同步字符的插入可以是单同步字符,或者是双同步字符,然后是连续的数据块。另外,同步传送时接收方和发送方都要求时钟和波特率一致。为了保证接收正确,发送方除了传送数据外,还要同时传送时钟信号。

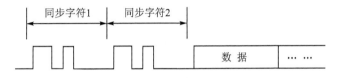

图 2.32 同步串行通信格式

在进行串行通信时,数据在两个站之间传送,如图 2.33 所示。若采用两条传输线,称为全双工方式;若只采用一条传输线,则称为半双工方式。

图 2.33 串行通信中数据传送方式

80C51 单片机内部有一个可编程的全双工串行接口,它在物理上分为两个独立的发送缓冲器和接收缓冲器 SBUF。这两个缓冲器占用一个特殊功能寄存器地址 99H。究竟是发送缓冲器还是接收缓器工作靠软件指令来决定。对外有两条独立的收、发信号线 RXD(P3.0)和 TXD(P3.1),因此可以同时接收和发送数据,实现全双工传送。使用串行口时可以用定时器 T1 或 T2 作为波特率发生器。

80C51 的串行口通过两个特殊功能寄存器 SCON 和 PCON 来进行控制,分别介绍如下。

1) 串行口控制寄存器 SCON(地址为 98H)

这个特殊功能寄存器包含有串行口的工作方式选择位、接收发送控制位及串行口的状态标志,格式如下:

D7	D6	D5	D4	D3	D2	D1	D0
SM0	SM1	SM2	REN	TB8	RB8	TI	RI

SM0 和 SM1 为串行口的工作方式选择位，详见表 2-7。

表 2-7　串行口工作方式

SM0	SM1	工作方式
0	0	方式 0，移位寄存器方式(用于 I/O 口扩展)
0	1	方式 1，8 位 UART，波特率可变(T1 溢出率/n)
1	0	方式 2，9 位 UART，波特率为 $f_{osc}/64$ 获 $f_{osc}/32$
1	1	方式 3，9 位 UART，波特率可变(T1 溢出率/n)

表中，n 为 16 或 32，取决于特殊功能寄存器 PCON 中 SMOD 位的值。SMOD=1 时，n=16；SMOD=0 时，n=32。UART 表示通用异步收发器。

80C51 单片机的串行口有 4 种工作方式。

方式 0：移位寄存器输入/输出方式。串行数据从 RXD 线输入或输出，而 TXD 线专用于输出时钟脉冲给外部移位寄存器。这种方式主要用于进行 I/O 口扩展。输出时将片内发送缓冲器中的内容串行地移入外部的移位寄存器，输入时将外部移位寄存器中的内容移入片内接收缓冲器，波特率固定为 $f_{osc}/12$。

方式 1：8 位异步接收发送。一帧数据有 10 位，包括 1 位起始位(0)、8 位数据位和 1 位停止位(1)。串行口电路在发送时能自动插入起始位和停止位。在接收时，停止位进入 SCON 中的 RB8 位。方式 1 的传送波特率是可变的，由定时器 1 的溢出率决定。

方式 2：9 位异步接收发送。一帧数据包括 11 位，除了 1 位起始位、8 位数据位、1 位停止位之外，还可以插入第 9 位数据。字符格式如图 2.34 所示。

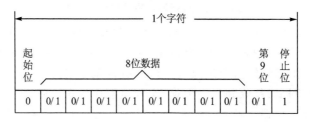

图 2.34　串行口方式 2 的 9 位 UART 数据格式

发送时，第 9 位数据的值可通过 SCON 中的 TB8 指定为 0 或 1，用一些附加指令可使这一位作奇偶校验位。接收时，第 9 位数据进入特殊功能寄存器 SCON 中的 RB8 位。方式 2 的波特率为 $f_{osc}/64$ 或 $f_{osc}/32$。

方式 3：也是 9 位异步接收发送。一帧数据有 11 位，工作方式与方式 2 相同，只是传送时的波特率受定时器 1 控制，即波特率可变。

SCON 寄存器中另外各位的意义如下：

SM2 允许在方式 2 和方式 3 时进行多机通信的控制位。若允许多机通信,则应使 SM2＝1,然后根据收到的第 9 位数据值来决定从机是否接收主机的信号。当 SM2＝0 时,禁止多机通信。

REN 允许串行接收位。由软件置位以允许接收,由软件清 0 来禁止接收。

TB8 方式 2 和方式 3 时发送的第 9 位数据。需要由软件置位或复位。

RB8 方式 2 和方式 3 时接收到的第 9 位数据。在方式 1 下,若 SM2＝0,则 RB8 是接收到的停止位;在方式 0 下,不使用 RB8。

TI 发送中断标志。由硬件在方式 0 串行发送第 8 位结束时置 1,或在其他方式串行发送停止位的开始时置 1。该位必须由软件清 0。

RI 接收中断标志。由硬件在方式 0 接收到第 8 位结束时置 1,或在其他方式串行接收到停止位的中间时置 1。该位必须由软件清 0。

2) 特殊功能寄存器 PCON(地址为 87H)

在 PCON 寄存器中,只有 1 位与串行口工作有关。其格式如下:

D7	D6	D5	D4	D3	D2	D1	D0
Smod							

串行口工作于方式 1、方式 2 和方式 3 时,数据传送的波特率与 2^{Smod} 成正比。也就是说,当 Smod＝1 时,将使串行口传送的波特率加倍。

下面对串行口 4 种工作方式下数据的发送和接收做稍微详细的介绍。

1) 方式 0

串行口以方式 0 工作时,可外接移位寄存器(如 74LS164 和 74LS165)来扩展 I/O 口;也可外接同步输入/输出设备,用同步的方式串行输入或串行输出数据。在方式 0 时,串行口相当于一个并入串出(发送)或串入并出(接收)的移位寄存器,数据传送时的波特率是不变的,固定为 $f_{osc}/12$,数据由 RXD(P3.0)端出入,同步移位脉冲由 TXD(P3.1)端输出。发送或接收的是 8 位数据,低位在前。发送或接收完 8 位数据时,中断标志 TI 或 RI 置 1。

方式 0 的发送操作是在 TI＝0 情况下,由一条写发送缓冲器 SBUF 的指令启动;然后在 RXD 线上发出 8 位数据,同时在 TXD 线上发出同步移位脉冲。8 位数据发送完后由硬件置位 TI,同时向 CPU 申请串行发送中断。若中断不开放,可通过查询 TI 的状态来确定是否发送完一组数据。当 TI＝1 以后,必须用软件使 TI 清 0,然后再发送下一组数据。

方式 0 的接收是在 RI＝0 条件下,使 REN＝1 来启动接收过程。接收数据由 RXD 输入,TXD 输出同步移位脉冲。收到 8 位数据以后,由硬件使 RI＝1,发出串行口中断申请。RI＝1 表示接收数据已装入缓冲器,可以由 CPU 用指令读入到累加器 A 或其他 RAM 单元。RI 也必须由软件清"0",以准备接收下一组数据。

在方式 0 中，SCON 寄存器中的 SM2、RB8、TB8 都不起什么作用，一般将它们都设置为"0"。

2) 方式 1

方式 1 采用 8 位异步通信方式，一帧数据有 10 位，其中起始位和停止位各占 1 位。方式 1 的发送也是在发送中断标志 TI=0 时由一条写发送缓冲器的指令开始的。启动发送后，串行口能自动地插入一位起始位(0)，在字符结束前插入一位停止位(1)；然后在发送移位脉冲的作用下，依次由 TXD 线发出数据。一个字符 10 位数据发送完毕后，自动维持 TXD 线上的信号为 1。在 8 位数据发完，也即是在停止位开始时，使 TI 置 1，用以通知 CPU 可以发送下一个字符。

方式 1 发送时的定时信号，也就是发送移位脉冲，是由定时器 1 产生的溢出信号经过 16 或 32 分频(取决于 Smod 之值)而取得的，因此方式 1 的波特率是可变的。

方式 1 在接收时，数据从 RXD 线上输入。当 SCON 寄存器中的 REN 置 1 后，接收器从检测到有效的起始位开始接收一帧数据信息。无信号时 RXD 线的状态保持为 1。当检测到由 1 到 0 的变化时，即认为收到一个字符的起始位，开始接收过程。在接收移位脉冲的控制下，把接收到的数据一位一位地移入接收移位寄存器，直到 9 位数据(8 位信号、1 位停止位)全部收齐。在接收操作时，定时信号有两种，一种是接收移位脉冲，它的频率与波特率相同，也是由定时器 1 的溢出信号经过 16 或 32 分频得到的；另一种是接收字符的检测脉冲，它的频率是接收移位脉冲的 16 倍。即在一位数据期间有 16 个检测脉冲，并以其中的第 7、8、9 三个脉冲作为真正的对接收信号的采样脉冲。对这 3 次采样结果采用 3 中取 2 的原则来决定所检测到的值。采用这种措施的目的在于抑制干扰，由于采样信号总是在接收位的中间位置，这样既可以避开信号两端的边沿失真，也可以防止由于收发时钟频率不完全一致而带来的接收错误。在 9 位数据(8 位有效数据、1 位停止位)收齐之后，还必须满足以下两个条件，这次接收才真正有效。

(1) RI=0；

(2) SM2=0 或者接收到的停止位为 1。

在满足这两个条件时，则将接收移位寄存器中的 8 位数据转存入串行口寄存器 SBUF。收到的停止位进入 RB8，并使接收中断标志 RI 置 1。若这两个条件不满足，则这一次收到的数据就不装入 SBUF，这实际上就相当于丢失了一帧数据，因为串行口马上又开始寻找下一位起始位以准备下一帧数据了。事实上这两个有效接收的条件对于方式 1 来说是很容易满足的。这两个条件真正起作用是在方式 2 和方式 3 中。

3) 方式 2 和方式 3

这两种方式都是 9 位异步接收、发送方式，操作过程完全一样，一帧数据有 11 位，其中起始位和停止位各占 1 位。所不同的只是波特率，方式 2 的波特率只有两种：$f_{osc}/64$ 或 $f_{osc}/32$，而方式 3 的波特率是可以由用户设定的。下面以方式 2 为例来说明。方式 2 的发送包括 9 位有效数据,必须在启动发送前把第 9 位数据装入 TB8。这第 9 位数据起什么作用串行口不作规定,完全由用户来安排。因此,它可以是奇偶验位,也可以是其他控制位。

准备好 TB8 以后,就可以用一条以 SBUF 为目的地址的指令启动发送过程。串行口能自动把 TB8 取出,并装入到第 9 位数据的位置,再逐一发送出去。发送完毕,使 TI=1。这些过程与方式 1 是相同的。

方式 2 的接收与方式 1 也基本相似,不同之处是要接收 9 位有效数据。在方式 1 时是把停止位当作第 9 位数据来处理的,而在方式 2(或方式 3)中存在着真正的第 9 位数据。因此,现在有效接收数据的条件为

(1) RI=0;

(2) SM2=0 或接收到的第 9 位数据为 1。

第 1 个条件是提供"接收缓冲器空"的信息,即用户已把 SBUF 中上次收到的数据读走,故可以再次写入。第 2 个条件则提供了某种机会来控制串行接收。若第 9 位是一般的奇偶校验位,则可令 SM2=0,以保证可靠地接收。若第 9 位数据参与对接收的控制,则可令 SM2=1,然后依据所置的第 9 位数据来决定接收是否有效。

若这两个条件成立,接收到的第 9 位数据进入 RB8,而前 8 位数据进入 SBUF 以准备让 CPU 读取,并且置位 RI。若以上条件不成立,则这次接收无效,也不置位 RI。

特别需要指出的是,在方式 1、方式 2 和方式 3 的整个接收过程中,保证 REN=1 是一个先决条件。只有当 REN=1 时,才能对 RXD 上的信号进行检测。

在串行通信中波特率是一个重要指标,波特率反映了串行通信的速率。80C51 单片机串行口 4 种工作方式对应着 3 种波特率。

对于方式 0,波特率是固定的,为单片机振荡频率 f_{osc} 的 1/12。

对于方式 2,波特率计算如下:

$$波特率=\frac{2^{Smod}}{64}\times f_{osc} \quad (2-4)$$

式中,Smod 为 PCON 寄存器中的 D7 位;f_{osc} 为单片机的振荡频率。

对于方式 1 和方式 3,波特率都由定时器 1 的溢出率决定,计算公式如下:

$$波特率=\frac{2^{Smod}}{32}\times \frac{f_{osc}}{12}\left(\frac{1}{2^k-定时器\ T1\ 初值}\right) \quad (2-5)$$

式中,Smod 为 PCON 寄存器中的 D7 位;f_{osc} 为单片机的振荡频率;k 取决于定时器 T1 的工作方式,即

定时器 T1 工作于方式 0 时,$k=13$,

定时器 T1 工作于方式 1 时,$k=16$,

定时器 T1 工作于方式 2 和方式 3,$k=8$。

2.10.2 串行口应用举例

80C51 单片机串行口的主要用来进行通信,本节举几个通信应用的例子。

【例 2-18】 已知 80C51 的串行口采用方式 1 进行通信,晶振频率为 11.059 2 MHz,选用定时器 T1 作为波特率发生器,T1 工作于方式 2,要求通信的波特率为 9 600,计算 T1 的初值。

设 Smod=0,根据式(2-5),计算 T1 的初值如下:

$$X = 2^8 - \frac{11.059\ 2 \times 10^6}{9\ 600 \times 32 \times 12} = 253 = \text{FDH}$$

选用 11.059 2 MHz 晶振的目的是为了使计算得到的初值为整数。选用定时器 T1 工作于方式 2 作为波特率发生器,只需要在初始化编程时,将计算得到的初值写入 TH1 和 TL1。当 T1 溢出时会自动重新装入初值,从而产生精确的波特率。如果将 T1 工作于方式 0 或方式 1,则当 T1 溢出时需要由中断服务程序重装初值。这时中断响应时间和中断服务程序指令的执行时间将导致波特率产生一定的误差。因此,采用 T1 作为串行口的波特率发生器时,通常将 T1 设置为工作方式 2。

【例 2-19】 利用 80C51 串行口将片内 40H~4FH 单元中的数据发送出去。串行口工作于方式 2,TB8 作为奇偶位。在数据写入发送缓冲器之前,先将数据的奇偶位写入 TB8,这样使第 9 位数据作为校验位。编程如下:

```
TRS:   MOV   SCON,#80H      ;设置串行口工作方式 2
       MOV   PCON,#80H      ;波特率为 f_osc/32
       MOV   R0,  #40H      ;设置片内数据指针
       MOV   R2,  #10H      ;数据长度送 R2
LOOP:  MOV   A,   @R0       ;取数据送 A
       MOV   C,   P         ;奇偶位送 TB8
       MOV   TB8, C
       MOV   SBUF,A         ;启动发送
WAIT:  JBC   TI,  CONT      ;判发送完标志
       SJMP  WAIT
CONT:  INC   R0
       DJNZ  R2,  LOOP      ;发送 16 个数据
HERE:  SJMP  HERE
```

【例 2-20】 编写一个 80C51 串行口工作方式 2 的接收程序,核对校验位,并进行接收正确和错误的判断和处理。

```
REV:    MOV   SCON,  #90H        ;设置串行口工作方式2,允许接收
LOOP:   JBC   RI,    READ        ;等待接收数据并清0RI
        SJMP  LOOP
READ:   MOV   A,     SBUF        ;读入一帧数据
        JB    PSW.0, ONE         ;判接收端奇偶位
        JNB   RB8,   RIGHT       ;判发送端奇偶位
        SJMP  ERR
ONE:    JNB   RB8,   ERR
RIGHT:  ...                      ;接收正确处理
ERR:    ...                      ;接收出错处理
```

2.11　80C51单片机的中断系统

2.11.1　中断的概念

单片机与外部设备交换信息可以采用两种方式,即查询方式和中断方式。由于中断方式具有CPU效率高、适合于实时控制系统等优点,因而更为常用。

中断系统也就是中断管理系统。所谓"中断",即CPU暂时终止当前正在执行的程序而转去执行中断服务子程序。

常见的中断类型有3种:

(1) 屏蔽中断,也称直接中断。它是通过指令使中断系统与外界隔开,使外界发来的中断请求不起作用,不引起中断。这是常见的一种中断方式。

(2) 非屏蔽中断。它是计算机一定要处理的中断方式,不能用软件来加以屏蔽。这种中断方式一般用于掉电等紧急情况。

(3) 软件中断。它是一种用指令系统中专门的中断指令来实现的一种中断,一般用于程序中断点的设置,以便于程序的调试。

引起中断的原因,或是能发出中断申请的来源,称为中断源。单片机系统可以接收的中断申请一般不止一个。对于这些不止一个的中断源进行管理,就是中断系统的任务。这些任务一般包括:

(1) 对于中断申请的开放或屏蔽,也叫开中断或关中断。这是CPU能否接受中断申请的关键。只有在开中断情况下,才有可能接受中断源的申请。中断的开放或关闭可以通过指令来实现。80C51单片机没有专门的开中断和关中断指令,但可以通过别的指令来控制中断的开放或关闭。

(2) 中断的排队。如果是多中断源系统,在开中断的条件下,若有若干个中断申请同时发

生,就需要决定先对哪一个中断申请进行响应。这就是中断排队的问题,也就是要对各个中断源作一个优先的排队。单片机先响应优先级别高的中断申请。

(3) 中断的响应。单片机在响应了中断源的申请时,应使 CPU 从主程序转去执行中断服务子程序;同时要把断点地址送入堆栈进行保护,以便在执行完中断服务子程序后能返回到原来的断点,继续执行主程序。中断系统还要能确定各个被响应中断源的中断服务子程序的入口。

(4) 中断的撤除。在响应中断申请以后,返回主程序之前,中断申请应该撤除;否则就等于中断申请仍然存在,这将影响对其他中断申请的响应。80C51 单片机只能对一部分中断申请在响应之后自动撤除,这一点在使用中一定要注意。

2.11.2 中断申请与控制

80C51 单片机的中断系统从面向用户的角度来看,就是若干个特殊功能寄存器:
- 定时器控制寄存器 TCON;
- 中断允许寄存器 IE;
- 中断优先级寄存器 IP;
- 串行口控制寄存器 SCON。

其中 TCON 和 SCON 只有一部分位是用于中断控制。通过对以上各特殊功能寄存器中相应位的置 1 或清 0,可实现各种中断控制功能。

80C51 单片机是个多中断源系统,有 5 个中断源,即两个外部中断、两个定时器/计数器中断和一个串行口中断(对 80C52 单片机来说,还有一个定时器/计数器 T2,因此它还多一个定时器/计数器 T2 中断)。

两个外部中断源分别从 $\overline{INT0}$(P3.2)和 $\overline{INT1}$(P3.3)引脚输入。外部中断请求信号可以有两种方式,即电平输入方式和负边沿输入方式。若是电平输入方式,则在 $\overline{INT0}$ 或 $\overline{INT1}$ 引脚上检测到低电平即为有效的中断申请。若是边沿输入方式,则需在 $\overline{INT0}$ 或 $\overline{INT1}$ 引脚上检测到从 1 到 0 的负脉冲跳变,才属于有效申请。

两个定时器/计数器中断是当 T0 或 T1 溢出(由全 1 进入全 0)时发出中断申请,属于一种内部中断。

串行口中断也属于内部中断,它是在串行口每接收或发送完一组串行数据后自动发出的中断申请。

CPU 在检测到中断申请后,使某些相应的标志位置 1,CPU 在下一个机器周期检测这些标志以决定是否要响应中断。这些标志位分别对应于特殊功能寄存器 TCON 和 SCON 的相应位。

1) TCON 寄存器

TCON 寄存器的地址为 88H,其中各位都可以位寻址,位地址为 88H~8FH。TCON 寄存器中与中断有关的各控制位分布如下：

D7	D6	D5	D4	D3	D2	D1	D0
TF1		TF0		IE1	IT1	IE0	IT0

其中各控制位的含义如下：
- IT0　选择外中断$\overline{INT0}$的中断触发方式。IT0＝0 为电平触发方式，低电平有效。IT0＝1 为负边沿触发方式，$\overline{INT0}$脚上的负跳变有效。IT0 的状态可以用指令来置 1 或清 0。
- IE0　外中断$\overline{INT0}$的中断申请标志。当检测到$\overline{INT0}$上存在有效中断申请时，由硬件使 IE0 置位。当 CPU 转向中断服务程序时，由硬件使 IE0 中断申请标志清 0。
- IT1　选择外中断$\overline{INT1}$的触发方式（功能与 TI0 类似）。
- IE1　外部中断$\overline{INT1}$的中断申请标志（功能与 IE0 类似）。
- TF0　定时器/计数器 T0 溢出中断申请标志。当 T0 溢出时，由内部硬件将 TF0 置 1，当 CPU 转向中断服务程序时，由硬件将 TF0 清 0，从而清除 T0 的中断申请标志。
- TF1　定时器 1 溢出中断申请标志（功能与 TF0 相同）。

可见定时器/计数器溢出中断和外部中断的申请标志，在 CPU 响应中断之后能够自动撤除。

2) SCON 寄存器

80C51 单片机串行口的中断申请标志位于特殊功能寄存器 SCON 中。SCON 寄存器的地址为 98H，其中各位都可以位寻址，位地址为 98H～9FH。串行口的中断申请标志只占用 SCON 中的两位，分布如下：

D7	D6	D5	D4	D3	D2	D1	D0
						TI	RI

其中各控制位的含义如下：
- TI　发送中断标志。当发送完一帧串行数据后置 1，必须由软件清 0。
- RI　接收中断标志。当接收完一帧串行数据后置 1，必须由软件清 0。

串行口的中断申请标志是由 TI 和 RI 相或以后产生的，并且串行口中断申请在得到 CPU 响应之后不会自动撤除。

80C51 单片机没有专门的开中断和关中断指令，中断的开放和关闭是由特殊功能寄存器 IE 来实现两级控制的。所谓"两级控制"，是指在寄存器 IE 中有一个总允许位 EA，当 EA＝0 时，就关闭所有的中断申请，CPU 不响应任何中断申请。而当 EA＝1 时，对各中断源的申请是否开放，还要看各中断源的中断允许位的状态。

3) 中断允许寄存器 IE

中断允许寄存器 IE 的地址为 A8H,其中各位都可以位寻址,位地址为 A8H～AFH。总允许位 EA 和各中断源允许位在 IE 寄存器中的分布如下：

D7	D6	D5	D4	D3	D2	D1	D0
EA			ES	ET1	EX1	ET0	EX0

其中各控制位的含义如下：

EA　　中断总允许位。EA=0 时,CPU 关闭所有的中断申请。只有 EA=1 时,才能允许各个中断源的中断申请,但还要取决于各中断源中断允许控制位的状态。

ES　　串行口中断允许位。ES=1,串行口开中断;ES=0,串行口关中断。

ET1　　定时器/计数器 T1 的溢出中断允许位。ET1=1,则允许 T1 溢出中断;ET1=0,则不允许 T1 溢出中断。

EX1　　外部中断 1($\overline{INT1}$)的中断允许位。ET1=1,则允许外部中断 1 申请中断;EX1=0,则不允许中断。

ET0　　定时器/计数器 T0 的溢出中断允许位。ET0=1,则允许中断;ET0=0,则不允许中断。

EX0　　外部中断 0($\overline{INT0}$)的中断允许位。EX0=1,则允许中断;EX0=0,则不允许中断。

80C51 单片机在复位时,IE 各位的状态都为 0,所以 CPU 是处于关中断的状态。对于串行口来说,其中断请求在被响应之后,CPU 不能自动清除其中断标志。在这些情况下,要注意用指令来实现中断的开放或关闭,以便进行各种中断处理。

80C51 单片机的中断优先级控制比较简单,只有两个中断优先级。对于每一个中断请求源可编程为高优先级或低优先级中断,以实现两级中断嵌套。一个正在被执行的低优先级中断服务程序能被高优先级的中断申请所中断,但不能被另一个低优先级的中断源所中断。若 CPU 正在执行高优先级的中断服务子程序,则不能被任何中断源所中断。每个中断源的优先级别由特殊功能寄存器 IP 来管理。

4) 中断优先级寄存器 IP

IP 寄存器的地址为 B8H,格式如下：

D7	D6	D5	D4	D3	D2	D1	D0
			PS	PT1	PX1	PT0	PX0

其中各位的含义如下：

PS　　串行口中断优先级控制位。

PT1　定时器/计数器 T1 中断优级控制位。
PX1　外部中断$\overline{INT1}$中断优先级控制位。
PT0　定时器/计数器 T0 中断优先级控制位。
PX0　外部中断$\overline{INT0}$中断优先级控制位。

IP 寄存器中若某一个控制位置 1,则相应的中断源就规定为高优先级中断;反之,若某一个控制位置 0,则相应的中断源就规定为低优先级中断。IP 寄存器的地址为 B8H,其中各控制位也是可以位寻址的,位地址为 B8H~BCH。

2.11.3　中断响应

若有某个中断源请求中断,同时特殊功能寄存器 IE 中相应控制位处于置 1 状态,则 CPU 就可以响应中断。80C51 单片机有 5 个中断源,但只有两个中断优先级,因此必然会有若干个中断源处于同样的中断优先级。当两个同样级别的中断申请同时到来时,CPU 应该如何响应呢? 在这种情况下,80C51 单片机内部有一个固定的查寻顺序。当出现同级中断申请时,就按这个顺序来处理中断响应。80C51 单片机的 5 个中断源及其优先级顺序如表 2-8 所列。

表 2-8　80C51 单片机的中断源

中断源	入口地址	优先级顺序	说　明
外部中断 0	0003H	最高	来自 P3.2 引脚(INT0)的外部中断请求
定时器/计数器 0	000BH		定时器/计数器 T0 溢出中断请求
外部中断 1	0013H		来自 P3.3 引脚(INT1)的外部中断请求
定时器/计数器 T1	001BH		定时器/计数器 T1 溢出中断请求
串行口	0023H	最低	串行口完成一帧数据的发送或接收中断

表 2-8 中列出的只是 80C51 单片机的 5 个最基本中断源。不同型号单片机除了这 5 个基本中断源之外,还有它们各自专有的中断源,例如,80C52 就还有一个定时器/计数器 T2 溢出中断,T2 的中断入口地址为 002BH。

80C51 单片机在接收到发来的中断申请以后,先把这些申请锁定在各自的中断标志位中;然后在下一个机器周期按表 2-8 规定的内部优先顺序和中断优先级分别来查询这些标志,并在一个机器周期之内完成检测和优先排队。响应中断的条件有 3 个:

● 必须没有同级或更高级别的中断正在得到响应,如果有,则必须等 CPU 为它们服务完毕,返回主程序并执行一条指令之后才能响应新的中断申请。
● 必须要等当前正在执行的指令执行完毕以后,CPU 才能响应新的中断申请。

- 若正在执行的指令是 RETI(中断返回)或是任何访问 IE 寄存器或 IP 寄存器的指令，则必须要在执行完该指令以及紧随其后的另外一条指令之后，才可以响应新的中断申请。在这种情况之下，响应中断所需的时间就会加长。这个响应条件是 80C51 单片机所特有的。

若上述条件满足，CPU 就在下一个机器周期响应中断，完成两件工作：一是把中断点的地址，即当前程序计数器 PC 的内容送入堆栈保护；另一个是根据中断的不同来源把程序的执行转移到相应的中断服务子程序的入口。在 80C51 单片机中，这种转移关系是固定的，对于每一种中断源，都有一个固定的中断服务子程序入口地址，如表 2-8 所列。CPU 响应中断时，中断请求被锁存在 TCON 和 SCON 的标志位。当某个中断请求得到响应之后，相应的中断标志位应该予以清除(即复 0)；否则，CPU 又会继续查询这些标志位而认为又有新的中断申请来到。实际上这种中断申请并不存在，因此就存在一个中断请求的撤除问题。80C51 单片机有 5 个中断源，对于其中的两种，在响应之后，系统能通过硬件自动使标志位复 0(即撤除)，它们是：

- 定时器 0 或 1 的中断请求标志 TF0 或 TF1；
- 外部中断 0 或 1 的中断请求标志 IE0 或 IE1。

在这里需要注意的是外部中断。由于外部中断有两种触发方式：低电平方式和负边沿方式。对于边沿触发方式比较简单，因为在清除了 IE0 或 IE1 以后必须再来一个负边沿信号，才可能使标志位重置置 1。对于低电平触发方式则不同。若仅是由硬件清除了 IE0 或 IE1 标志，而加在 $\overline{INT0}$ 或 $\overline{INT1}$ 引脚上的低电平不撤消，则在下一个机器周期 CPU 检测外中断申请时会发现又有低电平信号加在外中断输入上，又会使 IE0 或 IE1 置 1，从而产生错误的结果。80C51 单片机的中断系统没有对外的联络信号，即中断响应之后没有输出信号去通知外设结束中断申请，因此必须由用户自己来关心和处理这个问题。

对于串行口的中断请求标志 TI 和 RI，中断系统不予以自动撤除。在响应串行口中断之后要先测试这两个标志位，以决定是接收还是发送，故不能立即撤消。但在使用完毕之后应使之清 0，以结束这次中断申请。TI 和 RI 的清 0 操作可在中断服务子程序中用指令来实现。

80C51 单片机在响应中断之前，必须对中断系统进行初始化，也就是对组成中断系统的若干个特殊功能寄存器中的各控制位加以赋值。中断系统的初始化一般需要完成以下操作：

(1) 开中断；
(2) 确定各中断源的优先级；
(3) 若是外部中断，应规定是低电平触发还是负边沿触发。

CPU 响应中断后将转到中断源的入口地址开始执行中断服务程序。80C51 单片机的每个中断源都有其固定的入口地址，它们的处理过程也有所区别。一般情况下，中断处理包括两个部分：一是保护现场，二是为中断服务。

保护现场是将需要在中断服程序中使用而又不希望破坏其中原来内容的工作寄存器压入

堆栈中保护起来,等中断服务完成后再从堆栈中弹出以恢复原来的内容。通常需要保护的寄存器有 PSW、A 以及其他工作寄存器。

在编写中断服务程序时,要注意以下几点:
- 80C51 各中断源的入口地址之间仅相隔 8 个单元。如果中断服务程序的长度超过 8 个地址单元,则应在中断入口地址处安排一条转移指令,转到其他有足够空余存储器单元的地址空间。
- 若在执行当前中断服务程序时需要禁止更高级中断源,则要用软件指令关闭中断,在中断返回之前再开放中断。
- 在保护和恢复现场时,为了不使现场信息受到破坏或造成混乱,保护现场之前应关中断。若需要允许高级中断,则应在保护现场之后再开中断。同样在恢复现场之前也应先关中断,恢复现场之后再开中断。
- 及时清除那些不能被硬件自动清 0 的中断请求标志,以免产生错误的中断。

最后,说明一下中断的响应时间问题。CPU 并不是在任何情况下都对中断请求立即响应,不同情况下中断响应的时间有所不同。下面以外部中断为例来进行说明。

外部中断请求在每个机器周期的 S5P2 期间,经过反相锁存到 IE0 或 IE1 标志中,CPU 在下一个机器周期才会查询这些标志。这时如果满足响应中断的条件,CPU 响应中断时,需要执行一条两个机器周期的调用指令,以转到相应的中断服务程序入口。这样,从外部中断请求有效到开执行中断服务程序的第一条指令,至少需要 3 个机器周期。

如果在申请中断时,CPU 正在执行最长的指令(如乘、除指令),则额外等待时间增加 3 个机器周期。若正在执行中断返回(RETI)或访问 IE、IP 寄存器的指令,则额外等待时间又要增加 2 个机器周期。

综合估算,若系统中只有一个中断源,则中断响应时间为 3~8 个机器周期。

2.11.4　中断系统应用举例

【例 2-21】　利用 T0 定时中断从 P1.0 引脚输出一个周期为 2 ms 的方波,设单片机的晶振频率 $f_{osc}=6$ MHz。源程序如下:

```
        ORG   0000H          ;复位入口
        LJMP  MAIN           ;转到主程序
        ORG   000BH          ;T0 中断入口
        LJMP  SQ             ;转到 T0 中断服务程序
MAIN:   MOV   TMOD,#01H      ;主程序开始,初始化 T0
        MOV   TL0,#0CH       ;装入 T0 定时 1 ms 初值
        MOV   TH0,#0FEH
        MOV   IE,#82H        ;开中断
```

```
HERE: SJMP    HERE            ;等待中断
SQ:   CPL     P1.0            ;T0中断服务程序,P1.0取反,输出方波
      MOV     TL0,#0CH        ;重装初值
      MOV     TH0,#0FEH
      RETI                    ;中断返回
```

【例 2 - 22】 利用中断加查询扩展中断源。如图 2.35 所示,4 个外部装置通过一个"或非"门连到 80C51 的外中断输入引脚$\overline{INT0}$。无论哪个外设发生故障时以高电平提出中断请求,都会使$\overline{INT0}$引脚电平变低。究竟是哪个外设提出申请,可以通过查询 P1.0、P1.2、P1.4、P1.6 的逻辑电平获知。当某个外设请求中断时,单片机通过 P1.1、P1.3、P1.5、P1.7 输出高电平点亮相应的 LED 指示灯。

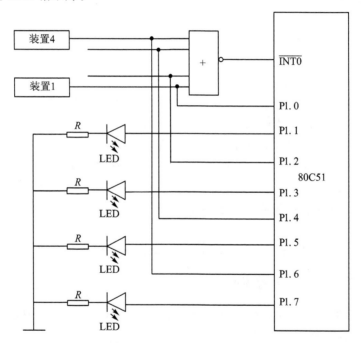

图 2.35 利用中断加查询扩展中断源

源程序如下:

```
        ORG    0000H           ;复位入口
        LJMP   MAIN            ;转到主程序
        ORG    0003H           ;外部中断INT0入口
        LJMP   INSER           ;转到中断服务程序
MAIN:   ANL    P1,#55H         ;主程序开始,熄灭LED,准备输入查询
        SETB   EX0             ;允许INT0中断
```

```
        SETB    IT0             ;负边沿触发方式
        SETB    EA              ;开中断
HERE:   SJMP    HERE            ;等待中断
INSER:  JNB     P1.0,L1         ;中断服务程序,开始查询
        SETB    P1.1            ;由外设1引起的中断
L1:     JNB     P1.2,L2
        SETB    P1.3            ;由外设2引起的中断
L2:     JNB     P1.4,L3
        SETB    P1.5            ;由外设3引起的中断
L3:     JNB     P1.6,L4
        SETB    P1.7            ;由外设4引起的中断
L4:     RETI                    ;中断返回
```

需要说明的是,由于以上两个例子比较简单,不需要保护现场。当实际应用时如果中断服务程序较复杂,需要采用多个工作寄存器时,一定要注意现场的保护和恢复。

2.12　80C51单片机的节电工作方式

80C51单片机提供了两种节电工作方式:空闲方式和掉电方式,以进一步降低系统的功耗。这种低功耗的工作方式特别适用于采用干电池供电或停电时依靠备用电源供电的智能化测量控制仪表系统。CHMOS型单片机的工作电源和后备电源加在同一个引脚V_{cc}上;而HMOS型单片机的后备电源加在RST引脚上。单片机正常工作时电流为11～20 mA,空闲状态时为1.7～5 mA,掉电状态时为5～50 μA。单片机节电工作方式的内部控制电路如图2.36所示。在空闲方式下,振荡器保持工作,时钟脉冲继续输出到中断、串行口、定时器等

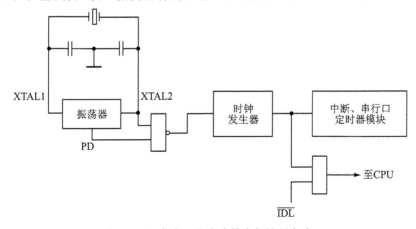

图2.36　节电工作方式的内部控制电路

功能部件,使它们继续工作;但时钟脉冲不再送到CPU,因而CPU停止工作。在掉电方式下,振荡器停止工作,单片机内部所有的功能部件全部停止工作。

单片机的节电工作方式是由特殊功能寄存器PCON(地址为87H)控制的,格式如下:

D7	D6	D5	D4	D3	D2	D1	D0
SMOD	\	\	\	GF1	GF0	PD	IDL

其中各位的意义如下:

SMOD　　串行口的波特率控制位。SMOD=1时波特率加倍。
GF1、GF0　通用标志位。由用户设定其标志意义。
PD　　　　掉电方式控制位。PD置1后使器件立即进入掉电方式。
IDL　　　　空闲方式控制位。IDL置1后使器件立即进入空闲方式。若PD和IDL同时置1,则使器件进入掉电工作方式。

2.12.1 空闲方式和掉电方式

1) 空闲工作方式

当CPU执行一条PCON.0(IDL位)置1的指令,就使它进入空闲工作方式。该指令应是CPU执行的最后一条指令。该指令执行完后,CPU即停止工作,进入空闲方式。此时中断、串行口、定时器还继续工作,堆栈指针SP、程序计数器PC、程序状态字PSW、累加器ACC、片内RAM及其他特殊功能寄存器的内容保持不变,引脚保持进入空闲方式时的状态,ALE和$\overline{PSEN}$保持逻辑高电平。

进入空闲方式以后,有两种方法使器件退出空闲方式。一是被允许的中断源请求中断时,由内部的硬件电路使PCON.0位清0,终止空闲工作方式;CPU响应中断,执行中断服务程序;中断处理完以后,从激活空闲方式指令的下一条指令开始执行程序。

PCON寄存器中的GF0和GF1可用来指示中断是发生在正常工作状态,还是发生在空闲工作状态。CPU在PCON.0位置1激活空闲方式的同时,可以先使标志位GF0或GF1置1。由于产生了中断而退出空闲方式时,CPU在执行中断服务子程序中查询GF0或GF1的状态,便可以判别出在发生中断时CPU是否处于空闲状态。

退出空闲方式的另一种方法是硬件复位。因为空闲方式时振荡器仍然在工作,所以只需要两个机器周期便可完成复位。RST引脚上的复位信号直接使PCON.0位清0,从而使器件退出空闲工作方式,CPU从激活空闲方式指令的下一条指令开始执行程序。应用空闲方式时需要注意,激活空闲方式指令的下一条指令不能是对口的操作指令和对外部RAM的写入指令,以防止硬件复位过程中的误操作。

2) 掉电工作方式

CPU执行一条PCON.1(PD位)置1的指令,就使器件进入掉电工作方式。该指令是

CPU 执行的最后一条指令。指令执行完后，便进入掉电方式，单片机内部所有的功能部件都停止工作，内部 RAM 和特殊功能寄存器的内容保持不变，I/O 引脚状态与相关特殊功能寄存器的内容相对应，ALE 和 $\overline{\mathrm{PSEN}}$ 为逻辑低电平。

退出掉电方式的唯一方法是硬件复位。复位后单片机内部特殊功能寄存器的内容被初始化，PCON＝0，从而退出掉电方式。

在掉电方式期间，V_{CC} 电源电压可降至 2 V，单片机的功耗降至最小。需要注意的是，当 V_{CC} 恢复正常值时应维持足够长的时间（约 10 ms），以保证振荡器起振并达到稳定；然后才能使器件退出掉电方式，CPU 重新开始正常工作。

2.12.2　节电方式的应用

在以干电池供电的智能化测量控制仪表中，应尽可能地降低功耗，以延长电池的使用寿命。这时应尽可能选择 CMOS 器件，并在不影响功能指标的前提下降低时钟的频率；当然还可以利用 CHMOS 型单片机的节电工作方式。有些数据采集系统对于测量数据的采样具有一定的时间间隔，通常在这段时间间隔内让 CPU 处于空转方式（循环等待）。实际上对于 CHMOS 型单片机可以用空闲方式来取代这种循环等待。在等待的时间间隔内激活 CPU 的空闲工作方式，当间隔时间到需要采样测量数据时，用一个外部中断使 CPU 退出空闲方式，在中断服务程序中完成对测量数据的采样，中断服务程序结束后又重新进入空闲方式。这样一来，CPU 处于断断续续的工作状态，从而达到节电的目的。以交流供电为主以直流电池作为备用电源的系统，在停电时激活 CPU 的掉电工作方式，器件处于掉电状态时其功耗可以降到最小程度；当恢复交流供电时由硬件电路产生一个复位信号，使 CPU 退出掉电方式继续以正常方式工作。

图 2.37 所示为一个以交流供电为主同时带有后备电池的 80C51 单片机数据采集系统的供电框图。当交流供电正常时，CPU 以断续方式采样测量数据。发生停电时，依靠备用电池向 80C51 单片机和外部 RAM 供电，以维持外部 RAM 中的数据不发生丢失。用 80C51 的 P1.0 来监测系统的供电是否正常。P1.0 为低电平说明交流供电正常；P1.0 为高电平则说明交流供电即将停电或已经停电，这时单片机进入掉电工作方式。电阻 R 和电容 C 组成交流上电复位电路，当交流电源恢复供电时，由电容 C 的充电过程向 80C51 的 RST 引脚提供一个复位脉冲，使单片机退出掉电方式。

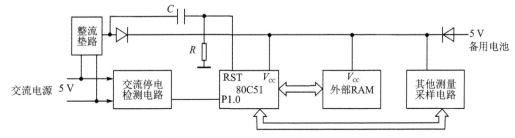

图 2.37　80C51 单片机系统的供电框图

图 2.38 所示为该系统的工作程序框图。主程序完成对定时器 T0 的初始化,允许 T0 定时中断,然后 PCON.0 位置 1 进入空闲工作方式。若 T0 定时时间到,产生一个中断使单片机退出空闲方式,CPU 响应中断,执行中断服务子程序。在 T0 的中断服务子程序中,完成对测量数据的采样,同时检测 P1.0 的电平。若 P1.0=0,则恢复现场后返回,中断返回后又进入空闲工作方式。若 P1.0=1,则 PCON.1 位置 1,使单片机进入掉电工作方式。进入掉电以后,只有当交流供电恢复正常并经过一段时间(约 10 ms)后,才能由上电复位电路提供一个硬件复位脉冲使单片机退出掉电工作方式。

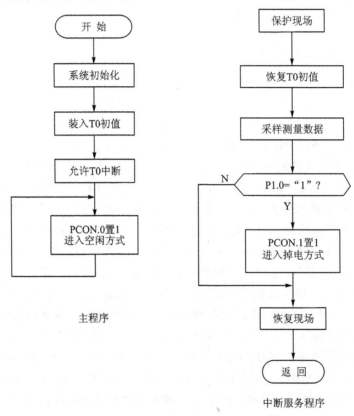

图 2.38 80C51 节电工作方式程序框图

2.13 80C51 单片机的系统扩展

虽然 80C51 单片机芯片内部集成了诸如定时器、串行口等功能部件,但是在应用系统中,很多时候会发现片内资源不够用。这时就需要在单片机芯片外部扩展必要的存储器以及其他一些 I/O 端口,才能满足实际需要。本节介绍 80C51 单片机系统扩展的基本方法和技术。

2.13.1 程序存储器扩展

80C51 单片机的程序存储器与数据存储器的物理地址空间是相互独立的,单片机芯片外部最大可扩展 64 KB 的程序存储器。片外程序存储器与单片机的连接方法如下:

1) 地址线

程序存储器的低 8 位地址线(A0~A7)与 P0 口外接锁存器的输出端相连,程序存储器的高 8 位地址线(A8~A15)与 P2 口(P2.0~P2.7)直接相连。由于 80C51 单片机的 P0 口分时输出低 8 位地址和 8 位数据,因此 P0 口必须外加一个地址锁存器,并由单片机输出的地址锁存允许信号 ALE 的下降沿将低 8 位地址锁存到锁存器中;而单片机的 P2 口在进行外部扩展时,仅用作高 8 位地址,故不用外加锁存器。

2) 数据线

程序存储器的 8 位数据线直接与 P0 口(P0.0~P0.7)相连。

3) 控制线

程序存储器的输出使能端 $\overline{OE}$ 与单片机的 $\overline{PSEN}$ 引脚相连。单片机的的地址锁存允许信号 ALE 通常与 P0 口外部地址锁存器的锁存控制端 G 相连。

图 2.39 为在 80C51 单片机外部扩展一片 8 KB 程序存储器 2764 的连接图。图中采用三

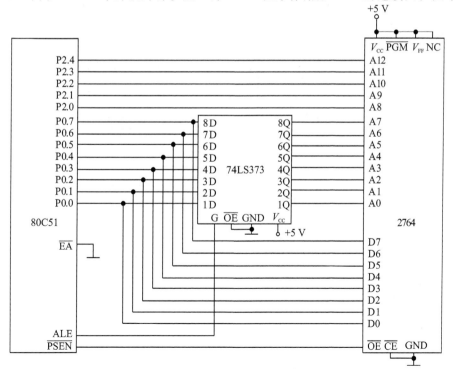

图 2.39 在 80C51 单片机外部扩展 8 KB 程序存储器 2764 的连接图

态输出 8D 锁存器 74LS373 作为 P0 口的外部地址锁存器,其三态控制端 $\overline{OE}$ 接地,保证输出常通。锁存控制端 G 与单片机的 ALE 端相连,2764 的片选端 $\overline{CE}$ 接地,输出使能端 $\overline{OE}$ 受单片机 $\overline{PSEN}$ 端的控制。2764 使用了 13 根地址线 A0～A12,占用的地址空间为 0000H～1FFFH。

2.13.2 数据存储器扩展

80C51 单片机的片内数据存储器容量一般只有 128 字节(8051)～256 字节(8052)。当数据量较大时,就需要在片外进行数据存储器扩展。最大片外扩展数据存储器容量可达 64 KB。

扩展片外数据存储器时地址和数据总线连接方法与扩展外部程序存储器相同,但控制总线的连接有所不同:数据存储器的读允许端 $\overline{OE}$ 与单片机的 $\overline{RD}$ 端相连,数据存储器的写允许端 $\overline{WE}$ 与单片机的 $\overline{WR}$ 端相连。单片机 ALE 端的连接与程序存储器相同。

图 2.40 为在 80C51 单片机外部扩展一片 8 KB 数据存储器 6264 的连接图。图中 8282 的功能与 74LS373 相同。

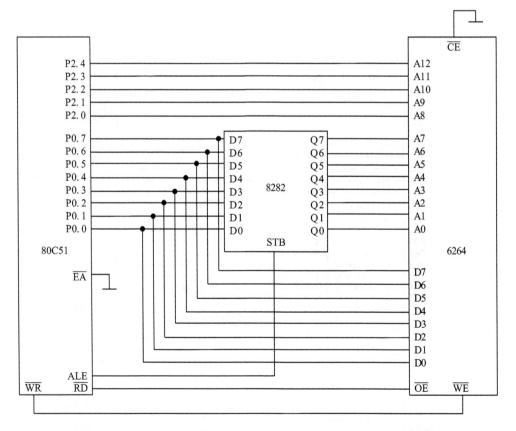

图 2.40 在 80C51 单片机外部扩展一片 8 KB 数据存储器 6264 的连接图

从 80C51 单片机外部程序存储器和数据存储器的扩展方法可以看到,外部程序存储器的读选通由单片机的 $\overline{PSEN}$ 控制,而数据存储器的读和写选通则由单片机的 $\overline{RD}$ 和 $\overline{WR}$ 控制。因此,虽然 80C51 采用"哈佛式"存储器结构,即程序存储器和数据存储器具有相同的逻辑地址空间,但在物理上它们是完全独立的,并且各自具有不同的控制信号。这些信号由执行不同的指令来自动产生,从而可以保证在访问不同存储器地址空间时不会发生混淆。

2.13.3 并行 I/O 端口扩展

在 80C51 单片机应用系统中,对于 ROM 型单片机如果不进行外部存储器扩展,则可以由单片机提供 4 个 8 位的并行 I/O 口 P0~P3。对于无 ROM 型的单片机,由于其 P0 和 P2 口必须用作外部程序存储器的地址和数据总线,不能再用作并行 I/O 口,故只有 P1 口和 P3 口的一部分口线可以作为并行 I/O 口使用。因此,从使用者角度来看,单片机本身能够提供的 I/O 口其实并不多,很多情况下需要进行外部并行 I/O 口扩展。

在进行 80C51 应用系统外部 I/O 口扩展时,需要占用外部数据存储器地址空间,即将 64 KB 总地址空间中的一部分作为外部 RAM 区,一部分作为外部扩展 I/O 区,这样就可以像访问外部 RAM 一样对外部扩展 I/O 端口进行读/写操作。

由于外部扩展 I/O 接口芯片是与外部扩展数据存储器芯片统一编址的,总共占用 16 根地址线。单片机的 P2 口提供高 8 位地址,P0 口提供低 8 位地址。为了唯一地选中某一个外部存储器单元或外部 I/O 端口,必须进行两种选择操作:首先要选出该存储器芯片或 I/O 接口芯片,称为片选;其次是选出该芯片的某一个存储单元或 I/O 接口芯片的片内寄存器,这称为字选。常用的选址方法有线选法和地址译码法,分别介绍如下。

1. 线选法

线选法是利用单片机的一根空闲高位地址线(通常采用 P2 的某根口线)选中一个外部扩展 I/O 端口芯片。若要选中某个芯片工作,将对应芯片的片选信号端设为低电平,其他未被选中芯片的片选信号端设为高电平,从而保证只选中指定的芯片工作。当应用系统只需要扩展少量外部存储器和 I/O 端口时,可以采用这种方法。其优点是不需要地址译码器,可以节省器件,减小体积,降低成本。缺点是可寻址的器件数目受到很大限制,而且地址空间不连续,这些都会给系统程序设计带来不便。

图 2.41 为采用线选法进行外部扩展的连接图。图中在 80C51 外部扩展

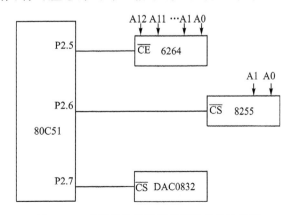

图 2.41 采用线选法进行外部扩展的连接图

了一片 8 KB 数据存储器 6264、一片可编程接口芯片 8255、一片 D/A 转换芯片 0832,分别采用 P2.5、P2.6 和 P2.7 作为它们的片选信号。

6264 RAM 芯片的容量为 8 KB,需要 13 根地址线作为字选,因此其片选信号只能用 P2.5 以上的高位地址线。可以按如下方式推算出 6264 的地址范围,即

高 8 位地址变化范围:

P2.7	P2.6	P2.5	P2.4	P2.3	P2.2	P2.1	P2.0
1	1	0	×	×	×	×	×

低 8 位地址变化范围:

P0.7	P0.6	P0.5	P0.4	P0.3	P0.2	P0.1	P0.0
×	×	×	×	×	×	×	×

由此可得 6264 的地址范围为 C000H~DFFFH。

8255 是一种具有 3 个 I/O 端口的可编程接口芯片。它除了需要用 $\overline{CS}$ 端来作为片选之外,还需要用 A1、A0 端来选择不同的端口。如图 2.41 所示,8255 的片选端 $\overline{CS}$ 接到 80C51 的 P2.6,A1、A0 端分别接到 P0.1、P0.0。可以按如下方式推算出 8255 的地址范围,即

高 8 位地址变化范围:

P2.7	P2.6	P2.5	P2.4	P2.3	P2.2	P2.1	P2.0
1	0	1	1	1	1	1	1

低 8 位地址变化范围:

P0.7	P0.6	P0.5	P0.4	P0.3	P0.2	P0.1	P0.0
1	1	1	1	1	1	×	×

由此可得 8255 的地址范围为 BFFCH~BFFFH。

D/A 转换芯片 0832 只有一个片选端 $\overline{CS}$。当 $\overline{CS}$ 为低电平时,选中 0832 工作。如图 2.41 所示,0832 的片选端 $\overline{CS}$ 接到 80C51 的 P2.7,可以按如下方式推算出 0832 的地址,即

高 8 位地址变化范围:

P2.7	P2.6	P2.5	P2.4	P2.3	P2.2	P2.1	P2.0
0	1	1	1	1	1	1	1

低 8 位地址变化范围:

P0.7	P0.6	P0.5	P0.4	P0.3	P0.2	P0.1	P0.0
1	1	1	1	1	1	1	1

由此可得 0832 的地址为 7FFFH。

2. 地址译码法

对于 RAM 容量较大和 I/O 端口较多的单片机应用系统进行外部扩展,当芯片所需要的片选信号多于可利用的高位地址线时,需要采用地址译码法。地址译码法必须采用地址译码器。常用的地址译码器有 3-8 译码器 74LS138、双 2-4 译码器 74LS139 等。图 2.42 为

74LS138 的引脚排列，表 2-9 为 74LS138 的真值表。

表 2-9　74LS138 真值表

译码器输入						译码器输出
G1	G2A	G2B	C	B	A	Y0～Y7
1	0	0	0	0	0	Y0=0
			0	0	1	Y1=0
			0	1	0	Y2=0
			0	1	1	Y3=0
			1	0	0	Y4=0
			1	0	1	Y5=0
			1	1	0	Y6=0
			1	1	1	Y7=0
0	×	×	×	×	×	Y0～Y7 全为 1
×	1	×	×	×	×	
×	×	1	×	×	×	

图 2.42　74LS138 的引脚排列

80C51 单片机可以分别寻址 64 KB 外部程序存储器和 64 KB 外部数据存储器。可以利用适当的地址译码器将 64 KB 的地址空间划分为若干块，然后将划分得到的地址空间块分配给需要外扩的芯片。例如，根据表 2-9 可知，将 138 的 G1 接 +5 V，G2A、G2B 接地，将单片机的最高 3 根地址线 P2.7、P2.6、P2.5 分别接到 138 的 C、B、A 端，利用 138 的输出端作为外扩芯片的片选端，再将单片机剩余 13 根地址线 P2.4～P2.0、P0.7～P0.0 作为外扩芯片的字选地址，就可以实现将 64 KB 地址分成 8 KB×8 块。如图 2.43(a)所示，此时 138 译码器每个输出端的地址范围都是 8 KB。

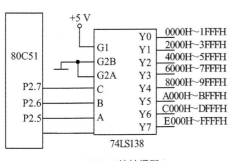

(a) 8 KB×8 地址译码

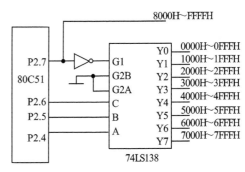

(b) 32 KB+4 KB×8 地址译码

图 2.43　用 74LS138 译码器进行地址空间分配

在单片机的 P2.7 引脚上接一个"非"门,可以将 64 KB 地址分成 32 KB×2 块,再利用 138 可以将 32 KB 地址分成 4 KB×8 块。如图 2.43(b)所示,此时 138 译码器每个输出端的地址范围都是 4 KB。

图 2.44 为采用地址译码法在单片机外部扩展一片 8 KB 数据存储器 6264、一片 I/O 芯片 8255、一片定时计数器芯片 8253、一片 D/A 转换器芯片 0832 的例子。各个外扩芯片的地址编码如表 2-10 所列。当一个芯片出现重叠地址时,一般取其最高地址,如连接图中 D/A 转换芯片 0832 的片选端接到 138 的 Y3。地址范围可以是 6000H~7FFFH,使用时通常用其最高地址 7FFFH。对于 8255 和 8253 也是如此。

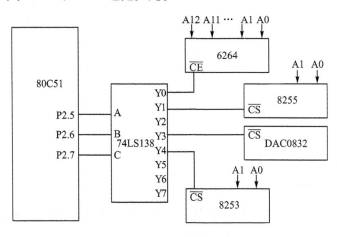

图 2.44 采用地址译码法进行外部扩展的连接图

表 2-10 图 2.44 的地址编码

外部器件	片内字节地址数	地址编码
6264	8 KB	0000H~1FFFH
8255	4 B	3FFCH~3FFFH
0832	1 B	7FFFH
8253	4 B	9FFCH~9FFFH

下面介绍两种常用可编程 I/O 接口芯片 Intel 8255 和 Intel 8155 及其扩展并行 I/O 端口的方法。

图 2.45 为 Intel 8255 的引脚排列和内部逻辑结构。8255 具有 3 个 8 位的并行 I/O 口,分别称为 PA、PB、PC,其中 PA 口具有一个 8 位数据输出锁存/缓冲器和一个 8 位数据输入锁存器,可编程为 8 位输入输出或双向寄存器。PB 口与 PA 口类似,不同的是 PB 口不能用

作双向寄存器。PC 与 PA 口类似，不同的是 PC 口又分高 4 位口（PC7～PC4）和低 4 位口（PC3～PC0），PC 口除了用作输入输出之外，还可用作 PA、PB 口选通工作方式下的状态控制信号。

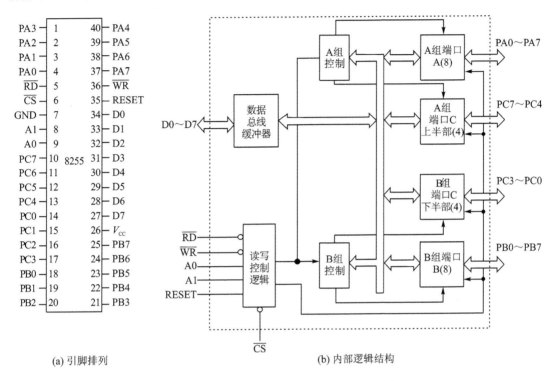

图 2.45　Intel 8255 的引脚排列和内部逻辑结构

8255 内部的 A 组和 B 组控制电路，根据 CPU 的命令控制 8255 的工作方式。每组控制电路从读/写控制逻辑接受各种命令，从内部数据总线接受控制字并发出适当的命令到相应的端口。A 组控制电路控制 PA 口及 PC 口的高 4 位，B 组控制电路控制 PB 口及 PC 口的低 4 位。

8255 内部读/写控制逻辑用于管理所有的数据、控制字或状态字的传递，它接收来自 CPU 的地址及控制信号来控制各个端口的工作状态。其控制信号有：

- 复位信号 RESET：高电平有效。复位时控制寄存器被清 0，所有端口都设置为输入方式。
- 片选信号 $\overline{CS}$：低电平有效。允许 8255 与 CPU 交换信息。
- 读信号 $\overline{RD}$：低电平有效。允许 CPU 从 8255 端口读取数据或外设状态信息。
- 写信号 $\overline{WR}$：低电平有效。允许 CPU 将数据、控制字写入 8255 中。
- 端口选择信号 A1、A0：它们与 $\overline{RD}$、$\overline{WR}$ 及 $\overline{CS}$ 信号配合来选择 I/O 端口及内部控制寄存器，并控制信息的传送方向，如表 2-11 所列。

表 2-11 8255 的端口选择及其功能

A1	A0	$\overline{RD}$	$\overline{WR}$	$\overline{CS}$	功能说明
0	0	0	1	0	A 口→数据总线
0	1	0	1	0	B 口→数据总线
1	0	0	1	0	C 口→数据总线
0	0	1	0	0	数据总线→A 口
0	1	1	0	0	数据总线→B 口
1	0	1	0	0	数据总线→C 口
1	1	1	0	0	数据总线→控制寄存器
×	×	×	×	1	数据总线为三态
1	1	0	1	0	非法状态
×	×	1	1	0	数据总线为三态

8255 有 3 种工作方式：方式 0、方式 1 和方式 2，如图 2.46 所示。

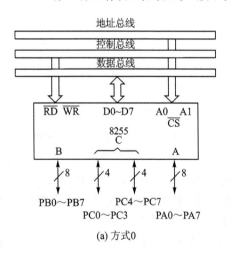

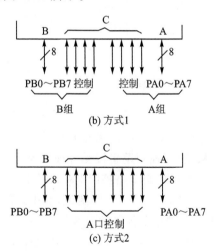

图 2.46　8255 的 3 种工作方式

方式 0 为基本输入输出方式。PA、PB 和 PC 口都可以设定为输入或输出。当作为输出口时，输出的数据被锁存；作为输入口时，输入数据不锁存。

方式 1 为选通输入输出方式。PA、PB 和 PC 这 3 个口分为两组：A 组包括 PA 口和 PC 口的高 4 位，PA 口可编程设定为输入或输出口，PC 口高 4 位用作输入/输出操作的控制和同步信号。B组包括PB口和PC口的低4位,PB口可编程设定为输入或输出口,PC口低4位用作输入/输出操作的控制和同步信号。PA和PB口的输入/输出数据都被锁存。

方式2为双向总线方式。仅用于PA口,将PA为8位双向总线端口,PC的PC3～PC7用作输入/输出的同步控制信号,此时PB口只能编程设定为方式0或方式1。

PC口设定方式1和方式2时,8255内部规定的联络信号如表2-12所列。

用于输入的联络信号如下:

- 选通脉冲输入$\overline{STB}$:低电平有效。当外设送来$\overline{STB}$信号时,输入数据被装入8255的锁存器。
- 输入缓冲器满IBF:高电平有效。表示数据已经装入锁存器,可作为送出的状态信号。
- 中断请求INTR:高电平有效。当IBF=1,$\overline{STB}$=1时才有效,用来向CPU请求中断服务。

表2-12 PC口的联络信号分布

位	方式1		方式2	
	输入	输出	输入	输出
PC7	I/O	$\overline{OBFA}$	×	$\overline{OBFA}$
PC6	I/O	$\overline{ACKA}$	×	$\overline{ACKA}$
PC5	IBFA	I/O	IBFA	×
PC4	$\overline{STBA}$	I/O	$\overline{STBA}$	×
PC3	INTRA	INTRA	INTRA	INTRA
PC2	$\overline{STBB}$	$\overline{ACKB}$	I/O	I/O
PC1	IBFB	$\overline{OBFB}$	I/O	I/O
PC0	INTRB	INTRB	I/O	I/O

输入操作过程如下:当外设的数据准备好以后,发出$\overline{STB}$=0信号,输入数据装入8255的锁存器。装满后使IBF=1。CPU可以查询这个状态信息,以决定是否接收8255的数据。或者当$\overline{STB}$重新变高时,INTR有效,向CPU申请中断,CPU在中断服务程序中接收8255的数据,并使INTR=0。

用于输出的联络信号如下:

- 响应信号输入$\overline{ACK}$:低电平有效。它是当外设取走8255的数据后发出的响应信号。
- 输出缓冲器满信号$\overline{OBF}$:低电平有效。当CPU把数据送入8255的锁存器后有效。用这个输出的低电平来通知外设开始接收数据。
- 中断请求信号INTR:高电平有效。当外设处理完一组数据后,$\overline{ACK}$变低。并且当$\overline{OBF}$变高,然后$\overline{ACK}$又变高后使INTR有效,申请中断,进入下一次数出过程。

用户可以通过编程对PC口相应位进行置1或清0来控制8255的开中断或关中断。

8255有两种控制字,即控制PA、PB、PC口工作方式的方式控制字和控制PC口各位置1或清0的控制字。两种控制字写入的控制寄存器相同,只用D7位来区分是哪一种控制字:D7=1为工作方式控制字,D7=0为PC口置1或清0的控制字。这两种控制字的格式如图2.47所示。

图2.48为8255与80C51单片机的一种接口电路。图中8255的片选信号$\overline{CS}$连到80C51的P2.7。端口地址选择信号A1、A0由P0.1、P0.0经74LS373锁存后提供。根据表2-11可知,该电路中8255的PA、PB、PC以及控制口的地址分别为7FFCH、7FFDH、7FFEH、

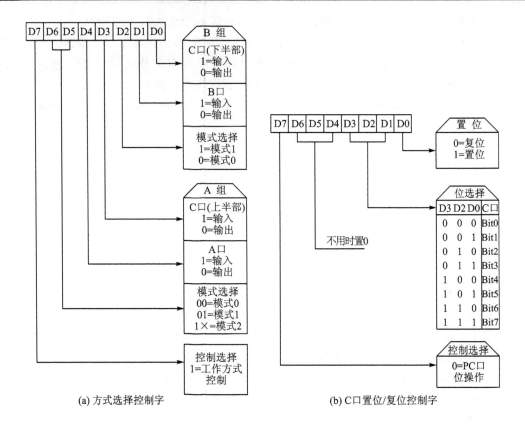

图 2.47 8255 的控制字格式

7FFFH。若要求 8255PA 口按方式 1 输入,PB 口按方式 0 输出,PC 口高 4 位按方式 1 输入,PC 口低 4 位安方式 0 输出,则只要如下初始化编程:

```
MOV    DPTR,#7FFFH        ;8255 控制口地址
MOV    A,#0B8H            ;满足以上要求的控制字
MOVX   @DPTR,A            ;控制字送入 8255 控制口
```

若要求通过 8255 的 PC5 向外输出一个正脉冲信号,可如下编程:

```
MOV    DPTR,#7FFFH        ;控制字送入控制口
MOV    A,#0BH
MOVX   @DPTR,A            ;将 PC5 置 1
ACALL  DELAY              ;延时
DEC    A
MOVX   @DPTR,A            ;将 PC5 置 0
```

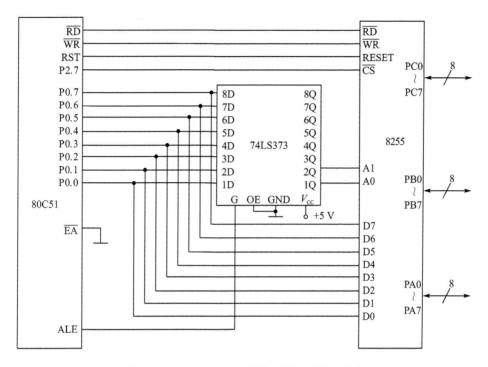

图 2.48　8255 与 80C51 单片机的一种接口电路

Intel 8155 是一种多功能的可编程接口芯片，内集成有 256 字节的静态 RAM，2 个可编程 8 位并行接口 PA、PB，1 个可编程的 6 位并行接口 PC，1 个 14 位的定时计数器。图 2.49 为 Intel 8155 的引脚排列和内部逻辑结构。

8155 芯片各引脚的功能如下：

- 复位信号 RESET：高电平有效。当 RESET 端加上 5 μs 左右的正脉冲时，8155 将初始化复位，把 PA、PB 和 PC 口均初始化为输入方式。
- 地址数据线 AD0～AD7：采用分时方式区分地址和数据信息。通常与单片机的 P0 口相连。其地址码可以是 8155 片内 RAM 或 I/O 口地址，地址信息由 ALE 的下降沿锁存到 8155 片内地址锁存器中，与 $\overline{RD}$、$\overline{WR}$ 信号配合完成数据的输入/输出。
- 地址锁存信号 ALE：在 ALE 的下降沿将地址数据线 AD0～AD7 输出的地址信号以及 $\overline{CE}$、IO/$\overline{M}$ 状态都锁存到 8155 的内部锁存器中。
- 片选信号 $\overline{CE}$：低电平有效。它与地址信息一起由 ALE 信号的下降沿锁存到 8155 的内部锁存器中。
- 片内 RAM/IO 选择信号 IO/$\overline{M}$：IO/$\overline{M}$=0 选中 8155 片内 RAM。此时 AD0～AD7 输出 8155 片内 RAM 地址，IO/$\overline{M}$=1 选中 8155 的 3 个 I/O 端口、命令/状态寄存器、定时计数器。此时 AD0～AD7 输出 I/O 端口地址，如表 2-13 所列。

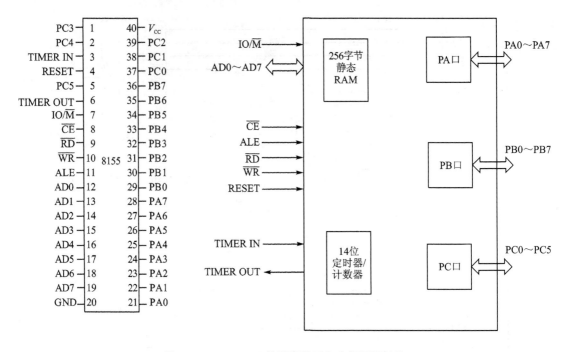

图 2.49　Intel 8155 的引脚排列和内部逻辑结构

- 读选通信号 $\overline{RD}$：低电平有效。当 $\overline{CE}=0$，$\overline{RD}=0$ 时，将 8155 片内 RAM 单元或 I/O 口的内容送到 AD0～AD7 总线上。
- 写选通信号 $\overline{WR}$：低电平有效。当 $\overline{CE}=0$，$\overline{WR}=0$ 时，将 CPU 输出到 AD0～AD7 总线上信息写入到 8155 片内 RAM 单元或 I/O 口中。
- PA 端口引脚 PA0～PA7：由命令寄存器中的控制字来决定输入/输出。
- PB 端口引脚 PB0～PB7：由命令寄存器中的控制字来决定输入/输出。
- PC 端口引脚 PC0～PC5：可以通过编成设定 PC 口作为通用输入/输出端口或作为 PA、PB 端口数据传送的控制应答联络信号。
- TIMERIN、TIMEROUT：分别为 8155 片内定时计数器的输入和输出信号线。
- V_{CC}、GND：分别为 8155 的 +5 V 电源输入端和接地端。

表 2-13　8155 的 I/O 端口地址分配

AD7	AD6	AD5	AD4	AD3	AD2	AD1	AD0	选中的寄存器
×	×	×	×	×	0	0	0	命令/状态寄存器
×	×	×	×	×	0	0	1	PA 口
×	×	×	×	×	0	1	0	PB 口

续表 2-13

AD7	AD6	AD5	AD4	AD3	AD2	AD1	AD0	选中的寄存器
×	×	×	×	×	0	1	1	PC 口
×	×	×	×	×	1	0	0	定时计数器的低 8 位寄存器
×	×	×	×	×	1	0	1	定时计数器的高 6 位寄存器及工作方式字(2 位)

8155 内部的命令寄存器和状态寄存器使用同一个端口地址。命令寄存器只能写入不能读出，状态寄存器只能读出不能写入。8155 I/O 口的工作方式由单片机写入命令寄存器的控制字确定，命令字的格式如图 2.50 所示。

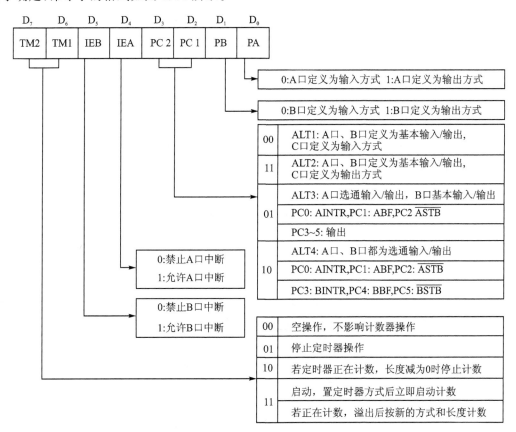

图 2.50 8155 的命令字的格式

命令字的低 4 位定义 PA、PB 和 PC 口的工作方式。其中 D4、D5 位用于设定 PA、PB 口以选通输入/输出方式工作时是否允许申请中断，D6、D7 位为定时计数器的运行控制位。

8155 I/O 口的工作方式如下：

- 当 8155 编程为 ALT1、ALT2 时，PA、PB、PC 口均工作于基本输入/输出方式。
- 当 8155 编程为 ALT3 时，PA 口定义为选通输入/输出方式，PB 口定义为基本输入/输出方式。
- 当 8155 编程为 ALT4 时，PA 和 PB 口均定义为选通输入/输出工作方式。

8155 内部设有一个状态寄存器，用来锁存输入/输出口和定时计数器的当前状态，以供 CPU 查询。状态寄存器只能读出，不能写入，状态寄存器和命令寄存器共用一个口地址。状态寄存器的格式如图 2.51 所示。

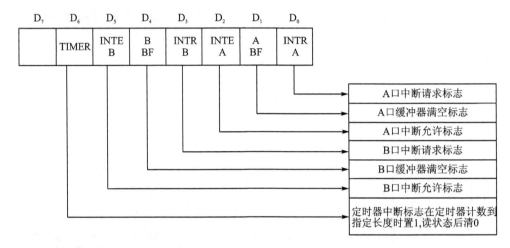

图 2.51　8155 状态寄存器的格式

8155 的片内定时计数器为 14 位减法计数器，由两个字节组成，其格式如图 2.52 所示。它有 4 种工作方式，由 M2、M1 两位确定。每一种工作方式的输出波形如图 2.53 所示。对定时计数器进行编程时，先要将计数常数和工作方式送入定时计数器口地址（定时计数器低 8 位、定时计数器高 6 位、定时器方式 M2，M1）。计数常数在 0002H～3FFFH 范围内选择。定时计数器的启动和停止由命令寄存器的最高两位控制。

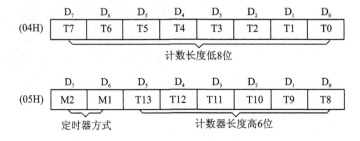

图 2.52　8155 定时器的格式

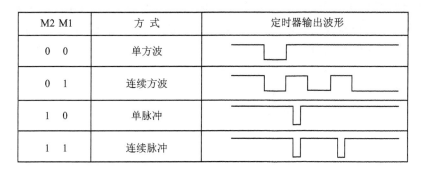

图 2.53 定时方式和输出波形

任何时侯都可以设置定时计数器的长度和工作方式,然后必须将启动命令写入命令寄存器中。即使计数器在计数期间,写入启动命令后仍可改变其工作方式。如果写入定时计数器的常数值为奇数,则输出的方波不对称。8155 复位后并不预置定时计数器的工作方式和计数常数值。若作为外部事件计数,则由定时计数器状态求取外部输入事件脉冲的方法如下:

停止计数,分别读取定时计数器的两个字节,取低 14 位计数值。若为偶数,右移 1 位即为外部输入事件的脉冲数;若位奇数,则右移 1 位后再加上计数初值的 1/2 的整数部分作为外部输入事件的脉冲数。

8155 可以直接与 80C51 单片机接口,不需要任何外部附加逻辑。图 2.54 所示为 8155 与

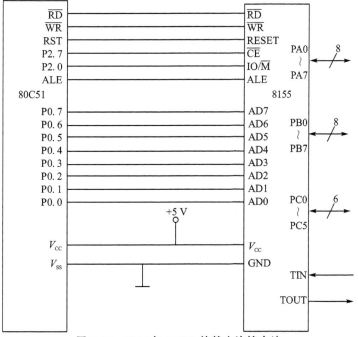

图 2.54 8155 与 80C51 的基本连接方法

80C51 的基本连接方法。由于 8155 具有片内地址锁存器,可以将 P0 口的 8 根引脚直接与 8155 的 AD0～AD7 相连,既作为低 8 位地址线又作为 8 位数据线,利用 80C51 的 ALE 信号下降沿锁存 P0 口输出的地址信息。片选信号 $\overline{CE}$ 和 $IO/\overline{M}$ 信号分别接到 80C51 的 P2.7 和 P2.0。根据表 2 - 13 可知 8155 的端口地址编码为:

命令/状态寄存器地址　　7F00H
片内 RAM 字节地址　　　7E00H～7EFFH
PA 口地址　　　　　　　7F01H
PB 口地址　　　　　　　7F02H
PC 口地址　　　　　　　7F03H
定时计数器低位地址　　　7F04H
定时计数器高位地址　　　7F05H

若要求 8155 的 PA、PB 作为基本输出口,PC 作为基本输入口,不允许中断,不启动定时计数器,则命令字为 03H。初始化编程如下:

```
MOV    DPTR,#7F00H      ;8155 命令口地址
MOV    A,#03H
MOVX   @DPTR,A          ;写入命令字
```

若要求将 8155 的 PA 口定义为基本输入方式,PB 口定义为基本输出方式,对输入脉冲进行 15 分频,可编程如下:

```
MOV    DPTR,#7F04H      ;定时计数器低位地址
MOV    A,#0FH           ;计数常数
MOVX   @DPTR,A          ;计数常数装入定时计数器低 8 位
MOV    DPTR,#7F05H      ;定时计数器高位地址
MOV    A,#40H           ;置定时计数器为连续方波输出
MOVX   @DPTR,A          ;装入定时计数器高 8 位
MOV    DPTR,#7F00H      ;定时计数器命令寄存器地址
MOV    A,#0C2H          ;设定命令字
MOVX   @DPTR,A          ;写入命令寄存器
```

2.13.4　利用 I^{2}C 总线进行系统扩展

I^{2}C 总线是 NXP 公司开发的一种简单、双向二线制同步串行总线,只需要两根线(串行时钟线和串行数据线)即可在连接于总线上的器件之间传送信息。这种总线的主要特性如下:

● 总线只有两根线:串行时钟线和串行数据线;
● 每个连到总线上的器件都可由软件以唯一的地址寻址,并建立简单的主/从关系,主器

件既可作为发送器,也可作为接收器;
- 它是一个真正的多主总线,带有竞争检测和仲裁电路,可使多主机任意同时发送而不破坏总线上的数据;
- 同步时钟允许器件通过总线以不同的波特率进行通信;
- 同步时钟可以作为停止和重新启动串行口发送的握手方式;
- 连接到同一总线的集成电路数只受 400 pF 的最大总线电容的限制。

I^2C 总线极大地方便了系统设计者,无须设计总线接口,因为总线接口已经集成在片内了,从而使设计时间大为缩短,并且从系统中移去或增加集成电路芯片对总线上的其他集成电路芯片没有影响。I^2C 总线的简单结构便于产品改型或升级。改型或升级时只须从总线上取消或增加相应的集成电路芯片即可。目前 NXP 公司推出带 I^2C 总线的单片机有 8XC550、8XC552、8XC652、8XC654、8XC751、8XC752 等,以及包括 LED 驱动器、LCD 驱动器、A/D、D/A、RAM、EPROM 及 I/O 接口等在内的上百种 I^2C 接口电路芯片供应市场。对于原来没有 I^2C 总线的单片机,可以使用 I^2C 总线接口扩展器件 PCD8548 扩展出 I^2C 总线接口,也可以采用软件模拟 I^2C 总线时序,编写出 I^2C 总线驱动程序。

I^2C 总线接口的电气结构如图 2.55 所示,组成 I^2C 总线的串行数据线 SDA 和串行时钟线 SCL 必须经过上拉电阻 R_p 接到正电源上。连接到总线上的器件的输出级必须为"开漏"或"开集"的形式,以便完成"线与"功能。在 8XC552 中 I^2C 总线串行口规定为 P1.6(SCL)和 P1.7(SDA)口线的第 2 功能,定名为 SIO1。SDA 和 SCL 都为双向 I/O 口线,总线空闲时皆为高电平。总线上数据传送最高速率可达 100 kb/s。

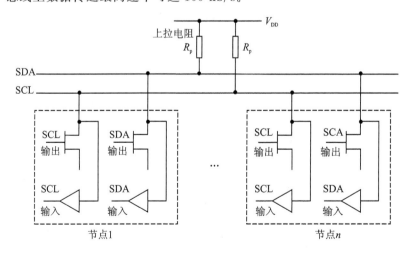

图 2.55 I^2C 总线接口的电气结构

I^2C 总线上可以实现多主双向同步数据传送,所有主器件都可发出同步时钟。但由于 SCL 接口的"线与"结构,一旦一个主器件时钟跳变为低电平,将使 SCL 线保持为低电平直至时钟达到高电平;因此 SCL 线上时钟低电平期间由各器件中时钟最长的低电平时间决定,而时钟高电平时间则由高电平时间最短的器件决定。为了使多主数据能够正确传送,I^2C 总线中带有竞争检测和仲裁电路。总线竞争的仲裁及处理由内部硬件电路来完成。当两个主器件发送相同数据时不会出现总线竞争,当两个主器件发送不同数据时才出现总线竞争。其竞争过程如图 2.56 所示。若某一时刻主器件 1 发送高电平而主器件 2 发送低电平,此时由于 SDA 的"线与"作用,主器件 1 发送的高电平在 SDA 线上反映的是主器件 2 的低电平状态。这个低电平状态通过硬件系统反馈到数据寄存器中,与原有状态比较不同而退出竞争。

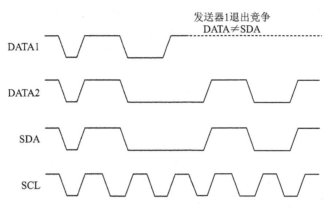

图 2.56 总线竞争的仲裁过程

I^2C 总线可以构成多主数据传送系统,但只有带 CPU 的器件可以成为主器件。主器件发送时钟、启动位、数据工作方式,从器件则接收时钟及数据工作方式。接收或发送则根据数据的传送方向决定。I^2C 总线上数据传送时的启动、结束和有效状态都由 SDA、SCL 的电平状态决定。在 I^2C 总线规程中启动和停止条件规定如下:

启动条件:在 SCL 为高电平时,SDA 出现一个下降沿则启动 I^2C 总线。

停止条件:在 SCL 为高电平时,SDA 出现一个上升沿则停止使用 I^2C 总线。

除了启动和停止状态,在其余状态下,SCL 的高电平都对应于 SDA 的稳定数据状态。每一个被传送的数据位由 SDA 线上的高、低电平表示。对于每一个被传送的数据位都在 SCL 线上产生一个时钟脉冲。在时钟脉冲为高电平期间,SDA 线上的数据必须稳定;否则被认为是控制信号。SDA 只能在时钟脉冲 SCL 为低电平期间改变。启动条件后总线为"忙",在结束信号过后的一定时间总线被认为是"空闲"的。在启动和停止条件之间可转送的数据不受限制,但每个字节必须为 8 位。首先传送最高位,采用串行传送方式,但在每个字节之后必须后接一个响应位。主器件收发每个字节后产生一个时钟应答脉冲。在此期间,发送器必须保证 SDA 为高,由接收器将 SDA 拉低,称为应答信号(ACK)。主器件为接收器时,在接收了最后一个字节之后不发应答信号,也称为非应答信号(NOT ACK)。当从器件不能再接收另外的字节时也会出现这种情况。I^2C 总线的数据传送如图 2.57 所示。

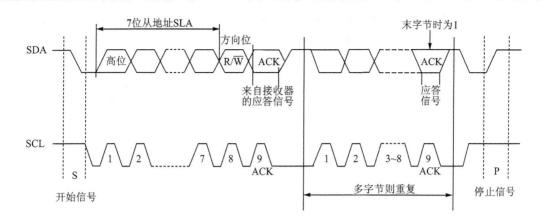

图 2.57 I²C 总线上的数据传送

总线中每个器件都有自己唯一确定的地址。启动条件后主机发送的第 1 个字节就是被读/写的从器件地址，其中第 8 位为方向位，"0"(W) 表示主器件发送，"1"(R) 表示主器件接收。总线上每个器件在启动条件后都把自己的地址与前 7 位相比较。如果相同则器件被选中，产生应答，并根据读/写位决定在数据传送中是接收还是发送。如图 2.58 所示，无论是主发、主收还是从发、从收，都是由主器件控制。

图 2.58 主器件发送和接收数据的过程

在主发送方式下，由主器件先发出启动信号(S)，接着发从器件的 7 位地址(SLA)和表明主器件发送的方向位"0"(W)，即这个字节为 SLA+W。被寻址的从器件在收到这个字节后，返回一个应答信号(A)。在确定主从握手应答正常后，主器件向从器件发送字节数据，从器件每收到一个字节数据后都要返回一个应答信号，直到全部数据都发送完为止。

在主接收方式下，主器件先发出启动信号(S)，接着发从器件的 7 位地址(SLA)和表明主器件接收的方向位"1"(R)，即这个字节为 SLA+R。在发送完这个字节后，P1.6(SCL)继续输出时钟,通过 P1.7(SDA)接收从器件发来的串行数据。主器件每接收到一个字节后都要发送一个应答信号(A)。当全部数据都发送或接收完毕后,主器件应发出停止信号(P)。图 2.58 所示为主器件发送和接收数据的过程。

带有 I^2C 总线接口的 8XC552 单片机通过以下 4 个特殊功能寄存器来完成 I^2C 总线操作,即

- 控制寄存器 S1CON(地址为 D8H):对 I^2C 总线串行口实现启动、停止控制,设置串行中断及响应标志,设定时钟频率。
- 地址寄存器 S1ADR(地址为 D9H):只在主器件的从方式中有效,装入的高 7 位是自己的从地址。如果最低位置位,则识别通用呼叫地址(00H)。
- 数据寄存器 S1DAT(地址为 DAH):发送或接收 8 位数据。S1DAT 中的数据总是从右向左移位。在数据移出时,总线上的数据同时移入。S1DAT 中总是保存总线上的最近一个数据。这样在任何数据离开总线时,S1DAT 中的数据总是正确的。
- 状态寄存器 S1STA(地址为 DBH):S1STA 是 8 位只读寄存器。最低 3 位总是为 0,高 5 位为反映当前总线工作状态的状态码。I^2C 总线一共有 26 个可能的状态,包括正常和不正常状态。

在数据的传送过程中,总线上可能出现的正常、非正常状态都能实时地由硬件系统以代码的形式出现在状态寄存器 S1STA 中,总共有 26 个状态,占据 S1STA 的高 5 位。如图 2.58 所示,"发送完启动信号"的状态码为 08H,"发送完 SLA+W 并收到响应位"的状态码为 18H,"发送完 S1DAT 的数据字节并收到响应位(ACK)"的状态码为 28H 等。总线上所有的非正常状态也有相应的状态码。例如,主器件发送完 SLA+W 后未收到从器件的应答信号时,其状态码为 20H 而不是 18H。由于总线的工作状态全部归结为 26 个状态码,因此 S1STA 是 I^2C 总线操作软件运行的重要依据。

在 I^2C 总线规范中把大量的总线仲裁、状态识别、标志设置及逻辑控制等都交给硬件系统完成,并将总线运行的复杂状态归结为 26 种状态码,从而使总线的管理变得十分简单和规范。状态译码器取出内部所有的状态位并将其压缩为 5 位码。对于每一种总线状态,其编码是唯一的。这 5 位编码用于产生地址向量,以加快服务程序的处理。每个服务程序处理一种特殊的总线状态。如果状态码用作服务程序的地址向量,则服务程序之间隔开 8 个单元。对于大多数服务程序而言,8 个单元足够了。NXP 公司给出了全部 I^2C 总线中断服务程序及其辅助程序。它们仅占用一页程序存储器空间,可由用户安放在 64 KB 程序存储器的任意位置。

I^2C 总线运行操作软件由主程序、中断服务程序和状态服务程序组成。8XC552 中 I^2C 总线接口为 SIO1。

主程序主要完成:

- I^2C 总线接口的初始化,包括设定自己的从地址(因作主器件时无地址问题)、状态服务程序的页地址定位,设置 I^2C 总线接口(将 P1.6 和 P1.7 置 1 使之成为 SCL 和 SDA),

设置 SIO1 中断优先级并允许中断。
- 主发送方式初始化，包括控制寄存器控制字设定、主方式字节数、发至从器件的 SLA+W 以及进入主方式的置位。

主程序完成 I^2C 总线接口的初始化之后即可从事其他操作。

在主程序设定 SIO1 中断允许后，当 SIO1 进入 26 种总线状态（其中一种状态无意义）中的 25 种状态之一时，控制寄存器 S1CON 中串行中断标志 SI 置位，产生中断而进入 SIO1 的中断服务程序。在 SIO1 的中断服务程序中，首先将 PSW 压入堆栈，然后将 S1STA 和 HADD（初始化程序装入的 26 个中断服务程序高位地址）压入堆栈，S1STA 中含有 26 个服务程序低位地址的状态码。接着是一条从子程序返回指令。执行这条子程序返回指令时，高位和低位地址从堆栈中弹出并装入到程序计数器中，再下面执行的指令便是状态服务程序的第 1 条指令。中断服务程序的初始引导部分如下：

```
        ORG   002BH      ;SIO1 中断口地址
002B:   PUSH  PSW        ;保护现场
        PUSH  S1STA      ;状态码压入堆栈（低位地址）
        PUSH  HADD       ;服务程序高位地址字节进栈
        RET              ;转向状态服务程序
```

状态服务程序是 SIO1 中断服务程序中的 26 个状态处理程序。由于 S1STA 中 5 位地址只相隔 8 个字节，当有些状态服务程序超过 8 个字节时，则转至页内空余空间。这部分程序称为状态处理的辅助程序。详细的 SIO1(I^2C) 程序可查阅相关手册。

典型的 I^2C 总线应用系统结构如图 2.59 所示。

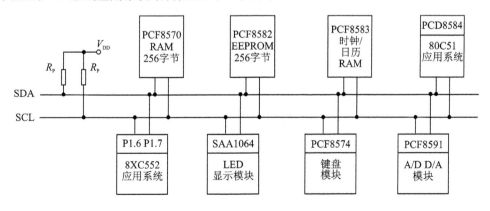

图 2.59 典型 I^2C 总线应用系统结构

I^2C 总线上可挂接 n 个单片机应用系统及 m 个带 I^2C 接口的器件。每个 I^2C 接口作为一个节点，节点的数量和种类主要受总电容量和地址容量的限制。单片机节点可编程为主器件或从器件，而器件节点则只能编程为从器件。8XC552 单片机带有 I^2C 接口，可以直接挂在 I^2C

总线上。对于没有 I^2C 接口的单片机,可通过 I^2C 接口扩展芯片 PCD8584 扩展出 I^2C 接口。I^2C 总线系统中的单片机原有的并行接口和异步通信接口资源可不受 I^2C 总线限制任意扩展,I^2C 总线系统中的器件节点可构成各种标准功能模块。I^2C 总线上所有节点都有约定的地址以便实现可靠的数据传送。单片机节点可作为主器件或从器件,作为主器件时其地址无意义,作为从器件时其从地址在初始化程序中定位在 I^2C 总线地址寄存器 S1ADR 的高 7 位中。器件节点的 7 位地址由两部分组成,完全由硬件确定。一部分为器件编号地址,由芯片厂家规定;另一部分为引脚编号地址,由引脚的高低电平决定。例如 4 位 LED 驱动器 SAA1064 的地址为 01110A1A0,其中 01110 为器件编号地址,表明该器件为 LED 驱动器。A1、A0 为该器件的两个引脚,分别接高、低电平时可以有 4 片不同地址的 LED 驱动模块节点。256 个字节的 EEPROM 器件 PCF8582 的地址为 1010A2A1A0,它的器件编号地址为 1010。而地址引脚则有 3 个:A2、A1、A0。通过这 3 个引脚的不同电平设置,可连接 8 片不同地址的 EEPROM 芯片。芯片内地址则由主器件发送的第 1 个数据字节来选择。

I^2C 总线是一种串行通信总线,它与并行总线不同。并行总线中有地址总线,CPU 可通过地址总线来选择所需要器件的地址。I^2C 总线只有一根数据线和一根时钟线,没有专门的地址线,而是利用数据传送中的头几个字节来传送地址信息。I^2C 总线的寻址方式有主器件的节点寻址和通用呼叫寻址两种,具体实现方法是由主器件在发出启动位 S 后紧接着发送从器件的 7 位地址码,即 S+SLA。在节点地址寻址中 SLA 为被寻址的从节点地址。当 SLA 为全 0 时,即为通用呼叫地址。通用呼叫地址用于寻址接到 I^2C 总线上的每个器件的地址,不需要从通用呼叫地址命令中获取数据的器件可以不响应通用呼叫地址。

图 2.60 给出了几个 I^2C 器件与 8XC552 单片机的接口电路及各器件的地址。采用 8XC552 这一类带有片内 I^2C 总线接口的单片机,可以直接利用 NXP 公司提供的 I^2C 总线驱动程序。如果采用其他不带片内 I^2C 总线接口 80C51 单片机,仍可应用图 2.60 实现 I^2C 器件扩展;但这时需要编写软件模拟 I^2C 总线驱动程序。关于 I^2C 总线的详细操作请查阅有关参考资料。

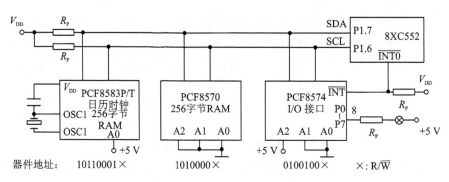

图 2.60　I^2C 器件与 8XC552 的接口电路

2.14 新型 FLASH 单片机简介

存储器技术的发展是推动单片机发展的一个重要因素,目前单片机内部存储器正朝着大容量、多品种的方向发展。80C51 单片机片内 ROM 的容量已从早期的 4 KB 发展到 64 KB,一些厂商还改进了指令的寻址方法,使 80C51 的寻址能力达到 8 MB 以上,片内 RAM 容量也从 128 字节发展到 2 KB。片内 ROM 的品种已从掩膜 ROM 和 EPROM 发展到一次性编程 ROM(OTP)。特别是近年来快闪存储器(FLASH Memory)的出现,为单片机提供了一种全新的片内存储器。FLASH 存储器为电可改写,使用简单,并且可实现在系统编程(ISP)和在应用中编程(IAP),不用将芯片从印刷电路板上取下、不用专门的编程器即可实现对其片内 ROM 内容的改写,极大地方便了应用工程师的设计和修改工作。本节介绍几种目前常见的新一代 FLASH 单片机及其基本应用方法。

2.14.1 Atmel 公司的 AT89x51

美国 Atmel 公司是最早开发出具有片内 FLASH 单片机的公司之一。它推出的 AT89x51 系列单片机以 80C51 为内核,其引脚和指令系统与 80C51 完全兼容,片内 FLASH 存储器的擦写周期在 1000 次以上,可反复编程,采用静态时钟方式,可以极大地降低系统功耗。AT89x51 系列单片机的主要特点如下:

- 引脚和指令系统与 Intel 公司的 MCS-51 系列单片机完全兼容;
- 具有片内 FLASH 存储器,擦写周期≥1000 次,存储数据保持时间≥10 年;
- 具有 128(或 256)字节片内 RAM;
- 程序存储器具有 3 级加密保护;
- 全静态时钟,频率范围为 0 Hz~33 MHz;
- 宽工作电压,2.7~5.5 V;
- 具有 32 条可编程 I/O 口线;
- 具有 2 个(或 3 个)片内 16 位定时计数器;
- 具有片内全双工 UART 串行口;
- 具有 5 个(或 6 个)中断源和 2 个中断优先级;
- 支持低功耗空闲和掉电工作模式,在掉电模式支持中断唤醒;
- 支持在系统编程(ISP),生产及维护更方便;
- 片内看门狗(Watchdog Timer),使用户的应用系统更可靠;
- 片内双数据指针,使数据操作更加快捷方便。

AT89x51 单片机的标准型号为 89C51(或 89C52),还有一种简化型号 89C1051(或 89C2051)。最近 Atmel 公司又推出了一种具有 ISP 功能的新型号 89S51(或 89S52)。图 2.61

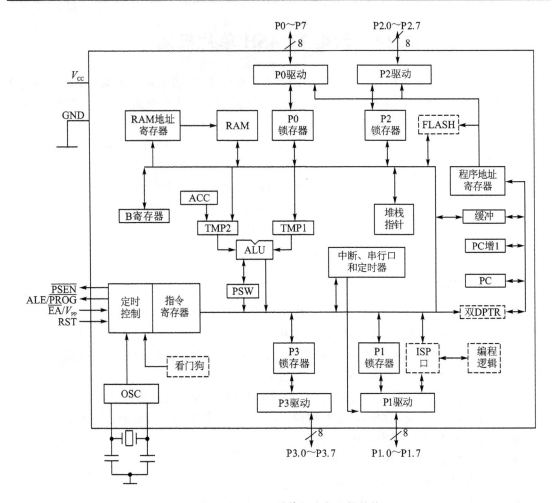

图 2.61 AT89x51 单片机内部逻辑结构

为 AT89x51 单片机内部逻辑结构,图中虚线方框为 Atmel 公司最新推出 89S51 单片机增加的功能部件。

AT89x51 单片机的最大特点是具有片内 FLASH 存储器。对于 AT89C51 来说,它的 P0～P3 口除了具有与 80C51 相同的一些性能和用途之外,在进行片内 FLASH 编程时,P0 口还可以接收代码字节,在进行程序校验时输出代码字节;P1 口接收低位地址字节;P2 口接收高位地址和一些控制信号;P3 口也用于接收一些编程和校验的控制信号。引脚 ALE/$\overline{PROG}$ 用作编程脉冲输入端。如果选择 12 V 编程电压,则应将 12 V 编程电压加在 $\overline{EA}/V_{PP}$ 引脚上。AT89C51 芯片内部有 3 个加密位 LB1、LB2 和 LB3。这些加密位的状态可通过编程改写,达到保护片内程序代码的目的。如表 2-14 所列,其中 P 为被编程,U 为未编程。AT89C51 出厂时片内 FLASH 为擦除状态,其内容为 FFH,并准备接受编程,编程电压视芯片型号有 5 V 和 12 V 两种。再次编程之前,必须先对整个 FLASH 存储器进行全部擦除。

表 2-14 加密位保护模式

加密类型	LB1	LB2	LB3	保护功能
1	U	U	U	无程序加密
2	P	U	U	禁止从外部程序存储器中执行 MOVC 指令读取片内 FLASH 内容。在复位脉冲期间,EA 被采样并锁存。禁止对片内 FLASH 的进一步编程
3	P	P	U	与类型 2 类似,同时禁止校验片内 FLASH
4	P	P	P	与类型 3 类似,同时禁止外部的执行

对 AT89C51 采用并行方式编程时各引脚上的输入电平如表 2-15 所列,图 2.62 为并行编程连接方式。

表 2-15 FLASH 编程方式

方式	RST	$\overline{PSEN}$	ALE/$\overline{PROG}$	$\overline{EA}/V_{PP}$	P2.6	P2.7	P3.6	P3.7
写代码数据	H	L	负脉冲	H/12 V	L	H	H	H
读代码数据	H	L	H	H	L	L	H	H
编程加密位 LB1	H	L	负脉冲	H/12 V	H	H	H	H
编程加密位 LB2	H	L	负脉冲	H/12 V	H	H	L	L
编程加密位 LB3	H	L	负脉冲	H/12 V	H	L	H	L
片擦除	H	L	负脉冲	H/12 V	L	L	L	L
读特征字节	H	L	H	H	L	L	L	L

并行编程操作步骤如下:
① 在地址线上输入所需存储单元地址。
② 在数据线上输入相应的数据字节。
③ 激活正确的控制信号。
④ 采用高电压编程模式时,应将 $\overline{EA}$ 脚接 12 V。
⑤ 每对 FLASH 存储器写入一个字节或每编程一个加密位,产生一个 ALE/$\overline{PROG}$ 脉冲。
  每个字节的写入周期是自动定时的,一般不大于 1.5 ms。

⑥ 改变编程单元的地址和要写入的数据,重复步骤 1~5,直到全部编程结束。

AT89C51 提供数据查询功能来检测一个写周期是否结束。在一个写周期期间,如果试图读出最后一个写入的字节,则读出数据的最高位(P0.7)是原来写入数据的反码。写周期完成之后,在所有输出端的数据有效,这时可以开始下一个周期。一个写周期开始后可在的任何时间开始进行数据查询。

如果没有对加密位 LB1 和 LB2 编程,则可以对 AT89C51 片内 FLASH 中已经编好的程序进行校验,图 2.63 为并行校验连接方式。校验时 P0 端口要求外界一个约 10 kΩ 的上拉电阻。程序加密位不能直接进行校验,但可以通过观察其功能是否实现来进行校验。

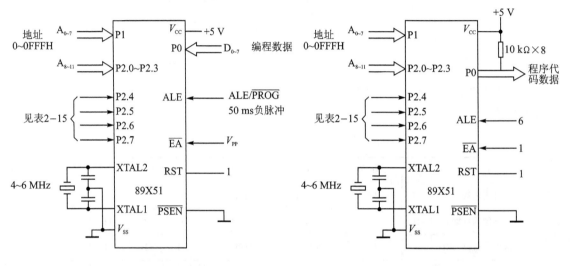

图 2.62　并行编程连接方式　　　　图 2.63　并行校验连接方式

通过适当的控制信号组合(见表 2-15),并使 ALE/$\overline{PROG}$ 保持 10 ms 低电平,可以将整个片内 FLASH 全部擦除,擦除后 FLASH 的内容为 FFH。

注意:每次对 FLASH 进行重新编程之前都必须先进行擦除。

从图 2.62 可以看到,对 89C51 进行并行编程其连线比较复杂,一般需要采用专门的编程器。Atmel 公司最新推出的 89S51 单片机除了可以采用并行编程方式,还可以采用串行方式编程。串行编程的连接方式如图 2.64 所示。显然这种方式的连线要简单得多,并且还可以实现在系统编程(ISP)。

对 89S51 进行串行编程的时序如图 2.65 所示,表 2-16 所示为串行编程命令。

第 2 章 智能化测量控制仪表中的专用微处理器

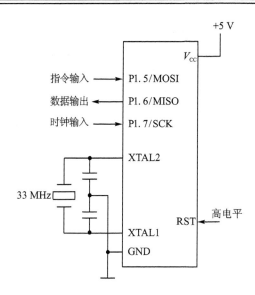

图 2.64 89S51 的串行编程连接方式

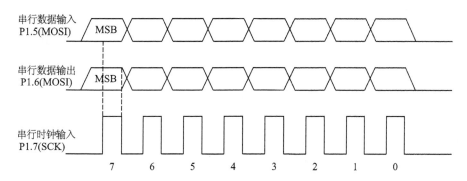

图 2.65 89S51 串行编程时序

表 2-16 89S51 串行编程命令

编程命令	命令格式				操 作
	字节 1	字节 2	字节 3	字节 4	
编程允许	10101100	01010011	××××××××	×××××××× 01101001 （从 MISO 输出）	当 RST=1 时允许编程
整片擦除	10101100	100×××××	××××××××	××××××××	擦除整片 FLASH 内容

续表 2-16

编程命令	命令格式				操作
	字节 1	字节 2	字节 3	字节 4	
读程序存储器 (字节方式)	00100000	××××A11～A8	A7～A0	D7～D0	以字节方式读取程序存储器
写程序存储器 (字节方式)	01000000	××××A11～A8	A7～A0	D7～D0	以字节方式写入程序存储器
写加密位*	10101100	111000B1B2	××××××××	××××××××	写入加密位
读加密位	00100100	××××××××	××××××××	×××LB3～LB1××	读取加密位的当前状态,已编程加密位读取状态为 1
读特征字节	00101000	××××A11～A8	A7×××××0	特征字节	读取特征字节
读程序存储器 (页方式)	00110000	××××A11～A8	字节 0	字节 1～字节 255	以页方式读取程序存储器
写程序存储器 (页方式)	01010000	××××A11～A8	字节 0	字节 1～字节 255	以页方式写入程序存储器

* B1＝0,B2＝0→加密类型 1,无加密保护;B1＝0,B2＝1→加密类型 2,激活 LB1;B1＝1,B2＝0→加密类型 3,激活 LB2;B1＝1,B2＝1→加密类型 4,激活 LB3

AT89S51 增加一个片内看门狗定时器 WDT,它由一个 14 位加法计数器和特殊功能寄存器 WDTRST 组成。默认状态下,当退出复位时 WDT 处于关闭状态,用户可以通过向 WDTRST 中按顺序写入 1EH 和 E1H 来启动 WDT。启动后它将每个机器周期自动加 1,直到超时溢出并在单片机的 RST 引脚产生一个高电平的复位信号。其超时时间取决于外部时钟频率。WDT 一旦启动就只能通过复位(硬件复位或 WDT 溢出复位)才能禁止。

WDT 是一个 14 位计数器,当其计数值超过 16 383 (3FFFH)时将产生溢出并复位 CPU;因此用户必须至少每隔 16 383 个机器周期再次向 WDTRST 中按顺序写入 1EH 和 E1H,重新启动 WDT。特殊功能寄存器 WDTRST 是一个只写寄存器,并且 WDT 的内容不能读/写。

在掉电方式下振荡器停止,WDT 也停止。有两种方法退出掉电方式:硬件复位或低电平外部中断(在进入掉电之前已经允许)。采用硬件复位退出掉电时,必须如同正常方式一样对 WDT 进行维护(即至少每隔 16 383 个机器周期再次向 WDTRST 中按顺序写入 1EH 和 E1H,重新启动)。采用外部中断退出掉电则完全不同,外部中断必须保持足够长时间的低电平以便让振荡器稳定,因此在中断输入引脚维持低电平期间不要启动 WDT。如果采用中断退出掉电方式,应在中断服务程序中进入掉电方式之前复位 WDT。

进入空闲方式之前,可利用特殊功能寄存器 AUXR 中的 WDIDLE 位来设定 WDT 是否在空闲方式下继续工作(默认状态为 WDIDLE=0,WDT 继续工作)。为避免 WDT 在空闲方式下产生复位信号,用户应采用定时器周期性地退出空闲方式并重启 WDT,然后再次进入空闲方式。如果设置 WDIDLE=1,在空闲方式下 WDT 将停止,退出空闲方式后 WDT 恢复计数。

AT89S51 新增加了如下特殊功能寄存器:

(1) 看门狗复位寄存器 WDTRST,地址为 A6H,它是一个只写寄存器,按顺序写入 1EH 和 E1H 后启动 WDT。

(2) 辅助寄存器 AUXR,地址为 8EH,其格式如下:

D7	D6	D5	D4	D3	D2	D1	D0
			WDIDLE	DISRTO			DISALE

其中各控制位的含义如下:

WDIDLE　　禁止/允许空闲方式下的 WDT。WDIDLE=0 为 WDT 在空闲方式下继续计数,WDIDLE=1 为 WDT 在空闲方式下暂停计数。

DISRTO　　禁止/允许 WDT 的复位输出。DISRTO=0 为每当 WDT 超时溢出将驱动单片机复位引脚到高电平,DISRTO=1 为将单片机复位引脚仅作为输入端使用。

DISALE　　禁止/允许 ALE 信号。DISALE=0 为以 1/6 振荡器频率产生 ALE 信号输出,DISALE=1 为只有在执行 MOVX 或 MOVC 指令时才产生 ALE 信号输出。

(3) 辅助寄存器 AUXR1,地址为 0A2H,其格式如下:

D7	D6	D5	D4	D3	D2	D1	D0
							DPS

该寄存器只有最低一位 DPS 有意义,用于选择 89S51 片内双数据指针。当 DPS=0 时,选择数据指针 DPTR0;当 DPS=1 时,选择数据指针 DPTR1。适当使用双数据指针可以有效提高外部数据存储器的访问速度。

2.14.2　NXP 公司的 89C51RD2

NXP 公司推出的 P89C51RD2 单片机具有 64 KB 片内 FLASH 程序存储器,并可通过串行方式对器件进行在系统编程(ISP)和在应用中编程(IAP)。芯片内部已经固化了串行加载用户程序的引导代码(Boot Loader),可以不用取下安装在用户板上的单片机器件,直接通过串行口将程序代码装入片内 FLASH 存储器,为应用工程师现场修改程序代码提供了极大的方便。

89C51RD2 单片机还可以通过编程选择 6 时钟或 12 时钟工作模式,其运行速度比普通 80C51 单片机提高 1 倍。图 2.66 所示为 P89C51RD2 内部逻辑框图。

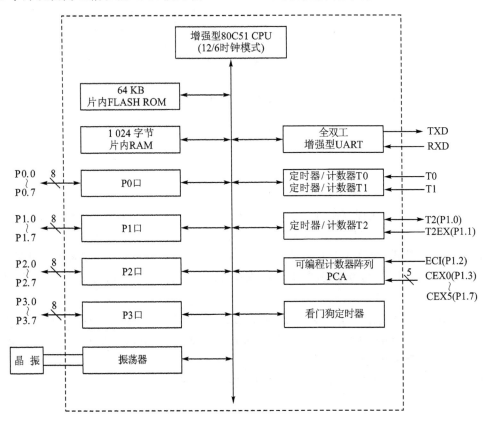

图 2.66　P89C51RD2 内部逻辑框图

P89C51RD2 单片机的主要特点如下:
- 引脚和指令系统与 Intel 公司的 MCS-51 系列单片机完全兼容;
- 片内 FLASH 存储器,擦写周期≥10 000 次,并具有 ISP 和 IAP 功能;
- 具有片内 Boot ROM,其中包含底层 FLASH 编程子程序,可通过串行口加载用户程序;
- 具有 1 024 字节的片内 RAM;
- 可通过编程选择 6 时钟或 12 时钟模式,芯片擦除后默认的时钟模式为 12 时钟模式;
- 采用 6 时钟模式时频率可高达 20 MHz(相当于 40 MHz),采用 12 时钟模式时频率可达 33 MHz;

- 当 CPU 为 6 时钟模式时,可编程计数器阵列 PCA、定时器、串行口等可选择使用 6 时钟或 12 时钟模式;
- 7 个中断源,4 个中断优先级;
- 全双工增强型 UART,可进行帧错误检测,自动地址识别;
- 具有空闲和掉电模式,时钟可停止和恢复;
- 可编程时钟输出,异步端口复位;
- 双 DPTR 寄存器,低 EMI(禁止 ALE);
- 可编程计数器阵列 PCA,具有 PWM 输出和捕获/比较功能。

图 2.67 所示为 P89C51RD2 的片内 FLASH 存储器结构。在与 FLASH 存储器地址 FC00H~FFFFH 重叠处,固化了 1 KB 的 Boot ROM,其中包含一个在系统编程汇编语言子程序和一个默认的串行装载程序,用户可调用这些程序来实现在应用中编程(IAP),也可将 Boot ROM 关闭以提供对整个 64 KB FLASH 存储器的访问。

P89C51RD2 片内 FLASH 存储器以 4 KB 程序块为单位,其块擦除功能可实现对任意 FLASH 块进行擦除,可反复擦除 10 000 次以上,数据至少可保存 10 年。该器件的并行编程算法与 Intel 87C51 兼容。另外它还可利用其本身的串行口,使用+5 V 电源进行在系统编程,为用户带来了极大方便。有 3 种方法可实现对 P89C51RD2 的 FLASH 存储器进行编程或擦除:

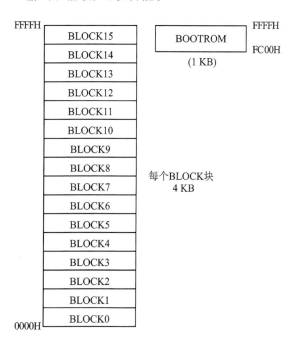

图 2.67　P89C51RD2 的片内 FLASH 结构

- 由单片机自身直接调用 Boot ROM 中的擦除/写入子程序进行串行在应用中编程(IAP)。
- 由主机调用 Boot ROM 固件进行串行的在系统中编程(ISP)。
- 使用商用编程器进行并行编程。

下面主要介绍在系统编程(ISP)和在应用中编程(IAP)功能。使用 ISP/IAP 进行字节编程的时间为 8 s,块擦除(4 KB)小于 3 s,整片擦除小于 11 s。

P89C51RD2 增加了 2 个特殊功能寄存器 AUXR 和 AUXR1,用于片内扩展 RAM 和

FLASH 操作。

AUXR 的地址为 8EH，格式如下：

D7	D6	D5	D4	D3	D2	D1	D0
\	\	\	\	\	\	Ext RAM	A0

其中各位的意义如下：

Ext RAM　片外 RAM/片内扩展 RAM 选择位。P89C51RD2 内部数据存储器在 8051 内核 256 字节 RAM 的基础上增加了 768 字节的扩展 RAM(ERAM)，其地址与片外数据存储器 RAM 在 0000H～02FFH 处重叠，可以通过 Ext RAM 位进行选择。Ext RAM＝0 时，选择片内 ERAM。通过"MOVX @Ri/@DPTR"实现间接访问。对 ERAM 的访问不会影响 P0 口、P3.6(WR) 和 P3.7(RD)。Ext RAM＝1 时，选择片外数据存储器 RAM，操作与标准 80C51 相同。

A0　ALE 信号的禁止/允许位。ALE＝0 时，以恒定的 1/6 振荡器频率输出 ALE 信号(6 时钟模式下为 1/3 振荡器频率)；ALE＝1 时，仅当执行 MOVX 或 MOVC 指令时 ALE 信号才有效。

AUXR1 的地址为 0A2H，格式如下：

D7	D6	D5	D4	D3	D2	D1	D0
\	\	ENBOOT	\	GF2	0	\	DPS

其中各位的意义如下：

ENBOOT　片内 Boot ROM 引导允许位。P89C51RD2 片内固化有 1 KB 的 Boot ROM，其中包含实现 ISP 和 IAP 的所有底层汇编语言子程序。Boot ROM 地址与片内 FLASH 地址在 0FC00H～0FFFFH 处相重叠，可以利用 ENBOOT 位进行选择：ENBOOT＝0 时，选择片内 FLASH，ENBOOT＝1 时，选择片内 Boot ROM。

GF2　一个由用户定义的标志位。注意，AURX1 的 D2 位不能写入，其读出值为 0。

DPS　双数据指针切换位。当 DPS＝0 时，选择数据指针 DPTR0；当 DPS＝1 时，选择数据指针 DPTR1。切换 DPTR0 和 DPTR1 时，应当通过软件来保存 DPS 的状态。由于 DPS 位于 AUXR1 寄存器的 D0 位，因此对 AUXR1 寄存器使用 INC 指令，可使 DPS 位反转，由 0 变成 1 或由 1 变成 0，从而实现双数据指针的快速切换且不会影响 GF2 位。适当使用双数据指针可以有效提高外部数据存储器的访问速度。

P89C51RD2 包含两个特殊的 FLASH 寄存器：BOOT VECTOR（引导向量）和 STATUS BYTE（状态字节），它们位于片内 FLASH 空间。CPU 在复位信号的下降沿检查 STATUS BYTE 中的内容。如果为 0 则转到 0000H 地址开始执行程序，这是用户程序的正常起始地址。如果 STATUS BYTE 中的内容不为 0，则将 BOOT VECTOR 的值作为程序计数器的高字节，低字节固定为 00H，并转向该地址开始执行程序。芯片出厂时 BOOT VECTOR 的值默认设定为 FCH，对应 Boot ROM 的入口地址 FC00H，用户可以修改 BOOT VECTOR 的值，根据自己的需要将用户程序从不同的地址开始启动。擦除时 BOOT VECTOR 和 STATUS BYTE 总是一起被擦除，但编程是各自独立的。当对片内 FLASH 进行擦除时，BOOT VECTOR 和 STATUS BYTE 也同时被擦除。

P89C51RD2 在进行 ISP 和 IAP 功能时，所有底层操作都由固化在 1 KB Boot ROM 中的子程序代码完成。Boot ROM 与 FLASH 存储器是各自独立的，用户可以在 PC 机上运行 ISP 软件通过串行口对片内 FLASH 进行在系统中编程，不需要专门的硬件编程器，甚至连芯片都不用从系统电路板上拆下来，给用户带来极大的方便。NXP 公司提供一种免费的 WINISP 软件，读者可以直接从 NXP 公司网站（http://www.nxp.com）下载。

ISP 功能是由 PC 机通过 RS-232 接口与单片机的 UART 串行口进行通信，直接向 P89C51RD2 的片内 FLASH 写入用户程序。由于 PC 机的 RS-232 电平与单片机的 UART 电平不同，通信时要进行电平转换，可采用电平转换接口芯片 MAX232。P89C51RD2 进行 ISP 操作需要片内 Boot ROM 的支持，有两种方法进入 Boot ROM：

- 将 STATUS BYTE 的内容设定为非 0 值，$\overline{EA}$ 接高电平，复位后直接进入 Boot ROM，也可以通过拉低 $\overline{PSEN}$、ALE 悬浮为高、$\overline{EA}$ 接高电平，然后复位来进入 Boot ROM，如图 2.68 所示。

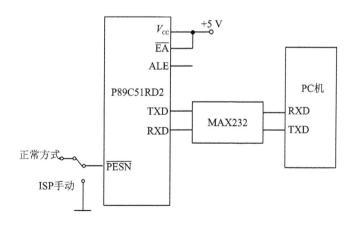

图 2.68　采用 PC 机对 89C51RD2 进行 ISP 操作的参考电路

- 可以在正常情况下执行用户代码,需要时又可以手动强制进入 ISP 操作。

无论哪种方法都必须保证 BOOT VECTOR 的值为 FCH(芯片出厂默认值)。

P89C51RD2 还可以实现 IAP 功能,即在用户程序中通过调用 Boot ROM 中固化的底层子程序,来实现在应用中编程,例如:擦除程序块,编程字节,校验字节,编程保密位等。所有的程序调用通过一个位于 FFF0H 地址处的公共入口 PGM-MTP 实现,在调用 PGM—MTP 之前,应该设置有关的入口参数来选择相应的编程功能。如果需要指定振荡器频率,一律取整数并通过 R0 设定(如振荡器频率=11.059 2 MHz,应设置 R0=11)。各种 IAP 功能代码通过 R1 设定,调用程序结束后把结果返回到累加器 A 中。关于 P89C51RD2 详细的 IAP 功能代码请查阅 NXP 公司提供的器件手册。

注意: 在进行 IAP 操作时应关闭中断和看门狗定时器。下面给出一个简单 IAP 应用例子。

【例 2-23】 利用 IAP 功能向 P89C51RD2 的片内 FLASH 写入一个字节的数据。

输入参数:(R0)=振荡器频率,(R1)=02H,(DPTR)=编程字节地址,(A)=编程字节数据。

返回参数:写入成功则(A)=00;如果失败,则 A 的内容为非 0 值。

程序清单如下:

```
MOV     AUXR1 #20H      ;ENBOOT 位置 1
MOV     R0 #11          ;设置 R0 的内容为振荡器频率值
MOV     R1 #02H         ;设置 R1 的内容为字节编程功能代码
MOV     A Mydata        ;需要编程的数据→A
MOV     DPTR ,Address   ;需要编程的片内 FLASH 字节地址→DPTR
LCALL   0FFF0H          ;调用 Boot ROM 的公共入口 PGM_MTP,执行字节编程功能
RET                     ;编程结束,返回
```

P89C51RD2 具有 64 KB 的片内 FLASH 存储器空间。这对于一般的应用来说足够大,往往会有剩余的 FLASH 空间。在一些对时间要求不是很苛刻的场合,可以将剩余的 FLASH 空间作为数据空间来使用,利用芯片的 IAP 功能来存储数据。这种方法对于希望具有掉电保护的特殊数据特别适用。

2.14.3 SST 公司的 89E564RD

SST 公司在开发 FLASH 存储器方面具有很大优势,它将特有的超级 FLASH 技术和小扇区结构与 80C51 内核相接合,推出了 SST 89 系列单片机。其最大特点是具有两块独立的片内小扇区 FLASH 存储器,称为 BLOCK0 和 BLOCK1。在 BLOCK0 中运行的程序可以对 BLOCK1 进行编程;在 BLOCK1 中运行的程序也可以对 BLOCK0 进行编程,同时还可以通过

适当配置内部特殊功能寄存器,将 BLOCK1 映射(Re-Map)到 BLOCK0 中。利用这一特点再配以合适软件很容易实现芯片的自开发功能。

本小节主要介绍 SST 89E564RD 单片机,它具有如下特点:
- 引脚和指令系统与 Intel 公司的 MCS-51 系列单片机完全兼容;
- 1 KB 的片内数据 RAM,双 DPTR 数据指针;
- 64 KB+8 KB 的片内 FLASH 存储器,具有在应用中编程(IAP)和在系统中编程(ISP)功能,不需要硬件编程器,可通过串行口实现用户代码升级;
- 可通过编程选择 6 时钟或 12 时钟模式,默认为标准 12 时钟模式;
- 看门狗定时器 WDT,默认时为关闭;
- 5 通道可编程计数器阵列(PCA 和 PWM);
- 增强型 UART,支持帧数据错误检测和自动地址识别,SPI 串行接口;
- 9 个中断源,中断级别可达 4 级,3 个高电流驱动引脚,可直接驱动 LED;
- 低电压检测,电压过低时自动复位,防止低电压时 CPU 误动作,提高可靠性;
- 低 EMI 模式,可禁止 ALE 输出时钟,超强抗干扰,可靠性更高。

图 2.69 所示为 SST 89E564RD 单片机内部逻辑功能框图。

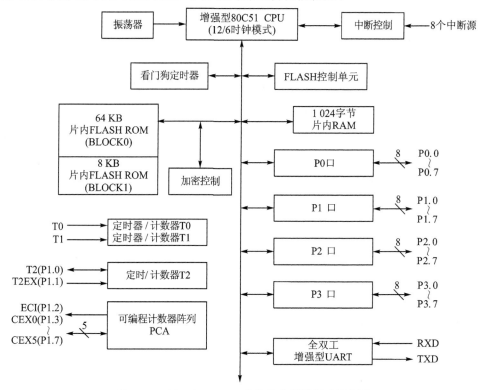

图 2.69　SST 89E564RD 单片机内部逻辑功能框图

SST 89E564RD 的程序存储器配置如图 2.70 所示，$\overline{EA}=0$ 时，使用 64 KB 片外程序存储器；$\overline{EA}=1$ 时，使用片内 FLASH 程序存储器。内部 FLASH 分为两个独立的块：BLOCK0 和 BLOCK1，通过特殊功能寄存器 SFCF 可以进行块配置切换，允许 BLOCK0 或 BLOCK1 占用程序存储器的最低 8 KB 地址空间。

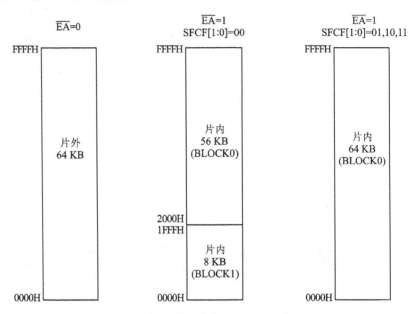

图 2.70　SST 89E564RD 单片机程序存储器配置图

SST 89E564RD 片内 FLASH 块 BLOCK0 和 BLOCK1 在物理上是相互独立的。BLOCK0 为 64 KB，BLOCK1 为的 8 KB。为正确使用片内 FLASH，新增加了如下相关特殊功能寄存器。

1) FLASH 配置寄存器 SFCF

地址为 B1H，格式如下：

D7	D6	D5	D4	D3	D2	D1	D0
\	IAPEN	\	\	\	\	SWR	BSEL

其中各位的意义如下：

IAPEN　　IAP 操作允许位。IAPEN=0 禁止 IAP 操作，IAPEN=1 允许 IAP 操作。

SWR　　　软件复位位。当 SWR 从 0 变为 1 时将发生软件复位，程序计数器 PC 指向 0000H，特殊功能寄存器恢复到初始复位状态（SFCF.1 和 WDTC.2 除外），片内 RAM 的内容不受影响。

BSEL 片内 FLASH 的块切换配置位。通过与 SWR 配合实现片内 FLASH 块 BLOCK0 和 BLOCK1 的切换,如表 2-17 所列。

SST 89E564RD 片内设置了一个块启动配置位 SC0,芯片复位时根据 SC0 位的状态对配置寄存器 SFCF 进行初始化,如表 2-18 所列。复位完成之后,用户程序可以动态地改变 SFCF.0(BSEL)位的值来实现片内 FLASH 块的切换。SFCF.0(BSEL)位值的改变不影响 SC0 位的状态,SC0 的状态只能通过硬件编程器或 IAP 功能加以改变。

注意:动态地改变 SFCF.0(BSEL)的值将导致不同片内 FLASH 物理地址被映射到同一个逻辑地址空间,因此应避免在 0000H~1FFFH 地址空间内执行 FLASH 块切换指令。

表 2-17 SST 89E564RD 片内 FLASH 快切换配置

SFCF[1:0]	说明
01、10、11	BLOCK1 对于程序计数器 PC 指针为不可见,只能通过 IAP 功能对 BLOCK1 在 0000H~1FFFH 地址空间进行编程
00	BLOCK1 对于程序计数器 PC 指针为可见,BLOCK0 的前 8 KB 单元对于 PC 指针不可见,后 56 KB 对 PC 指针可见。在 0000H~1FFFH 地址空间内 CPU 从 BLOCK1 取指令。在此空间内 BLOCK0 只能通过 IAP 功能进行编程,从 2000H 地址开始 CPU 从 BLOCK0 取指令

表 2-18 不同复位条件下配置寄存器 SFCF 的初始化值

SC0	SFCF[1:0]在不同复位条件下的初始化值		
	上电或外部复位	看门狗复位或低电压复位	软件复位
1	00(默认状态)	×0	10
0	01	×1	11

2) FLASH 命令寄存器 SFCM

地址为 B2H,格式如下:

D7	D6	D5	D4	D3	D2	D1	D0
FIE	FCM6	FCM5	FCM4	FCM3	FCM2	FCM1	FCM0

其中各位的意义如下:

FIE IAP 中断允许位。FIE=0 时,不重新分配 $\overline{\text{INT1}}$ 中断,此时需通过查询

FLASH 状态寄存器 SFST 的 FLASH_BUSY 位来判断 IAP 操作是否完成。FIE=1 时，$\overline{INT1}$ 中断被重新分配。当 IAP 操作完成时，将产生 $\overline{INT1}$ 中断，而外部中断 1 将被忽略。

FCM6～FCM0　IAP 操作命令，如下所示：
　　　　　　　0000001　芯片擦除；
　　　　　　　0001011　扇区擦除；
　　　　　　　0001101　块擦除；
　　　　　　　0001100　字节校验；
　　　　　　　0001110　字节编程；
　　　　　　　0001111　编程保密位 SB1；
　　　　　　　0000011　编程保密位 SB2；
　　　　　　　0000101　编程保密位 SB3；
　　　　　　　0001001　编程启动配置位 SC0；
　　　　　　　0001000　允许 6 时钟模式。

对片内 FLASH 进行 IAP 操作时，需要指定 FLASH 存储器地址和编程数据。SST89E564RD 提供了两个 FLASH 地址寄存器 SFAL（地址为 B3H）和 SFAH（地址为 B4H），分别用于指定片内 FLASH 低 8 位地址和高 8 位地址；还提供一个 FLASH 数据寄存器 SFDT（地址为 B5H），用于存放片内 FLASH 的待编程数据。

3) FLASH 状态寄存器 SFST

地址为 B6H，这是一个只读寄存器，格式如下：

D7	D6	D5	D4	D3	D2	D1	D0
SB1	SB2	SB3	\	EDC	FLASH_BUSY	\	\

其中各位的意义如下：

SB1、SB2、SB3　　保密位 1、2、3。通过硬件编程器或 IAP 功能可对这 3 个保密位进行编程，设置对片内 FLASH 块的硬锁定（HardLock）或软锁定（SoftLock）。

EDC　　　　　　　6 时钟模式允许位。EDC=0 禁止 6 时钟模式，EDC=1 允许 6 时钟模式。

FLASH_BUSY　　对 FLASH 存储器的 IAP 操作完成查询位。FLASH_BUSY=0 表示上次 IAP 操作已经全部完成，FLASH_BUSY=1 表示正在进行 FLASH 存储器的 IAP 操作。

表 2-19 列出了在 SFCF.6(IAPEN)=1 条件下，对 SST89E564RD 进行 IAP 操作时各相关特殊功能寄存器的状态。

表 2-19　在 IAPEN＝1 条件下对 SST89E564RD 进行 IAP 操作时相关特殊功能寄存器的状态

IAP 操作	SFCM[6:0]	SFDT[7:0]	SFAH[7:0]	SFAL[7:0]
芯片擦除	01H	55H	××H	××H
块擦除	0DH	55H	高 8 位地址	××H
扇区擦除	0BH	××H	高 8 位地址	低 8 位地址
字节编程	0EH	输入数据	高 8 位地址	低 8 位地址
字节校验	0CH	输出数据	高 8 位地址	低 8 位地址
SB1 位编程	0FH	AAH	××H	××H
SB2 位编程	03H	AAH	××H	××H
SB3 位编程	05H	AAH	××H	××H
SC0 位编程	09H	AAH	5AH	××H
允许 6 时钟模式	08H	AAH	55H	××H

SST89E564RD 单片机的片内 FLASH 存储器具有两个独立的块结构，BLOCK0 为 64 KB，BLOCK1 为 8 KB，每 128 字节为 1 个扇区。位于 BLOCK1 中的程序代码可以通过执行 IAP 命令，对 BLOCK0 的内容进行修改。这时 IAP 目标地址为 0000H～FFFFH 共 64 KB。当程序在 BLOCK0 中时通过执行 IAP 命令，可以对 BLOCK1 的内容进行修改，这时 IAP 目标地址为 0000H～1FFFH 共 8 KB。

注意：进行 IAP 操作时对片内 FLASH 存储器的寻址是通过特殊功能寄存器 SFAH 和 SFAL 来完成的，在 SFAH 中放高 8 位地址，在 SFAL 中放低 8 位地址。如下述指令：

```
MOV  DPTR,#2000H
MOV  SFAH,DPH
MOV  SFAL,DPL
```

将指向 BLOCK0 的第 64 个扇区（扇区擦除操作），或第 2000H 字节单元（字节编程或字节校验操作）。

SST 89E564RD 单片机在出厂时已经在 BLOCK1 的前 1 KB（0000H～03FFH）烧录了在线下载开机引导码（Boot Strap Loader），并且加密位 SB1、SB2、SB3 以及块启动配置位 SC0 的状态均为 1。上电复位后 SC0 的状态被反相到特殊功能寄存器 SFCF 的第 0 位，使 BSEL＝0。BLOCK1 的 8 KB 对程序计数器 PC 指针可见；BLOCK0 的前 8 KB 对于 PC 指针不可见，后 56 KB 对 PC 指针可见。这样对 PC 指针而言，BLOCK1 位于 0000H～1FFFH 地址空间，BLOCK0 的后 56 KB 位于 2000H～FFFFH 地址空间，在逻辑上形成 1 个连续的 64 KB 的程序空间。此时，BLOCK0 的前 8 KB 地址空间仍可用 IAP 命令通过 SFAH、SFAL 这两个寄存器进行寻址。上电复位后程序执行 BLOCK1 前 1 KB 中的开机引导码,系统初始化后首先检测串口是否有外部命令要下载最新版本的用户程序。若有,则通过 IAP 命令将外部传来的新程序代码下载到 BLOCK0(从 0000H 开始)。下载结束后,通过设置 FLASH 配置寄存器 SFCF,执行 1 次块的切换,使 BLOCK0 的整个 64 KB 空间对于 PC 指针可见,并从 0000H 处开始执行用户程序。

SST 公司提供一种可在 PC 机上运行的 IAP 软件 SSTEasyIAP。该软件与 89E564RD 单片机内的开机引导码(Boot Strap Loader)配合,可以很容易实现用户应用程序代码的更新。另外 SSTEasyIAP 软件中还包含了一种监控代码 SoftICE,它配合 Keil Software 公司的 μVision2 软件可以实现芯片的仿真开发,而不需要额外购买专用硬件仿真器,节省了用户成本。读者可以从 SST 公司网站(http://www.sst.com)下载 SSTEasyIAP 软件,从 Keil Software 公司网站(http://www.keil.com)下载 μVision2 软件。

复习思考题

1. 80C51 单片机由哪几部分组成?试画出它的基本结构图。
2. 80C51 单片机有几个存储器地址空间?试画出它的存储器结构图。
3. 简述 80C51 单片机片内 RAM 存储器的地址空间分配。
4. 简述 80C51 单片机复位后内部各寄存器的状态。
5. 程序计数器 PC 有何作用?用户是否能够对它直接进行读/写?
6. 什么叫堆栈?堆栈指针 SP 的作用是什么?SP 的默认初值是多少?
7. 如何调整 80C51 单片机的工作寄存器区?如果希望使用工作寄存器 3 区,应如何设定特殊功能寄存器 PSW 的值?
8. 简述 80C51 单片机的 P0~P3 口各有什么特点,以 P1 口为例说明准双向 I/O 端口的意义。
9. 80C51 单片机有没有专门的外部"三总线"?它是如何形成外部地址总线和数据总线的?
10. 试画出单片机与外部存储器、I/O 端口的连接图,并说明为什么外扩存储器时 P0 口要加接地锁存器,而 P2 口却不用加。
11. 80C51 单片机指令系统有哪几种寻址方式?
12. 写出下列指令的寻址方式。

  (1) JZ   20H   (5) MOVC   A,@A+PC
  (2) MOV   A,R2   (6) MOV   C,20H
  (3) MOV   DPTR,#4012H   (7) MOV   A,20H
  (4) MOV   A,@R0

13. 已知 A=7AH R0=30H,(30H)=A6H,PSW=81H,写出以下各条指令执行之后的

结果。

(1)	XCH	A,R0	(9)	ADDC	A,30H
(2)	XCH	A,30H	(10)	SUBB	A,30H
(3)	XCH	A,@R0	(11)	SUBB	A,♯30H
(4)	XCHD	A,@R0	(12)	DA	A
(5)	SWAP	A	(13)	RL	A
(6)	ADD	A,R0	(14)	RLC	A
(7)	ADD	A,30H	(15)	CJNE	A,♯30H,00H
(8)	ADD	A,♯30H	(16)	CJNE	A,30H,00H

14. 指出以下哪些指令不存在,并改用其他指令(或几条指令)来实现预期的指令功能。

(1)	MOV	20H,30H	(5)	MOV	C,PSW.1
(2)	MOV	R1,R2	(6)	MOVX	R2 @DPTR
(3)	MOV	@R3 ,20H	(7)	XCH	R1,R2
(4)	MOV	DPH,30H			

15. 设 A=83H,R0=17H,(17H)=34H,问执行以下指令后,A=?

```
ANL    A,♯17H
ORL    17H,A
XRL    A,@R0
CPL    A
```

16. 若 SP=26H,PC=2346H,标号 LABEL 所在的地址为 3466H,问执行长调用指令 "LCALL   LABEL"后,堆栈指针和堆栈的内容发生什么变化? PC 的值等于什么?

17. 若已知 A=76H,PSW=81H,转移指令所在地址为 2080H。当执行以下指令后,程序是否发生转移? PC 值等于多少?

(1)	JNZ	12H	(4)	JBC	AC,78H
(2)	JNC	34H	(5)	CJNE	A,♯50H,9AH
(3)	JB	P,66H	(6)	DJNZ	PSW,0BCH

18. 若已知 40H 单元的内容为 08H,下列程序执行之后 40H 单元的内容变为多少?

```
MOV    R1,♯40H
MOV    A,@R1
RL     A
MOV    R0,A
RL     A
RL     A
ADD    A,R0
```

MOV　　　　　　@R1,A

19. 试编写程序,将片外 8000H 开始的 16 个连续单元清 0。
20. 按下面要求编程。

$$(51H)=\begin{cases}-1; & (50H)\leqslant 20 \\ 0; & 20<(50H)<40 \\ 1; & (50H)\geqslant 40\end{cases}$$

21. 试编写查表程序求 0~8 之间整数的平方。
22. 有一个 16 位无符号二进制原码数存放于 50H、51H 单元,编程实现全部二进制数左移一位。
23. 两个 16 位有符号二进制原码数分别存放于 30H、31H 单元和 40H、41H 单元,编写用子程序调用方式实现这两个有符号二进制原码数相乘的程序。
24. 单片机 80C51 的时钟频率为 6 MHz,若要求定时值分别为 0.1 ms 和 10 ms,定时器 0 工作在方式 0、方式 1 和方式 2 时,其定时器初值各应是多少?
25. 什么叫波特率?它反映的是什么?它与时钟频率是相同的吗?
26. 设 80C51 单片机的串行口的工作于方式 1,现要求用定时器 T1 以方式 2 作波特率发生器,产生 9600 kb/s 的波特率。若已知 SMOD=1,TH1=FDH,Tl1=FDH,试计算此时的晶振频率为多少?
27. 什么叫中断?常见的中断类型有哪几种?单片机的中断系统要完成哪些任务?80C51 单片机的中断系统由哪几个特殊功能寄存器组成?
28. 80C51 单片机有几个中断源?试写出它们的内部优先级顺序以及各自的中断服务子程序入口地址。
29. 单片机 80C51 的晶振频率为 12 MHz,试利用定时器中断方式编程实现从 P1.0 输出周期为 2 ms 方波。
30. CHMOS 型单片机的节电运行方式是由什么特殊功能寄存器控制的?它有几种节电运行方式?应如何控制?
31. 在一个 80C51 单片机应用系统中扩展 1 片 EPROM 2764、1 片 I/O 接口 8255、1 片 DAC0832,试设计并画出该系统的电路原理图,指出各个芯片的地址范围。
32. 试根据题 31 设计的电路原理图,编写一段对 8255 的初始化程序,要求使 PA 口按方式 0 输入,PB 口按方式 1 输出,PC 口高 4 位按方式 0 输出,PC 口低 4 位按方式 1 输入。
33. 试设计一个 80C51 外扩一片 8155 的电路原理图,并编写一段对 8155 的初始化程序,要求使 PA 口为选通输出,PB 口为基本输入,PC 口为控制连络信号。
34. I²C 总线的主要特性是什么?
35. Atmel 公司的 89S51 单片机有何新特点?
36. NXP 公司的 89C51RD2 单片机有何新特点?
37. SST 公司的 89E564RD 单片机有何新特点?

第 3 章 单片机高级语言 Keil C51 应用程序设计

3.1 Keil C51 程序设计的基本语法

Keil C51 是一种专为 80C51 单片机设计的高级语言 C 编译器,支持符合 ANSI 标准的 C 语言进行程序设计,同时针对 80C51 单片机自身特点做了一些特殊扩展。C 语言对语法的限制不太严格,用户在编写程序时有较大的自由,但它毕竟还是一种程序设计语言,与其他计算机语言一样,采用 C 语言进行程序设计时,仍需要遵循一定的语法规则。为了帮助以前习惯于使用汇编语言编程的单片机用户尽快掌握 C51 编程技术,本章对 Keil C51 的一些基本知识和特点进行简要阐述,关于 Keil C51 的详细介绍请参阅《Keil Cx51 V7 单片机高级语言编程与 μVision2 应用实践(第 2 版)》。

3.1.1 Keil C51 程序的一般结构

与标准 C 语言相同,C51 程序由一个或多个函数构成,其至少应包含一个主函数 main()。程序执行时一定是从 main() 函数开始,调用其他函数后又返回 main() 函数;被调函数如果位于主调函数前面可以直接调用,否则要先说明后调用;这里函数与汇编语言中的子程序类似,函数之间也可以互相调用。C51 程序一般结构如下:

```
预处理命令              /* 用于包含头文件等 */
全局变量说明            /* 全局变量可被本程序的所有函数引用 */
函数 1 说明
……
函数 n 说明

/* 主函数 */
main() {
    局部变量说明;       /* 局部变量只能在所定义的函数内部引用 */
    执行语句;
    函数调用(形式参数表);
}
```

```
/* 其他函数定义 */
函数 1(形式参数说明) {
    局部变量说明;           /* 局部变量只能在所定义的函数内部引用 */
    执行语句;
    函数调用(形式参数表);
}
……
函数 n(形式参数说明) {
    局部变量说明;           /* 局部变量只能在所定义的函数内部引用 */
    执行语句;
    函数调用(形式参数表);
}
```

由此可见,C51 程序是由函数组成的,函数之间可以相互调用,但 main()函数只能调用其他功能函数,不能被其他函数调用。其他功能函数可以是 C51 编译器提供的库函数,也可以由用户按实际需要自行编写。不管 main()函数处于程序中的什么位置,程序总是从 main()函数开始执行。编写 C51 程序时要注意如下几点:

- 函数以花括号"{"开始,以花括号"}"结束,包含在"{}"以内的部分称为函数体。花括号必须成对出现,如果一个函数内有多对花括号,则最外层花括号为函数体的范围。为使程序增加可读性,便于理解,可以采用缩进方式书写。
- C51 程序没有行号,书写格式自由。一行内可以书写多条语句,一条语句也可以分写在多行上。
- 每条语句最后必须以一个分号";"结尾,分号是 C51 程序的必要组成部分。
- 每个变量必须先定义后引用。在函数内部定义的变量为局部变量,又称为内部变量,只有定义它的那个函数之内才能够使用。在函数外部定义的变量为全局变量,又称为外部变量,在定义它的那个程序文件中的函数都可以使用它。
- 对程序语句的注释必须放在双斜杠"//"之后,或者放在"/* …… */"之内。

3.1.2 数据类型

C51 数据类型可分为基本数据类型和复杂数据类型,复杂数据类型由基本数据类型构造而成。基本数据类型有 char(字符型)、int(整型)、long(长整型)、float(浮点型)、*(指针型)。Keil C51 编译器除了支持以上基本数据类型之外,还支持以下扩充数据类型:

  bit 位类型。可定义一个位变量,但不能定义位指针,也不能定义位数组。
  sfr 特殊功能寄存器。可以定义 80C51 单片机的所有内部 8 位特殊功能寄存器。sfr 型数据占用一个内存单元,其取值范围是 0~255。

sfr16		16位特殊功能寄存器。它占用两个内存单元,取值范围是0~65535,可以定义80C51单片机内部16位特殊功能寄存器。
sbit		可寻址位。可以定义80C51单片机内部RAM中的可寻址位或特殊功能寄存器中的可寻址位。

例如,采用如下语句可以将80C51单片机P0口地址定义为80H,将P0.1位定义为FLAG1。

```
sfr P0=80H;
sbit FLAG1=P0^1;
```

表3-1列出了Keil C51编译器能够识别的数据类型。

表3-1 Keil C51编译器能够识别的数据类型

数据类型	长 度	值 域	数据类型	长 度	值 域
unsigned char	单字节	0~255	float	4字节	±1.175494E-38~±3.402823E+38
signed char	单字节	-128~127	*	1~3字节	对象的地址
unsigned int	双字节	0~65536	bit	位	0或1
signed int	双字节	-32768~32767	sfr	单字节	0~255
unsigned long	4字节	0~4294967295	sfr16	双字节	0~65536
signed long	4字节	-2147483648~2147483647	sbit	位	0或1

3.1.3 常量、变量及其存储模式

常量包括整型常量(就是整型常数)、浮点型常量(有十进制表示形式和指数表示形式)、字符型常量(单引号内的字符,如'a')及字符串常量(双引号内的单个或多个字符,如"a"、"Hello")等。

变量是一种在程序执行过程中其值能不断变化的量。使用一个变量之前,必须先进行定义,用一个标识符作为变量名并指出它的数据类型和存储模式,以便编译系统为它分配相应的存储单元。在C51中对变量进行定义的格式如下:

[存储种类] 数据类型 [存储器类型] 变量名表;

其中,"存储种类"和"存储器类型"是可选项。变量的存储种类有4种:自动(auto)、外部(extern)、静态(static)和寄存器(register)。定义变量时如果省略存储种类选项,则该变量将为自动(auto)变量。定义变量时除了需要说明其数据类型之外,Keil C51编译器还允许说明

变量的存储器类型。对于每个变量可以准确地赋予其存储器类型,使之能够在80C51单片机系统内准确地定位。

表3-2列出了Keil C51编译器所能识别的存储器类型。

表3-2 Keil C51编译器所能识别的存储器类型

存储器类型	说　明
DATA	直接寻址的片内数据存储器(128字节),访问速度最快
BDATA	可位寻址的片内数据存储器(16字节),允许位与字节混合访问
IDATA	间接访问的片内数据存储器(256字节),允许访问全部片内地址
PDATA	分页寻址的片外数据存储器(256字节),用MOVX @Ri指令访问
XDATA	片外数据存储器(64 KB),用MOVX @DPTR指令访问
CODE	程序存储器(64 KB),用MOVC @A+DPTR指令访问

下面是一些变量定义的例子:

```
char data var1;                         /* 在data区定义字符型变量var1 */
int idata var2;                         /* 在idata区定义整型变量var2 */
char code text[]="ENTER PARAMETER:";    /* 在code区定义字符串数组text[] */
long xdata array [100];                 /* 在xdata区定义长整型数组变量array[100] */
extern float idata x,y,z;               /* 在idata区定义外部浮点型变量x,y,z */
char bdata flags;                       /* 在bdata区定义字符型变量flags */
sbit flag0=flags^0;                     /* 在bdata区定义可位寻址变量flag0 */
sfr P0=0x80;                            /* 定义特殊功能寄存器P0 */
```

定义变量时如果省略"存储器类型"选项,则按编译时使用的存储器模式 SMALL、COMPACT 或 LARGE 来规定默认存储器类型,确定变量的存储器空间,函数中不能采用寄存器传递的参数变量和过程变量也保存在默认的存储器空间。下面讲述 Keil C51 编译器的 3 种存储器模式对变量的影响。

1. SMALL

变量被定义在80C51单片机的片内数据存储器中,对这种变量的访问速度最快。另外,所有的对象(包括堆栈)都必须位于片内数据存储器中,而堆栈的长度是很重要的,实际栈长取决于不同函数的嵌套深度。

2. COMPACT

变量被定义在分页寻址的片外数据存储器中,每一页片外数据存储器的长度为256字节。这时对变量的访问是通过寄存器间接寻址(MOVX @Ri)进行的,堆栈位于80C51单片机片内数据存储器中。采用这种编译模式时,变量的高8位地址由P2口确定,低8位地址由R0

或 R1 的内容决定。采用这种模式的同时,必须适当改变启动配置文件 STARTUP.A51 中的参数:PDATASTART 和 PDATALEN;在用 BL51 进行链接时还必须采用链接控制命令"PDATA"对 P2 口地址进行定位,这样才能确保 P2 口为所需要的高 8 位地址。

3. LARGE

变量被定义在片外数据存储器中(最大可达 64 KB),使用数据指针 DPTR 来间接访问变量(MOVX @DPTR)。这种访问数据的方法效率不高,尤其是对于 2 个以上字节的变量,用这种方法相当影响程序代码长度。

表 3-3 列出 Keil C51 编译器在不同编译模式下的存储器类型。

表 3-3 Keil C51 编译器在不同编译模式下的存储器类型

编译模式	存储器类型
SMALL	DATA
COMPACT	PDATA
LARGE	XDATA

3.1.4 运算符与表达式

Keil C51 对数据有很强的表达能力,具有十分丰富的运算符。运算符就是完成某种特定运算的符号,表达式则是由运算符及运算对象所组成的具有特定含义的一个式子。在任意一个表达式的后面加一个分号";"就构成了一个表达式语句。由运算符和表达式可以组成 C51 程序的各种语句。

运算符按其在表达式中所起的作用,可分为赋值运算符、算术运算符、增量和减量运算符、关系运算符、逻辑运算符、位运算符、复合赋值运算符、逗号运算符、条件运算符、指针和地址运算符、强制类型转换运算符等。

1. 赋值运算符

在 C51 程序中,符号"="称为赋值运算符,它的作用是将一个数据的值赋给一个变量。利用赋值运算符将一个变量与一个表达式连接起来的式子称为赋值表达式,在赋值表达式的后面加一个分号";"便构成了赋值语句。在使用赋值运算符"="时应注意不要与关系运算符"=="相混淆。

2. 算术运算符

C 语言中的算术运算符有:+(加或取正值)运算符、-(减或取负值)运算符、*(乘)运算符、/(除)运算符、%(取余)运算符。

这些运算符中对于加、减和乘法符合一般的算术运算规则,除法运算有所不同。如果是两个整数相除,其结果为整数,舍去小数部分;如果是两个浮点数相除,其结果为浮点数。取余运算要求两个运算对象均为整型数据。

算术运算符将运算对象连接起来的式子即为算术表达式。在求一个算术表达式的值时,要按运算符的优先级别进行。算术运算符中取负值(-)的优先级最高,其次是乘法(*)、除法

(/)和取余(％)运算符,加法(＋)和减法(－)运算符的优先级最低。需要时可在算术表达式中采用圆括号来改变运算符的优先级,括号的优先级最高。

3. 增量和减量运算符

C51中除了基本的加、减、乘、除运算符之外,还提供一种特殊的运算符:＋＋(增量)运算符、－－(减量)运算符。

增量和减量是C51中特有的一种运算符,它们的作用分别是对运算对象做加1和减1运算。增量运算符和减量运算符只能用于变量,不能用于常数或表达式,在使用中要注意运算符的位置。例如,＋＋i与i＋＋的意义完全不同,前者为在使用i之前先使i加1,而后者则是在使用i之后再使i的值加1。

4. 关系运算符

C语言中有6种关系运算符:＞(大于)、＜(小于)、＞＝(大于等于)、＜＝(小于等于)、＝＝(等于)、!＝(不等于)。

前4种关系运算符具有相同的优先级,后2种关系运算符也具有相同的优先级;但前4种的优先级高于后2种。用关系运算符将2个表达式连接起来即成为关系表达式。

5. 逻辑运算符

C51中有3种逻辑运算符:||(逻辑或)、&&(逻辑与)、!(逻辑非)。

逻辑运算符用来求某个条件式的逻辑值,用逻辑运算符将关系表达式或逻辑量连接起来就是逻辑表达式。

关系运算符和逻辑运算符通常用来判别某个条件是否满足,关系运算和逻辑运算的结果只有0和1两种值。当所指定的条件满足时结果为1,条件不满足时结果为0。

上面几种运算符的优先级为(由高至低):逻辑非→算术运算符→关系运算符→逻辑与→逻辑或。

6. 位运算符

C51中共有6种位运算符:～(按位取反)、＜＜(左移)、＞＞(右移)、&(按位与)、^(按位异或)、|(按位或)。

位运算符的作用是按位对变量进行运算,并不改变参与运算的变量的值。若希望按位改变运算变量的值,则应利用相应的赋值运算。例如先用赋值语句"a＝0xEA"将变量a赋值为0xEA;接着对变量a进行移位操作"a＜＜2";其结果是将十六进制数0xEA左移2位,移空的2位补0,移出的2位丢弃,移位的结果为0xA8,而变量a的值在执行后仍为0xEA。如果希望变量a在执行之后为移位操作的结果,则应采用语句"a＝a＜＜2"。另外位运算符不能用来对浮点型数据进行操作。位运算符的优先级从高到低依次是:按位取反(～)→左移(＜＜)和右移(＞＞)→按位与(&)→按位异或(^)→按位或(|)。

7. 复合赋值运算符

在赋值运算符"="的前面加上其他运算符，就构成了所谓复合赋值运算符。C51 中共有 10 种复合赋值运算符：+=（加法赋值）、-=（减法赋值）、*=（乘法赋值）、/=（除法赋值）、%=（取模赋值）、<<=（左移位赋值）、>>=（右移位赋值）、&=（逻辑与赋值）、|=（逻辑或赋值）、^=（逻辑异或赋值）、~=（逻辑非赋值）。

复合赋值运算首先对变量进行某种运算，然后将运算的结果再赋给该变量。采用复合赋值运算符，可以使程序简化，同时还可以提高程序的编译效率。

8. 逗号运算符

在 C51 程序逗号","是一个特殊的运算符，可以用它将两个（或多个）表达式连接起来，称为逗号表达式。程序运行时对于逗号表达式的处理，是从左至右依次计算出各个表达式的值，而整个逗号表达式的值是最右边表达式（即表达式 n）的值。

在许多情况下，使用逗号表达式的目的只是为了分别得到各个表达式的值，而并不一定要得到和使用整个逗号表达式的值。另外还要注意，并不是在程序的任何地方出现的逗号，都可以认为是逗号运算符。有些函数中的参数也是用逗号来间隔的，例如，库输出函数"printf("\n%d %d %d",a,b,c)"中的"a,b,c"是函数的 3 个参数，而不是一个逗号表达式。

9. 条件运算符

条件运算符"?   :"是 C51 中唯一的一个三目运算符，它要求有 3 个运算对象，用它可以将 3 个表达式连接构成一个条件表达式。条件表达式的一般形式如下：

逻辑表达式 ? 表达式 1 : 表达式 2

其功能是首先计算逻辑表达式，当值为真（非 0 值）时，将表达式 1 的值作为整个条件表达式的值；当逻辑表达式的值为假（0 值）时，将表达式 2 的值作为整个条件表达式的值。例如：条件表达式"max=(a>b)？a:b"的执行结果是将 a 和 b 中较大者赋值给变量 max。另外，条件表达式中逻辑表达式的类型可以与表达式 1 和表达式 2 的类型不一样。

10. 指针和地址运算符

指针是 C51 中的一个十分重要的概念，C51 中专门规定了一种指针类型的数据。变量的指针就是该变量的地址，还可以定义一个指向某个变量的指针变量。为了表示指针变量和它所指向的变量地址之间的关系，C51 提供了两个专门的运算符：*（取内容）、&（取地址）。

取内容和取地址运算的一般形式分别为：

变量 = * 指针变量

指针变量 = & 目标变量

取内容运算的含义是将指针变量所指向的目标变量的值赋给左边的变量；取地址运算的

含义是将目标变量的地址赋给左边的变量。需要注意的是,指针变量中只能存放地址(即指针型数据),不要将一个非指针类型的数据赋值给一个指针变量。例如下面的语句完成对指针变量赋值(地址值):

```
char data * p          /* 定义指针变量 */
p = 30H                /* 给指针变量赋值,30H 为 80C51 片内 RAM 地址 */
```

11. C51 对存储器和特殊功能寄存器的访问

虽然可以采用指针变量来对存储器地址进行操作,但由于 80C51 单片机存储器结构自身的特点,仅用指针方式访问有时会感觉不太方便。C51 提供了另外一种访问方法,即利用库函数中的绝对地址访问头文件"absacc.h"来访问不同区域的存储器以及片外扩展 I/O 端口。在"absacc.h"头文件中进行了如下宏定义:

CBYTE[地址] (访问 CODE 区 char 型)
DBYTE[地址] (访问 DATA 区 char 型)
PBYTE[地址] (访问 PDATA 区或 I/O 端口 char 型)
XBYTE[地址] (访问 XDATA 区或 I/O 端口 char 型)
CWORD[地址] (访问 CODE 区 int 型)
DWORD[地址] (访问 DATA 区 int 型)
PWORD[地址] (访问 PDATA 区或 I/O 端口 int 型)
XWORD[地址] (访问 XDATA 区或 I/O 端口 int 型)

下面语句完成向片外扩展端口地址 7FFFH 写入一个字符型数据:

XBYTE[0x7FFF] = 0x80;

下面语句将 int 型数据 0x9988 送入外部 RAM 单元 0000H 和 0001H:

XWORD[0] = 0x9988;

如果采用如下语句定义一个 D/A 转换器端口地址:

#define DAC0832 XBYTE[0x7FFF]

那么程序文件中所有出现 DAC0832 的地方,就是对地址为 7FFFH 的外部 RAM 单元或 I/O 端口进行访问。

80C51 单片机具有 100 多个品种,为了方便访问不同品种单片机内部特殊功能寄存器,C51 提供了多个相关头文件,如 reg51.h、reg52.h 等。在头文件中对单片机内部特殊功能寄存器及其有位名称的可寻址位进行了定义。编程时只要根据所采用的单片机,在程序文件开始处用文件包含处理命令"#include"将相关头文件包含进来,然后就可以直接引用特殊功能寄存器(注意必须采用大写字母),例如下面语句完成的 80C51 定时方式寄存器 TMOD 的赋值：

```
#include <reg51.h>
TMOD = 0x20;
```

12. 强制类型转换运算符

C 语言中的圆括号"()"也可作为一种运算符使用,这就是强制类型转换运算符,它的作用是将表达式或变量的类型强制转换成为所指定的类型。在 C51 程序中进行算术运算时,需要注意数据类型的转换,数据类型转换分为隐式转换和显式转换。隐式转换是在对程序进行编译时由编译器自动处理的,并且只有基本数据类型(即 char、int、long 和 float)可以进行隐式转换;其他数据类型不能进行隐式转换。例如,不能把一个整型数利用隐式转换赋值给一个指针变量,在这种情况下就必须利用强制类型转换运算符来进行显式转换。强制类型转换运算符的一般使用形式为：

(类型) = 表达式

显式强制类型转换在给指针变量赋值时特别有用。例如,预先在 80C51 单片机的片外数据存储器(xdata)中定义了一个字符型指针变量 px,如果想给这个指针变量赋初值 0xB000,可以写成：px=(char xdata *)0xB000。这种方法特别适合于用标识符来存取绝对地址。

3.2　C51 程序的基本语句

3.2.1　表达式语句

C51 提供了十分丰富的程序控制语句。表达式语句是最基本的一种语句。在表达式的后面加一个分号";"就构成了表达式语句。表达式语句也可以仅由一个分号";"组成,这种语句称为空语句。空语句在程序设计中有时是很有用的,当程序在语法上需要有一个语句,但在语义上并不要求有具体的动作时,便可以采用空语句。

3.2.2　复合语句

复合语句是由若干条语句组合而成的一种语句,它是用一个大括号"{}"将若干条语句组合在一起而形成的一种功能块。复合语句不需要以分号";"结束,但它内部的各条单语句仍需以分号";"结束。复合语句的一般形式为：

```
{
  局部变量定义；
  语句 1；
```

语句 2；
……
语句 n；
}

复合语句在执行时，其中各条单语句依次顺序执行。整个复合语句在语法上等价于一条单语句。复合语句允许嵌套，即在复合语句内部还可以包含别的复合语句。通常复合语句出现在函数中，实际上，函数的执行部分（即函数体）就是一个复合语句。复合语句中的单语句一般是可执行语句，也可以是变量定义语句。在复合语句内所定义的变量，称为该复合语句中的局部变量，它仅在当前这个复合语句中有效。

3.2.3 条件语句

条件语句又称为分支语句，它是用关键字"if"构成的。C51 提供了三种形式的条件语句：

(1) if（条件表达式） 语句

其含义为：若条件表达式的结果为真（非 0 值），就执行后面的语句；反之若条件表达式的结果为假（0 值），就不执行后面的语句。这里的语句也可以是复合语句。

(2) if（条件表达式） 语句 1
    else 语句 2

其含义为：若条件表达式的结果为真（非 0 值），就执行语句 1；反之若条件表达式的结果为假（0 值），就执行语句 2。这里的语句 1 和语句 2 均可以是复合语句。

(3) if（条件表达式 1） 语句 1
    else if（条件式表达 2） 语句 2
    else if（条件式表达 3） 语句 3
    ……
    else if（条件表达式 n） 语句 m
    else 语句 n

这种条件语句常用来实现多方向条件分支。

3.2.4 开关语句

开关语句也是一种用来实现多方向条件分支的语句。虽然采用条件语句也可以实现多方向条件分支，但是当分支较多时会使条件语句的嵌套层次太多，程序冗长，可读性降低。开关语句直接处理多分支选择，使程序结构清晰，使用方便。开关语句是用关键字 switch 构成的，它的一般形式如下：

```
switch (表达式)
{
   case    常量表达式 1：语句 1；
                     break；
   case    常量表达式 2：语句 2；
                     break；
   ……
   case    常量表达式 n：语句 n；
                     break；
   default：语句 d
}
```

开关语句的执行过程是：将 switch 后面表达式的值与 case 后面各个常量表达式的值逐个进行比较，若遇到匹配时，就执行相应 case 后面的语句，然后执行 break 语句。break 语句又称间断语句，它的功能是中止当前语句的执行，使程序跳出 switch 语句。若无匹配的情况，则只执行语句 d。

3.2.5　循环语句

实际应用中很多地方需要用到循环控制，如对于某种操作需要反复进行多次等。在 C51 程序中用来构成循环控制的语句有：while 语句、do－while 语句、for 语句以及 goto 语句。

(1) 采用 while 语句构成循环结构的一般形式如下：

while (条件表达式)　语句；

其意义为：当条件表达式的结果为真(非 0 值)时，程序就重复执行后面的语句，一直执行到条件表达式的结果变为假(0 值)时为止。这种循环结构是先检查条件表达式所给出的条件，再根据检查的结果决定是否执行后面的语句。如果条件表达式的结果一开始就为假，则后面的语句一次也不会被执行。这里的语句可以是复合语句。

(2) 采用 do－while 语句构成循环结构的一般形式如下：

do 语句 while(条件表达式)；

这种循环结构的特点是先执行给定的循环体语句，然后再检查条件表达式的结果。当条件表达式的值为真(非 0 值)时，则重复执行循环体语句，直到条件表达式的值变为假(0 值)时为止。因此，用 do－while 语句构成的循环结构在任何条件下，循环体语句至少会被执行一次。

(3) 采用 for 语句构成循环结构的一般形式如下：

for ([初值设定表达式]；[循环条件表达式]；[更新表达式])　语句

for 语句的执行过程是：先计算出初值设定表达式的值作为循环控制变量的初值，再检查循环条件表达式的结果。当满足条件时就执行循环体语句并计算更新表达式，然后再根据更新表达式的计算结果来判断循环条件是否满足，一直进行到循环条件表达式的结果为假（0 值）时退出循环体。

3.2.6 goto、break、continue 语句

（1）goto 语句是一个无条件转向语句，它的一般形式为：

goto 语句标号；

其中语句标号是一个带冒号"："的标识符。将 goto 语句和 if 语句一起使用，可以构成一个循环结构。但更常见的是在 C51 程序中采用 goto 语句来跳出多重循环，需要注意的是只能用 goto 语句从内层循环跳到外层循环，而不允许从外层循环跳到内层循环。

（2）break 语句也可以用于跳出循环语句，它的一般形式为：

break；

对于多重循环的情况，break 语句只能跳出它所处的那一层循环，而不像 goto 语句可以直接从最内层循环中跳出来。由此可见，要退出多重循环时，采用 goto 语句比较方便。需要指出的是，break 语句只能用于开关语句和循环语句之中，它是一种具有特殊功能的无条件转移语句。

（3）continue 是一种中断语句，它的功能是中断本次循环，它的一般形式为：

continue；

continue 语句通常和条件语句一起用在由 while、do - while 和 for 语句构成的循环结构中。它也是一种具有特殊功能的无条件转移语句，但与 break 语句不同，continue 语句并不跳出循环体，而只是根据循环控制条件确定是否继续执行循环语句。

3.2.7 返回语句

返回语句用于终止函数的执行，并控制程序返回到调用该函数时所处的位置。返回语句有两种形式：

（1）return(表达式)；

（2）return；

如果 return 语句后边带有表达式，则要计算表达式的值，并将表达式的值作为该函数的返回值。若使用不带表达式的第 2 种形式，则被调用函数返回主调函数时，函数值不确定。一个函数的内部可以含有多个 return 语句，但程序仅执行其中的一个 return 语句而返回主调用函数。一个函数的内部也可以没有 return 语句，在这种情况下，当程序执行到最后一个界限符"}"处时，就自动返回主调函数。

3.3 函 数

3.3.1 函数的定义与调用

从用户的角度来看，有两种函数：标准库函数和用户自定义函数。标准库函数是 Keil C51 编译器提供的，不需要用户进行定义，可以直接调用。用户自定义函数是用户根据自己需要编写的能实现特定功能的函数，它必须先进行定义之后才能调用。函数定义的一般形式为：

```
函数类型  函数名(形式参数表)
    {
        局部变量定义
        函数体语句
    }
```

其中，"函数类型"说明了自定义函数返回值的类型。

"函数名"是用标识符表示的自定义函数名字。

"形式参数表"中列出的是在主调用函数与被调用函数之间传递数据的形式参数，形式参数的类型必须要加以说明。ANSI C 标准允许在形式参数表中对形式参数的类型进行说明。如果定义的是无参函数，可以没有形式参数表，但圆括号不能省略。

"局部变量定义"是对在函数内部使用的局部变量进行定义。

"函数体语句"是为完成该函数的特定功能而设置的各种语句。

C51 程序中函数是可以互相调用的。所谓函数调用就是在一个函数体中引用另外一个已经定义了的函数，前者称为主调函数，后者称为被调用函数。函数调用的一般形式为：

函数名(实际参数表)

其中，"函数名"指出被调用的函数。

"实际参数表"中可以包含多个实际参数，各个参数之间用逗号隔开。实际参数的作用是将它的值传递给被调用函数中的形式参数。需要注意的是，函数调用中的实际参数与函数定义中的形式参数必须在个数、类型及顺序上严格保持一致，以便将实际参数的值正确地传递给形式参数；否则在函数调用时会产生意想不到的结果。如果调用的是无参函数，则可以没有实际参数表，但圆括号不能省略。

在 C51 中可以采用 3 种方式完成函数的调用：

(1) 函数语句：在主调函数中将函数调用作为一条语句。这是无参调用，它不要求被调函数返回一个确定的值，只要求它完成一定的操作。

（2）函数表达式：在主调函数中将函数调用作为一个运算对象直接出现在表达式中，这种表达式称为函数表达式。这种函数调用方式通常要求被调函数返回一个确定的值。

（3）函数参数：在主调函数中将函数调用作为另一个函数调用的实际参数。在调用一个函数的过程中又调用了另外一个函数的方式，称为嵌套函数调用。

与使用变量一样，在调用一个函数之前（包括标准库函数），必须对该函数类型进行说明，即"先说明，后调用"。如果调用的是库函数，一般应在程序开始处用预处理命令"#include"将有关函数说明的头文件包含进来。

如果调用的是用户自定义函数，而且该函数与调用它的主调函数在同一个文件中，一般应该在主调函数中对被调函数的类型进行说明。函数说明的一般形式为：

类型标识符　被调用的函数名(形式参数表)；

其中，"类型标识符"说明了函数返回值的类型；"形式参数表"中说明各个形式参数的类型。

需要注意的是，函数的定义与函数的说明是完全不同的，二者在书写形式上也不一样。函数定义时，被定义函数名的圆括号后面没有分号"；"，即函数定义还未结束，后面应接着写被定义的函数体部分。而函数说明结束时在圆括号的后面需要有一个分号"；"作为结束标志。

3.3.2　中断服务函数与寄存器组定义

C51 编译器支持在 C 语言源程序中直接编写 80C51 单片机的中断服务函数程序，一般形式为：

函数类型　函数名(形式参数表) [interrupt n] [using n]

关键字 interrupt 后面的 n 是中断号，n 的取值范围为 0~31。编译器从 8n+3 处产生中断向量，具体的中断号 n 和中断向量取决于 80C51 系列单片机芯片型号。常用中断源和中断向量如表 3-4 所列。

表 3-4　常用中断号与中断向量

中断号 n	中断源	中断向量 8n+3
0	外部中断 0	0003H
1	定时器 0	000BH
2	外部中断 1	0013H
3	定时器 1	001BH
4	串行口	0023H

80C51 系列单片机可以在片内 RAM 中使用 4 个不同的工作寄存器组，每个寄存器组中包含 8 个工作寄存器(R0~R7)。C51 编译器扩展了一个关键字 using，专门用来选择 80C51 单片机中不同的工作寄存器组。using 后面的 n 是一个 0~3 的常整数，分别选中 4 个不同的工作寄存器组。在定义一个函数时 using 是一个选项，如果不用该选项，则由编译器自动选择一个寄存器组作绝对寄存器组访问。

编写 80C51 单片机中断函数时应遵循以下规则：

- 中断函数不能进行参数传递,也没有返回值。因此建议在定义中断函数时将其定义为 void 类型,以明确说明没有返回值。
- 在任何情况下都不能直接调用中断函数,否则会产生编译错误。
- 如果在中断函数中调用了其他函数,则被调用函数所使用的寄存器组必须与中断函数相同,否则会产生不正确的结果,这一点必须引起足够的注意。
- C51 编译器从绝对地址 8n+3 处产生一个中断向量,其中 n 为中断号。该向量包含一个到中断函数入口地址的绝对跳转。

3.4 Keil C51 编译器对 ANSI C 的扩展

3.4.1 存储器类型与编译模式

80C51 单片机的存储器空间可分为:片内外统一编址的程序存储器 ROM、片内数据存储器 RAM 和片外数据存储器 RAM。C51 编译器对于 ROM 存储器提供存储器类型标识符 code,用户的应用程序代码以及各种表格常数被定位在 code 空间。数据存储器 RAM 用于存放各种变量,通常应尽可能将变量放在片内 RAM 中以加快操作速度。

C51 编译器对片内 RAM 提供 3 种存储器类型标识符:data、idata、bdata。data 地址范围为:0x00~0x7f,位于 data 空间的变量以直接寻址方式操作,速度最快;idata 地址范围为:0x00~0xff,位于 idata 空间的变量以寄存器间接寻址方式操作,速度略慢于 data 空间;bdata 地址范围为:0x20~0x2f,位于 bdata 空间的变量除了可以进行直接寻址或间接寻址操作之外,还可以进行位寻址操作。

片外数据 RAM 简称 XRAM,C51 提供两个存储器类型标识符:xdata 和 pdata。xdata 空间地址范围为 0x0000~0xffff,位于 xdata 空间的变量以"MOVX @DPTR"方式寻址,可以操作整个 64 KB 地址范围内的变量,但这种方式速度最慢。pdata 空间又称为片外分页 XRAM 空间,它将地址 0x0000~0xffff 均匀地分成 256 页,每页的地址都为 0x00~0xff,位于 pdata 空间的变量以"MOVX @R0"、"MOVX @R1"方式寻址。实际上 XRAM 空间并非全部用于存放变量,用户扩展的 I/O 接口也位于 XRAM 地址范围之内。有些新型 80C51 单片机还提供片内 XRAM,其操作方式与传统 XRAM 相同,但一般要先对相应的特殊功能寄存器 SFR 进行配置之后才能使用。

一些新型 80C51 单片机能够进行大容量存储器扩展,如 NXP 公司的 80C51Mx 系列可扩展高达 8 MB 的 code 和 xdata 存储器空间,Dallas 公司的 80C390 系列以及 Analog 公司的 Adμc8xx 系列采用 24 位的数据指针 DPTR 以邻接方式可扩展高达 16 MB 的 code 和 xdata 存储器空间。C51 编译器针对这种大容量扩展存储器定义了 far 和 const far 两种存储器类型,分别用以操作这种扩展的片外 RAM 和片外 ROM 空间。对于传统的 80C51 单片机,如果它具有可以映像到 xdata 的附加存储器空间,或者提供了一种地址扩展特殊功能寄存器(address extension SFR),则可以根据具体硬件电路通过修改配置文件 XBANKING.A51 来使用 far 和 const far 类型的变量。需要注意的是在使用 far 和 const far 存储器类型时必须采用 LX51 扩展链接定位器,同时还必须采用 OMF2 格式的目标文件。

表 3-5 所列为 Keil C51 编译器能够识别的存储器类型,定义变量时,可以采用上述存储器类型明确指出变量的存储器空间。

表 3-5 Keil C51 编译器能够识别的存储器类型

存储器类型	说　明
code	程序存储器(64 KB),用"MOVC　@A+DPTR"指令访问
data	直接寻址的片内数据存储器(128 字节),访问速度最快
idata	间接访问的片内数据存储器(256 字节),允许访问全部片内地址
bdata	可位寻址的片内数据存储器(16 字节),允许位与字节混合访问
xdata	片外数据存储器(64 KB),用"MOVX　@DPTR"指令访问
pdata	分页寻址的片外数据存储器(256 字节),用"MOVX　@R0,MOVX @R1"指令访问
far	高达 16 MB 的扩展 RAM 和 ROM,专用芯片扩展访问(NXP 80C51Mx,DS80C390)或用户自定义子程序进行访问

如果定义变量时没有明确指出具体的存储器类型,则按 C51 编译器采用的编译模式来确定变量的默认存储器空间。Keil C51 编译器控制命令:SMALL、COMPACT、LARGE 对变量存储器空间的影响如下:

　　SMALL　　所有变量都被定义在 80C51 单片机的片内 RAM 中,对这种变量的访问速度最快。另外,堆栈也必须位于片内 RAM 中,而堆栈的长度是很重要的,实际栈长取决于不同函数的嵌套深度。采用 SMALL 编译模式与定义变量时指定 data 存储器类型具有相同效果。

　　COMPACT　　所有变量被定义在分页寻址的片外 XRAM 中,每一页片外 XRAM 的长度为 256 字节。这时对变量的访问是通过寄存器间接寻址(MOVX @R0,MOVX @R1)进行的,变量的低 8 位地址由 R0 或 R1 确定,变量的高 8 位地址由 P2 口确定。采用这种模式时,必须适当改变配置文件 STARTUP.A51 中的参数:PDATASTART 和 PDATALEN;同时还必须对 μVision2 的"Options 选项/BL51 Locator 标签栏/Pdata 框"中输入合适的地址参数,以确保 P2 口能输出所需要的高 8 位地址。采用 COMPACT 编译模式与定义变量时指定 pdata 存储器类型具有相同效果。

　　LARGE　　所有变量被定义在片外 XRAM 中(最大可达 64 KB),使用数据指针 DPTR 来间接访问变量(MOVX　@DPTR),这种编译模式对数据访问的效率最低,而且将增加程序的代码长度。采用 LARGE 编译模式与定义变量时指定 xdata 存储器类型具有相同效果。

3.4.2 关于 bit、sbit、sfr、sfr16 数据类型

Keil C51 编译器支持标准 C 语言的数据类型,另外还根据 80C51 单片机的特点扩展了 bit、sbit、sfr、sfr16 数据类型。

在 C51 程序中可以定义 bit 类型的变量、函数、函数参数及返回值。例如:

```
static bit done_flag = 0;      /* bit 类型变量 */
bit testfunc (                 /* bit 类型函数 */
bit flag1,                     /* bit 类型函数参数 */
bit flag2)
{
......
return (0);                    /* bit 类型返回值 */
}
```

所有 bit 类型的变量都被定位在 80C51 片内 RAM 的可位寻址区。由于 80C51 单片机的可位寻址区只有 16 字节,所以在某个范围内最多只能声明 128 个 bit 类型变量。声明 bit 类型变量时可以带有存储器类型 data、idata 或 bdata。对于 bit 类型变量有如下限制:如果在函数中采用预处理命令"#pragma disable"禁止了中断,或者在函数声明时采用了关键字"using n"明确进行了寄存器组切换,则该函数不能返回 bit 类型的值;否则 C51 在进行编译时会产生编译错误。另外不能定义 bit 类型指针,也不能定义 bit 类型数组。

关键字 sbit 用于定义可独立寻址访问的位变量,简称可位寻址变量。C51 编译器提供一个存储器类型 bdata,带有 bdata 存储器类型的变量被定位在 80C51 单片机片内 RAM 的可位寻址区,带有 bdata 存储器类型的变量可以进行字节寻址也可以进行位寻址,因此对 bdata 变量可用 sbit 指定其中任一位为可位寻址变量。需要注意的是,采用 bdata 和 sbit 所定义的变量都必须是全局变量,并且采用 sbit 定义可位寻址变量时,要求基址对象的存储器类型为 bdata。例如,可先定义变量的数据类型和存储器类型:

```
int bdata ibase;               /* 定义 ibase 为 bdata 整型变量 */
char bdata bary[4];            /* 定义 bary[4] 为 bdata 字符型数组 */
```

然后使用 sbit 定义可位寻址变量:

```
sbit mybit0 = ibase^0;         /* 定义 mybit0 为 ibase 的第 0 位 */
sbit mybit15 = ibase^15;       /* 定义 mybit15 为 ibase 的第 15 位 */
sbit Ary07 = bary[0]^7;        /* 定义 Ary07 为 bary[0] 的第 7 位 */
sbit Ary37 = bary[3]^7;        /* 定义 Ary37 为 bary[3] 的第 7 位 */
```

操作符"^"后面的数值范围取决于基址变量的数据类型,对于 char 型而言是 0~7,对于 int 型

而言是 0～15，对于 long 型是 0～31。bdata 变量 ibase 和 bdata 数组 bary[4]可以进行字或字节寻址，sbit 变量可以直接操作可寻址位，例如：

```
ibase = -1;              /* 字寻址,对 ibase 赋值为-1 */
bary[3] = 'a';           /* 字节寻址,对 bary[3]赋值为'a' */
Ary37 = 0;               /* bary[3]的第 7 位清 0 */
mybit15 = 1;             /* ibase 的第 15 位置 1 */
```

对于 bdata 变量可以向 data 变量一样处理,所不同的是 bdata 变量必须位于 80C51 单片机的片内 RAM 的可位寻址区,其长度不能超过 16 字节。

sbit 还可以用于定义结构与联合,利用这一特点可以实现对 float 类型数据指定 bit 变量,例如：

```
union lft {
    float mf;
    long ml;
};

bdata struct bad {
    char mc;
    union lft u;
} tcp;

sbit tcpf31 = tcp.u.ml^31;      /* float 数据的第 31 位 */
sbit tcpm10 = tcp.mc^0;
sbit tcpm17 = tcp.mc^7;
```

采用 sbit 类型时需要指定一个变量作为基地址,再通过指定该基地址变量的 bit 位置来获得实际的物理 bit 地址。并不是所有类型变量的物理 bit 地址都与其逻辑 bit 地址相一致,物理上的 bit 0 对应第 1 个字节的 bit 0,物理上的 bit 8 对应第 2 个字节的 bit 0。对于 int 类型的数据,由于它是按高字节在前的方式存储的,int 类型数据的 bit 0 应位于第 2 个字节的 bit 0,因此采用 sbit 指定 int 类型数据 bit 0 时应使用物理上的 bit 8。

80C51 单片机片内 RAM 中与 idata 空间相重叠的高 128 字节（地址范围 0x80～0xff）称为特殊功能寄存器（SFR）区,单片机内部集成功能的操作都是通过特殊功能寄存器来实现的。为了能够直接访问 80C51 系列单片机内部特殊功能寄存器,C51 编译器扩充了关键字 sfr 和 sfr16,利用这种扩充关键字可以在 C51 源程序中直接定义 80C51 单片机的特殊功能寄存器。定义方法如下：

```
sfr 特殊功能寄存器名 = 地址常数;
```

例如：

```
sfr P0 = 0x80;        /* 定义 P0 寄存器,地址为 0x80 */
sfr SCON = 0x90;      /* 定义串行口控制寄存器,地址为 0x90 */
```

这里需要注意的是,在关键字 sfr 后面必须跟一个标识符作为特殊功能寄存器名,名字可任意选取,但应符合一般习惯。等号后面必须是常数,不允许有带运算符的表达式。对于传统 80C51 单片机地址常数的范围是 0x80～0xff,对于 NXP 80C51Mx 单片机地址常数的范围是 0x180～0x1ff。

在一些新型 80C51 单片机中,特殊功能寄存器经常组合成 16 位来使用。采用关键字 sfr16 可以定义这种 16 位的特殊功能寄存器。例如,对于 8052 单片机的定时器 T2,可采用如下的方法来定义：

```
sfr16 T2 = 0xCC;      /* 定义 TIMER2,其地址为 T2L=0xcc,T2H=0xcd */
```

这里 T2 为特殊功能寄存器名,等号后面是它的低字节地址,其高字节地址必须在物理上直接位于低字节之后。这种定义方法适用于所有新一代的 80C51 单片机中新增加的特殊功能寄存器。

在 80C51 单片机应用系统中经常需要访问特殊功能寄存器中的一些特定位,可以利用 C51 编译器提供的扩充关键字 sbit 来定义特殊功能寄存器中的可位寻址对象。定义方法有如下 3 种：

(1) sbit 位变量名 = 位地址；

这种方法将位的绝对地址赋给位变量,位地址必须位于 0x80～0xff 之间。例如：

```
sbit OV = 0xD2;
sbit CY = 0xD7;
```

(2) sbit 位变量名 = 特殊功能寄存器名^位位置；

当可寻址位位于特殊功能寄存器中时可采用这种方法,"位位置"是一个 0～7 内的常数。例如：

```
sfr PSW = 0xD0;
sbit OV = PSW^2;
sbit CY = PSW^7;
```

(3) sbit 位变量名 = 字节地址^位位置；

这种方法以一个常数(字节地址)作为基地址,该常数必须在 0x80～0xff 内。"位位置"是一个 0～7 内的常数。例如：

```
sbit OV = 0xD0^2;
sbit CY = 0xD0^7;
```

需要注意的是,用 sbit 定义的特殊功能寄存器中的可寻址位是一个独立的定义类(class),不能与其他位定义和位域互换。

3.4.3 一般指针与基于存储器的指针及其转换

Keil C51 编译器支持两种指针类型:一般指针和基于存储器的指针。一般指针需要占用 3 字节,具有较好的兼容性但运行速度较慢;基于存储器的指针只需要 1~2 字节,它是 C51 编译器专门针对 80C51 单片机存储器特点进行的扩展,只适用于 80C51 单片机,但具有较高的运行速度。

定义一般指针的方法与 ANSI C 相同,例如:

```
char  * sptr;        /* char 型指针 */
int   * numptr;      /* int 型指针 */
```

一般指针在内存中占用 3 字节,第 1 个字节存放该指针的存储器类型编码(由编译模式确定),第 2 和第 3 个字节分别存放该指针的高位和低位地址偏移量。存储器类型编码值如表 3-6 所列。

表 3-6 一般指针的存储器类型编码

存储器类型 1	idata/data/bdata	xdata	pdata	code
编码值	0x00	0x01	0xfe	0xff

一般指针可用于存取任何变量而不必考虑变量在 80C51 单片机存储器空间的位置,许多 C51 库函数采用了一般指针。函数可以利用一般指针来存取位于任何存储器空间的数据。

定义一般指针时可以在 "*" 号后面带一个 "存储器类型" 选项,用以指定一般指针本身的存储器空间位置,例如:

```
char  * xdata strptr;      /* 位于 xdata 空间的一般指针 */
int   * data numptr;       /* 位于 data 空间的一般指针 */
long  * idata varptr;      /* 位于 idata 空间的一般指针 */
```

由于一般指针所指对象的存储器空间位置只有在运行期间才能确定,编译器在编译期间无法优化存储方式,必须生成一般代码以保证能对任意空间的对象进行存取,因此一般指针所产生的代码运行速度较慢,如果希望加快运行速度则应采用基于存储器的指针。

基于存储器的指针所指对象具有明确的存储器空间,长度可为 1 字节(存储器类型为 idata、data、pdata)或 2 字节(存储器类型为 code、xdata)。定义指针时如果在 "*" 号前面增加一个 "存储器类型" 选项,该指针就被定义为基于存储器的指针。例如:

```
char data  * str;              /* 指向 data 空间 char 型数据的指针 */
int xdata  * num;              /* 指向 xdata 空间 int 型数据的指针 */
long code  * pow;              /* 指向 code 空间 long 型数据的指针 */
```

与一般指针类似,定义基于存储器的指针时还可以指定指针本身的存储器空间位置,即在"*"号后面带一个"存储器类型"选项,例如:

```
char data  * xdata str;        /*指向 data 空间 char 型数据的指针,指针本身在 xdata 空间*/
int xdata  * data num;         /*指向 xdata 空间 char 型数据的指针,指针本身在 data 空间*/
long code  * idata pow;        /*指向 code 空间 long 型数据的指针,指针本身在 idata 空间*/
```

基于存储器的指针长度比一般指针短,可以节省存储器空间,运行速度快,但它所指对象具有确定的存储器空间,缺乏兼容性。

一般指针与基于存储器的指针可以相互转换。在某些函数调用中进行参数传递时需要采用一般指针,例如 C51 的库函数 printf()、sprintf()、gets()等便是如此。当传递的参数是基于存储器的指针时,若不特别指明,C51 编译器会自动将其转换为一般指针。需要注意的是,如果采用基于存储器的指针作为自定义函数的参数,而程序中又没有给出该函数原型,则基于存储器的指针就自动转换为一般指针。假如在调用该函数时的确需要采用基于存储器的指针(其长度较短)作为传递参数,那么指针的自动转换就可能导致错误,为避免这类错误,应该在程序的开始处用预处理命令"#include"将函数原型说明文件包含进来,或者直接给出函数原型声明。

3.4.4 C51 编译器对 ANSI C 函数定义的扩展

1. C51 编译器支持的函数定义一般形式

C51 编译器提供了几种对于 ANSI C 函数定义的扩展,可用于选择函数的编译模式、规定函数所使用的工作寄存器组、定义中断服务函数、指定再入方式等。在 C51 程序中进行函数定义的一般格式如下:

函数类型 函数名(形式参数表) [编译模式] [reentrant] [interrupt n] [using n]
{ 局部变量定义
    函数体语句
}

其中,"函数类型"说明了自定义函数返回值的类型。

"函数名"是用标识符表示的自定义函数名字。

"形式参数表"中列出了在主调用函数与被调用函数之间传递数据的形式参数,形式参数的类型必须要加以说明。如果定义无参函数,可以没有形式参数表,但圆括号不能省略。

"局部变量定义"是对在函数内部使用的局部变量进行定义。

"函数体语句"是为完成该函数的特定功能而设置的各种语句。

"编译模式"选项是 C51 对 ANSI C 的扩展，可以是 SMALL、COMPACT 或 LARGE，用于指定函数中局部变量和参数的存储器空间。

"reentrant"选项是 C51 对 ANSI C 的扩展，用于定义再入函数。

"interrupt n"选项是 C51 对 ANSI C 的扩展，用于定义中断服务函数，其中"n"为中断号，可为 0～31，根据中断号可以决定中断服务程序的入口地址。

"using n"选项是 C51 对 ANSI C 的扩展，其中"n"可以是 0～3，用于确定中断服务函数所使用的工作寄存器组。

2. 堆栈及函数的参数传递

函数在运行过程中需要使用堆栈，80C51 单片机的堆栈必须位于片内 RAM 空间，其最大范围只有 256 字节。对于一些新的扩展型 80C51 单片机，C51 编译器可以使用其扩展堆栈区，扩展堆栈区最大可达几千字节。为了节省堆栈空间，C51 编译器采用一个固定的存储器区域来进行函数参数的传递。发生函数调用时，主调函数先将实际参数复制到该固定的存储器区域，然后再将程序流程控制交给被调函数；被调函数则从该固定的存储器区域取得所需要的参数进行操作。这样就只需要将函数的返回地址保存到堆栈区中。由于中断服务函数可能要进行工作寄存器组切换，因此需要采用较多的堆栈空间。

C51 编译器可以采用控制命令"REGPARMS"和"NOREGPARMS"来决定是否通过工作寄存器传递函数参数。在默认状态下，C51 编译器可以通过工作寄存器传递最多 3 个函数参数，这种方式可以提高程序执行效率。如果没有寄存器可用，则通过固定的存储器区域来传递函数的参数。

3. 函数的编译模式

不同类型 80C51 单片机片内 RAM 空间大小不同，有些衍生产品只有 64 字节的片内 RAM，因此在定义函数时要根据具体情况来决定应采用的编译模式，函数参数和局部变量都存放在由编译模式决定的默认存储器空间。可以根据需要对不同函数采用不同的编译模式，在 SMALL 编译模式下函数参数和局部变量被存放在 80C51 的片内 RAM 空间，这种方式对数据的处理效率最高。但片内 RAM 空间有限，对于较大的程序若采用 SMALL 编译模式可能不能满足要求，这时就需要采用其他编译模式。下面不同函数采用了不同的编译模式。

```
#pragma small                                            /* 默认编译模式为 SMALL */
    extern int calc (char i,int b) large reentrant;      /* 采用 LARGE 编译模式 */
    extern int func (int i,float f) large;               /* 采用 LARGE 编译模式 */
    extern void * tcp (char xdata * xp,int ndx) small;   /* 采用 SMALL 编译模式 */

    int mtest (int i,int y) {                            /* 采用默认编译模式 */
```

```
    return (i * y + y * i + func(-1,4.75));
}

int large_func (int i,int k) {    large              /* 采用 LARGE 编译模式 */
    return (mtest (i,k) + 2);
}
```

4. 寄存器组切换

80C51 单片机片内 RAM 中最低 32 字节平均分为 4 组,每组 8 字节都命名为 R0～R7,统称为工作寄存器组,这一特点对于编写中断服务函数或使用实时操作系统都十分有用。利用扩展关键字"using"可以在定义函数时规定所使用的工作寄存器组,只要在"using"后面跟一个数字 0～3,即可规定所使用的工作寄存器组。

需要注意的是,关键字 using 不能用在以寄存器返回一个值的函数中,并且要保证任何寄存器组的切换都只在自己控制的区域内发生,如果不做到这一点将产生不正确的函数结果。另外带"using"属性的函数原则上不能返回 bit 类型的值。

80C51 单片机复位时 PSW 的值为 0x00,因此在默认状态下所有非中断函数都将使用工作寄存器 0 区。C51 编译器可以通过控制命令"REGISTERBAN"为源程序中的所有函数指定一个默认的工作寄存器组,为此用户需要修改启动代码选择不同的寄存器组,然后采用控制命令"REGISTERBAN"来指定新的工作寄存器组。

在默认状态下,C51 编译器生成的代码将使用绝对寻址方式来访问工作寄存器 R0～R7,从而提高操作性能。绝对寄存器寻址方式可以通过编译控制命令"AREGS"或"NOARGES"来激活或禁止。采用了绝对寄存器的函数不能被另一个使用了不同工作寄存器组的函数所调用,否则会导致不可预知的结果。为了使函数对当前工作寄存器组不敏感,该函数必须采用控制命令"NOARGES"进行编译,这一点对于需要同时从主程序和使用了不同寄存器组的中断服务程序中调用函数时十分有用。

特别需要注意的是,C51 编译器对函数之间使用的工作寄存器组是否匹配不做检查,因此使用了交替寄存器组的函数只能调用没有设定默认寄存器组的函数。

5. 中断函数

利用扩展关键字"interrupt"可以直接在 C51 程序中定义中断服务函数,在"interrupt"后跟一个 0～31 的数字,用于规定中断源和中断入口。关键字"interrupt"对中断函数目标代码的影响如下:

- 在进入中断函数时,特殊功能寄存器 ACC、B、DPH、DPL、PSW 将被保存入栈;
- 如果不使用关键字 using 进行工作寄存器组切换,则将中断函数中所用到的全部工作寄存器都入栈保存;

- 函数退出之前所有的寄存器内容出栈恢复；
- 中断函数由 80C51 单片机指令 RETI 结束。
- C51 编译器根据中断号自动生成中断函数入口向量地址。

6. 再入函数

利用 C51 编译器的扩展关键字"reentrant"可以定义一个再入函数,再入函数可以进行递归调用,或者被两个以上其他函数同时调用。通常在实时应用系统中,或中断函数与非中断函数需要共享一个函数时,应将该函数定义为再入函数。

再入函数可被递归调用,无论何时,包括中断服务函数在内的任何函数都可调用再入函数。和非再入函数的参数传递和局部变量的存储分配方法不同,C51 编译器为再入函数生成一个模拟栈,通过这个模拟栈来完成参数传递和存放局部变量。根据再入函数所采用的编译模式,模拟栈可以位于片内或片外存储器空间,SMALL 模式下再入栈位于 data 空间,COMPACT 模式下再入栈位于 pdata 空间,LARGE 模式下再入栈位于 xdata 空间。当程序中包含有多种存储器模式的再入函数时,C51 编译器为每种模式单独建立一个模拟栈并独立管理各自的栈指针。再入函数的局部变量及参数都被放在再入栈中,从而使再入函数可以进行递归调用。而非再入函数的局部变量被放在再入栈之外的暂存区内,如果对非再入函数进行递归调用,则上次调用时使用的局部变量数据将被覆盖。

Keil C51 编译器对于再入函数有如下规定：
- 再入函数不能传送 bit 类型的参数,也不能定义局部位变量,再入函数不能操作可位寻址变量。
- 与 PL/M51 兼容的 alien 函数不能具有"reentrant"属性,也不能调用再入函数。
- 再入函数可以同时具有其他属性,如"interrupt"、"using"等,还可以明确声明其存储器模式(SMALL、COMPACT、LARGE)。
- 在同一个程序中可以定义和使用不同存储器模式的再入函数,每个再入函数都必须具有合适的函数原型,原型中还应包含该函数的存储器模式。
- 再入函数的返回地址保存在 80C51 单片机的硬件堆栈内,任意其他的 PUSH 和 POP 指令都会影响 80C51 硬件堆栈。
- 不同存储器模式下的再入函数具有其自己的模拟再入栈以及再入栈指针,例如,若在同一个模块内定义了 SMALL 和 LARGE 模式的再入函数,则 C51 编译器会同时生成对应的两种再入栈及其再入栈指针。

80C51 单片机的常规栈总是位于内部数据 RAM 中而且是"向上生长"型的,而模拟再入栈是"向下生长"型的。如果编译时采用 SMALL 模式,常规栈和再入函数的模拟栈将都被放在内部 RAM 中,从而可使有限的内部数据存储器得到充分利用。模拟再入栈及其再入栈指针可以通过配置文件"STARTUP.A51"进行调整,使用再入函数时应根据需要对该配置文件进行适当修改。

3.5 C51 编译器的数据调用协议

3.5.1 数据在内存中的存储格式

"bit"类型数据只有 1 位,不允许定义位指针和位数组。"bit"对象始终位于 80C51 单片机内部可位寻址数据存储器空间(0x20~0x2f),只要有可能 BL51 链接定位器将对位对象进行覆盖操作。

"char"类型数据的长度为 1 字节(8 位),可存放于 80C51 单片机内部或外部数据存储器中。

"int"和"short"类型数据的长度为 2 字节(16 位),可存放于 80C51 单片机内部或外部数据存储器中。数据在内存中按高字节地址在前、低字节地址在后的顺序存放。例如,一个值为 0x1234 的"int"类型数据,在内存中的存储格式如下:

地址	+0	+1
内容	0x12	0x34

"long"类型数据的长度为 4 字节(32 位),可存放于 80C51 单片机内部或外部数据存储器中。数据在内存中按高字节地址在前、低字节地址在后的顺序存放。例如,一个值为 0x12345678 的"long"类型数据,在内存中的存储格式如下:

地址	+0	+1	+2	+3
内容	0x12	0x34	0x56	0x78

"float"类型数据的长度为 4 字节(32 位),可存放于 80C51 单片机内部或外部数据存储器中。一个"float"类型数据的数值范围是 $(-1)^S \times 2^{E-127} \times (1.M)$。在内存中按 IEEE-754 标准单精度 32 位浮点数的格式存储:

地址	+0	+1	+2	+3
内容	SEEEEEEE	EMMMMMMM	MMMMMMMM	MMMMMMMM

其中,S 为符号位,"0"表示正,"1"表示负。E 为用原码表示的阶码,占用 8 位二进制数,存放在 2 个字节中,E 的取值范围是 1~254。注意,实际上以 2 为底的指数要用 E 的值减去偏移量 127,从而实际幂指数的取值范围为 -126~+127。M 为尾数的小数部分,用 23 位二进制数表示,存放在 3 个字节中。尾数的整数部分永远为 1,因此不予保存,但它是隐含存在的。小数点位于隐含的整数位"1"的后面。

例如,一个值为 -12.5 的"float"类型数据,在内存中的存储格式如下:

地址	+0	+1	+2	+3
二进制内容	11000001	01001000	00000000	00000000
十六进制内容	0xc1	0x48	0x00	0x00

按上述规则很容易将用十六进制表示的数据"0xc1480000"转换为浮点数 -12.5。

一个浮点数的正常数值范围是: $(-1)^S \times 2^{E-127} \times (1.M)$,其中,$E=0 \sim 255$,$S=\pm 1$。超过最大正常数值的浮点数就认为是无穷大,其阶码 E 为全 1 (即 255),小数部分 M 为全 0,表示为:

$$\pm\infty = (-1)^S \times 2^{128} \times (1.000\cdots000) = \pm 2^{128}。$$

对于阶码 E 为全 0,小数部分 M 也为全 0 的浮点数认为是 0,表示为:

$$(-1)^S \times 2^{-127} \times (1.000\cdots000) = \pm 2^{-127}。$$

绝对值最小的正常浮点数为阶码 E 为 1,小数部分 M 为全 0 的数,表示为:

$$(-1)^S \times 2^{-126} \times (1.000\cdots000) = \pm 2^{-126}。$$

除了正常数之外,界于 $+2^{-126} \sim +2^{-127}$ 以及 $-2^{-126} \sim -2^{-127}$ 范围的数为非正常数。按 IEEE-754 标准,浮点数的数值如果在正常数值之外,即为溢出错误,用下面的二进制数表示:

非正常数:NaN=0x0fffffff

正无穷:+INF=0x7f800000

负无穷:-INF=0xff800000

C51 编译器支持"基于存储器"的指针和"一般"指针。基于存储器类型 data、idata 和 pdata 的指针具有 1 字节的长度,基于存储器类型 xdata 和 code 的指针具有 2 字节的长度,一般指针具有 3 字节的长度。在一般指针的 3 字节中,第 1 个字节表示存储器类型,第 2、3 个字节表示指针的地址偏移量,一般指针在内存中的存储格式为:

地址	+0	+1	+2
内容	存储器类型	高字节地址偏移量	低字节地址偏移量

第 1 个字节中存储器类型的编码如下:

存储器类型	idata/data/bdata	xdata	pdata	code
编码值(8051)	0x00	0x01	0xfe	0xff
编码值(8051Mx)	0x7f	0x00	0x00	0x80

采用一般指针时必须使用规定的存储器类型编码值,如果使用其他类型的值将导致不可

预测的后果。例如,将 xdata 类型的地址 0x1234 作为一般指针表示如下:

地址	+0	+1	+2
内容	0x01	0x12	0x34

3.5.2 目标代码的段管理

段是程序代码或数据对象的存储器单位,程序代码被放入代码段,数据对象被放入数据段。段又分为绝对段和再定位段,绝对段只能在汇编语言程序中指定,它包括代码和数据的绝对地址说明。绝对段在用链接定位器 BL51 进行链接时,已经分配的地址将不发生任何改变。再定位段是由 C51 编译器在对 C51 源程序编译时所产生的,再定位段中代码或数据的存储器地址是浮动的,实际地址要由链接定位器 BL51 在对程序模块进行链接时决定。再定位段可以保证在进行多模块程序链接时不会发生地址重叠现象。因此绝对段只是用于某些特殊场合,如访问某个固定的存储器 I/O 地址,或是提供某个中断向量的入口地址,而用 C51 编译器对 C51 源程序进行编译所产生的段都是再定位段。每一个再定位段都具有段名和存储器类型,绝对段则没有段名。

下面介绍 C51 编译器对于再定位段的管理方法。

C51 编译器在对 C51 源程序进行编译时,为了适应不同的要求和便于段的管理,将程序中的每个数据对象都转换成大写形式保存,并放入到相应的段中。C51 编译器按表 3-7 的规则将源程序中的函数名转换成目标文件中的符号名,BL51 在链接定位时将使用目标文件符号名。

表 3-7 C51 编译器的函数名转换规则

函数声明	转换的符号名	说 明
void func(void)…	FUNC	无参数传递或不含寄存器参数的函数名不做改变地转入目标文件中,函数名只简单地转换成大写形式
void func(char)…	_FUNC	带寄存器参数的函数名前面加上"_"前缀,表示这类函数包含有寄存器内的参数传递
void func(void) reentrant…	_?FUNC	再入函数在函数名前面加上"_?"前缀,表示该函数包含栈内的参数传递

完成函数名转换之后,C51 编译器按以下规则将不同的数据对象组合到不同的数据段中。

1. 全局变量

对于全局变量 C51 编译器按表 3-8 的规则为每个模块生成各自的段名,具有相同存储器类型的全局变量被组合到同一个数据段中。明确定义了存储器类型的全局变量,都有一个单独的数据段。段名由两个问号中间加一个存储器类型符号及紧接着的模块名(modulname)组成,模块名是不带路经和扩展名的源文件名,常数和字符串被放入一个独立的段中。各段名表示在对应类型存储器空间的起始地址。

表3-8　C51编译器对全局变量的段名生成规则

段　名	存储器类型	说　明
？CO？modulname	code	可执程序存储器中的常数段
？XD？modulname	xdata	xdata型数据段(RAM空间)
？DT？modulname	data	data型数据段
？ID？modulname	idata	idata型数据段
？BI？modulname	bit	bit型数据段
？BA？modulname	bdata	bdata型数据段
？PD？modulname	pdata	pdata型数据段
？XC？modulname	const xdata	xdata型数据段(const ROM空间),需要用"OMF2"编译控制命令
？FC？modulname	const far	far型常数段(const ROM空间),需要用"OMF2"编译控制命令
？FD？modulname	far	far型数据段(RAM空间),需要用"OMF2"编译控制命令

2. 函数和局部变量

C51编译器为各个模块中的每个函数生成一个以"？PR？function_name？modulname"为名的代码(code)段。例如,如果程序模块SAMPLE.C中包含有一个名为ERROR_CHECK的函数,则代码(code)段的名字为"？PR？ERROR_CHECK？SAMPLE"。

如果函数中包含有非寄存器传递的参数和无明确存储器类型声明的局部变量,C51编译器除了生成该函数的代码段之外,还将生成一个字节类型的局部数据段(简称局部数据段)和一个位类型的局部数据段(简称局部位段)。局部位段用于存放在函数内部定义的可再定位的位类型变量和参数,局部数据段则用于存放除位类型以外的所有其他无明确存储器类型声明的局部变量和参数。对于已明确声明了存储器类型的函数局部变量,C51编译器根据变量的存储器类型将其组合到与本模块对应的全局数据段中,但这些变量仍属于定义它们的函数中的局部变量。函数的局部段(包含函数代码段、局部数据段和局部位段)的命名规则与函数的存储器模式有关,如表3-9所列。

表 3-9 C51 编译器的局部段命名规则

存储器模式	局部段类型	段描述	段名	
SMALL	code	函数代码	? PR? function_name?	modul_name
	data	局部数据	? DT? function_name?	modul_name
	bit	局部位段	? BI? function_name?	modul_name
COMPAC	code	函数代码	? PR? function_name?	modul_name
	pdata	局部数据	? PD? function_name?	modul_name
	bit	局部位段	? BI? function_name?	modul_name
LARGE	code	函数代码	? PR? function_name?	modul_name
	xdata	局部数据	? XD? function_name?	modul_name
	bit	局部位段	? BI? function_name?	modul_name

C51 编译器为局部数据段和局部位段建立一个可覆盖标志"OVERLAYABLE",以便让链接定位器 BL51 在对目标程序进行链接定位时作覆盖分析之用。

C51 编译器允许通过寄存器传递最多 3 个参数,其他参数则需要采用固定的存储器区进行传递。对于采用固定存储区进行参数传递的数据,按以下规则生成一个局部段:

局部数据段   ? function_name? BYTE
局部位段   ? function_name? BIT

段名都表示该段的起始地址。例如,若函数 func1 需要通过固定的存储器区传递参数,则 bit 型参数将从地址"? FUNC1? BIT"开始传递,其他参数则从地址"? FUNC1? BYTE"开始传递。局部段名是全局共享的,因此它们的起始地址可被其他模块访问,从而为汇编语言程序调用 C51 函数提供了可能。

以上介绍的是 C51 编译器在对用户的 C51 源程序进行编译时,为实现多模块程序浮动链接而采用的段名管理方法。这些段名都包括在由链接定位器 BL51 所产生的 MAP 文件中,用户可以查看,以分析自己编写的 C51 源程序是否合理。

3.6 与汇编语言程序的接口

C51 编译器能对 C51 源程序进行高效率的编译,生成高效简捷形式的代码,在绝大多数场合采用 C 语言编程即可完成预期的任务。尽管如此,有时仍需要采用一定的汇编语言编程,例如对于某些特殊 I/O 接口地址的处理、中断向量地址的安排、提高程序代码的执行速度等。为此 C51 编译器提供了与汇编语言程序的接口规则,按此规则可以很方便地实现 C 语言程序与汇编语言程序的相互调用。实际上 C 语言程序与汇编语言程序的相互调用也可视为函数的调用,只不过此时函数是采用不同语言编写的而已。

C语言程序函数和汇编语言函数在相互调用时,可利用80C51单片机的工作寄存器最多传递3个参数,如表3-10所列。

表3-10 参数传递的工作寄存器选择

传递的参数	char、1字节指针	int、2字节指针	long、float	一般指针
第1个参数	R7	R6(高字节),R7(低字节)	R4~R7	R3(存储类型),R2(高字节),R1(低字节)
第2个参数	R5	R4(高字节),R5(低字节)	R4~R7	R3(存储类型),R2(高字节),R1(低字节)
第3个参数	R3	R2(高字节),R3(低字节)	无	R3(存储类型),R2(高字节),R1(低字节)

如果在调用时参数无寄存器可用,或是采用了编译控制命令"NOREGPARMS",则通过固定的存储器区域来传递参数。该存储器区域称为参数传递段,其地址空间取决于编译时所选择的存储器模式。下面是几个说明参数传递规则的例子:

func1(int a)　　　　　　"a"是第1个int型参数,在R6、R7中传递。

func2(int b,int c,int * d)　"b"在R6、R7中传递,"c"在R4、R5中传递,"* d"在R1、R2、R3中传递。

func3(long e,long f)　　　"e"在R4、R5、R6、R7中传递;"f"不能通过寄存器传递,而只能在参数传递段中传递。

func4(float g,char h)　　 "g"在R4、R5、R6、R7中传递;"h"不能通过寄存器传递,而只能在参数传递段中传递。

当C语言程序与汇编语言程序需要相互调用,并且参数的传递发生在参数传递段时。如果传递的参数是char、int 、long和float类型的数据,则参数传递段的首地址由"? functionname? BYTE"的公共符号(PUBLIC)确定。如果传递的参数是bit类型的数据,参数传递段的首地址由"? functionname? BIT"的公共符号(PUBLIC)确定。所有被传递的参数按顺序存放在以首地址开始递增的存储器区域内。参数传递段的存储器空间取决于所采用的编译模式,在SMALL模式下参数传递段位于片内RAM空间,在COMPACT和LARGE模式下参数传递段位于外部RAM空间。

函数的返回值被放入80C51单片机的寄存器内,如表3-11所列。

表 3-11 函数返回值所占用的工作寄存器

返回值类型	寄存器	说　明
Bit	进位位 CY	返回值在进位标志 CY 中
(unsigned)char	R7	返回值在寄存器 R7 中
(unsigned)int	R6,R7	返回值高位在 R6 中,低位在 R7 中
(unsigned)long	R4~R7	返回值高位在 R4 中,低位在 R7 中
float	R4~R7	32 位 IEEE 格式,指数和符号位在 R7 中
一般指针	R3,R2,R1	R3 放存储器类型,高位在 R2,低位在 R1

在汇编语言子程序中,当前选择的工作寄存器组以及特殊功能寄存器 ACC、B、DPTR 和 PSW 的值都可能改变。当从汇编语言程序调用 C 语言函数时,必须无条件地假定这些寄存器的内容已被破坏。

如果在链接定位时采用了覆盖过程,则每个汇编语言子程序都将包含一个单独的程序段。这一点是必要的,因为在 BL51 链接定位器的覆盖分析中,函数之间的相互参考是通过子程序各自的段基准进行计算的。如果注意下面两点,汇编语言子程序的数据区也可以包含在覆盖分析中:

(1) 所有的段名都必须以 C51 编译器所规定的方法来建立;

(2) 每个具有局部变量的汇编语言函数都必须指定自己的局部数据段,这个局部数据段可以用来为其他函数访问作参数传递用,并且参数的传递要按顺序进行。

在汇编语言函数程序中,对于 char、int、long 和 float 类型的数据,局部数据段应以"PUBLIC 符号? _functionname? BYTE"作为首地址,并在数据段中先按被传递参数的顺序定义若干个字节,然后再定义其他局部变量数据字节。例如,在 SMALL 编译模式下该数据段应如下建立:

```
RSEG    ? DT? functionname? modulname    ;定义局部数据段名
    ? _functionname? BYTE：              ;定义数据段首地址
        charVAL    DS    1               ;按参数的传递顺序定义字节
        intVAL     DS    2
        longVAL    DS    4
        ...                               ;定义其他局部变量字节
```

对于 bit 类型的数据,局部数据段应以"PUBLIC 符号：? _functionname? BIT"作为首地址,并按被传递参数的顺序先定义若干个位,然后再定义其他局部变量位。例如:

```
RSEG    ? BI? functionname? modulname    ;定义局部数据段名
    ? _functionname? BIT：              ;定义数据段首地址
```

bitVAL1	DBIT	1	;按参数的传递顺序定义位
bitVAL2	DBIT	1	
...			;定义其他局部变量位

这样定义的局部数据段即可为其他函数的的访问作参数传递之用，所有参数都将按顺序逐个传递。

通过下面 SMALL 编译模式下 C 语言函数，调用汇编语言函数的例子可以更清楚地了解参数的传递过程。

C51 源程序文件为 C_CALL.C，文件中定义了两个函数：主调用函数"void C_call()"；被调用的外部函数"extern int afunc(int v_a,char v_b,bit v_c,long v_d,bit v_e)"，该函数是在另一个模块文件 AFUNC.A51 中采用汇编语言编写的。函数中有 5 个参数，函数调用时最多可利用 80C51 单片机的工作寄存器传递 3 个参数，因此只有参数 v_a 在寄存器 R6、R7 中传递（高位在 R6、低位在 R7），参数 v_b 在 R5 中传递。而参数 v_c、v_d 和 v_e 将在参数传递段中传递。程序编译时采用了 SMALL 模式，参数传递段将位于 80C51 单片机的内部数据存储器 DATA 区。另外，函数 afunc() 是 int 类型的函数，所以函数 afunc() 的返回值在工作寄存器 R6（高位）、R7（低位）中。

【例 3-1】 C51 源程序 C_CALL.C 文件。

```
#pragma code small                                              //指定编译模式
    extern int afunc(int v_a,char v_b,bit v_c,long v_d,bit v_e); //说明被调函数
    void C_call(){                                              //主调函数
        int v_a;char v_b;bit v_c;long v_d;bit v_e;              //局部变量
        int A_ret;
        A_ret=afunc(v_a,v_b,v_c,v_d,v_e);                        //函数调用
    }
```

在被调用的汇编语言程序函数 afunc() 中，将从 C 语言程序函数 C_call() 传递过来的 5 个参数：int v_a、char v_b、bit v_c、long v_d 和 bit v_e，分别放入局部变量 a、b、c、d 和 e 中，因此该汇编语言程序函数是包含有局部变量的。由于 C 语言程序模块指定了 SMALL 编译模式，参数传递将在内部数据存储器 DATA 区域进行。汇编语言程序函数必须按 C51 编译器关于 SMALL 模式下段名规则建立相应的局部数据段，即对于需要利用工作寄存器进行参数传递的函数，函数名 afunc 前面要加一个下划线，还需要给出正确的参数传递段地址。

【例 3-2】 汇编语言程序 AFUNC.A51 文件。

```
NAME                AFUNC
?PR?_afunc?AFUNC    SEGMENT CODE                ;定义程序代码段
?DT?_afunc?AFUNC    SEGMENT DATA OVERLAYABLE    ;定义可覆盖局部数据段
```

? BI? _afunc? AFUNC		SEGMENT BIT OVERLAYABLE		;定义可覆盖局部位段
	PUBLIC	? _afunc? BIT		;公共符号定义
	PUBLIC	? _afunc? BYTE		
	PUBLIC	_afunc		
	RSEG	? DT? _afunc? AFUNC		;可覆盖局部数据段
? _afunc? BYTE:				;起始地址
v_a? 040:	DS	2		;定义传递参数字节
v_b? 041:	DS	1		
v_d? 043:	DS	4		
ORG 7				
a? 045:	DS	2		;定义其他局部变量
b? 046:	DS	1		
d? 048:	DS	4		
retval? 050:	DS	2		;返回值
	RSEG	? BI? _afunc? AFUNC		;可覆盖局部位段
? _afunc? BIT:				;起始地址
v_c? 042:	DBIT	1		;定义传递数据位
v_e? 044:	DBIT	1		
ORG 2				
c? 047:	DBIT	1		;定义其他局部变量位
e? 049:	DBIT	1		
	RSEG	? PR? _afunc? AFUNC		;程序代码段
_afunc:				;起始地址
	USING	0		
	MOV	a? 045,R6		;a=v_a
	MOV	a? 045+01H,R7		
	MOV	b? 046,R5		;b=v_b
	MOV	C,v_c? 04		;c=v_c2
	MOV	c? 047,C		;d=v_d
	MOV	d? 048+03H,v_d? 043+03H		
	MOV	d? 048+02H,v_d? 043+02H		
	MOV	d? 048+01H,v_d? 043+01H		
	MOV	d? 048,v_d? 043		
	MOV	C,v_e? 044		;e=v_e

```
          MOV      e? 049,C
          MOV      R6,retval? 050                    ;函数返回值高位
          MOV      R7,retval? 050+01H                ;函数返回值低位
          RET
          END
```

C51 编译器提供了一个十分有用的编译控制指令"SRC",在编写汇编语言函数程序时,可以先用 C 语言编写相应的函数,对该函数单独采用编译控制指令 SRC 进行编译,编译完成后将产生一个汇编语言程序文件。然后再对这样产生的汇编语言程序文件做一些必要调整和修改,即可很方便地写出汇编语言函数程序,编写过程中各种段的安排全部由 C51 编译器自动完成,从而大大提高汇编语言函数程序的编写效率。这种方法对于编写汇编语言中断函数或是某些具有特殊要求的汇编语言子程序特别有用。上面例子中的汇编语言函数 AFUNC()程序就是采用这种方法编写的。

【例 3-3】 对应于例 3-2 的 C 语言程序 AFUNC.C 文件。

```
#pragma src(AFUNC.A51) small
int afunc(int v_a,char v_b,bit v_c,long v_d,bit v_e) {
    int a;char b;bit c;long d;bit e;
    int retval;
    a=v_a;b=v_b;c=v_c;d=v_d;e=v_e;
    return(retval);
}
```

需要注意的是,在对模块文件 AFUNC.C 编译时,必须采用与模块文件 C_CALL.C 相同的编译模式相同,当调用有参函数时这一点是十分重要的。如果两个文件采用不同的编译模式,将导致它们采用不同的存储器区域作为参数传递段空间,从而不能正确地进行参数传递。用户在编写自己的实际应用程序时,还可以根据需要进行调整,如规定中断服务程序的入口向量地址或某个特殊的 I/O 设备地址、定义 LED 显示段码等。

3.7 绝对地址访问

在进行 80C51 单片机应用系统程序设计时,用户十分关心如何直接操作系统的各个存储器地址空间。C51 程序经过编译之后产生的目标代码具有浮动地址,其绝对地址必须经过 BL51 连接定位后才能确定。为了能够在 C51 程序中直接对任意指定的存储器地址进行操作,可以采用扩展关键字"_at_"、指针、预定义宏以及链接定位控制命令,分别介绍如下。

3.7.1 采用扩展关键字"_at_"或指针定义变量的绝对地址

在 C51 源程序中定义变量时,可以利用 C51 编译器提供的扩展关键字"_at_"来对指定变

量的存储器空间绝对地址，一般格式如下：

[存储器类型] 数据类型 标识符 _at_ 地址常数

其中，"存储器类型"为 idata、data、xdata 等 C51 编译器能够识别的所有类型，如果省略该选项，则按编译模式 LARGE、COMPACT 或 SMALL 规定的默认存储器类型确定变量的存储器空间；"数据类型"除了可用 int、long、float 等基本类型外，还可以采用数组、结构等复杂数据类型；标识符为要定义的变量名；地址常数规定了变量的绝对地址，它必须位于有效存储器空间之内。

【例 3-4】 采用关键字"_at_"进行变量的绝对地址定位。

```
struct link {
    struct link idata * next;
    char code * test;
};
idata struct link list _at_ 0x40;          /* 结构变量 list 定位于 idata 空间地址 0x40 */
xdata char text[256] _at_ 0xE000;          /* 数组 array 定位于 xdata 空间地址 0xE000 */
xdata int i1 _at_ 0x8000;                  /* int 变量 i1 定位于 xdata 空间地址 0x8000 */
```

利用扩展关键字"_at_"定义的变量称为"绝对变量"，对该变量的操作就是对指定存储器空间绝对地址的直接操作，因此不能对"绝对变量"进行初始化，对于函数和位(bit)类型变量不能采用这种方法进行绝对地址定位。采用关键字"_at_"所定义的绝对变量必须是全局变量，在函数内部不能采用"_at_"关键字指定局部变量的绝对地址。另外在 XDATA 空间定义全局变量的绝对地址时，还可以在变量前面加一个关键字"volatile"，这样对该变量的访问就不会被 C51 编译器优化掉。

利用基于存储器的指针也可以指定变量的存储器绝对地址，其方法是先定义一个基于存储器的指针变量，然后对该变量赋以存储器绝对地址值，

【例 3-5】 利用基于存储器的指针进行变量的绝对地址定位。

```
char xdata temp _at_ 0x4000;    /* 定义全局变量 temp，地址为 xdata 空间 0x4000 */
void main( void ) {
    char xdata * xdp;            /* 定义一个指向 xdata 存储器空间的指针 */
    char data * dp;              /* 定义一个指向 data 存储器空间的指针 */
    xdp = 0x2000;                /* xdata 指针赋值，指向 xdata 存储器地址 0x0002 */
    temp = * xdp;                /* 读取 xdata 空间地址 0x2000 的内容送往 0x4000 单元 */
    * xdp = 0xAA;                /* 将数据 0xAA 送往 xdata 空间 0x2000 地址单元 */
    dp = 0x30;                   /* data 指针赋值，指向 data 存储器地址 0x30 */
    * dp = 0xBB;                 /* 将数据 0xBB 送往指定的 data 空间地址 */
}
```

3.7.2 采用预定义宏指定变量的绝对地址

C51 编译器的运行库中提供了如下一套预定义宏:

CBYTE	CWORD	FARRAY
DBYTE	DWORD	FCARRAY
PBYTE	PWORD	FCVAR
XBYTE	XWORD	FVAR

这些宏定义包含在头文件"ABSACC.H"中,在 C51 源程序中可以利用这些宏来指定变量的绝对地址,例如:

```
#include <ABSACC.H>
    char c_var;
    int  i_var;
    XBYTE[0x12]=c_var;    /* 向 xdata 存储器地址 0x0012 写入数据 c_var */
    i_var=XWORD[0x100];   /* 从 xdata 存储器地址 0x0200 中读取数据并赋值给 i_var */
```

上面第 2 条赋值语句中采用的是 XWORD[0x100],它是对地址"2 * 0x100"进行操作,该语句的意义是将字节地址 0x200 和 0x201 的内容取出来并赋值给 int 型变量 i_var,注意不要将 XWORD 与 XBYTE 混淆。如果将这条语句改成:

```
    i_var=XWORD[0x100/2];
```

这样读取的就是 0x100 和 0x101 地址单元中的内容了。用户可以充分利用 C51 运行库中提供的预定义宏来进行绝对地址的直接操作。例如可以采用如下方法定义一个 D/A 转换接口地址,每向该地址写入一个数据即可完成一次 D/A 转换:

```
#include <ABSACC.H>
#define DAC0832 XBYTE[0x7fff]    /* 定义 DAC0832 端口地址 */
    DAC0832=0x80;                /* 启动一次 D/A 转换 */
```

3.8 Keil C51 库函数

丰富的可直接调用库函数是 Keil C51 的一个重要特征,正确而灵活使用库函数可使程序代码简单,结构清晰,易于调试和维护。每个库函数都在相应头文件中给出了函数原型声明,用户如果需要使用库函数,必须在源程序的开始处采用预处理器命令"#include"将有关的头文件包含进来。如果省略了头文件,将不能保证函数的正确运行。下面简要介绍 Keil C51 编译器提供的库函数。

3.8.1 本征库函数

本征库函数是指编译时直接将固定的代码插入到当前行,而不是用汇编语言中的"ACALL"和"LCALL"指令来实现调用,从而大大提高函数的访问效率。非本征库函数则必须由"ACALL"和"LCALL"指令来实现调用。Keil C51 的本征库函数有 9 个,数量虽少,但非常有用,如表 3-12 所列。使用本征函数时,C51 源程序中必须包含预处理命令"#include <intrins.h>"。

表 3-12 本征库函数

函数名及定义	功能说明
unsigned char _crol_(unsigned char val,unsigned char n);	将字符型数据 val 循环左移 n 位,相当于 RL 指令
unsigned int _irol_(unsigned int val,unsigned char n);	将整型数据 val 循环左移 n 位,相当于 RL 指令
unsigned long _lrol_(unsigned long val,unsigned char n);	将长整型数据 val 循环左移 n 位,相当于 RL 指令
unsigned char _cror_(unsigned char val,unsigned char n);	将字符型数据 val 循环右移 n 位,相当于 RR 指令
unsigned int _iror_(unsigned int val,unsigned char n);	将整型数据 val 循环右移 n 位,相当于 RR 指令
unsigned long _lror_(unsigned long val,unsigned char n);	将长整型数据 val 循环右移 n 位,相当于 RR 指令
bit _testbit_(bit x);	相当于 JBC bit 指令
unsigned char _chkfloat_(float ual);	测试病返回浮点数状态
void _nop_(void);	产生一个 NOP 指令

3.8.2 字符判断转换库函数

字符判断转换库函数的原型声明在头文件 CTYPE.H 中定义,表 3-13 列出了字符判断转换库函数的功能说明。

表 3-13 字符判断转换库函数

函数名及定义	功能说明
bit isalpha(char c);	检查参数字符是否为英文字母,是则返回 1,否则返回 0
bit isalnum(char c);	检查参数字符是否为英文字母或数字字符,是则返回 1,否则返回 0
bit iscntrl(char c);	检查参数值是否为控制字符(值在 0x00~0x1f 内或等于 0x7f),如果是则返回 1,否则返回 0
bit isdigit(char c);	检查参数的值是否为十进制数字 0~9,是则返回 1,否则返回 0
bit isgraph(char c);	检查参数是否为可打印字符(不包括空格),可打印字符的值域为 0x21~0x7e。是则返回 1,否则返回 0
bit isprint(char c);	除了与 isgraph 相同之外,还接受空格符(0x20)

续表 3-13

函数名及定义	功能说明
bit ispunct(char c);	检查字符参数是否为标点、空格或格式字符。如果是空格或是 32 个标点和格式字符之一(假定使用 ASCII 字符集中 128 个标准字符),则返回 1,否则返回 0
bit islower(char c);	检查参数字符的值是否为小写英文字母,是则返回 1,否则返回 0
bit isupper(char c);	检查参数字符的值是否为大写英文字母,是则返回 1,否则返回 0
bit isspace(char c);	检查参数字符是否为下列之一:空格、制表符、回车、换行、垂直制表符和送纸(值为 0x09~0x0d,或为 0x20)。是则返回 1,否则返回 0
bit isxdigit(char c);	检查参数字符是否为十六进制数字字符,是则返回 1,否则返回 0
char toint(char c);	将 ASCII 字符的 0~9、a~f(大小写无关)转换为十六进制数字。对于 ASCII 字符的 0~9,返回值为 0x00~0x09;对于 ASCII 字符的 a~f(大小写无关),返回值为 0x0a~0x0f
char tolower(char c);	将大写字符转换成小写形式,如果字符参数不在'A'~'Z'之间,则该函数不起作用
char _tolower(char c);	将字符参数 c 与常数 0x20 逐位相或,从而将大写字符转换为小写字符
char toupper(char c);	将小写字符转换为大写形式,如果字符参数不在'a'~'z'之间则该函数不起作用
char _toupper(char c);	将字符参数 c 与常数 0xdf 逐位相与,从而将小写字符转换为大写字符
char toascii(char c);	该宏将任何字符型参数值缩小到有效的 ASCII 范围之内,即将参数值和 0x7f 相与从而去掉第 7 位以上的所有数位

3.8.3 输入/输出库函数

输入/输出库函数的原型声明在头文件 STDIO.H 中定义,通过 80C51 系列单片机的串行口工作,如果希望支持其他 I/O 接口,只需要改动_getkey()和 putchar()函数,库中所有其他 I/O 支持函数都依赖于这两个函数模块,在使用 80C51 系列单片机的串行口之前,应先对其进行初始化。例如,以 2 400 波特率(12 MHz 时钟频率)初始化串行口的语句如下:

```
SCON=0x52;      /* SCON 置初值 */
TMOD=0x20;      /* TMOD 置初值 */
TH1=0xf3;       /* T1 置初值 */
TR1=1;          /* 启动 T1 */
```

表 3-14 列出了输入/输出库函数的功能说明。

表 3-14 输入/输出库函数

函数名及定义	功能说明
char _getkey(void);	等待从 80C51 串口读入一个字符并返回读入的字符,这个函数是改变整个输入端口机制时应做修改的唯一一个函数
char getchar(void);	使用_getkey 从串口读入字符,并将读入的字符马上传给 putchar 函数输出,其他与 _getkey 函数相同
char * gets(char * s,int n);	该函数通过 getchar 从串口读入一个长度为 n 的字符串并存入由's'指向的数组。输入时一旦检测到换行符就结束字符输入。输入成功时返回传入的参数指针,失败时返回 NULL
char ungetchar(char c);	将输入字符回送输入缓冲区,因此下次 gets 或 getchar 可用该字符。成功时返回 char 型值 c,失败时返回 EOF,不能用 ungetchar 处理多个字符
char putchar(char c);	通过 80C51 串行口输出字符,与函数_getkey 一样,这是改变整个输出机制所需修改的唯一一个函数
int printf(const char * fmstr [,argument]...);	以第 1 个参数指向字符串制定的格式,通过 80C51 串行口输出数值和字符串,返回值为实际输出的字符数
int sprintf(char * s,const char * fmstr [,argument]...);	与 printf 的功能相似,但数据不是输出到串行口,而是通过一个指针 s 送入内存缓冲区,并以 ASCII 码的形式储存。参数 fmstr 与函数 printf 一致
int puts(const char * s);	利用 putchar 函数将字符串和换行符写入串行口,错误时返回 EOF,否则返回 0
int scanf(const char * fmstr [,argument]...);	在格式控制串的控制下,利用 getchar 函数从串行口读入数据,每遇到一个符合格式控制串 fmstr 规定的值,就将它按顺序存入由参数指针 argument 指向的存储单元。注意,每个参数都必须是指针。scanf 返回它所发现并转换的输入项数,若遇到错误则返回 EOF
int sscanf(char * s,const char * fmstr [,argument]...);	与 scanf 的输入方式相似,但字符串的输入不是通过串行口,而是通过指针 s 指向的数据缓冲区
void vprintf(const char * s,char * fmstr,char * argptr);	将格式化字符串和数据值输出到由指针 s 指向的内存缓冲区内。该函数类似于 sprintf(),但它接收一个指向变量表的指针而不是变量表。返回值为实际写入到输出字符串中的字符数。格式控制字符串 fmstr 与 printf 函数一致
void vprintf(const char * s,char * fmstr,char * argptr);	将格式化字符串和数据值输出到由指针 s 指向的内存缓冲区内。该函数类似于 sprintf(),但它接收一个指向变量表的指针而不是变量表。返回值为实际写入到输出字符串中的字符数。格式控制字符串 fmstr 与 printf 函数一致

3.8.4 字符串处理库函数

字符串处理库函数的原型声明包含在头文件 STRING.H 中，字符串函数通常接收指针串作为输入值。一个字符串应包括 2 个或多个字符，字符串的结尾以空字符表示。在函数 memcmp、memcpy、memchr、memccpy、memset 和 memmove 中，字符串的长度由调用者明确规定，这些函数可工作在任何模式。表 3-15 列出了字符串处理库函数的功能说明。

表 3-15 字符串处理库函数

函数名及定义	功能说明
void * memchr(void * s1, char val, int len);	顺序搜索字符串 s1 的前 len 个字符以找出字符 val，成功时返回 s1 中指向 val 的指针，失败时返回 NULL
char memcmp(void * s1, void * s2, int len);	逐个字符比较字符串 s1 和 s2 的前 len 个字符，成功(相等)时返回 0，如果字符串 s1 大于或小于 s2，则相应地返回一个正数或一个负数
void * memcpy(void * dest, void * src, int len);	从 src 所指向的内存中复制 len 个字符到 dest 中，返回指向 dest 中最后一个字符的指针。如果 src 与 dest 发生交叠，则结果是不可预测的
void * memccpy(void * dest, void * src, char val, int len);	复制 src 中 len 个元素到 dest 中。如果实际复制了 len 个字符则返回 NULL。复制过程在复制完字符 val 后停止，此时返回指向 dest 中下一个元素的指针
void * memmove(void * dest, void * src, int len);	的工作方式于 memcpy 相同，但复制的区域可以交叠
void memset(void * s, char val, int len);	用 val 来填充指针 s 中 len 个单元
void * strcat(char * s1, char * s2);	将串 s2 复制到 s1 的尾部。strcat 假定 s1 所定义的地址区域足以接收两个串。返回指向 s1 串中第 1 个字符的指针
char * strncat(char * s1, char * s2, int n);	复制串 s2 中 n 个字符到 s1 的尾部，如果 s2 比 n 短，则只复制 s2(包括串结束符)
char strcmp(char * s1, car * s2);	比较串 s1 和 s2，如果相等则返回 0，如果 s<s2，则返回一个负数；如果 s1>s2，则返回一个正数
char strncmp(char * s1, char * s2, int n);	比较串 s1 和 s2 中的前 n 个字符。返回值与 strcmp 相同
char * strcpy(char * s1, char * s2);	将串 s2，包括结束符，复制到 s1 中，返回指向 s1 中第 1 个字符的指针
char * strncpy(char * s1, char * s2, int n);	与 strcpy 相似，但它只复制 n 个字符。如果 s2 的长度小于 n，则 s1 串以 0 补齐到长度 n
int strlen(char * s1);	返回串 s1 中的字符个数，不包括结尾的空字符
char * strstr(const char * s1, char * s2);	搜索字符串 s2 第 1 次出现在 s1 中的位置，并返回一个指向第 1 次出现位置开始处的指针。如果字符串 s1 中不包括的字符串 s2，则返回一个空指针

续表 3-15

函数名及定义	功能说明
char * strchr(char * s1,char c);	搜索 s1 串中第 1 个出现的字符 c,如果成功则返回指向该字符的指针,否则返回 NULL。被搜索的字符可以是串结束符,此时返回值是指向串结束符的指针
int strpos(char * s1,char c);	与 strchr 类似,但返回的是字符 c 在串 s1 中第 1 次出现的位置值,没有找到返回-1,s1 串首字符的位置值是 0
char * strrchr(char * s1,char c);	搜索 s1 串中最后一个出现的字符 c,如果成功则返回指向该字符的指针,否则返回 NULL。被搜索的字符可以是串结束符
int strrpos(char * s1,char c);	与 strrchr 相似,但返回值是字符 c 在 s1 串中最后一次出现的位置值,没有找到则返回-1
int strspn(char * s1,char * set);	搜索 s1 串中第 1 个不包括在 set 串中的字符,返回值是 s1 中包括在 set 里的字符个数。如果 s1 中所有字符都包括在 set 里面,则返回 s1 的长度(不包括结束符);如果 set 是空串则返回 0
int strcspn(char * s1,char * set);	与 strspn 相似,但它搜索的是 s1 串中第 1 个包含在 set 里的字符
char * strpbrk(char * s1,char * set);	与 strspn 相似,但返回指向搜索到的字符的指针,而不是个数,如果未找到,则返回 NULL
char * strrpbrk(char * s1,char * set);	与 strpbrk 相似,但它返回 s1 中指向找到的 set 字符集中最后一个字符的指针

3.8.5 类型转换及内存分配库函数

类型转换及内存分配库函数的原型声明包含在头文件 STDLIB.H 中,该库函数可以完成数据类型转换以及存储器分配操作。表 3-16 列出了类型转换及内存分配库函数的功能说明。

表 3-16 类型转换及内存分配库函数

函数名及定义	功能说明
float atof(char * s1);	将字符串 s1 转换成浮点数值并返回它,输入串中必须包含与浮点值规定相符的数。该函数在遇到第 1 个不能构成数字的字符时,停止对输入字符串的读操作
long atoll(char * s1);	将字符串 s1 转换成一个长整型数值并返回它,输入串中必须包含与长整型数格式相符的字符串。该函数在遇到第 1 个不能构成数字的字符时,停止对输入字符串的读操作

续表 3-16

函数名及定义	功能说明
int atoi(char * s1);	将字符串 s1 转换成整型数并返回它。输入串中必须包含与整型数格式相符的字符串。该函数在遇到第 1 个不能构成数字的字符时，停止对输入字符串的读操作
void * calloc(unsigned int n, unsigned int size);	为 n 个元素的数组分配内存空间，数组中每个元素的大小为 size，所分配的内存区域用 0 进行初始化。返回值为已分配的内存单元起始地址，如不成功则返回 0
void free(void xdata * p);	释放指针 p 所指向的存储器区域，如果 p 为 NULL，则该函数无效，p 必须是以前用 calloc、malloc 或 realloc 函数分配的存储器区域。调用 free 函数后，被释放的存储器区域就可以参加以后的分配
void init_mempool(void xdata * p, unsigned int size);	对可被函数 calloc、free、malloc 和 realloc 管理的存储器区域进行初始化，指针 p 表示存储区的首地址，size 表示存储区的大小
void * malloc(unsigned int size);	在内存中分配一个 size 字节大小的存储器空间，返回值为一个 size 大小对象所分配的内存指针。如果返回 NULL，则无足够的内存空间可用
void * realloc(void xdata * p, unsigned int size);	用于调整先前分配的存储器区域大小。参数 p 指示该存储区域的起始地址，参数 size 表示新分配存储器区域的大小。原存储器区域的内容被复制到新存储器区域中。如果新区域较大，多出的区域将不做初始化。realloc 返回指向新存储区的指针，如果返回 NULL，则无足够大的内存可用，这时将保持原存储区不变
int rand();	返回一个 0~32767 的伪随机数，对 rand 的相继调用将产生相同序列的随机数
void srand(int n);	用来将随机数发生器初始化成一个已知(或期望)值
unsigned long strtod(const char * s, char * * ptr);	将字符串 s 转换为一个浮点型数据并返回它，字符串前面的空格、/、tab 符被忽略
long strtol(const char * s, char * * ptr, unsigned char base);	将字符串 s 转换为一个 long 型数据并返回它，字符串前面的空格、/、tab 符被忽略
long strtoul(const char * s, char * * ptr, unsigned char base);	将字符串 s 转换为一个 unsigned long 型数据并返回它，溢出时则返回 ULONG_MAX。字符串前面的空格、/、tab 符被忽略

3.8.6 数学计算库函数

数学计算库函数的原型声明包含在头文件 MATH.H 中。表 3-17 列出了数学计算库函数的功能说明。

表 3-17　类型转换及内存分配库函数

函数名及定义	功能说明

int abs(int val);
char cabs(char val);
float fabs(float val);
long labs(long val);
	abs 计算并返回 val 的绝对值。如果 val 为正，则不做改变就返回；如果为负，则返回相反数。其余 3 个函数除了变量和返回值类型不同之外，其他功能完全相同

float exp(float x);
float log(float x);
float log10(float x);
	exp 计算并返回浮点数 x 的指数函数，log 计算并返回浮点数 x 的自然对数（自然对数以 e 为底，e＝2.718282），log10 计算并返回浮点数 x 以 10 为底 x 的对数

float sqrt(float x);	计算并返回 x 的正平方根

float cos(float x);
float sin(float x);
float tan(float x);
	cos 计算并返回 x 的余弦值，sin 计算并返回 x 的正弦值，tan 计算并返回 x 的正切值，所有函数的变量范围都是 $-\pi/2 \sim +\pi/2$，变量的值必须在 ± 65535 之间，否则产生一个 NaN 错误

float acos(float x);
float asin(float x);
float atan(float x);
float atan2(float y,float x);
	acos 计算并返回 x 的反余弦值，asin 计算并返回 x 的反正弦值，atan 计算并返回 x 的反正切值，它们的值域为 $-\pi/2 \sim +\pi/2$。atan2 计算并返回 y/x 的反正切值，其值域为 $-\pi \sim +\pi$。

float cosh(float x);
float sinh(float x);
float tanh(float x);
	cosh 计算并返回 x 的双曲余弦值，sinh 计算并返回 x 的双曲正弦值，tabh 计算并返回 x 的双曲正切值

float ceil(float x);	计算并返回一个不小于 x 的最小整数（作为浮点数）
float floor(float x);	计算并返回一个不大于 x 的最大整数（作为浮点数）
float modf(float x,float * ip);	将浮点数 x 分成整数和小数两部分，两者都含有与 x 相同的符号，整数部分放入 * ip，小数部分作为返回值
float pow(float x,float y);	计算并返回 x^y 的值，如果 x 不等于 0 而 y＝0，则返回 1。当 x＝0 且 y<＝0，或当 x<0 且 y 不是整数时，则返回 NaN

复习思考题

1. Keil C51 编译器除了支持基本数据类型之外，还支持哪些扩充数据类型？
2. Keil C51 编译器能够识别哪些存储器类型？

3. 说明以下变量所在的存储器空间：

```
    char    data var1;
        int idata var2;
    char    code text[]="ENTER PARAMETER:";
    long    xdata array [100];
        extern float idata x,y,z;
        char bdata flags;
        sbit    flag0=flags^0;
    sfr P0=ox80;
```

4. 说明存储器类型 data、idata、bdata、xdata、pdata 和 code 所表示的地址范围。
5. C51 编译器的三种存储器模式 SMALL、COMPACT、LARGE 对变量定义有什么影响？
6. 说明 absacc.h 头文件中如下宏定义所访问变量的存储器区域和类型：

CBYTE[地址]
DBYTE[地址]
PBYTE[地址]
XBYTE[地址]
CWORD[地址]
DWORD[地址]
PWORD[地址]
XWORD[地址]

7. Keil C51 编译器所支持的中断函数一般形式是什么？
8. 编写中断服务函数时应遵循哪些规则？
9. Keil C51 编译器支持哪两种类型的指针？这两种指针有什么区别？
10. 说明以下指针所指向的存储器空间以及指针本身所在的存储器空间：

```
char    data    * xdata str;
int     xdata   * data num;
long    code    * idata pow;
```

11. 采用扩展关键字"_at_"来指定变量存储器空间绝对地址的一般格式是什么？

第 4 章 智能化测量控制仪表的 DAC 和 ADC 接口

智能化测量控制仪表要完成对外界参数的测量并控制某些参数变化的任务,完成这些测量控制任务的过程如图 4.1 所示。

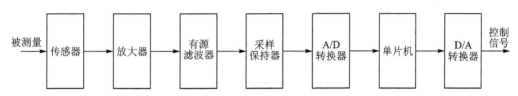

图 4.1 智能化测量控制仪表的工作过程

外界的各种非电物理量通过传感器转变为电量。若电信号太小,可用放大器进行放大。滤波器将信号中的噪声滤除,得到平滑的输入信号。这种输入信号还是连续变化的模拟量。要通过采样和保持电路进行离散化,再通过 A/D 转换器对离散的输入信号进行量化,得到幅度和时间均为离散的数字信号,送入单片机中进行各种处理。如果输入模拟信号的变化速度比 A/D 转换速度慢得多,则可不用采样保持器,直接通过 A/D 转换成数字量送入单片机。单片机对这些从外部获取的各种数据进行处理之后,再由 D/A 转换器变成模拟信号并输出到外部进行各种控制,并将数字信号进行显示记录等。由此可见,模拟量的输入及输出技术在智能化测量控制仪表中占有十分重要的位置。本章将讨论 A/D 与 D/A 转换器及其相应的接口技术。

4.1 A/D 及 D/A 转换器的主要技术指标

4.1.1 A/D 转换器的主要技术指标

1. 分辨率(Resolution)

分辨率反映转换器所能分辨的被测量最小值,通常用输出二进制代码的位数来表示。例如,分辨率为 8 位的 A/D 转换器,模拟电压的变化范围被分成 2^8-1 级(255 级);而分辨率为 10 位的 A/D 转换器,模拟电压的变化范围被分成 $2^{10}-1$ 级(1023 级)。因此,同样范围的模拟电压,用 10 位 A/D 转换器所能测量的被测量最小值要比用 8 位 A/D 转换器小得多。

2. 精度(Precision)

精度是指转换结果相对于实际值的偏差,精度有两种表示方法:
- 绝对精度:用二进制最低位(LSB)的倍数来表示,如±(1/2) LSB、±1 LSB 等。
- 相对精度:用绝对精度除以满量程值的百分数来表示,±0.05% 等。

应当指出,分辨率与精度是两个不同的概念。同样分辨率的 A/D 转换器其精度可能不同。例如 A/D 转换器 0804 与 AD570,分辨率均为 8 位,但 0804 的精度为 ±1 LSB,而 AD570 的精度为 ±2 LSB。因此,分辨率高但精度不一定高,而精度高则分辨率必然也高。

3. 量程(满刻度范围——Full Scale Range)

量程是指输入模拟电压的变化范围。例如,某转换器具有 10 V 的单极性范围或 $-5 \sim +5$ V 的双极性范围,则它们的量程都为 10 V。应当指出,满刻度只是个名义值,实际的 A/D、D/A 转换器的最大输出值总是比满刻度值小 $1/2^n$,n 为转换器的位数。这是因为模拟量的 0 值是 2^n 个转换状态中的一个,在 0 值以上只有 2^n-1 个梯级。但按通常习惯,转换器的模拟量范围总是用满刻度表示。例如,12 位的 A/D 转换器,其满刻度值为 10 V,而实际的最大输出值为

$$10 \text{ V} - 10 \text{ V} \times \frac{1}{2^{12}} = 10 \text{ V} \times \frac{4095}{4096} = 9.9976 \text{ V}$$

4. 线性度误差(Linerarity Error)

理想的转换器特性应该是线性的,即模拟量输入与数字量输出成线性关系。线性度误差是指转换器实际的模拟数字转换关系与理想的直线关系不同而出现的误差,通常用多少 LSB 表示。

5. 转换时间(Conversion Time)

从发出启动转换开始直至获得稳定的二进代码所需的时间称为转换时间。转换时间与转换器工作原理及其位数有关。同种工作原理的转换器,通常位数越多,其转换时间越长。

4.1.2 D/A 转换器的主要技术指标

D/A 转换器的主要技术指标与 A/D 转换器基本相同,只是转换时间的概念略有不同。D/A 转换器的转换时间又叫建立时间,是指当输入的二进制代码从最小值突然跳变至最大值时,其模拟输出电压相应的满度跳跃并达到稳定所需的时间。一般而言,D/A 的转换时间比 A/D 要短得多。

4.2 DAC 接口技术

DAC(Digital Analog Converter)的功能是将数字量转换为与其成比例的模拟电压或电流信号,输出到仪表外部进行各种控制。本节主要介绍 DAC 芯片的使用方法及其与单片机的

接口技术。DAC 芯片种类繁多，有通用廉价的 DAC 芯片，也有高速高精度及高分辨率的 DAC 芯片。表 4-1 列出了几种常用 DAC 芯片的特点及性能。

表 4-1 几种常用 DAC 芯片的特点及性能

芯片型号	位 数	建立时间（转换时间）/ns	非线性误差/%	工作电压/V	基准电压/V	功耗/mW	与 TTL 兼容
DAC0832	8	1 000	0.2~0.05	+5~+15	-10~+10	20	是
AD7524	8	500	0.1	+5~+15	-10~+10	20	是
AD7520	10	500	0.2~0.05	+5~+15	-25~+25	20	是
AD561	10	250	0.05~0.025	V_{CC}+5~+16 V_{EE}-10~-16	/	正电源 8~10 负电源 12~14	是
AD7521	12	500	0.2~0.05	+5~+15	-25~+25	20	是
DAC1210	12	1 000	0.05	+5~+15	-10~+10	20	是

各种类型的 DAC 芯片都具有数字量输入端和模拟量输出端及基准电压端。

数字输入端有以下几种类型：无数据锁存器；带单数据锁存器；带双数据锁存器；可接收串行数字输入。第 1 种在与单片机接口时，要外加锁存器；第 2 种和第 3 种可直接与单片机接口；第 4 种与单片机接口十分简单，接收数据较慢，适用于远距离现场控制的场合。

模拟量输出有两种方式：电压输出和电流输出。电压输出的 DAC 芯片相当于一个电压源，其内阻很小。选用这种芯片时，与它匹配的负载电阻应较大。电流输出的芯片相当于电流源，其内阻较大。选用这种芯片时，负载电阻不可太大。

在实际应用中，常选用电流输出的 DAC 芯片实现电压输出，如图 4.2 所示。图(a)为反相

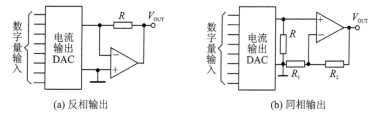

(a) 反相输出　　　　　　　　　　(b) 同相输出

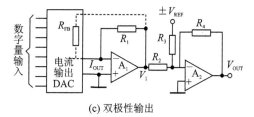

(c) 双极性输出

图 4.2 将电流型 DAC 芯片连接成电压输出方式

输出，输出电压为 $V_{\text{OUT}} = -iR$；图(b)为同相输出，输出电压为 $V_{\text{OUT}} = -iR \times \left(1 + \frac{R_2}{R_1}\right)$。上述两种电路均是单极性输出，如 $0 \sim +5$ V、$0 \sim +10$ V。在实际应用中有时需要双极性输出，如 ± 5 V、± 10 V，这时可采用如图 4.2(c)所示的电路。图中 $R_3 = R_4 = 2R_2$，输出电压 V_{OUT} 与基准电压 V_{REF} 及第 1 级运放 A_1 输出电压 V_1 的关系是 $V_{\text{OUT}} = -(2V_1 + V_{\text{REF}})$。$V_{\text{REF}}$ 通常就是芯片的电源电压或基准电压，其极性可正可负。

4.2.1 常用 DAC 芯片的接口方法

1. 无内部锁存器的 DAC 接口方法

无内部数据锁存器的 DAC 芯片，尤其是分辨率高于 8 位的 DAC 芯片，在设计与 8 位单片机接口时，要外加数据锁存器。图 4.3 所示是一种 10 位 DAC 的接口电路。在 10 位 DAC 芯片与 8 位单片机之间接入两个锁存器，锁存器 A 锁存 10 位数据中的低 8 位，锁存器 B 锁存高 2 位。单片机分两次输出数据，先输出低 8 位数据到锁存器 A，后输出高 2 位数据到锁存器 B。

设锁存器 A 和锁存器 B 的地址分别为 002CH 和 002DH，则执行下列指令后完成一次 D/A 转换，即：

```
MOV     DPTR,#002CH
MOV     A,#DATA8
MOVX    @DPTR,A         ;输出低8位
INC     DPTR
MOV     A,#DATA2
MOVX    @DPTR,A         ;输出高2位
```

这种接口存在一个问题，就是在输出低 8 位数据和高 2 位数据之间，会产生"毛刺"现象，如图 4.3(b)所示。假设两个锁存器原来的数据为 0001111000，现在要求转换的数据为 0100001011，新数据分两次输出，第 1 次输出低 8 位。这时 DAC 将把新的 8 位数据的与原来数据的高 2 位一起组成 0000001011 转换成输出电压，而该电压是不需要的，即所谓"毛刺"。

避免产生毛刺的方法之一是采用双组缓冲器结构，如图 4.4 所示。单片机先把低 8 位数据选通输入锁存器 1 中，然后将高 2 位数据选通输入锁存器 3 中，并同时选通锁存器 2，使锁存器 2 与锁存器 3 组成 10 位锁存器向 DAC 同时送入 10 位数据，由 DAC 转换成输出电压。当地址如图中所示时，执行以下程序完成一次 D/A 转换，即：

```
MOV     DPTR,#6000H
MOV     A,#DATA8
MOVX    @DPTR,A         ;输出低8位数据
INC     DPTR
MOV     A,#DATA2
MOVX    @DPTR,A         ;输出高2位数据,并同时输出10位数据
```

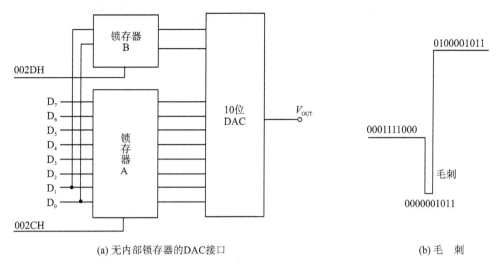

(a) 无内部锁存器的DAC接口　　　　　　(b) 毛　刺

图 4.3　10 位 DAC 接口

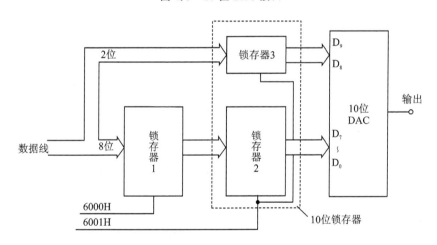

图 4.4　采用双组缓冲器的 10 位 DAC 接口

2. 带内部锁存器的 DAC 接口方法

DAC0832 是典型的带内部双缓数据缓冲器的 8 位 D/A 芯片,其逻辑结构如图 4.5 所示。图中 $\overline{\text{LE}}$ 是寄存命令。当 $\overline{\text{LE}}=1$ 时,寄存器输出随输入变化;当 $\overline{\text{LE}}=0$ 时,数据锁存在寄存器中,而不再随数据总线上的数据变化而变化。当 ILE 端为高电平, $\overline{\text{CS}}$ 与 $\overline{\text{WR}_1}$ 同时为低电平时,使得 $\overline{\text{LE}_1}=1$。当 $\overline{\text{WR}_1}$ 变为高电平时,输入寄存器便将输入数据锁存。当 $\overline{\text{XFER}}$ 与 $\overline{\text{WR}_2}$ 同时为低电平时,使得 $\overline{\text{LE}_2}=1$,DAC 寄存器的输出随寄存器的输入变化, $\overline{\text{WR}_2}$ 上升沿将输入寄存器的信息锁存在该寄存器中。R_{FB} 为外部运算放大器提供的反馈电阻。V_{REF} 端是由外电路为芯

片提供一个+10～-10 V 的基准电源。I_{out1} 和 I_{out2} 是电流输出端,两电流值之和为常数。

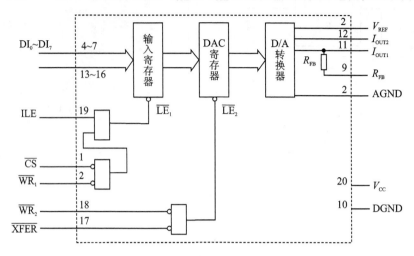

图 4.5　DAC0832 逻辑框图

图 4.6 为 DAC0832 与 80C51 单片机组成的 D/A 转换系统。其中 DAC0832 工作于单缓冲器方式,它的 ILE 接+5 V。$\overline{CS}$ 和 $\overline{XFER}$ 相连后由 80C51 的 P2.7 控制。$\overline{WR_1}$ 和 $\overline{WR_2}$ 相连后由 80C51 的 $\overline{WR}$ 控制。

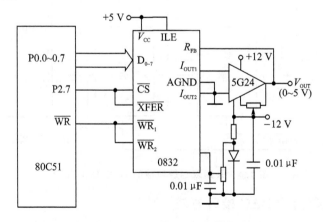

图 4.6　DAC0832 与 80C51 单片机的接口

单片机执行下面的指令后,完成一次 D/A 转换,即:

```
MOV     DPTR,#7FFFH          ;0832 口地址
MOV     A,#DATA
MOVX    @DPTR,A              ;启动 D/A 转换
```

图 4.7 为具有两路模拟量输出的 DAC0832 与 80C51 单片机的接口。两片 DAC0832 工作于双缓冲器方式以实现两路同步输出。可以利用这两路模拟量输出分别控制 CRT 显示器的 x、y 偏转,实现特殊要求的显示。图中两片 DAC0832 的 $\overline{CS}$ 分别连到 80C51 的 P2.0 和 $\overline{P2.0}$,两片 DAC0832 的 $\overline{XFER}$ 都连到 P2.7,两片的 $\overline{WR_1}$ 和 $\overline{WR_2}$ 都连到 $\overline{WR}$。这样两片 DAC0832 的数据输入锁存器分别被编址为 0FEFFH 和 0FFFFH,而它们的 DAC 寄存器地址都是 7FFFH。

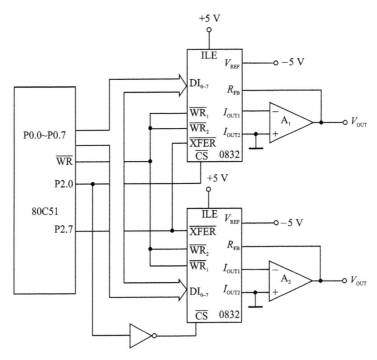

图 4.7 两路 DAC0832 与 80C51 的接口

例 4-1 和例 4-2 分别是采用汇编语言和 C 语言编写的驱动程序,执行后可以同时使两路 DAC 产生不同的模拟输出电压,利用这两路模拟输出电压分别控制 CRT 显示器的 x、y 偏转,可以实现特殊要求的显示。

【例 4-1】 两路 DAC 同步输出的汇编语言驱动程序。

```
        ORG     0000H
START:  LJMP    MAIN
        ORG     0030H
MAIN:   MOV     DPTR,#0FEFFH
        MOV     A,#20H
        MOVX    @DPTR,A         ;数据 x 送 1# DAC0832
```

```
        INC     DPH
        MOV     A,#0F0H
        MOVX    @DPTR,A              ;数据 y 送 2# DAC0832
        MOV     DPTR,#7FFFH
        MOVX    @DPTR,A              ;启动 1#、2# DAC0832 同时输出
        SJMP    $
        END
```

【例 4-2】 两路 DAC 同步输出的 C 语言驱动程序。

```c
#include <reg52.h>
#include <absacc.h>
#define uchar unsigned char
#define DAC1 0xfeff              //定义 DAC1 的数据地址
#define DAC2 0xffff              //定义 DAC2 的数据地址
#define DAC  0x7fff              //定义 DAC 输出地址

uchar Dval1=0x20;
uchar Dval2=0xf0;
/*******************************主函数********************************/
main(){
    XBYTE[DAC1]=Dval1;           //给 DAC1 送数据 x
    XBYTE[DAC2]=Dval2;           //给 DAC2 送数据 y
    XBYTE[DAC]=Dval2;            //同时启动 DAC1 和 DAC2
    while(1);
}
```

从上面例子可以看到，采用 C 语言编写程序要比采用汇编语言更为简捷，尤其是当程序中涉及各种数学运算时更是如此。因此，在可能的情况下应该尽量采用 C 语言编程以提高效率；但是对于需要直接操作计算机硬件的底层驱动程序而言，采用汇编语言编程仍是必不可少的。

如果要设计具有多路模拟量输出的仪表，可以仿照图 4.7 的方法，采用多个 DAC 与单片机接口。也可以采用多路输出复用一个 DAC 芯片的设计方法。图 4.8 为一个 8 通道模拟量输出共享一个 DAC0832 芯片的接口电路。单片机送来的数字信号先经由 DAC0832 转换成模拟电压，再由多路开关 CD4051 分时地加至保持运算放大器 LM324 的输入端，并将电压存储在电容器中。8 个模拟电压经运放和三极管放大后，在每一路的输出端得到相应的 0~10 mA 直流电流。为了使保持器有稳定的输出信号，应对保持电容定时刷新，使电容上的电压始终与单片机输出的数据保持一致。在刷新时，每一回路接通的时间取决于多路开关的断路电阻、运放的输入电阻、保持电容的容量等。由于保持电容上的输入电压不可避免地存在微量泄漏，因

此这种接口电路的通道数不宜太多。

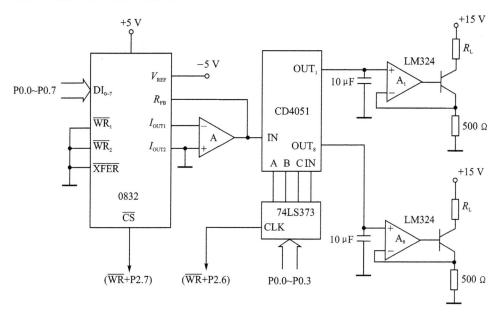

图 4.8　多通道模拟量输出接口

将模拟电压输出数据存放在片内 RAM 中,执行下面例 4-3 或例 4-4 程序可完成一次 8 通道 D/A 转换输出,其中延时子程序是为了让保持电容经过足够长时间的充电,另外程序要定时刷新以维持输出电压不变。

【例 4-3】　利用 1 片 DAC 输出 8 路不同电压的汇编语言程序。

```
        ORG    0000H
START:  LJMP   MAIN
        ORG    0030H
MAIN:   MOV    40H,#010H      ;模拟电压输出数据
        MOV    41H,#020H
        MOV    42H,#030H
        MOV    43H,#040H
        MOV    44H,#050H
        MOV    45H,#080H
        MOV    46H,#0C0H
        MOV    47H,#0F0H
        MOV    R0,#40H
        MOV    R2,#00H
        MOV    R7,#08H
```

```
LOOP:   MOV     DPTR,#0BFFFH            ;选通多路开关
        MOV     A,R2
        MOVX    @DPTR,A
        MOV     DPTR,#07FFFH            ;选通DAC0832
        MOV     A,@R0
        MOVX    @DPTR,A                 ;输出数据
        ACALL   DELAY                   ;延时
        INC     R0
        INC     R2
        DJNZ    R7,LOOP
        SJMP    $
DELAY:  MOV     R5,#03H                 ;延时子程序
L2:     MOV     R6,#0FFH
L1:     DJNZ    R6,L1
        DJNZ    R5,L2
        RET
        END
```

【例4-4】 利用1片DAC输出8路不同电压的C语言程序。

```
#include <reg52.h>
#include <absacc.h>
#define uchar unsigned char
#define uint unsigned int
#define MUX   0xbfff                                   //定义多路开关地址
#define DAC   0x7fff                                   //定义DAC输出地址
uchar Dval[8]={0x10,0x20,0x30,0x40,0x50,0x80,0xc0,0xf0};   //模拟电压输出数据
/*****************************延时函数*******************************/
void delay(){
    uint i;
    for(i=0;i<35000;i++);
}

/*****************************主函数*********************************/
main(){
    uchar j;
    while(1){
        for(j=0;j<8;j++){                              //8个通道
```

```
            XBYTE[MUX]=j;                    //选通多路开关
            XBYTE[DAC]= Dval[j];             //启动 DAC
            delay();
        }
    }
}
```

DAC0832 是 8 位分辨率的 D/A 芯片,它与 8 位单片机接口容易,但有时会显得分辨率不够。下面介绍一种带内部锁存器的 12 位分辨率 DAC 芯片 DAC1208。图 4.9 所示为 DAC1208 的结构图。

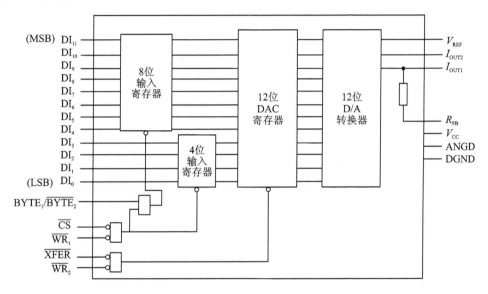

图 4.9 DAC1208 的结构

与 DAC0832 相似,DAC1208 也是双缓冲器结构。输入控制线与 DAC0832 也很相似。$\overline{CS}$ 和 $\overline{WR_1}$ 用来控制输入寄存器,$\overline{XFER}$ 和 $\overline{WR_2}$ 用来控制 DAC 寄存器,但增加了一条控制线 BYTE1/$\overline{BYTE_2}$,用来区分输入 8 位寄存器和 4 位寄存器。当 BYTE1/$\overline{BYTE_2}$=1 时,两个寄存器都被选中;BYTE1/$\overline{BYTE_2}$=0 时,只选中 4 位输入寄存器。DAC1208 与 80C51 单片机的接口详见图 4.10。设 4 位输入寄存器地址为 20H,8 位输入寄存器地址为 21H,采用 2 根译码器输出线作为 DAC1208 的 $\overline{CS}$(对应地址 20H 和 21H)及 $\overline{XFER}$(对应地址 22H),则译码器的输入端信号应为:

$Q_7 Q_6 Q_5 Q_4 Q_3 Q_2 Q_1 Q_0$ = 00100000

和

$Q_7 Q_6 Q_5 Q_4 Q_3 Q_2 Q_1 Q_0$ = 00100010

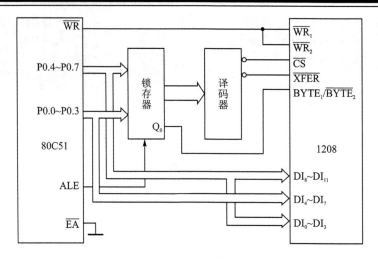

图 4.10　DAC1208 与单片机 80C51 接口

DAC1208 采用双缓冲器工作方式。送数时应先送高 8 位数据 $DI_{11} \sim DI_4$，再送低 4 位数据 $DI_3 \sim DI_0$，送完 12 位数据后再打开 DAC 寄存器。设 12 位数据存放在内部 RAM 区的 50H 和 51H 单元中，高 8 位存于 50H，低 4 位存于 51H。

例 4-5 和例 4-6 分别是采用汇编语言和 C 语言编写的驱动程序，执行后可完成一次 12 位 D/A 转换。

【例 4-5】 DAC1208 的汇编语言驱动程序。

```
START:  LJMP    MAIN
        ORG     0030H
MAIN:   MOV     40H,#0FFH       ;模拟电压高8位数据
        MOV     41H,#0F0H       ;模拟电压低4位数据
        MOV     WR0,#21H        ;DAC1208的8位输入寄存器地址
        MOV     R1,#40H         ;DAC1208的高8位数据地址
        MOV     A,@R1           ;取高8位数据
        MOVX    @R0,A           ;送DAC1208
        DEC     R0              ;DAC1208的4位输入寄存器地址
        INC     R1              ;低4位数据地址
        MOV     A,@R1           ;取低4位数据
        MOVX    @R0,A           ;送DAC1208
        MOV     R0,#22H         ;DAC1208的DAC寄存器地址
        MOVX    @R0,A           ;完成12位D/A转换
        SJMP    $
        END
```

【例 4-6】 DAC1208 的 C 语言驱动程序。

```c
#include <reg52.h>
#include <absacc.h>
#define DAC8    0x8021              // 定义1208的8位输入寄存器地址
#define DAC4    0x8020              // 定义1208的4位输入寄存器地址
#define DAC     0x8022              // 定义1208的DAC寄存器地址

/*********************** 主函数 ***********************/
main(){
    XBYTE[DAC8]=0xff;               // 输出高8位数据
    XBYTE[DAC4]=0x0f0;              // 输出低8位数据
    XBYTE[DAC]=0x0f0;               // 启动12位D/A转换
    while(1);
}
```

4.2.2 利用DAC接口实现波形发生器

利用DAC接口输出的模拟量(电压或电流)可以在许多场合得到应用。本小节介绍DAC接口的一种应用——波形发生器。它可以在80C51单片机的控制下,产生三角波、锯齿波、方波以及正弦波。各种波形所采用的硬件接口都是一样的。由于控制程序不同而产生不同的波形,改变程序即可方便地改变波形。假设硬件接口如前面所讲的图4.6所示,DAC0832的地址为7FFFH,工作于单缓冲器方式,单片机对它执行一次写操作即把一个数据直接置入DAC寄存器,完成一次D/A转换。

在图4.6中,让80C51单片机的累加器A从0开始循环增量。每增量一次向DAC0832送出一个数,得到一个输出电压。这样可以获得一个正向的阶梯波,如图4.11所示。

DAC0832的分辨率为8位,若其满度电压为5 V,则一个阶梯的幅度为:

$$\Delta V = \frac{5\text{ V}}{2^8} = \frac{5\text{ V}}{256} = 19.5\text{ mV}$$

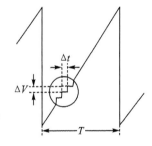

图4.11 正向阶梯波

程序如下:

```
            MOV     DPTR,#7FFFH     ;DAC0832的口地址
            MOV     A,#00H
    LOOP:   MOVX    @DPTR,A         ;启动D/A转换
            INC     A               ;累加器内容加1
            AJMP    LOOP            ;连续输出波形
```

程序从标号 LOOP 处执行到指令"AJMP LOOP"共需 5 个机器周期。若单片机采用 12 MHz 的晶振,一个机器周期为 1 μs,则每个阶梯的时间为 $\Delta t = 5 \times 1 \ \mu s = 5 \ \mu s$,一个正向阶梯波的总时间为 $T = 255 \times \Delta t = 1275 \ \mu s$,即此阶梯波的重复频率为 $f = 1/T = 784$ Hz。由此可见,由软件来产生波形,其频率是较低的。要想提高频率,可通过改进程序,减少执行时间。但这种方法是有限的,根本的办法还得靠改进硬件电路。由图 4.11 可见,由于每一个阶梯波较小,总体看来就是一个锯齿波。如果要改变这种波形的周期,可采用延时的方法。在延时子程序中改变延时时间的长短,即可改变输出波形的周期。程序如下:

```
         MOV    DPTR,#7FFFH     ;DAC0832 地址
         MOV    A,#00H
LOOP:    MOVX   @DPTR,A         ;启动 D/A 转换
         ACALL  TIMER           ;延时
         INC    A
         AJMP   LOOP            ;连续输出波形
DELAY:   MOV    R4,#0FFH        ;延时子程序
LOOP1:   MOV    R5,#10H
LOOP2:   NOP
         NOP
         NOP
         DJNZ   R5,LOOP2
         DJNZ   R4,LOOP1
         RET
```

若要获得负向的锯齿波,只需将以上程序中的指令"INC A"换成指令"DEC A"即可。如果想获得任意起始电压和终止电压的波形,则需先确定起始电压和终止电压所对应的数字量。程序中首先从起始电压对应的数字量开始输出,当达到终止电压对应的数字量时返回,如此反复。如果将正向锯齿波与负向锯齿波组合起来就可以获得三角波。程序如下:

```
         MOV    DPTR,#7FFFH     ;DAC0832 地址
         MOV    A,#00H
UP:      MOVX   @DPTR,A         ;启动 D/A 转换
         INC    A               ;上升沿
         CJNE   A,#0FFH,UP
DOWN:    MOVX   @DPTR,A         ;启动 D/A 转换
         DEC    A               ;下降沿
         CJNE   A,#00H,DOWN
         AJMP   UP              ;连续输出波形
```

方波信号也是波形发生器中常用的一种信号。下面的程序可以从 DAC 的输出端得到矩

形波。当延时子程序 TIMER1 与 TIMER2 的延时时间相同时即为方波。改变延时时间可得到不同占空比的矩形波。程序如下：

```
           MOV    DPTR,#7FFFH    ;DAC0832 口地址
    SQ:    MOV    A,#LOW         ;取低电平数字量
           MOVX   @DPTR,A        ;DAC 输出低电平
           ACALL  TIMER1         ;延时 1
           MOV    A,#HIGH        ;取高电平数字量
           MOVX   @DPTR,A        ;DAC 输出高电平
           ACALL  TIMER2         ;延时 2
           AJMP   SQ             ;连续输出波形
```

矩形波程序中未列出延时子程序，读者可仿照前面锯齿波中的延时子程序自己编写。输出矩形波的占空比为 $T_1/(T_1+T_2)$，输出波形如图 4.12 所示。改变延时值使 $T_1=T_2$ 即得到方波。

利用 DAC 接口实现正弦波发生器时，先要对正弦波形模拟电压进行离散化。如图 4.13 所示，对于一个正弦波如取 N 等分离散点，可按定义计算出相对应于 $1、2、3、\cdots、N$ 各离散点的数据值 $D_1、D_2、D_3、\cdots、D_N$ 制成一个正弦表。因为正弦波在半周期内是以极值点为中心对称，而且正负波形为互补关系，故在制正弦表时只需进行 1/4 周期，即取 $0\sim\pi/2$ 之间的数值。步骤如下：

(1) 计算 $0\sim\pi/2$ 区间 $N/4$ 个离散的正弦值；
(2) 根据对称关系，复制 $\pi/2\sim\pi$ 区间的值；
(3) 将 $0\sim\pi$ 区间各点根据求补即得 $\pi\sim2\pi$ 区间各值。

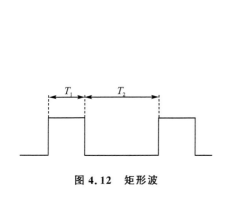

图 4.12 矩形波

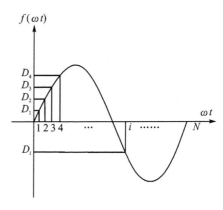

图 4.13 正弦波形的离散化

将得到的这些数据根据所用 DAC 的位数进行量化,得到相应的数字值,依次存入 RAM 中或固化于 EPROM 中,从而得到一个全周期的正弦编码表。

例 4-7 和例 4-8 分别是采用汇编语言和 C 语言编写的正弦波程序。

【例 4-7】 汇编语言正弦波程序。

```
        ORG    0000H
SIN：    MOV    DPTR,#SINTAB           ;将正弦表数据写入内部 RAM 的 6DH~7FH 单元
        MOV    R0,#6DH
LOOP：   CLR    A
        MOVC   A,@A+DPTR
        MOV    @R0,A
        INC    DPTR
        INC    R0
        CJNE   R0,#80H,LOOP
        MOV    DPTR,#7FFFH            ;DAC0832 端口地址
        MOV    R0,#6DH
LOOP1：  MOV    A,@R0                  ;取得第 1 个 1/4 周期的数据
        MOVX   @DPTR,A                ;送往 DAC0832
        INC    R0
        CJNE   R0,#7FH,LOOP1
LOOP2：  MOV    A,@R0                  ;取得第 2 个 1/4 周期的数据
        MOVX   @DPTR,A                ;送往 DAC0832
        DEC    R0
        CJNE   R0,#6DH,LOOP2
LOOP3：  MOV    A,@R0                  ;取得第 3 个 1/4 周期的数据
        CPL    A                      ;数据取反
        MOVX   @DPTR,A                ;送往 DAC0832
        INC    R0
        CJNE   R0,#7FH,LOOP3
LOOP4：  MOV    A,@R0                  ;取得第 4 个 1/4 周期的数据
        CPL    A                      ;数据取反
        MOVX   @DPTR,A                ;送往 DAC0832
        DEC    R0
        CJNE   R0,#6DH,LOOP4
        SJMP   LOOP1                  ;输出连续波形
SINTAB： DB 7FH,89H,94H,9FH,0AAH,0B4H,0BEH,0C8H,0D1H,0D9H        ;正弦表数据
        DB 0E0H,0E7H,0EDH,0F2H,0F7H,0FAH,0FCH,0FEH,0FFH
        END
```

【例 4-8】 C 语言正弦波程序。

```c
#include<reg52.h>
#include <absacc.h>
#define DAC    0x7fff    // 定义 DAC 输出地址
// 正弦表数据
unsigned code SINTAB[]={0x7F,0x89,0x94,0x9F,0xAA,0xB4,0xBE,0xC8,0xD1,0xD9,
            0xE0,0xE7,0xED,0xF2,0xF7,0xFA,0xFC,0xFE,0xFF};

/****************************** 主函数 ******************************/
main(){
    while(1){
        unsigned i;
        for(i=0;i<18;i++) XBYTE[DAC]=SINTAB[i];     // 第 1 个 1/4 周期
        for(i=18;i>0;i--) XBYTE[DAC]=SINTAB[i];     // 第 2 个 1/4 周期
        for(i=0;i<18;i++) XBYTE[DAC]=~SINTAB[i];    // 第 3 个 1/4 周期
        for(i=18;i>0;i--) XBYTE[DAC]=~SINTAB[i];    // 第 4 个 1/4 周期
    }
}
```

采用程序软件控制 DAC 可以做成任意波形发生器。凡是用数学公式可以表达的曲线，或无法用数学公式表达但可以画出来的曲线，都可以用计算机在 DAC 接口上复制出来。图 4.14 所示为一个任意波形的离散化。

离散时取的采样点越多,数值量化的位数越多,则用 DAC 复现的波形精度越高。当然这时会在复现速度和内存方面付出代价。在程序控制下的波形发生器可以对波形的幅值标度和时间轴标度进行扩展或压缩以及对数转换,因而应用十分方便。以上各种波形发生器的原理都是基于 DAC 的电压输出与其数字输入量成正比的关系。在前面讨论的各种输出波形都是把 DAC 的标准电压 V_m 作为一个不变的固定值。如果把标准电压 V_m 作为另一个 DAC 的输出电压,则 V_m 也成为可程控的了。这样又增加一份软件控制的灵活性。采用这种方法可组成调制型 DAC(Modulated DAC),简称为 MDAC。

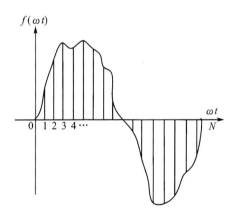

图 4.14　任意波形的离散化

图 4.15 为 MDAC 的原理框图。CPU 是整个仪器的核心,工作前,CPU 将欲输出的波形预先从 EPROM 波形存储表中将波形数据送入 RAM,通过锁存器 2 及 DAC2 用数据设定输出 DAC1 所需要的参考电压 V_{m1}。通过可程控频率源产生顺序地址发生器所需要的步进触发脉冲频率 f_k,从而可对 RAM 区循环寻址,所需的波形即可经锁存器 1 及 DAC1 输出。本仪器还可通过 RS-232C 或 GPIB 总线接口与外部通信。

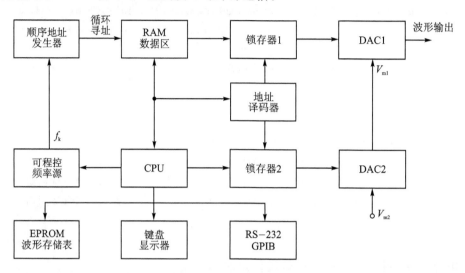

图 4.15　MDAC 任意波形发生器原理框图

4.2.3　串行 DAC 与 80C51 单片机的接口方法

4.2.1 小节介绍了并行 DAC 芯片的接口方法,通常并行 DAC 转换时间短,反应速度快,但芯片引脚多,体积较大,与单片机的接口电路较复杂。因此,在一些对 DAC 转换时间不是具有太高要求的场合,可以选用串行 DAC 芯片。其转换时间虽然比并行 DAC 稍长,但芯片引脚少,与单片机的接口电路简单,而且体积小,价格低。下面介绍一种具有 I^2C 总线的串行 DAC 芯片 MAX517 及其与 80C51 单片机的接口方法。

美国 MAXIM 公司推出的 I^2C 串行 DAC 芯片 MAX517 为 8 位电压输出型数/模转换器,采用单独的+5 V 电源供电,与标准 I^2C 总线兼容,具有高达 400 kb/s 的通信速率。基准输入可为双极性,输出放大为双极性工作方式,8 引脚 DIP 封装。图 4.16 所示为 MAX517 的内部结构框图和引脚分配图。各引脚的具体说明如下:

1 脚(OUT):D/A 转换输出端。

2 脚(GND):接地。

3 脚(SCL):串行时钟线。

4 脚(SDA):串行数据线。

5、6脚(AD1、AD0):用于选择D/A转换通道。由于MAX517只有一个通道,所以使用时这两个引脚通常接地。

7脚(V_{DD}):+5 V电源。

8脚(REF):基准电压输入。

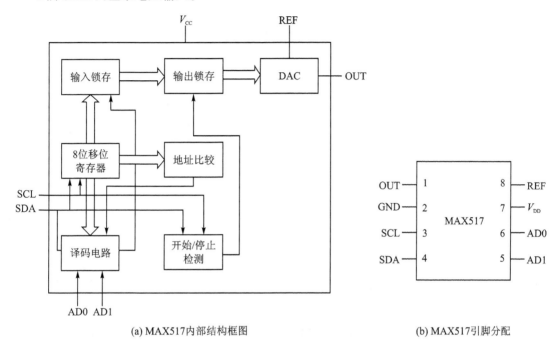

(a) MAX517内部结构框图

(b) MAX517引脚分配

图4.16 MAX517内部结构框图及引脚分配

MAX517采用I^2C串行总线,大大简化了与单片机的接口电路设计。I^2C总线通常由两根线构成:串行数据线SDA和串行时钟线SCL。总线上所有的器件都可以通过软件寻址,并保持简单的主从关系,其中主器件既可以作为发送器,又可以作为接收器。I^2C总线是一个真正的多主总线,它带有竞争监测和仲裁电路。当多个主器件同时启动设备时,总线系统会自动进行冲突监测及仲裁,从而确保了数据的正确性。I^2C总线采用8位、双向串行数据传送方式,标准传送速率为100 kb/s,快速方式下可达400 kb/s;同步时钟可以作为停止或重新启动串行口发送的握手方式;连接到同一总线的集成电路数目只受400 pF的最大总线电容限制。MAX517一次完整的串行数据传输时序如图4.17所示。

首先,单片机给MAX517一个地址字节,MAX517收到后回送一个应答信号ACK。然后,单片机再给MAX517一个命令字节,MAX517收到后,再回送一个应答信号ACK。最后单片机将要转换的数据字节送给MAX517,MAX517收到后,再回送一个应答信号。至此一次D/A转换过程完成。MAX517的地址字节格式如下:

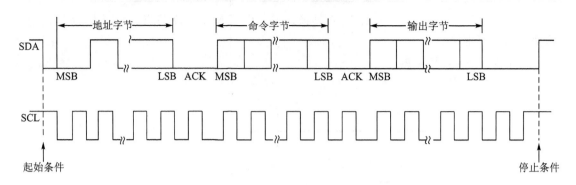

图 4.17　MAX517 一次完整的串行数据传输时序

第7位	第6位	第5位	第4位	第3位	第2位	第1位	第0位
0	1	0	1	1	AD1	AD0	0

该字节格式中,最高 3 位"010"出厂时已经设定,第 4 位和第 3 位均取 1,I^2C 总线上最多可以挂接 4 个 MAX517,具体是哪一个取决于 AD1 和 AD0 这 2 位的状态。MAX517 的命令字节格式如下:

第7位	第6位	第5位	第4位	第3位	第2位	第1位	第0位
R2	R1	R0	RST	PD	X	X	A0

在该字节格式中,R2、R1、R0 已预先设定为 0;RST 为复位位,该位为 1 时复位 MAX517 所有的寄存器;PD 为电源工作状态位,为 1 时,MAX517 工作在 4 μA 的休眠模式,为 0 时,返回正常工作状态;A0 为地址位,对于 MAX517,该位应设置为 0。

图 4.18 所示为 MAX517 与 80C51 单片机的接口电路,80C51 单片机的 P3.0 和 P3.1 分别定义为 I^2C 串行总线的 SCL 和 SDA 信号,采用 I/O 端口模拟方式实现 I^2C 串行总线工作时序。例 4-9 是采用 C 语言编写的 MAX517 驱动程序,执行后连续启动 MAX517 进行 D/A 转换。

【例 4-9】　串行 D/A 转换器 MAX517 的 C 语言驱动程序。

```
#include <reg52.h>
#include <intrins.h>
#define uchar unsigned char

sbit SDA = P3^1;                         // MAX517 串行数据
sbit SCL = P3^0;                         // MAX517 串行时钟
/*******************************起始函数********************************/
```

第4章 智能化测量控制仪表的DAC和ADC接口 191

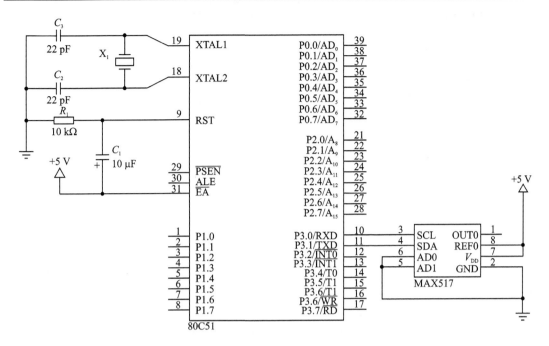

图 4.18 MAX517 与 80C51 单片机的接口电路

```
void start(void){
    SDA = 1; SCL = 1; _nop_();
    SDA = 0; _nop_();
}
/********************** 停止函数 **********************/
void stop(void){
    SDA = 0; SCL = 1; _nop_();
    SDA = 1; _nop_();
}
/********************** 应答函数 **********************/
void ack(void){
    SDA = 0; _nop_();
    SCL = 1; _nop_();
    SCL = 0;
}
/************** 发送数据函数,ch 为要发送的数据 **************/
void send(uchar ch){
    uchar BitCounter = 8;              // 位数控制
```

```c
        uchar tmp;                          // 中间变量控制
        do{
            tmp = ch;
            SCL = 0;
            if((tmp&0x80)==0x80)            // 如果最高位是1
                SDA = 1;
            else
                SDA = 0;
            SCL = 1;
            tmp = ch<<1;                    // 左移
            ch = tmp;
            BitCounter--;
        }
        while(BitCounter);
        SCL = 0;
}
/******************************D/A转换函数******************************/
void DACOut(uchar ch){
        start();                            // 发送启动信号
        send(0x58);                         // 发送地址字节
        ack();                              // 应答
        send(0x00);                         // 发送命令字节
        ack();                              // 应答
        send(ch);                           // 发送数据字节
        ack();                              // 应答
        stop();                             // 结束一次转换
}
/********************************主函数********************************/
void main(void){
        while(1){
            uchar i;
            for (i=0;i<=255;i++){
                DACOut(i);                  // 调用D/A转换函数对数字0~255进行数/模转换
            }
        }
}
```

4.3 ADC 接口技术

ADC(Analog Digital Converter)的功能是将输入模拟量转换为与其成比例的数字量,它是智能化测量控制仪表的一种重要组成器件。按其工作原理,有比较式 ADC、积分式 ADC 以及电荷平衡(电压-频率转换)式 ADC 等。表 4-2 列出了几种常用 ADC 芯片的特点和性能,表中带"*"号的为积分型 ADC 芯片,其余均为比较式 ADC 芯片。

表 4-2　几种常用 A/D 芯片的特点和性能

芯片型号	分辨率	转换时间	转换误差/LSB	模拟输入范围/V	数字输出电平	外部时钟	工作电压/V	基准电压(V_{REF})
ADC0801、0802、0803、0804	8 位	100 μs	±1/2～±1	0～+5	TTL 电平	可以不要	单电源 +5	可不外接或 V_{REF} 为 1/2 量程值
ADC0808、0809	8 位	100 μs	±1/2～±1	0～+5	TTL 电平	要	单电源 +5	$V_{REF}(+) \leqslant V_{CC}$ $V_{REF}(+) \geqslant 0$
ADC1210	12 位或 10 位	100 μs(12 位) 30 μs(10 位)	±1/2	0～+5 0～+10 −5～+5	CMOS 电平(由 V_{REF} 决定)	要	+5～±15	+5 V 或 +15 V
AD574	12 位或 8 位	25 μs	±1	0～+10 0～+20 −5～+5 −10～+10	TTL 电平	不要	±15 或 ±12 和 +5	不需外供
7109*	12 位	≥30 ms	±2	−4～+4	TTL 电平	可以不要	+5 和 −5	V_{REF} 为 1/2 量程值
14433*	3 位半	≥100 ms	±1	−0.2～+0.2 −2～+2	TTL 电平	可以不要	+5 和 −5	V_{REF} 为量程值
7135*	4 位半	约 100 ms	±1	−2～+2	TTL 电平	要	+5 和 −5	V_{REF} 为 1/2 量程值

在实际使用中,应根据具体情况选用合适的 ADC 芯片。例如,某测温系统的输入范围为 0～500 ℃,要求测温的分辨率为 2.5 ℃,转换时间在 1 ms 之内,可选用分辨率为 8 位的逐次

比较式 ADC0809 芯片。如果要求测温的分辨率为 0.5 ℃（即满量程的 1/1 000），转换时间为 0.5 s，则可选用双积分型 ADC 芯片 7135。

不同的芯片具有不同的连接方式，其中最主要的是输入、输出以及控制信号的连接方式。

从输入端来看，有单端输入的，也有差动输入的。差动输入有利于克服共模干扰。输入信号的极性有单极性和双极性输入，这由极性控制端的接法决定。从输出方式来看，主要有两种：

- 数据输出寄存器具有可控的三态门。此时，芯片输出线允许与 CPU 的数据总线直接相连，并在转换结束后利用读信号 $\overline{RD}$ 控制三态门将数据送上总线。
- 不具备可控的三态门，输出寄存器直接与芯片引脚相连。此时，芯片的输出线必须通过输入缓冲器连至 CPU 的数据总线。

ADC 芯片的启动转换信号有电平和脉冲两种形式。设计时应特别注意，对要求用电平启动转换的芯片，如果在转换过程中撤去电平信号，芯片将停止转换而得到错误的结果。

ADC 转换完成后，将发出结束信号，以示主机可以从转换器读取数据。结束信号也用来向 CPU 发出中断申请。CPU 响应中断后，在中断服务子程序中读取数据。也可用延时等待和查询转换是否结束的方法来读取数据。下面从接口技术的角度讨论几种类型的 ADC。

4.3.1 比较式 ADC 接口

图 4.19(a)所示为阶梯波比较式 ADC 的工作原理。转换开始时，计数器复 0，DAC 的输出为 $V_d=0$。若输入电压 V_i 为正，则比较器输出 V_c 为正，"与"门打开，计数器对时钟脉冲进行计数，DAC 输出即随计数脉冲的增加而增加，如图 4.19(b)所示。当 $V_d > V_i$ 时，比较器输出变负，"与"门关闭，停止计数。计数器的计数值正比于输入电压，完成了从输入模拟量——电压到计数器的计数值——数字量的转换。

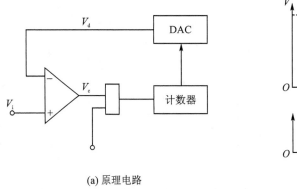
(a) 原理电路

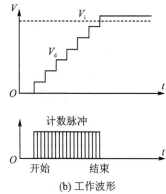
(b) 工作波形

图 4.19　阶梯波比较式 ADC 工作原理

ADC0809 是一种较为常用的 8 路模拟量输入,8 位数字量输出的逐次比较式 ADC 芯片,图 4.20 为 ADC0809 的原理结构框图。芯片的主要部分是一个 8 位的逐次比较式 A/D 转换器。为了能实现 8 路模拟信号的分时采集,在芯片内部设置了多路模拟开关及通道地址锁存和译码电路,因此能对多路模拟信号进行分时采集和转换。转换后的数据送入三态输出数据锁存器。ADC0809 的最大不可调误差为 ± 1 LSB,典型时钟频率为 640 kHz,时钟信号应由外部提供。每一个通道的转换时间约为 100 μs。图 4.21 为 ADC0809 的工作时序。

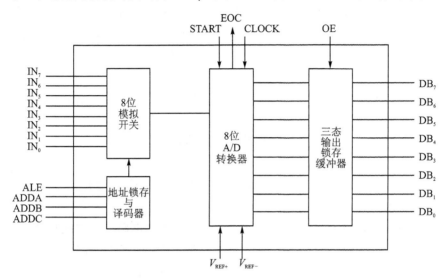

图 4.20　ADC0809 的原理结构框图

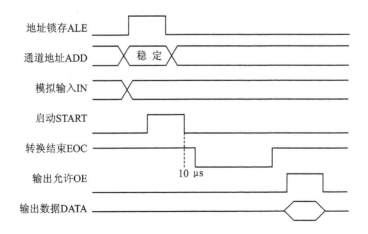

图 4.21　ADC0809 的工作时序

图 4.22 为 ADC0809 的引脚排列图。各引脚的功能如下:

$IN_0 \sim IN_7$	8路模拟量输入端。
$D_0 \sim D_7$	数字量输出端。
START	启动脉冲输入端。脉冲上升沿复位0809，下降沿启动A/D转换。
ALE	地址锁存信号。高电平有效时把3个地址信号送入地址锁存器，并经地址译码得到地址输出，用以选择相应的模拟输入通道。
EOC	转换结束信号。转换开始时变低，转换结束时变高，变高时降转换结果打入三态输出锁存器。如果将EOC和START相连，加上一个启动脉冲则连续进行转换。
OE	输出允许信号输入端。
CLOCK	时钟输入信号，最高允许值为640 kHz。
V_{REF+}	正基准电压输入端。
V_{REF-}	负基准电压输入端。通常将V_{REF+}接+5 V，V_{REF-}接地。
V_{CC}	电源电压，可从+5～+15 V。

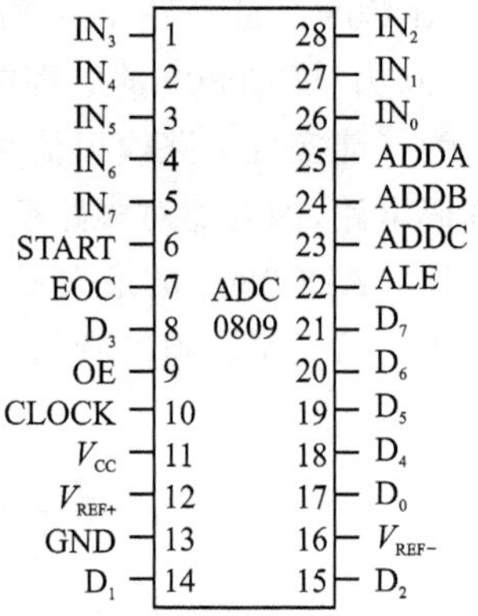

图4.22 ADC0809的引脚排列图

图4.23所示为ADC0809与单片机80C51的一种接口电路。采用线选法规定其端口地址，用单片机的P2.7引脚作为片选信号，因此端口地址为7FFFH。片选信号和$\overline{WR}$信号一起经"或非"门产生ADC0809的启动信号START和地址锁存信号ALE，片选信号和$\overline{RD}$信号一起经"或非"门产生ADC0809输出允许信号OE。OE=1时选通三态门使输出锁存器中的转换结果送入数据总线。ADC0809的EOC信号经反相后接到80C51的$\overline{INT1}$引脚用于产生转

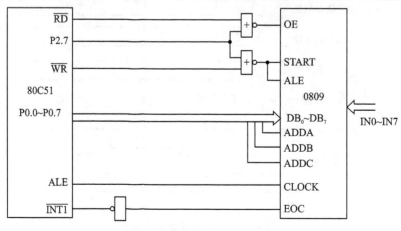

图4.23 ADC0809与单片机80C51接口

换完成的中断请求信号。ADC0809 芯片的 3 位模拟量输入通道地址码输入端 A、B、C 分别接到 80C51 的 P0.0、P0.1 和 P0.2;故只要向端口地址 7FFFH 分别写入数据 00H~07H,即可启动模拟量输入通道 0~7 进行 A/D 转换。

例 4-10 和例 4-11 分别为中断工作方式下对 8 路模拟输入信号依次进行 A/D 转换的汇编语言和 C 语言程序。8 路输入信号的转换结果存储在内部数据存储器首地址为 30H 开始的单元内。

【例 4-10】 中断方式下 8 路模拟输入 A/D 转换汇编语言程序。

```
        ORG     0000H           ;主程序入口
        AJMP    MAIN
        ORG     0013H           ;外中断 INT1 入口
        AJMP    BINT1
MAIN:   MOV     R0,#30H         ;数据区首地址
        MOV     R4,#08H         ;8 路模拟信号
        MOV     R2,#00H         ;模拟通道 0
        SETB    EA              ;开中断
        SETB    EX1             ;允许外中断 1
        SETB    IT1             ;边沿触发
        MOV     DPTR,#7FFFH     ;ADC0809 端口地址
        MOV     A,R2
        MOVX    @DPTR,A         ;启动 ADC0809
        SJMP    $               ;等待中断
BINT1:  PUSH    ACC             ;中断服务程序
        MOVX    A,@DPTR         ;输入转换结果
        MOV     @R0,A           ;存入内存
        INC     R0              ;数据区地址加 1
        INC     R2              ;修改模拟输入通道
        MOV     A,R2
        MOVX    @DPTR,A         ;启动下一路模拟通道进行转换
        DJNZ    R4,LOOP1        ;8 路未完,循环
        MOV     R0,#30H         ;8 路输入转换完毕
        MOV     R4,#08H
        MOV     R2,#00H
        MOV     A,#00H
        MOVX    @DPTR,A         ;重新启动 ADC0809
LOOP1:  POP     ACC
        RETI                    ;中断返回
        END
```

【例 4-11】 中断方式下 8 路模拟输入 A/D 转换 C 语言程序。

```c
#include <reg52.h>
    #include <absacc.h>
    #define ADC    0x7fff                    // 定义 ADC0809 端口地址
    unsigned data ADCDat[8] _at_ 0x30;
    unsigned i=0;
/***************************主函数******************************/
main(){
    EX1=1; IT1=1; EA=1;
    XBYTE[ADC]=i;                            // 启动 ADC0809 第 0 通道
    while(1){
        P1=ADCDat[0];                        // 0 通道转换结果送 P1 口显示
    }
}
/*************************INT1 中断服务函数*********************/
int1() interrupt 2 using 1{
    ADCDat[i]=XBYTE[ADC];                    // 读取 ADC0809 转换结果并存入内存
    i++;
    XBYTE[ADC]=i;                            // 启动 ADC0809 下一通道
    if(i==8){
        i=0;
        XBYTE[ADC]=i;                        // 重新启动 ADC0809 第 0 通道
    }
}
```

采用 8 位 ADC 芯片与 80C51 单片机接口容易，但由于其分辨率只有 8 位，有时满足不了实际的需要。这时可以采用多于 8 位的 ADC 芯片，如 10 位、12 位或 16 位的 ADC 芯片。这种芯片的一个共同的特点是要占用 2 个 8 位字节。

AD574A 是一种较为常见的逐次逼近式 12 位 ADC 芯片。它的转换时间为 25 μs，转换误差为 ± 1 LSB，可采用+5 V、± 12 V 或 ± 15 V 电源供电。片内有输出三态缓冲器，可与 8 位或 16 位单片机直接相连。输出数据可以 12 位一起读出，也可以分成两次读出。输入模拟信号可以是单极性 0～+10 V，也可以是双极性 ± 5 V 或 ± 10 V。AD574A 的结构及引脚示于图 4.24。图中 A_0 和 $12/\overline{8}$ 用于控制转换数据是 12 位或 8 位以及数据输出格式。它们的功能如表 4-3 所列。

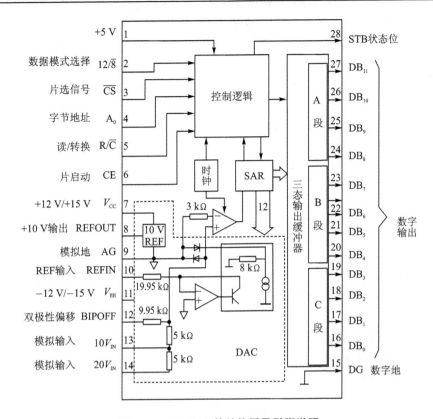

图 4.24 AD574A 的结构图及引脚说明

表 4-3 AD574 的转换方式和数据输出格式

CE	$\overline{CS}$	R/$\overline{C}$	12/$\overline{8}$	A_0	功 能
1	0	0	×	0	12 位转换
1	0	0	×	1	8 位转换
1	0	1	接+5 V	×	输出数据格式为并行 12 位
1	0	1	接地	0	输出高 8 位数据(由 20~27 脚输出)
1	0	1	接地	1	输出低 4 位数据(由 16~19 脚输出)加 4 位 0 (由 20~23 脚输出)

由表 4-3 可见,在 CE=1 且 $\overline{CS}$=0(大于 300 ns 的脉冲宽度)时,才启动转换或读出数据,因此启动转换或读数可用 CE 或 $\overline{CS}$ 信号来触发。在启动信号有效前,R/$\overline{C}$ 必须为低电平;否则将产生读数据的操作。启动转换后,STS 引脚变为高电平表示转换正在进行。转换结束

后,STS 变成低电平。图 4.25 所示为 AD574A 的工作时序。

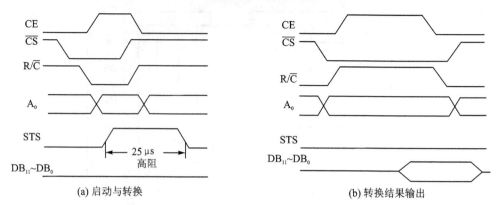

图 4.25 AD574A 的工作时序

AD574 有单极性输入和双极性输入两种方式,如图 4.26 所示。13 脚的输入电压范围分别为 0～+10 V(单极性输入)或−5～+5 V(双极性输入),1 LSB 对应模拟电压为 2.44 mV。14 脚的输入电压范围分别为 0～+20 V(单极性输入)或−10～+10 V(双极性输入),1 LSB 对应 4.88 mV。如果要求 2.5 mV/位(0～+10 V 或−5～+5 V)或者是 5 mV/位(0～+20 V 或−10～+10 V),则在输入回路中应分别串联 200 Ω 或 500 Ω 的电阻。图中 R_1 用于零点调整,R_2 用于满刻度调整。

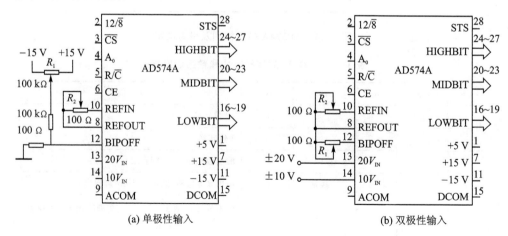

图 4.26 AD574A 单极性和双极性输入

AD574A 与单片机 80C51 的接口电路详见图 4.27。AD574A 片内有时钟电路,不需外加时钟信号。该接口电路采用双极性输入方式,可对±5 V 或±10 V 的输入电压进行转换。由于 AD574A 输出 12 位数据,故单片机应分两次读取转换结果数据,先读高 8 位数据,再读低

4位数据。由 $A_0=0$ 或 $A_0=1$ 分别控制高、低位数据的读取。单片机可以采用中断或查询方式来读取 AD574A 的转换结果数据。采用查询方式时,应将转换结束状态线 STS 与单片机的某一 I/O 口线相连,如图 4.27 中 STS 与 80C51 的 P1.0 相连。当单片机 80C51 执行对外部数据存储器的写指令时,使 $CE=1,\overline{CS}=0,R/\overline{C}=0,A_0=0$,从而启动转换。然后 80C51 通过 P1.0 口线不断查询 STS 的状态。当 $STS=0$ 时,表示 A/D 转换结束,80C51 执行两次读取外部数据存储器的操作,读取 12 位的转换结果。当 $CE=1,\overline{CS}=0,R/\overline{C}=1,A_0=0$ 时,读取转换结果高 8 位;当 $CE=1,\overline{CS}=0,R/\overline{C}=1,A_0=1$ 时,读取转换结果低 4 位。在图 4.27 中,AD574A 的 $\overline{CS}$ 端与 80C51 的锁存地址 A_7 相连,AD574A 的 A_0 与 80C51 的锁存地址 A_1 相连,$R/\overline{C}$ 与 80C51 的锁存地址 A_0 相连,因此启动 AD574A 的端口地址为 $\times\times 00H$(只要 A_7、A_1、A_0 为 0,其余位视具体要求而定)。

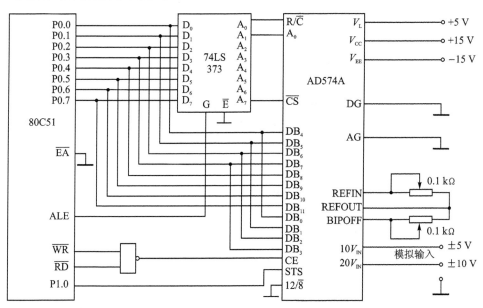

图 4.27　AD574A 与 80C51 的接口电路

【例 4-12】　采用查询方式的 AD574A 读/写程序。

```
            ORG     0000H
AD574:      MOV     DPTR,#××00H     ;端口地址送入 DPTR
            MOVX    @DPTR,A          ;启动 AD574
            SETB    P1.0             ;P1.0 置 1 为输入方式
LOOP:       JB      P1.0,LOOP        ;检测 P1.0 的状态
            INC     DPTR             ;使 R/C̄ 为 1
            MOVX    A,@DPTR          ;读取转换结果高 8 位
```

MOV	41H,A	;存入41H单元	
INC	DPTR	;使 R/$\overline{C}$、A_0 为1	
INC	DPTR		
MOVX	A,@DPTR	;读取转换结果低4位	
ANL	A,#0FH	;屏蔽高4位	
MOV	40H,A	;存入40H单元	
END			

有些智能化测量控制仪表需要完成实时测量控制的任务,这种仪表不仅要求 A/D 转换器具有较高的分辨率,而且还要求有很高的转换速度,这时可考虑采用 AD578 芯片。

AD578 是 ADI 公司生产的 12 位高速 ADC 芯片,它的转换速度可达 3 μs。AD578 由混合电路构成,其内部集成有时钟电路、高精度的基准电压源、12 位的 ADC 电路和比较器电路,因此不需要外接元件即可实现 A/D 转换。AD578 的模拟输入电压范围为 ±5 V、±10 V、0~10 V 和 0~20 V。AD578 采用 32 脚双列直插封装,图 4.28 所示为它的引脚排列。

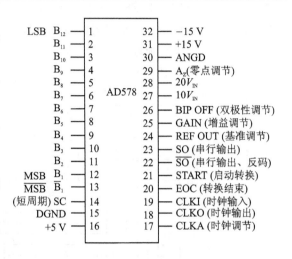

图 4.28 AD578 的引脚排列

图 4.29 为 AD578 的工作时序。输入启动信号 START 后转换器立即开始进行转换,转换结束后立即输出一个负脉冲信号 EOC。

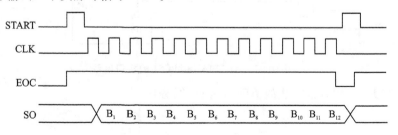

图 4.29 AD578 的工作时序

图 4.30 为 AD578 与单片机 8751 的接口电路。由于 AD578 片内没有三态输出锁存器,故需要通过单片机的 I/O 口或扩展 I/O 口来读入转换后的结果数据。8751 单片机具有内部 EPROM,可以不用外接扩展电路,因此 P0 和 P1 口都可作为 I/O 口使用。这种连接方法可以构成一个高速数据采集系统。图中 P1.5 用于启动 A/D 转换,P1.4 用于查询 A/D 转换是否结束。

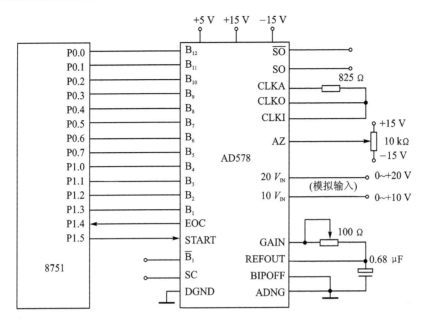

图 4.30 AD578 与单片机 8751 的接口电路

【例 4-13】 AD578 数据采集程序。

```
         ORG   0000H
AD578:   ORL   P1,#1FH      ;置 P1.0~P1.4 为输入方式
         ORL   P0,#0FFH     ;置 P0 口为输入方式
         SETB  P1.5         ;启动 A/D 转换
         CLR   P1.5
WAIT:    JB    P1.4,WAIT    ;查询 P1.4 是否出现低电平
         MOV   20H,P0       ;转换结束,读入高 8 位数据并存入片内 RAM 20H 单元
         MOV   21H,P1       ;读入低位数据并存入片内 RAM 21H 单元
         ANL   21H,#0FH     ;屏蔽掉 21H 单元数据的高 4 位
         END
```

4.3.2 积分式 ADC 接口

有些智能化测量控制仪表,要求能在工业现场使用。由于现场通常存在很强的干扰,如大功率电机的磁场等,而被测信号往往是很微弱的直流信号,如果不能有效地抑制干扰,则测量结果很可能会失去意义。这时就可考虑采用积分式的 ADC 了。下面先来介绍双积分式 ADC 的工作原理,如图 4.31 所示。

工作过程分为 3 个阶段。

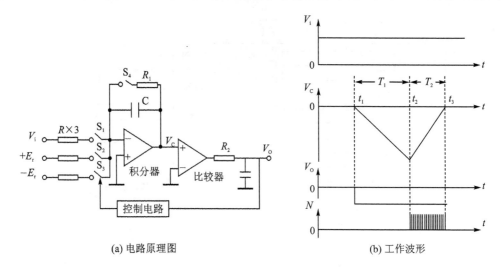

图 4.31 双积分式 ADC 的原理及工作波形

1) 准备期

开关 S_1、S_2、S_3 断开，S_4 接通，积分电容 C 被短路，输出为 0。

2) 采样期

开关 S_2、S_3、S_4 断开，S_1 闭合，积分器对输入模拟电压 $+V_i$ 进行积分，积分时间固定为 T_1。在采样期结束的 t_2 时刻，积分器输出电压为

$$V_C = -\frac{1}{RC}\int_{t_1}^{t_2} V_i \, dt = -\frac{T_1}{RC}\overline{V}_i \quad (4-1)$$

式中，$\overline{V}_i = \frac{1}{T_1}\int_{t_1}^{t_2} dt$ 为被测模拟电压在 T_1 时间内的平均值。

3) 比较期

从 t_2 时刻开始，开关 S_1、S_2、S_4 断开，S_3 闭合，将与被测模拟电压极性相反的标准电压 $-E_r$ 接到积分器的输入端（若被测模拟电压为 $-V_i$，则 S_1、S_3、S_4 断开，S_2 闭合，将 $+E_r$ 接到积分器的输入端），使积分器进行反向积分。当积分器的输出回到 0 时，比较器的输出发生跳变。设在 t_3 时刻积分器回 0，此时有：

$$0 = V_C - \frac{1}{RC}\int_{t_2}^{t_3}(-E_r)\, dt = V_C + \frac{T_2}{RC}E_r \quad (4-2)$$

式中，$T_2 = t_3 - t_2$ 为比较周期。

将式 (4-1) 代入式 (4-2)，得：

$$T_2 = \frac{T_1}{E_r}\overline{V}_i \quad (4-3)$$

在 T_2 周期内对一个周期为 τ 的时钟脉冲进行计数,得:

$$T_2 = N\tau \quad (4-4)$$

$$N = \frac{T_2}{\tau} = \frac{T_1}{\tau \times E_r} \overline{V_i} \quad (4-5)$$

由于 T_1、E_r、τ 都是恒定值,从而计数值 N 就正比于被测模拟电压值,实现了 A/D 转换。双积分式 ADC 的采样周期 T_1 通常设计成对称干扰号周期的整数倍,以期对干扰信号有足够大的抑制能力。例如,将 T_1 设计为工频信号的整数倍,将对工频干扰有非常高的抑制能力。

随着大规模集成电路工艺的发展,目前已有多种单芯片集成电路双积分 A/D 转换器供应市场,例如 MC14433、ICL7135 等。

ICL7135 是一种常用的 4 位半 BCD 码双积分型单片集成 ADC 芯片,其分辨率相当于 14 位二进制数。它的转换精度高,转换误差为 ±1 LSB,并且能在单极性参考电压下对双极性输入模拟电压进行 A/D 转换,模拟输入电压范围为 $0 \sim \pm 1.999\ 9$ V。芯片采用了自动校零技术,可保证零点在常温下的长期稳定性,模拟输入可以是差动信号,输入阻抗极高。ICL7135 芯片引脚排列如图 4.32 所示。各引脚的功能如下:

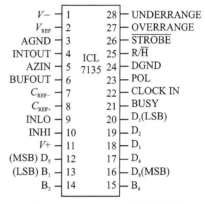

图 4.32 ICL7135 的引脚排列

INHI、INLO:模拟电压差分输入端。输入电压应在放大器的共模电压范围内,即从低于正电源 0.5 V 到高于负电源 1 V。单端输入时,通常 INLO 与模拟地(ANALOG COM)连在一起。

V_{REF}:基准电压端,其值为 $V_{IN}/2$,一般取 1 V。V_{REF} 的稳定性对 A/D 转换精度有很大影响,应当采用高精度稳压源。

INTOUT、AZIN、BUFOUT:分别为积分器的输出端、自动校零端和缓冲放大器输出端。这 3 个端子用来外接积分电阻、电容以及校零电容。

积分电阻 R_{INT} 的计算公式为

$$R_{INT} = 满度电压/20\ \mu A \quad (4-6)$$

积分电容 C_{INT} 的计算公式为

$$C_{INT} = \frac{10\ 000 \times (1/f_{OSC}) \times 20\ \mu A}{积分器输出摆幅} \quad (4-7)$$

如果电源电压取 ±5 V,电路的模拟地端接 0 V,则积分器输出摆幅取 ±4 V 较合适。

校零电容 C_{AZ} 可取 1 μF。

C_{REF-}、C_{REF+}：外接基准电容端。电容值可取 1 μF。

CLOCK IN：时钟输入端。工作于双极性情况下，时钟最高频率为 125 kHz，这时转换速率为 3 次/s 左右。如果输入信号为单极性，则时钟频率可增加到 1 MHz，这时转换速率为 25 次/s 左右。

R/$\overline{H}$：A/D 转换启动控制端。该端接高电平时，7135 连续自动转换，每隔 40 002 个时钟周期完成一次 A/D 转换。该端接低电平时，转换结束后保持转换结果。若输入一个正脉冲（宽度大于 300 ns），启动 7135 开始一次新的 A/D 转换。

BUSY：输出状态信号端。积分器在对输入信号积分和反向积分过程中，BUSY 输出高电平（表示 A/D 转换正在进行），积分器反向积分过零后，BUSY 输出低电平（表示转换已经结束）。

$\overline{STROBE}$：选通脉冲输出端。脉冲宽度是时钟脉冲的 1/2。A/D 转换结束后，该端输出 5 个负脉冲，分别选通高位到低位的 BCD 码输出。$\overline{STROBE}$ 也可作为中断请求信号，向主机申请中断。

POL：极性输出端。当输入信号为正时，POL 输出为高电平，输入信号为负时，POL 输出为低电平。

OVERRANGE：过量程标志输出端。当输入信号超过转换器计数范围（19 999）时，该端输出高电平。

UNDERRANGE：欠量程标志输出端。当输入信号小于量程的 9%（1 800）时，该端输出高电平。

B_8、B_4、B_2、B_1：BCD 码数据输出线，其中 B_8 为最高位，B_1 为最低位。

D_5、D_4、D_3、D_2、D_1：BCD 码数据的位驱动信号输出端，分别选通万、千、百、十、个位。

为了使 7135 工作于最佳状态，获得最好的性能，必须注意外接元器件性能的选择。

图 4.33 所示为 ICL7135 的输出时序图。

ICL7135 转换结果输出是动态的，因此必须通过并行接口才能与单片机连接。图 4.34 所示为 ICL7135 与单片机 80C51 的接口电路。

图中 74LS157 为 4 位 2 选 1 的数据多路开关，74LS157 的 $\overline{A}$/B 端输入为低电平时，1A、2A、3A 输入信息在 1Y、2Y、3Y 输出；$\overline{A}$/B 端为高电平时，1B、2B、3B 输入信息在 1Y、2Y、3Y

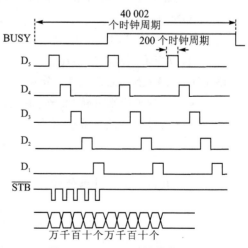

图 4.33　ICL7135 的输出时序

第 4 章 智能化测量控制仪表的 DAC 和 ADC 接口

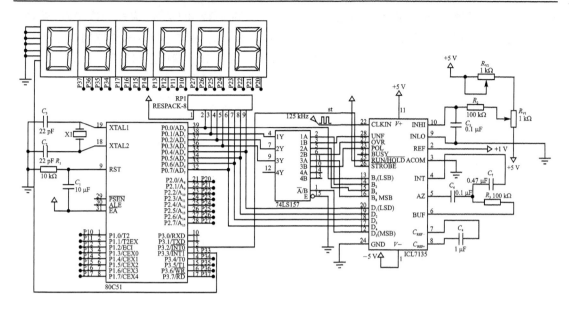

图 4.34　ICL7135 与单片机 80C51 的接口电路

输出。因此,当 7135 的高位选通信号 D5 输出为高电平时,万位数据 B_1 和极性、过量程、欠量程标志输入到 80C51 单片机的 P0.0~P0.3;当 D_5 为低电平时,7135 的 B_8、B_4、B_2、B_1 输出低位转换结果的 BCD 码,此时 BCD 码数据线 B_8、B_4、B_2、B_1 输入到 80C51 单片机的 P0.0~P0.3。

ICL7135 的时钟频率为 125 kHz,每秒进行 3 次 A/D 转换。ICL7135 的数据输出选通脉冲线 $\overline{STROBE}$ 接到 80C51 外部中断 INT0 端。当 ICL7135 完成一次 A/D 转换以后,产生 5 个数据选通脉冲,分别将各位的 BCD 码结果和标志 $D_1 \sim D_5$ 打入 80C51 的 P0 口。由于 ICL7135 的 A/D 转换是自动进行的,完成一次 A/D 转换后,选通脉冲的产生和 80C51 中断的开放是不同步的。为了保证读出数据的完整性,单片机 80C51 只对最高位(万位)的中断请求做出响应,低位数据的输入则采用查询的方法。A/D 转换结果送入单片机 80C51 片内 RAM 的 20H、21H 和 22H 单元,数据存放格式如下:

D_7	D_6	D_5	D_4	D_3	D_2	D_1	D_0
POL	OV	UN		万位			

D_7	D_6	D_5	D_4	D_3	D_2	D_1	D_0
千位				百位			

D_7	D_6	D_5	D_4	D_3	D_2	D_1	D_0
十位				个位			

例 4-14 和例 4-15 分别为采用汇编语言和 C 语言编写的 ICL7135 A/D 转换及数据显

示程序。主程序完成开中断等初始化工作后,进入查询等待 ICL7135 完成一次 A/D 转换的结果标志。中断服务程序读取一次完整的 A/D 转换结果后,标志位 PSW.5 置"1",主程序通过查询该标志位的状态,将 BCD 码结果数据通过单片机的 I/O 端口送到数码管显示。

【例 4-14】 ICL7135 A/D 转换及数据显示汇编语言程序。

```
         ORG    0000H
START:   LJMP   MAIN
         ORG    0003H
         LJMP   PINT1
         ORG    0030H
;********************* 主程序 *************************
MAIN:    MOV    P0,#0FFH
         MOV    SP,#70H
         MOV    20H,#00H       ;内存单元清 0
         MOV    21H,#00H
         MOV    22H,#00H
         MOV    TCON,#01H      ;设置外部中断边沿触发方式
         MOV    IE,#81H        ;开中断
WDIN:    JBC    PSW.5,TRAN     ;查询等待 ICL7135 完成一次 A/D 转换的结果标志
         AJMP   WDIN
TRAN:    MOV    A,20H          ;将 A/D 转换结果 BCD 数据通过 80C51 I/O 端口进行显示
         JNB    ACC.6,UN
         MOV    P1,#0FFH       ;过量程处理
         MOV    P2,#0FFH
         ORL    P3,#0F0H
         SJMP   WDIN
UN:      JNB    ACC.5,RT
         MOV    P1,#00H        ;欠量程处理
         MOV    P2,#00H
         ANL    P3,#0FH
         SJMP   WDIN
RT:      JB     ACC.7,PG
NG:      SETB   P3.3           ;负极性处理
         SJMP   DP
PG:      CLR    P3.3           ;正极性处理
DP:      SWAP   A
         ANL    A,#0F0H
         ANL    P3,#0FH
```

```
        ORL     P3,A
        MOV     A,21H
        MOV     P1,A
        MOV     A,22H
        MOV     P2,A
        SJMP    WDIN
;****************************ICL7135 中断服务程序 *****************************
PINT1:  MOV     IE,#00          ;关中断
        MOV     A,P0            ;读取 80C51 的 P0 口,获得 A/D 转换结果的万位数据
        MOV     R2,A
        ANL     A,#0F0H
        JNZ     PRI             ;$D_5=0$,返回
        MOV     R1,#20H
        MOV     A,R2
        ANL     A,#01H
        XCHD    A,@R1
        MOV     A,R2
        ANL     A,#0EH
        SWAP    A
        XCHD    A,@R1
        MOV     @R1,A
        INC     R1
WD4:    MOV     A,P0            ;读取 80C51 的 P0 口,获得 A/D 转换结果的千位数据
        JNB     ACC.7,WD4
        SWAP    A
        MOV     @R1,A           ;千位数据送(21H).4~7
WD3:    MOV     A,P0            ;读取 80C51 的 P0 口,获得 A/D 转换结果的百位数据
        JNB     ACC.6,WD3
        XCHD    A,@R1           ;千位数据送(21H).0~3
        INC     R1
WD2:    MOV     A,P0            ;读取 80C51 的 P0 口,获得 A/D 转换结果的十位数据
        JNB     ACC.5,WD2
        SWAP    A
        MOV     @R1,A           ;十位数据送(22H).4~7
WD1:    MOV     A,P0            ;读取 80C51 的 P0 口,获得 A/D 转换结果的个位数据
        JNB     ACC.4,WD1
        XCHD    A,@R1           ;个位数据送(22H).0~3
```

```
            SETB    PSW.5           ;设置一次 A/D 转换结果读出标志
    PRI:    MOV     IE,#81H         ;开中断
            RETI                    ;中断返回
    END
```

【例 4-15】 ICL7135 A/D 转换及数据显示 C 语言程序。

```c
#include<reg52.h>
#include<absacc.h>
#include<intrins.h>
#define uchar unsigned char
#define uint unsigned int


uchar data ADCDat[3] _at_ 0x20;
uchar bdata ADCbase _at_ 0x2f;


sbit ADC=ADCbase^5;
sbit COM=P3^3;


/*************************数据显示函数**************************/
void Tran(){
    uchar Dat;
    Dat=ADCDat[0];
    if((Dat&0x40)==0x40){
        P1=0xFF; P2=0xFF; P3|=0xF0;
        return;
    }
    if((Dat&0x20)==0x20){
        P1=0x00; P2=0x00; P3&=0x0F;
        return;
    }
    if((Dat&0x80)==0x80) COM=0;
        else COM=1;
    Dat=_crol_(ADCDat[0],4);
    Dat=Dat&0xf0; P3&=0x0f; P3|=Dat;
    P1=ADCDat[1]; P2=ADCDat[2];
    return;
}
```

/*************************** 主函数 ***************************/
```
void main(){
    P0=0x0FF; TCON=0x01; IE=0x81;    // 初始化,开中断
    while(1){
        if(ADC==1){                   // 查询 ICL7135 完成一次 A/D 转换的结果标志
            ADC=0; Tran();            // 将 A/D 转换结果 BCD 数据通过 80C51 I/O 端口显示
        }
    }
}
```

/*********************** ICL7135 中断服务程序 ***************************/
```
void int0() interrupt 0 using 1{
    uchar Dat1;
    IE=0x00;                          // 关中断
    Dat1=P0;                          // 读取 A/D 转换结果的万位数据
    if((Dat1&0xf0)==0){               // 判断 D₅
        Dat1=_crol_((Dat1&0x0f),4);
        ADCDat[0]=(Dat1&0xe0)|(_crol_(Dat1,4))&0x01;
        do Dat1=P0;                   // 读取 A/D 转换结果的千位数据
        while((Dat1&0x80)==0);
        ADCDat[1]=_crol_((Dat1&0x0f),4);
        do Dat1=P0;                   // 读取 A/D 转换结果的百位数据
        while((Dat1&0x40)==0);
        Dat1=Dat1&0x0f;
        ADCDat[1]=ADCDat[1]|Dat1;
        do Dat1=P0;                   // 读取 A/D 转换结果的十位数据
        while((Dat1&0x20)==0);
        ADCDat[2]=_crol_((Dat1&0x0f),4);
        do Dat1=P0;                   // 读取 A/D 转换结果的个位数据
        while((Dat1&0x10)==0);
        Dat1=Dat1&0x0f;
        ADCDat[2]=ADCDat[2]|Dat1;
        ADC=1;
    }
    IE=0x81;                          // 开中断
}
```

为了提高双分积式 ADC 的分辨率,增加显示位数,必须要增加在比较期内的计数值,而

采用延长比较期的办法必然会降低 A/D 转换速度。为了解决这个矛盾,出现了多重积分式 ADC。

下面简单介绍三重积分式 ADC 的工作原理。它的特点是比较期由两段斜坡组成,当积分器输出电压接近 0 点时,突然换接数值较小的基准电压,从而降低了积分器输出电压的斜率,延长积分器回 0 的时间,使比较周期延长以获得更多的计数值,从而提高了分辨率。而积分器在输出电压较高时,接入数值较大的基准电压,积分速度快,因而转换速度也快。

图 4.35 所示为三积分式 ADC 的工作原理及波形图。系统中有两个比较器,比较器 1 的比较电平为 0 电平,比较器 2 的比较电平为 V',同时有两个基准电压 E_r 和 $E_r/2^m$。工作过程如下:

(1) 采样期:S_x 接通,S_{pb}、S_{ps} 断开,积分器对被测电压 V_i 积分,积分周期恒定为 T_1。

(2) 比较期 1:S_{pb} 接通,S_x、S_{ps} 断开,积分器对极性与 V_i 相反的基准电压 E_r 进行积分。由于 E_r 数值较大,故积分速度较快,积分周期为 T_{21}。

(3) 比较期 2:当积分器输出达到比较器 2 的比较电平 V' 时,通过控制电路使开关 S_{ps} 接通,S_{pb}、S_x 断开,积分器对 $E_r/2^m$ 积分。由于基准电压减小,因而积分速度按比例降低。当积分器输出电压达到 0 V 时,比较器 1 动作,通过控制电路使所有开关断开,积分器停止积分,一次 A/D 转换结束。

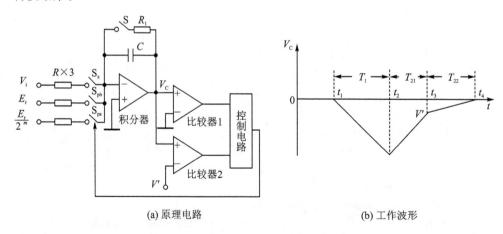

(a) 原理电路　　　　　　　　(b) 工作波形

图 4.35　三积分式 A/D 原理及工作波形

因为比较期 2 的基准电压减小了 2^m 倍,因此,如果在两个比较期内计数脉冲频率保持不变,则在比较期 1 内的计数值应乘以 2^m 后才能与比较期 2 内的计数值相加。为此可采用如图 4.36 所示的计数器结构。

在比较期 1 内,与门 1 打开,计数器从 2^m 位开始计数;在比较期 2 内,"与"门 2 打开,计数器从 2^0 位开始计数。若在比较期 1 内计得 N_1 个钟脉冲,比较期 2 内计得 N_2 个时钟脉冲,则在整个比较期内计数器的计数值为

$$N = 2^m \times N_1 + N_2 \qquad (4-8)$$

在一个 A/D 转换周期内，积分器的输出电压从零开始又回到零，即积分电容器上的电荷保持平衡，没有积累。设积分放大器是理想的，则存在下列关系式：

$$\frac{|V_i|}{R} \times T_1 = \frac{E_r}{R} T_{21} + \frac{E_r}{2^m} \times \frac{1}{R} \times T_{22}$$
$$(4-9)$$

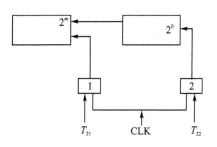

图 4.36 三积分式 ADC 中的计数器

且

$$T_{21} = N_1 \times T \qquad (4-10)$$
$$T_{22} = (N_2 + \alpha) \times T \qquad (4-11)$$

式中 T 为时钟周期，α 是量化误差。由于 T_{22} 是由积分器输出电压过零时刻决定的，与计数脉冲不同步，因而存在量化误差。将式(4-10)和式(4-11)代入式(4-9)后，得：

$$|V_i| \times T_1 = E_r \times N_1 \times T + \frac{E_r}{2^m}(N_2 + \alpha) \times T$$
$$= \frac{E_r}{2^m}(N_1 \times 2^m + N_2 + \alpha) \times T \qquad (4-12)$$

将式(4-8)代入式(4-12)得：

$$|V_i| \times T_1 = \frac{E_r}{2^m}(N + \alpha) \times T \qquad (4-13)$$

即

$$|V_i| \approx \frac{E_r}{2^m} \times \frac{T}{T_1} \times N \qquad (4-14)$$

式(4-14)是三积分式 ADC 的基本关系式，被测电压 V_i 与计数值 N 成正比。由式(4-8)可知，三积分式 ADC 的计数值比双积分式要大得多，可极大程度地提高 ADC 的分辨率。

4.3.3 串行 ADC 与 80C51 单片机的接口方法

4.3.1 小节和 4.3.2 小节分别介绍了比较式和积分式的 ADC 接口技术，它们都属于并行接口方式，电路结构较为复杂，为了简化接口电路，许多半导体厂商推出了串行接口的 ADC 芯片。本小节介绍美国 TI 公司推出的低功耗 8 位串行 A/D 转换器芯片 TLC549 工作原理及其与 80C51 单片机的接口方法。TLC549 具有 4 MHz 片内系统时钟和软、硬件控制电路，转换时间最长 17 μs，最高转换速率为 40000 次/s，总失调误差最大为 ±0.5 LSB，典型功耗值为 6 mW。采用差分参考电压高阻输入，抗干扰，可按比例量程校准转换范围。TLC549 的极限参数如下：

- 电源电压：6.5 V。
- 输入电压范围：0.3 V~V_{CC}+0.3 V。

- 输出电压范围:0.3 V~V_{CC}+0.3 V。
- 峰值输入电流(任一输入端):±10 mA。
- 总峰值输入电流(所有输入端):±30 mA。
- 工作温度:0~70 ℃。

图 4.37 所示为 TLC549 的内部结构框图和引脚排列,各引脚功能如下:

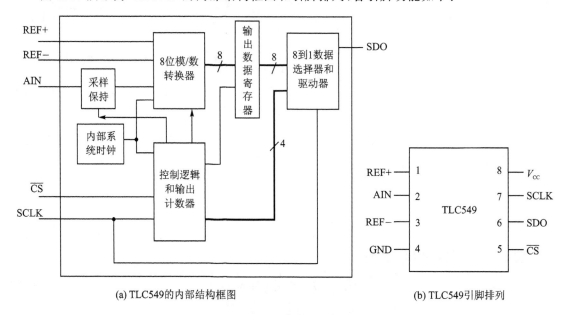

(a) TLC549的内部结构框图   (b) TLC549引脚排列

图 4.37   TLC549 的内部结构框图和引脚排列

REF+、REF-(1、3 脚):基准电压正、负端。
AIN(2 脚):模拟量穿行输入端。
GND(4 脚):接地端。
$\overline{CS}$(5 脚):片选端,低电平有效。
SDO(6 脚):数字量输出端。
SCLK(7 脚):输入/输出时钟端。
V_{CC}(8 脚):电源端。

TLC549 具有片内系统时钟,该时钟与 SCLK 是独立工作的,无须特殊的速度或相位匹配。其工作时序如图 4.38 所示。

当$\overline{CS}$为高时,数据输出端(SDO)处于高阻状态,此时 SCLK 不起作用。这种$\overline{CS}$控制作用允许在同时使用多片 TLC549 时共用 SCLK,以减少多路 A/D 并用时的 I/O 控制端口。通常情况下$\overline{CS}$应为低。一组通常的控制时序如下:

- 将$\overline{CS}$置低。内部电路在测得$\overline{CS}$下降沿后,再等待两个内部时钟上升沿和一个下降沿,

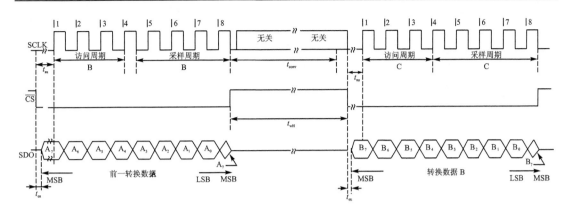

图 4.38 TLC549 的工作时序

然后确认这一变化,最后自动将前一次转换结果的最高位(D_7)位输出到 SDO 端上。
- 前 4 个 SCLK 周期的下降沿依次移出第 2、3、4、5 位(D_6、D_5、D_4、D_3),片上采样保持电路在第 4 个 SCLK 下降沿开始采样模拟输入。
- 接下来的 3 个 SCLK 周期的下降沿移出第 6、7、8(D_2、D_1、D_0)位。
- 最后,片上采样保持电路在第 8 个 I/O CLK 周期的下降沿移出第 6、7、8(D_2、D_1、D_0)位。保持功能将持续 4 个内部时钟周期,然后开始进行 32 个内部时钟周期的 A/D 转换。第 8 个 SCLK 后,$\overline{CS}$ 必须为高,或 SCLK 保持低电平,这种状态需要维持 36 个内部系统时钟周期以等待保持和转换工作完成。如果 $\overline{CS}$ 为低时,SCLK 上出现一个有效干扰脉冲,则微处理器将与器件的 I/O 时序失去同步;如果 $\overline{CS}$ 为高时,出现一次有效低电平,则将使引脚重新初始化,从而脱离原转换过程。

在 36 个内部系统时钟周期结束之前,实施以上步骤,可重新启动一次新的 A/D 转换;与此同时,正在进行的转换终止,此时将输出前一次的转换结果而不是正在进行的转换结果。若要在特定的时刻采样模拟信号,应使第 8 个 SCLK 时钟的下降沿与该时刻对应,因为芯片虽在第 4 个 SCLK 时钟下降沿开始采样,却在第 8 个 SCLK 的下降沿开始保存。

图 4.39 所示为 TLC549 与 80C51 单片机的接口电路。用单片机的 I/O 端口 P3.0、P3.1、P3.2 模拟 TLC549 的 SCLK、$\overline{CS}$、SDO 工作时序。当 $\overline{CS}$ 为高电平时,SDO 为高阻状态。

转换开始之前,$\overline{CS}$ 必须为低电平,以确保完成转换。80C51 单片机的 P3.0 引脚产生 8 个时钟脉冲,以提供 TLC549 的 SCLK 引脚输入。当 $\overline{CS}$ 为低电平时,最先出现在 SDO 引脚上的信号为转换值最高位。80C51 单片机通过 P3.3 引脚从 TLC549 的 SDO 端连续移位读取转换数据。最初 4 个时钟脉冲的下降沿分别移出上一次转换值的第 6、5、4、3 位,其中第 4 个时钟脉冲下降沿启动 A/D 采样,采样 TLS549 模拟输入信号的当前转换值。后续 3 个时钟脉冲送给 SCLK 引脚,分别在下降沿上一次转换值的第 2、1、0 位移处。在第 8 个时钟脉冲下降沿,芯片的采样/保持功能开始保持操作,并持续到下一次第 4 个时钟的下降沿。

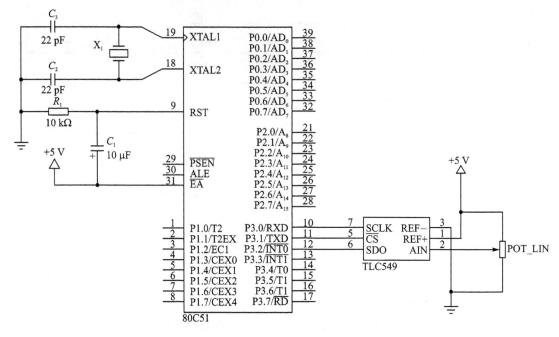

图 4.39 TLC549 与 80C51 单片机的接口电路

A/D 转换周期由 TLC549 的内部振荡器定时,不受外部时钟的约束。一次 A/D 转换完成需要 17 μs。在转换过程中,单片机给 $\overline{CS}$ 一个高电平,SDO 将返回高阻状态,进入下一次 A/D 转换之前,需要至少延时 17 μs,否则 TLC549 的转换过程将被破坏。

例 4-16 为采用 C 语言编写的 TLC549 A/D 转换程序,执行后将启动 TLC549 连续进行 A/D 转换,并将 A/D 转换结果通过单片机的 P1 口输出。

【例 4-16】 启动 TLC549 进行 A/D 转换的 C 语言程序。

```
#include <reg52.h>
#include <intrins.h>
#define uchar unsigned char
sbit SCLK = P3^0;                          // 定义 I/O 端口
sbit CS   = P3^1;
sbit SDO  = P3^2;
/*********************** A/D 转换函数 ***********************/
void TLC549(){
  uchar Dat,i;
  Dat=0;
  CS=0;
```

```
    for(i=0;i<8;i++){
        SCLK=1;
        Dat<<=1;                         // 获得转换数据
        if(SDO) Dat|=1;
        SCLK=0;
    }
    CS=1;                                // 转换数据送 P1 口
    P1=Dat;
}
/****************************** 主函数 ******************************/
void main(){
    uchar i;
    while(1){
        TLC549();                        // 启动 A/D 转换
        for(i=0;i<200;i++)               // 延时
            _nop_();
    }
}
```

4.4 数据采集系统

在智能化测量控制仪表中,为了能够实现对外界各种模拟信号的测量,必须通过数据采集系统将信号送入仪表之中,数据采集系统是外部信号进入仪表内部的必经之路。图 4.40 所示为一个单通道数据采集系统原理框图。

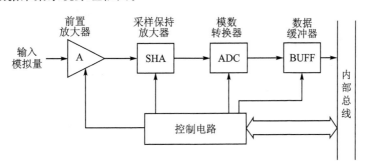

图 4.40 单通道数据采集系统

外部的模拟信号经过前置放大器 A(有时是可程控的)和采样保持放大器 SHA 后进入ADC,转换成数字量后,通过缓冲器与仪表的总线相连接。

图 4.41 所示为多通道数据采集系统原理框图。图 4.41(a)为多通道一般型数据采集系

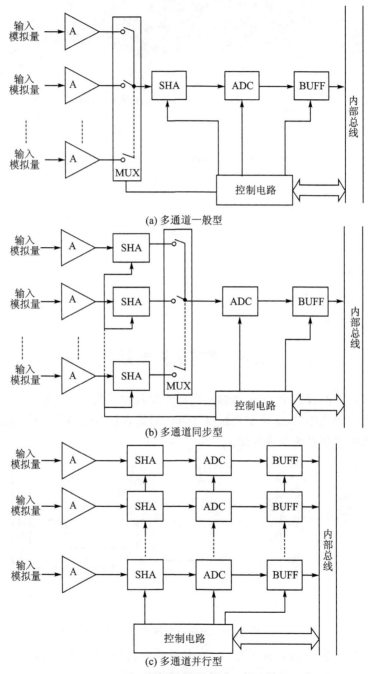

图 4.41 多通道数据采集系统原理框图

统,它通过多路开关 MUX 将各路模拟信号轮流送给 SHA 和 ADC 去进行 A/D 转换。图 4.41(b)为多通道同步型数据采集系统,它在每一个通道上都加有一个 SHA,并受同一触发信号控制。这样可以将同一时刻内采集的信号暂存在各个 SHA 的保持电容上,然后由单片机逐个取走经 ADC 转换后存入存储器。这种电路允许对各通道之间的相互关系(如互相关、互谱等)进行分析。图 4.41(c)为多通道并行数据采集系统,它实际上是多个单通道的组合,可满足不同精度、不同速度数据采集系统的要求。

在设计数据采集系统时,要对系统的各个组成部分认真分析,因为各部分组成元件的好坏、具体电路的设计是否合理,直接影响到数据采集系统的质量。

4.4.1 前置放大器

前置放大器 A 的作用是将输入信号放大到 ADC 可接受的范围之内。前置放大器一般采用集成运算放大器(简称运放)。集成运放有通用型(如 F007、μA741、DG741)和专用型两类。专用型有低漂移型(如 DG725、ADOP-07、ICL7605)、高阻型(如 LF356、CA3140、DG3140)、高速型(如 LM318、NE530、μA715)、低功耗型(如 LM4250、μA335)等。使用时应根据实际需要来选择集成运放。择选的依据是其性能参数:差模输入电阻、输出电阻、输入失调电压、电流及温漂、开环差模增益、共模抑制比和最大输出电压幅度等。这些参数均可以从有关手册中查得。

ICL7650(5G7650)具有极低的失调电压和偏置电流,温漂系数小于 0.1 μV/℃,电源电压范围为 $\pm 3 \sim \pm 8$ V。图 4.42 所示为 7650 的一种接法,调零信号从 2 kΩ 的电位器引出,输入运放的反相端,C_A 和 C_B 应采用优质电容。7650 用作直流低电平放大时,输出端可接 RC 低通滤波器。ADOP-07 也是低漂移运放,温漂系数为 0.2 μV/℃。共模输入电压范围为 ± 14 V,电源电压范围为 $\pm 3 \sim \pm 18$ V。图 4.43 所示为 ADOP-07 的一种接法。

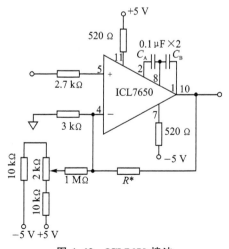

图 4.42 ICL7650 接法

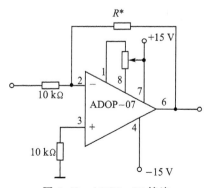

图 4.43 ADOP-07 接法

在模拟放大电路中,常采用由3个运放构成的对称式差动放大器来提高输入阻抗和共模抑制比,如图4.44所示。放大器的闭环增益为:

$$K = \frac{V_O}{V_2 - V_1} = \frac{R_5}{R_4}\left(1 + \frac{R_1 + R_3}{R_2}\right) \tag{4-15}$$

显然,只要调节 R_2 的阻值就可改变放大器增益值,且不影响共模抑制能力。

若分别将图4.44中 V_1 和 V_2 对地短路,则a、b两点的电压 V_a 和 V_b 分别如下。

当 V_2 端对地短路时:

$$V_a = \left(\frac{R_1 + R_2}{R_2}\right) \times V_1 \tag{4-16}$$

$$V_b = -\frac{R_3}{R_2} \times V_1 \tag{4-17}$$

当 V_1 端对地短路时:

$$V_b = \left(\frac{R_2 + R_3}{R_2}\right) \times V_2 \tag{4-18}$$

$$V_a = -\frac{R_1}{R_2} \times V_2 \tag{4-19}$$

当同时加 V_1 和 V_2 时, V_a 和 V_b 为

$$V_a = V_1 + \frac{R_1}{R_2} \times (V_1 - V_2) \tag{4-20}$$

$$V_b = V_2 + \frac{R_3}{R_2} \times (V_2 - V_1) \tag{4-21}$$

对于共模信号, $V_1 = V_2 = V_{cm}$,代入以上两式得:

$$V_a = V_b = V_{cm} \tag{4-22}$$

由此得两点结论:

- 第1级的 R_1、R_2、R_3 对共模抑制能力无影响,但第2级内两路电阻 R_4 与 R_5 的相对误差将引起电路不对称,从而降低共模抑制能力。因此在增益分配上,应提高第1级增益,降低第2级增益。
- 共模输入信号仍呈现在第1级的输出端,它会影响该级的动态范围,因而不能无限制地提高第1级的增益。

如果被测信号的幅值是变化的,有时会用到程控增益放大器,它可以根据被测信号幅值的大小来改变放大器的增益,以便把不同电压范围的输入信号都放大到ADC所需要的幅度。程控放大器由运放和若干模拟开关、一个电阻网络及控制电路组成,它是解决宽范围模拟信号数据采集的简单而有效的方法。程控放大器有同相输入和反相输入两类,其原理电路如图4.45所示。

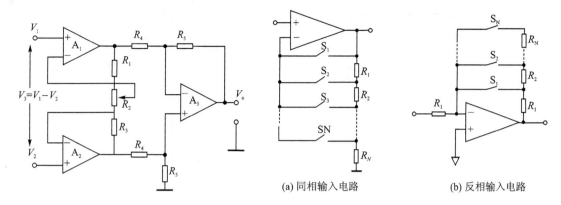

图 4.44 对称式差动放大电路   图 4.45 程控放大器原理

运算放大器为 7650 或 OP-07，由单片机来控制某一路开关的接通，电路的增益随开关接通的情况而定。第 n 个开关接通时，同相和反相输入的程控放大器增益分别为

同相：
$$K_n = \frac{\sum_{i=1}^{N} R_i}{\sum_{i=n}^{N} R_i} \qquad (4-23)$$

反相：
$$K_n = \frac{\sum_{i=1}^{N} R_i}{R_1} \qquad (4-24)$$

目前已有多种型号的单片仪表放大器集成电路芯片供应市场，如 AD521、AD522、AD524、AD612、AD614、LX484、AM201、INA102、PGA100 等。采用这种仪表放大器与采用分立运放构成的测量放大器相比具有性能更为优异、体积小、结构简单、成本低廉的特点。

AD521 是美国 ADI 公司生产的单片集成电路仪表放大器。AD521 的引脚排列和基本连接方法如图 3.49 所示。引脚 OFF SET(第 4、6 脚)用来调节放大器的零点，调整方法是将这两个端子接到一个 10 kΩ 电位器的固定端，电位器的滑动端接到负电源上，如图 4.46(b)所示。

放大器的放大倍数 G 由式(4-25)计算：
$$G = \frac{V_{OUT}}{V_{IN}} = \frac{R_S}{R_G} \qquad (4-25)$$

放大倍数在 0.1~1 000 范围内调整，选用 $R_S = 100 \pm 0.15$ kΩ 时，可以获得较稳定的放大倍数。

在使用 AD521(或任何其他仪表放大器)时，要特别注意为偏置电流提供回路。为此输入端(1 或 3)必须与电源的地线构成回路。可以直接相连，也可以通过电阻相连。图 4.47 给出了 AD521 与输入信号不同耦合方式下的接地方法。

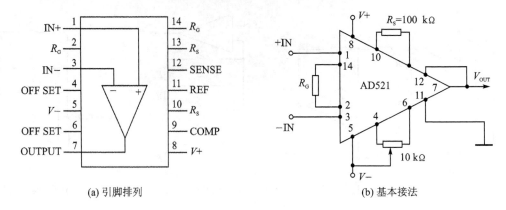

图 4.46 AD521 的引脚排列和基本接法

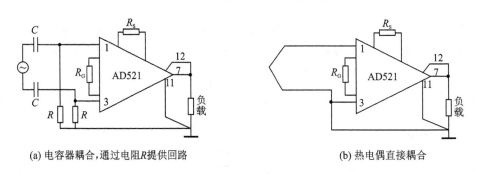

图 4.47 AD521 与输入信号不同耦合方式下的接地方法

  AD524 是一种高精度、高共模抑制比、低失调电压、低噪声的单片集成电路仪表放大器。AD524 的输出失调温度漂移小于 0.25 μV/℃，输入失调温度漂移小于 0.5 μV/℃，单位增益下的共模抑制比大于 90 dB。增益为 1 000 时，共模抑制比为 120 dB。单位增益下的最大直流非线性度为 0.003%，增益带宽积为 25 MHz。图 4.48 所示为 AD524 的结构框图及引脚排列。

  AD524 的特点是在芯片内部已经集成了高精度的增益电阻，因此不须外接电阻而只要通过不同的连接方式即可获得不同的增益。改变增益最简单的方法是将芯片的 3 脚分别与 13、12、11 脚相连，就可以得到 ×10、×100、×1000 的增益。如果希望得到任意大小的增益，可在引脚 RG_1、RG_2 两端外接电阻 R_G，R_G 的值由式(4-26)计算：

$$R_G = \frac{40\,000}{\text{增益} - 1} \tag{4-26}$$

也可利用外接电阻与芯片内部电阻并联来选择增益。例如可将第 3 脚与第 13 脚相连，再在第 3 脚与第 16 脚之间接一个 4 kΩ 的电阻，这就相当于在 RG1 和 RG2 之间接了一个 4 kΩ 与 4.44 kΩ 相并联的电阻，并联电阻的阻值为 2.104 kΩ。根据增益公式，可计算出此时的增益约为 20 dB。

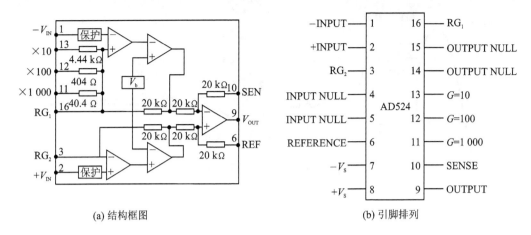

(a) 结构框图　　　　　　　　　　(b) 引脚排列

图 4.48　AD524 的结构框图及引脚排列

4.4.2　采样保持器

采样保持器 SH(Sample – Hold)的作用是保持输入信号在 ADC 转换期间不变。图 4.49 所示为 SH 的原理框图。

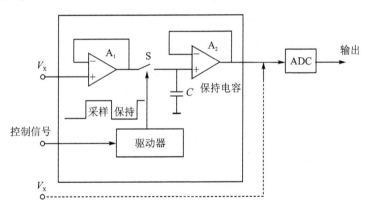

图 4.49　采样保持器原理框图

图中，A_1 和 A_2 为理想的同相跟随器，其输入阻抗及输出阻抗分别趋于无穷大及零。驱动器在采样时刻使开关 S 闭合，此时存储电容 C 迅速充电达到输入电压 V_x 的幅值，并对 V_x 进行跟踪。驱动器在保持阶段使开关 S 断开，此时由于存储电容 C 的漏电极小，其上的电压可基本保持不变，并通过 A_2 送到 ADC 去转换。如果不采用 SH 而将电压 V_x 直接加到 ADC 上去进行转换，如图中虚线所示。在 ADC 转换期间，如果 V_x 变化过大就会造成 A/D 转换的误差。下面结合图 4.50 给出 SH 的一些基本特性参数。

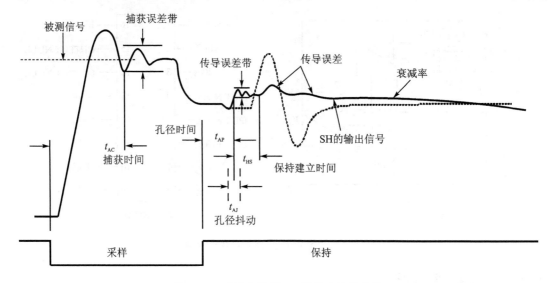

图 4.50 采样保持器 SH 的基本特性参数

1. 捕获时间 t_{AC}(Acquisition Time)(1~10 μs)

指 SH 接到采样命令到开关 S 闭合之后存储电容 C 按允许误差带(±0.1%~±0.01%)逼近被测量 V_x 的一段时间。在此时间之后,SH 相当于一跟随器,C 上电压随 V_x 而变化。

2. 孔径时间 t_{AP}(Aperture Time)(1~200 ns)

指保持命令到来到开关 S 实际完全断开的一段时间,也即保持电容 C 只有在 t_{AP} 之后才开始起保持作用;因此,如果要求工作十分迅速,可将保持命令提前 t_{AP} 下达。

3. 孔径抖动 t_{AJ}(Aperture Jitter)(也称孔径不确定度,约为 2%~10% t_{AP})

t_{AJ} 为 t_{AP} 的不稳定值,即在 t_{AP} 两边的抖动值。t_{AJ} 一般比 t_{AP} 小 1/2~1 个数量级。当把保持指令提前 t_{AP} 时,t_{AP} 的影响可得到补偿,而 t_{AJ} 的影响无法消除。

4. 保持建立时间 t_{HS}(Hold Mode Settling Time)(1 μs 左右)

指在 t_{AP} 之后,SH 的输出按一定误差带(如±0.1%~±0.01%)达到稳定的时间。为了测量方便有人把 t_{AP} 包括在 t_{HS} 之内。因此,在 ADC 开始转换的时间如果早于 t_{HS} 也会产生误差。

5. 衰减率(Drop Rate)(0.1~100 mV/s)

反映 SH 输出值在保持时间内的变化,其原因主要是保持电容 C 受到放大器偏移电流的影响或 C 本身漏电的影响。保持精度决定 SH 所允许的最长保持时间。

6. 传导误差(Feedthrough)

在保持时间内,SH 的输出会因其与输入端之间的寄生电容或其他因素反映输入端的变化,相当一种纹波干扰,一般用分贝值表示。

对于一个单通道的数据采集系统而言,其最小的采样周期 $T_{s\,min}$ 应为 t_{AC}、t_{AP}、t_{HS} 及 ADC 转换时间 t_c 之和。一般 t_{AP} 甚小可以忽略,可得

$$T_{s\,min} = t_{AC} + t_{HS} + t_c \quad (4-27)$$

所以数据采集系统的吞吐率(Througput Rate)的最大值为

$$f_{s\,max} = \frac{1}{T_{s\,min}} \quad (4-28)$$

对于 N 通道数据采集系统,如果多路转换器每次的转换时间为 t_{max},则其最大吞吐率为

$$f_{s\,max} = \frac{1}{N(T_{max} + t_{AC} + t_{HS} + t_c)} \quad (4-29)$$

如果能在 A/D 转换进行期间接通下一个通道,则上式中的 t_{max} 也可忽略。

为了进一步说明采样保持器的作用,假定输入信号 V_x 为一正弦电压,则

$$V_x = V_m \sin \omega t \quad (4-30)$$

为了使 ADC 在转换结束时的转换误差小于其最小分辨率(LSB)的 1/2,则需满足:

$$\left(\frac{dV}{dt}\right)_{max} \times t_c \leqslant \frac{1}{2} \times \frac{V_{FS}}{2^n} \quad (4-31)$$

其中 V_{FS} 为 ADC 的满度值;n 为 ADC 的位数;t_c 为 ADC 的转换时间。

由式(4-30)及式(4-31)得

$$V_m \omega \cos \omega t \mid_{t=0} \times t_c \leqslant \frac{V_{FS}}{2^{n+1}} \quad (4-32)$$

$$V_m \times 2\pi f_x \times t_c \leqslant \frac{V_{FS}}{2^{n+1}} \quad (4-33)$$

则

$$f_x \leqslant \frac{V_{FS}}{2^{n+2} \pi V_m t_c} \quad (4-34)$$

若

$$V_{FS} = V_m$$

则

$$f_x \leqslant \frac{1}{2^{n+2} \pi \cdot t_c} \quad (4-35)$$

例如 8 位 ADC(例如 0809),则有

$$n = 8, \quad t_c = 100 \text{ μs}, \quad f_x \leqslant 3.1 \text{ Hz}$$

又例如 12 位 ADC(例如 AD574A),则有

$$n = 12, t_c = 35 \text{ μs}, f_x \leqslant 0.55 \text{ Hz}$$

可见,如果不用采样保持器,ADC 在能够保证精度的条件下直接转换的输入信号 V_x 的频率只能是直流或很低频的信号。采用采样保持器后,可把式(3-45)中 ADC 的转换时间 t_c 换成采样保持器的孔径时间 t_{AP},即式(3-45)变成

$$f_s \leqslant \frac{1}{2^{n+2} \pi \cdot t_{AP}} \quad (4-36)$$

由于 $t_{AP} \ll t_c$，从而可以大大提高 ADC 输入信号的频率。如 $t_{AP}=35$ ns(35×10^{-9} s)，则对 ADC0809，$f_x \leqslant 8857$ Hz；对 AD574A，$f_x \leqslant 550$ Hz，可见输入信号频率得到很大提高。

常用的集成电路 SH 有 AD582、LF398 等，前者具有放大器功能，并有二个逻辑控制输入端(LOGICIN＋及 LOGICIN－)。IN＋输入相对 IN－的电压在－6～＋0.8 V 时，AD582 处于采样模式，IN＋偏置为＋2 V 和(＋V_s－3 V)之间时，处于保持模式。LF398 的性能与 AD582 相近，但不具备放大功能。图 4.51 为 AD582 和 LF398 的引脚和接法。

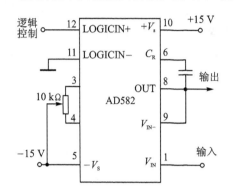
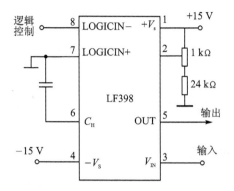

图 4.51　AD582 和 LF398 的引脚和接法

在多通道数据采集系统中，还经常用到多路模拟开关 MUX，以达到分时测量和控制的目的。AD7506 是一种常用的模拟开关，它是 CMOS 工艺，16 通道选择，如图 4.52 所示。EN 为芯片选择信号，当 EN＝1 时，$A_0 \sim A_3$ 的状态决定了哪个开关接通，即把输出线 OUT 与 16 根输入线 $S_1 \sim S1_{16}$ 中的哪一根相连接。当 A_3、A_2、A_1、A_0 的状态为 0000 时，接通 S_1，为 0001 时接通 S_2，…，为 1111 时接通 S_{16}。AD7605 多路开关的特点是功耗低，导通电阻小且与所加电压无关。

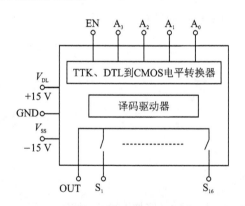

图 4.52　AD7506 多路模拟开关

4.4.3　新型单片数据采集系统 ADμC8xx 简介

目前，随着大规模集成电路工艺的发展，市场上已经出现了各种专用的数据采集系统芯片。这种芯片集高速高精度 SH、ADC、基准时钟源及数字接口于一体，可以达到很高的水平，美国 Analog Device 公司推出的 ADμC8xx 系列微转换器(Microconverter)就是其中的典型代表，在单一芯片上集成了高精度、多通道16 位/24 位 Σ－ΔA/D 转换器、12 位电压输出 D/A

转换器、温度传感器,同时还集成了 80C51 内核及大容量闪速存储器 FLASH(8~62 KB)、I^2C 串行总线接口、SPI 串行总线接口等。该芯片具有增益可程控的前置放大单元,可以作为数据采集系统的前端转换器,直接接收低电平信号,不需要外加信号放大和调理电路,给用户带来极大的方便。典型芯片有 ADμC812、ADμC816、ADμC824、ADμC836、ADμC848 等。

本小节以 ADμC824 为例来介绍这种新型数据采集系统芯片,它具有如下主要特性:

- 双通道 Σ-ΔA/D 转换器,主通道为 24 位分辨率,差分输入,带增益可编程调节的输入缓冲器,自校准功能。辅助通道为 16 位分辨率,单端输入,自校准功能。
- 单通道 12 位电压输出 D/A 转换器。
- 工业标准的 8052 内核,与 80C51 完全兼容。
- 8 KB 片内 FLASH 程序存储器,640 字节片内 FLASH 数据存储器,256 字节片内静态 RAM。
- 片内精密温度传感器。
- 可编程锁相环时钟(PLL)及低功耗工作模式。
- 片内嵌入式下载/调试器功能。

图 4.53 所示为 ADμC824 的片内功能框图。

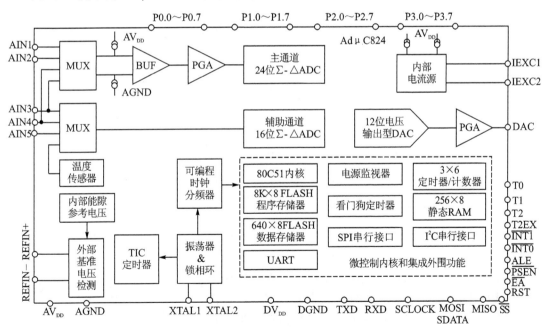

图 4.53 ADμC824 的片内功能框图

图 4.54 为 ADμC824 的引脚排列,各引脚名称如表 4-4 所列。

表 4-4 ADμC824 的引脚名称

引脚	名称	引脚	名称
1	P1.0/T2	27	SDATA
2	P1.1/T2EX	28	P2.0/A8/A16
3	P1.2/IEXC1	29	P2.1/A9/A17
4	P1.3/IEXC2	30	P2.2/A10/A18
5	AV_{DD}	31	P2.3/A11/A19
6	AGND	32	XTAL1
7	REFIN(−)	33	XTAL2
8	REFIN(+)	34	DV_{DD}
9	P1.4/AIN1	35	DGND
10	P1.5/AIN2	36	P2.4/A12/A20
11	P1.6/AIN3	37	P2.5/A13/A21
12	P1.7/AIN4/DAC	38	P2.6/A14/A22
13	$\overline{SS}$	39	P2.7/A15/A23
14	MISO	40	$\overline{EA}/V_{PP}$
15	RE1	41	$\overline{PSEN}$
16	P3.0/RXD	42	ALE
17	P3.1/TXD	43	P0.0/AD0
18	P3.2/$\overline{INT0}$	44	P0.1/AD1
19	P3.3/$\overline{INT1}$	45	P0.2/AD2
20	DV_{DD}	46	P0.3/AD3
21	DGND	47	DGND
22	P3.4/T0	48	DV_{DD}
23	P3.5/T1	49	P0.4/AD4
24	P3.6/$\overline{WR}$	50	P0.5/AD5
25	P3.7/$\overline{RD}$	51	P0.6/AD6
26	SCLOCK	52	P0.7/AD7

如所有与 80C51 件兼容器件一样，ADμC824 的存储器组织具有"哈佛"式结构，即具有分开的程序存储器和数据存储器空间，在片内存储器方面提供了 8 KB 的片内 FLASH 程序存储器、256 字节的片内静态 RAM，还提供了 640 字节的可间接访问片内 FLASH 数据存储器。片外程序存储器最大可达 64 kB，片外数据存储器则最大可扩展到 16 MB。

图 4.55 所示为 ADμC824 的数据存储器结构映像，新

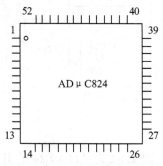

图 4.54 ADμC824 的引脚排列

增加的 640 字节片内 FLASH 数据存储器可通过特殊功能寄存器的控制进行间接访问。

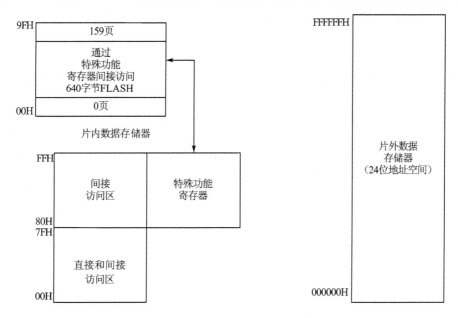

图 4.55　ADμC824 的数据存储器结构映像

扩展外部 16 MB 数据存储器时，需要 24 位地址线。此时 P0 口分时用作 8 位数据总线和低 8 位地址线，P2 口在 P0 口送出数据指针低 8 位字节（DPL）的同时，送出数据指针页字节（DPP），并由 ALE 信号锁存到高位地址锁存器，然后给出数据指针的高位字节（DPH）作为中位地址。当 P2 口没有外界锁存器时，DPP 被忽略，ADμC824 像标准 80C51 一样访问外部 64 KB 的数据存储器。图 4.56 所示为外扩 16 MB 数据存储器的接口电路。

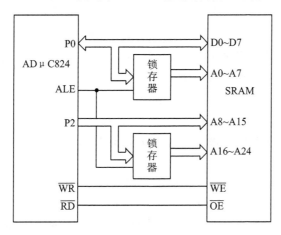

图 4.56　外扩 16 MB 数据存储器的接口电路

ADμC824 片内集成有两个独立的 ADC,即主 ADC 和辅助 ADC。主 ADC 的分辨率为 24 位,辅助 ADC 的分辨率为 16 位。两个 ADC 都使用了数字滤波和 Σ-ΔA/D 转换技术。下面简单介绍 Σ-ΔA/D 转换器的基本原理。

Σ-ΔA/D 转换器由两个主要模块组成,一个是 Σ-Δ 调制器,另一个是低通数字滤波器和分样器。Σ-Δ 调制器是基于过采样的一位编码技术,Δ 意为增量,Σ 意为积分。在基本 Δ 调制器中加入一个积分器(或模拟低通滤波器)就构成了 Σ-Δ 调制器。通常调制器以大于奈奎斯特频率许多倍的频率采样模拟输入信号。这种采样方式又称为"过采样"。对得到的采样值进行调制,输出反映输入信号幅度的一位编码数据流,经分样(用小于过采样频率的采样频率对数字信号进行再采样)和低通数字滤波处理,除去噪声,得到 N 位的编码输出。

图 4.57 所示为一阶 Σ-Δ 调制器的原理框图。由采样保持器 S/H 采来的模拟输入样值与 1 位 DAC 的输出相减,得到误差电压 $e(t)$,再经模拟低通滤波器除去噪声,由比较器(1 位 ADC)进行比较判决,输出一位编码。当 $e(t)>0$ 时,输出为"1"码;当 $e(t)<0$ 时,输出为"0"码。1 位 ADC 实际上是一个零位比较器,它的输出一路送到数字滤波和分样器,另一路送到 1 位 DAC。DAC 当前的输出信号比上一次的输出信号延迟了 1 个码元,它代表前一个采样点上的量化电平。DAC 的输出送到减法器后又一次与采样值相减,经滤波和比较判决,输出 1 位编码。如此反复,便可完成 Σ-Δ 调制,即 A/D 转换。

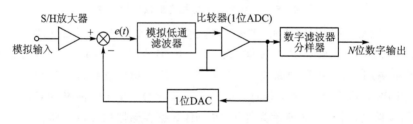

图 4.57 一阶 Σ-Δ 调制器的原理框图

Σ-ΔA/D 转换器的基本思想是采用过采样技术,把更多的量化噪声压缩到基本频带外边的高频区并由低通数字滤波器滤除这些带外噪声。过采样 Σ-ΔA/D 转换技术有 3 个重要的优点:一是采用一位编码技术,模拟电路少。二是 ADC 前面的抗混频滤波器容易设计。三是能提高信噪比。如图 4.58 所示,f_a 是输入信号的带宽,对于给定的采样频率 f_S,在带宽 $f_S/2$ 之内,按量化理论,噪声的有效值为 $V_n=q/\sqrt{2}$(q 是最低有效位的权)。若 f_a 为常数,f_S 增加,则量化噪声将扩散到一个很宽的带宽之内,因而在信号的带宽 f_a 之内,有效值噪声将减小,从而使分辨率得到提高。

ADμC824 在片内两个独立的 ADC 中都采用了数字滤波技术,可以实现宽动态范围低频信号的精确测量。主通道 ADC 为 24 位分辨率带缓冲器的 A/D 转换器,可用于传感器的第一级输入。其输入范围在 ±20 mV~±2.56 V 之间分为 8 挡,对模拟输入信号具有良好的输入阻抗。需要时,还可以在输入端采用 RC 滤波来滤除噪声和降低射频干扰。主通道 ADC 有 4

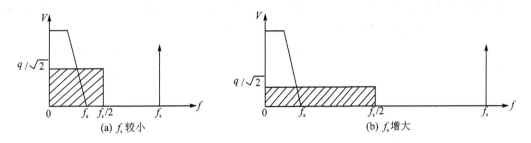

图 4.58 过采样对于噪声的抑制

个相关的模拟输入脚 AIN1～AIN4,能配置成两个完整的差分输入通道。通过通道选择控制寄存器 ADC0CON 可以设置成 3 种差分组合,还提供了一种短接输入方式,可以实现高达 24 位的无丢失码性能。Σ-Δ 调制器将输入信号采样值转变为占空比与数字信息有关的数字脉冲。可编程低通 Sinc³ 滤波器接着对调制器输出数据流抽取十分之一,以 5.35～105.03 Hz 的可编程输出速率给出有效转换数据。限幅电路用来将 ADC 通道失调误差减至最小。ADμC824 主通道 ADC 的功能框图如图 4.59 所示。

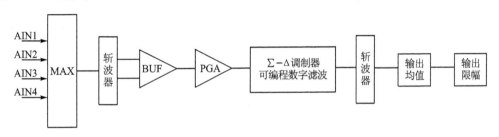

图 4.59 ADμC824 主通道 ADC 的功能框图

辅助通道 ADC 为 16 位分辨率,用来转换辅助输入信号。辅助通道没有缓冲器,输入范围固定为 ±2.5 V。辅助通道有 3 个模拟输入脚 AIN3～AIN5,还有一个输入端连接到片内温度传感器,所有输入都是相对于内部地的单端输入。辅助通道 ADC 的功能框图如图 4.60 所示。

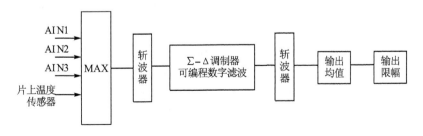

图 4.60 ADμC824 辅助通道 ADC 的功能框图

ADμC824 可以通过如下与片内 ADC 相关的特殊功能寄存器对 2 个 ADC 进行控制,即

- ADC 状态寄存器 ADCSTAT：反映主、辅 ADC 的状态，包括数据准备好、数据校准以及与 ADC 有关的出错状态，如基准检测错或转换上下溢出错等。
- ADC 模式控制寄存器 ADCMODE：用于控制主、辅 ADC 通道的工作模式。
- 主 ADC 控制寄存器 ADC0CON：用于设置主 ADC 的输入范围、输入通道选择、外部基准允许以及单、双极性编码。
- 辅助 ADC 控制寄存器 ADC1CON：用于设置辅助 ADC 的输入通道选择、外部基准允许以及单、双极性编码。

注意：辅助 ADC 只能在固定的输入范围内工作。

- $Sinc^3$ 滤波器寄存器 SF：用于设定抽样因子，从而改变主、辅 ADC 的输出更新率。

注意：当一个 ADC 正在工作时，用户程序就不能对 SF 寄存器进行写入操作。

- 电流源控制寄存器 ICON：用于控制设置片内不同的激励和驱动电流源。
- 主 ADC 转换结果数据保存寄存器 ADC0H/ADC0M/ADC0L：这 3 个 8 位寄存器保存主 ADC 的 24 位转换结果数据。
- 辅助 ADC 转换结果数据保存寄存器 ADC1H/ADC1L：这 2 个 8 位寄存器保存辅助 ADC 的 16 位转换结果数据。
- 主 ADC 失调校准系数保存寄存器 OF0H/OF0M/OF0L：这 3 个 8 位寄存器保存主 ADC 的 24 位失调校准系数。它们在上电时被设置为出厂时的内部零度校准系数，每个器件的内部零度校准系数可能都不相同。如果用户通过 ADCMODE 寄存器启动了内部或系统的零度校准，那么这些字节将会被自动重写。
- 辅助 ADC 失调校准系数保存寄存器 OF1H/OF1L：这 2 个 8 位寄存器保存辅助 ADC 的 16 位失调校准系数。它们在上电时被设置为出厂时的内部零度校准系数，每个器件的内部零度校准系数可能都不相同。如果用户通过 ADCMODE 寄存器启动了内部或系统的零度校准，那么这些字节将会被自动重写。
- 主 ADC 增益校准系数保存寄存器 GN0H/GN0M/GN0L：这 3 个 8 位寄存器保存主 ADC 的 24 位增益校准系数。它们在上电时被设置为出厂时的内部增益校准系数，每个器件的内部增益校准系数可能都不相同。如果用户通过 ADCMODE 寄存器启动了内部或系统的增益校准，那么这些字节将会被自动重写。
- 辅助 ADC 增益校准系数保存寄存器 GN1H/GN1L：这 2 个 8 位寄存器保存辅助 ADC 的 16 位增益校准系数。它们在上电时被设置为出厂时的内部增益校准系数，每个器件的内部增益校准系数可能都不相同。如果用户通过 ADCMODE 寄存器启动了内部或系统的增益校准，那么这些字节将会被自动重写。

ADμC824 还具有如下片内外围集成功能：

1) 片内锁相环电路 PLL

ADμC824 使用 32.768 kHz 的外部晶体振荡器,通过片内 PLL 电路进行倍频处理,为系统提供稳定的 12.5829 12 MHz 时钟。芯片各内核部件都可以此频率工作。在不要求内核具有最佳性能时,也可以按此频率的 1/2 工作以节省功耗。默认的内核频率为 PLL 时钟的 1/8,即 1.572 864 MHz。ADC 时钟也来自于 PLL 时钟,调制器速率与晶体振荡器频率一致。以上频率设计可以保证不论内核时钟频率为多少,调制器和内核始终保持同步。片内锁相环电路 PLL 可以通过特殊功能寄存器 PLLC0N 加以控制。

2) 定时计数器 TIC

ADμC824 提供了一个片内定时计数器 TIC,可以得到比标准 80C51 定时器更长的定时时间。另外,这个计数器的时钟不是由 PLL 时钟提供,而是由片外 32.768 kHz 的晶体振荡器直接提供,它在空闲和掉电状态下中都保持继续工作。显然,它适用于远距离电池供电的传感器,因为这些情况下通常需要宽间隔的读数。与 TIC 有关的特殊功能寄存器有 6 个,其中 TIMECON 是 TIC 的控制寄存器。当选定的时基计数器计数达到用户写入特殊功能寄存器 INTVAL 的预定值时,TIC 就会产生一个输出。该输出可以触发一个中断或在 TIMECON 寄存器中建立一个标志位。在初始化时,可以在时基特殊功能寄存器中写入当前时间,然后在器件工作期间可随时由用户程序软件读出有效时间。与 TIC 有关的特殊功能寄存器如下:

- TIC 控制寄存器 TIMECON;
- 间隔计数选择寄存器 INTVAL;
- 百分之一秒寄存器 HTHSEC;
- 秒寄存器 SEC;
- 分寄存器 MIN;
- 小时寄存器 HOUR。

3) 看门狗定时器 WDT

看门狗定时器的作用是当器件由于程序错误、电气噪声或干扰而进入错误状态时,在一定时间后产生一个复位或中断信号。当 WDT 控制寄存器(WDCON)中 WDE 位置 0 时,禁止看门狗定时器功能;否则,当 WDE 置 1 时,看门狗有效,此时如果用户程序在预设的定时间隔内没有刷新看门狗定时器的值,WDT 电路将产生一个系统复位或中断信号。WDT 本身是一个 16 位计数器,它由 PLL 直接提供时钟(f_{PLL} = 32.768 kHz)。WDT 的溢出时间可以通过 WDCON 中的 PRE3~PRE0 位设置。WDT 的所有控制、状态操作都可通过特殊功能寄存器 WDCON 来控制。

4) 电源监视器

当 ADμC824 的任一个电源(AV_{DD} 或 DV_{DD})降至由用户选择的 4 个电压检测点(2.63~4.63 V)之一时,电源监视器就会产生一次中断。中断标志要等到供电电压恢复到检测点以上至少 256 ms 时才会被清除。使用电源监视器可以确保用户能有效保存工作寄存器的内容,避免因电压过低造成数据丢失。同时在确保电源达到"安全"电平以前,程序会暂停执行。在电源监视器中采取了有效措施,可以有效防止寄生窄脉冲误触发中断电路。电源监视器由特殊功能由寄存器 PSMCON 控制。

5) 片内 DAC

ADμC824 内部集成了一个 12 位的电压输出 DAC,具有缓冲器功能,可以驱动 10 kΩ(100 pF)负载。DAC 转换范围有两种选择:0 V~V_{REF}(内部 2.5 V 基准)或 0 V~AV_{DD},可以 12 位方式或 8 位方式工作。DAC 的输出可编程为从第 10 脚输出或从第 12 脚输出。与 DAC 有关的特殊功能寄存器有 3 个,它们是 DAC 控制寄存器 DACCON、数据寄存器 DACL 和 DACH。

6) SPI 串行接口

ADμC824 在片内集成了一个工业标准的 SPI 串行接口。它是一种同步串行接口,可以同时同步地发送和接收 8 位数据。

注意:SPI 串行接口与 I^2C 接口使用相同的引脚,因此不能两种接口同时使用。

系统可以配置成主机(Master)或从机(Slave)操作。通常需要使用 4 根引脚:

MISO(引脚 14)　　　主输入/从输出数据 I/O;
MOSI(引脚 27)　　　主输出/从输入数据 I/O;
SCLOCK(引脚 16)　　串行时钟信号;
$\overline{SS}$(引脚 13)　　　从属选择 I/O。

与 SPI 串行接口相关的特殊功能寄存器有 SPI 控制寄存器 SPICON 和 SPI 数据寄存器 SPIDAT。

7) I^2C 串行接口

ADμC824 在片内集成了一个 I^2C 串行接口,使用与片内 SPI 接口相同的引脚,因此不能两种接口同时使用。I^2C 串行接口可以配置成软件主(Software Master)或硬件从(Hardware Slave)模式。通常需要使用 2 根引脚:

SDATA(引脚 27)　　串行数据 I/O;
SCLOCK(引脚 26)　　串行时钟 I/O。

与 I^2C 串行接口相关的特殊功能寄存器有 3 个:

- I^2C 控制控制寄存器 I2CON;
- I^2C 地址寄存器 I2CADD;
- I^2C 数据寄存器 I2CDAT。

ADμC824 的所有片内集成功能都可以通过相关特殊功能寄存器加以控制,关于这些特殊功能寄存器的详细说明请参阅 ADI 公司的数据手册。

复习思考题

1. ADC 和 DAC 的主要技术指标有哪些？ADC 的分辨率和精度是一样的吗？
2. 多于 8 位的 DAC 与 8 位微处器接口时为什么要采用双组缓冲器结构？结合图 4.3 和图 4.4 分析 DAC 输出产生"毛刺"的原因及消除的方法。
3. 试利用图 4.6 硬件接口编写一个锯齿波程序，已知台阶电压 $\Delta V = 39$ mV，要求波形的起始电压为 2 V，终止电压为 5 V。
4. 试利用图 4.6 硬件接口编写一个梯形波程序。
5. 简述串行 D/A 转换器 MAX517 的工作原理，画出它的工作时序图。
6. 在 80C51 单片机外部扩展一片串行 A/D 转换器 MAX517，画出硬件电路原理图，写出相应的程序。
7. 试利用图 4.19 说明阶梯波比较式 ADC 的工作原理。
8. 试设计 ADC0809 与单片机 80C51 的硬件接口，并编写 A/D 转换程序。
9. 结合图 4.31 分析双积分式 ADC 的工作原理。
10. 试设计一个用单片机 80C51 和 ICL7135 芯片实现的双积分 ADC 接口，并编写出 A/D 转换程序。
11. 结合图 4.35 和图 4.36 分析三积分式 ADC 的工作原理并说明这种 ADC 有何优点。
12. 简述串行 A/D 转换器 TLC549 的工作原理，画出它的工作时序图。
13. 在 80C51 单片机外部扩展一片 A/D 转换器 TLC549，画出硬件电路原理图，写出相应的程序。
14. 在数据采集系统中有几类前置放大器？选择前置放大器的依据是什么？
15. 采样保持器 SH 的作用是什么？试分析利用 SH 提高被测信号频率的原理。
16. ADμC824 具有哪些内部资源？它的存储器组织与普通 80C51 有何不同？与它内部双通道 ADC 有什么特点？

第5章 智能化测量控制仪表的键盘与显示器接口技术

5.1 LED显示器接口技术

发光二级管 LED(Light Emitting Diode)是智能化测量控制仪表中简单而常用的输出设备,通常用来指示机器的状态或其他信息。它的优点是价格低,寿命长,对电压电流的要求低及容易实现多路等,因而在智能化测量控制仪表中获得了广泛的应用。

LED 是近似于恒压的元件,导电时(发光)的正向压降一般约为 1.6 V 或 2.4 V,反向击穿电压一般≥5 V。工作电流通常在 10～20 mA,故电路中需串联适当的限流电阻。发光强度基本上与正向电流成正比。发光效率和颜色取决于制造的材料,一般常用红色,偶尔也用黄色或绿色。

多个 LED 可接成共阳极或共阴极形式。图 5.1 所示为 LED 共阳极连接,通过驱动器接到系统的并行输出口上,由 CPU 输出适当的代码来点亮或熄灭相应的 LED。

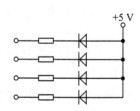

图 5.1 LED 的共阳极连接

发光二级管显示器驱动(点亮)的方法有如下 2 种:
- 静态驱动方法,即给欲点亮的 LED 通以恒定的定流。这种驱动方法需要有寄存器、译码器、驱动电路等逻辑部件。当需要显示的位数增加时,所需的逻辑部件及连线也相应增加,成本也增加。
- 动态驱动方法,这种方法是给欲点亮的 LED 通以脉冲电流,此时 LED 的亮度是通断的平均亮度。为保证亮度,通过 LED 的脉冲电流应数倍于其额定电流值。利用动态驱动法可以减少需要的逻辑部件和连线。智能化测量控制仪表中常采用动态驱动方法。

5.1.1 7段 LED 数码显示器

最常用的一种数码显示器是由 7 段条形的 LED 组成,如图 5.2 所示。点亮适当的字段,就可显示出不同的数字。此外不少 7 段数码显示器在右下角带有一个圆形的 LED 作小数点用,这样一共有 8 段,恰好适用于 8 位的并行系统。

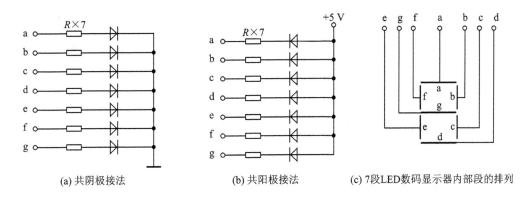

(a) 共阴极接法　　　　(b) 共阳极接法　　　　(c) 7段LED数码显示器内部段的排列

图 5.2　7 段 LED 数码显示器的连接

图 5.2(a)为共阴极接法,公共阴极接地。当各段阳极上的电平为"1"时,该段点亮;电平为"0"时,段就熄灭。图 5.2(b)为共阳极接法,公共阳极接+5 V 电源。当各段阴极上的电平为"0"时,该段就点亮;电平为"1"时,段就熄灭。图中 R 是限流电阻。图 5.2(c)为 7 段 LED 数码显示器内部段的排列。

为了在 7 段 LED 上显示不同的数字或字符,首先要把数字或字符转换成相应的段码(又称字形码),由于电路接法不同,形成的段码也不相同,如表 5-1 所列。

表 5-1　7 段数码显示器的段码表

存储器地址	显示数字	共阴极接法的 7 段状态 g f e d c b a	共阴极接法 段码(十六进制数)	共阳极接法 段码(十六进制数)
SEG	0	0 1 1 1 1 1 1	3F	40
SEG+1	1	0 0 0 0 1 1 0	06	79
SEG+2	2	1 0 1 1 0 1 1	5B	24
SEG+3	3	1 0 0 1 1 1 1	4F	30
SEG+4	4	1 1 0 0 1 1 0	66	19
SEG+5	5	1 1 0 1 1 0 1	6D	12
SEG+6	6	1 1 1 1 1 0 1	7D	02
SEG+7	7	0 0 0 0 1 1 1	07	78
SEG+8	8	1 1 1 1 1 1 1	7F	00
SEG+9	9	1 1 0 0 1 1 1	67	18
SEG+10	A	1 1 1 0 1 1 1	77	08

续表 5-1

存储器地址	显示数字	共阴极接法的7段状态 g f e d c b a	共阴极接法段码（十六进制数）	共阳极接法段码（十六进制数）
SEG+11	B	1 1 1 1 1 0 0	7C	03
SEG+12	C	0 1 1 1 0 0 1	39	46
SEG+13	D	1 0 1 1 1 1 0	5E	21
SEG+14	E	1 1 1 1 0 0 1	79	06
SEG+15	F	1 1 1 0 0 0 1	71	0E

将显示数字或字符转换成段码的过程可以通过硬件译码或软件译码来实现。图 5.3 所示为采用硬件译码 BCD 数码显示器与 80C51 单片机的接口电路。这种显示器内部集成了硬件段译码器，能自动将输入的 BCD 数转换成 7 段 LED 段码，直接点亮显示器的段。例 5-1 和例 5-2 分别为采用汇编语言和 C 语言编写的驱动程序。

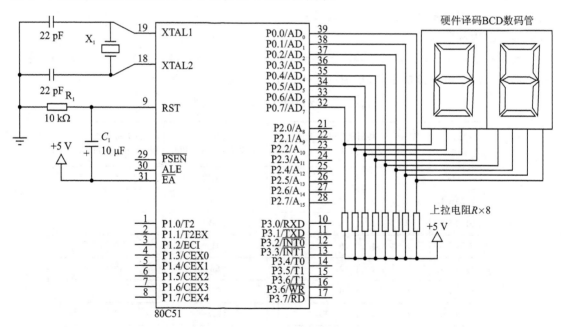

图 5.3 硬件译码 BCD 数码管与 80C51 单片机接口

【例 5-1】 BCD 数码管汇编语言驱动程序。

```
        ORG     0000H
START:  MOV     P0,#12H         ；从 P0 口输出 BCD 码 12
```

```
        LCALL   DELAY              ;延时
        MOV     P0,#34H            ;从 P0 口输出 BCD 码 34
        LCALL   DELAY
        MOV     P0,#56H            ;从 P0 口输出 BCD 码 56
        LCALL   DELAY
        MOV     P0,#78H            ;从 P0 口输出 BCD 码 78
        LCALL   DELAY
        SJMP    START              ;循环
DELAY:  MOV     R5,#20             ;延时子程序
D2:     MOV     R6,#80
D1:     MOV     R7,#248
        DJNZ    R7,$
        DJNZ    R6,D1
        DJNZ    R5,D2
        RET
        END
```

【例 5-2】 BCD 数码管 C 语言驱动程序。

```
#include<reg52.h>
/******************* 延时函数 *******************/
void delay(){
    unsigned int i;
    for(i=0; i<35000; i++);
}

/******************* 主函数 *******************/
main(){
    while(1){
        P0=0x12; delay();        // 从 P0 口输出 BCD 码 12
        P0=0x34; delay();        // 从 P0 口输出 BCD 码 34
        P0=0x56; delay();        // 从 P0 口输出 BCD 码 56
        P0=0x78; delay();        // 从 P0 口输出 BCD 码 78
    }
}
```

带有硬件译码器的 BCD 数码管驱动简单,但价格较高,如果要显示多位数字或字符,采用图 5.3 所示的接口无论从成本还是耗电量来说都不太合适。为此可以采用普通 7 段 LED 数码管,根据数码管的连接方式排出如表 5-1 所列的显示段码表,在驱动程序中利用软件查表

方式进行译码。图 5.4 所示为单个 7 段 LED 数码管与 80C51 单片机的接口电路。例 5-3 和例 5-4 分别为采用汇编语言和 C 语言编写的单个数码管软件译码驱动程序。

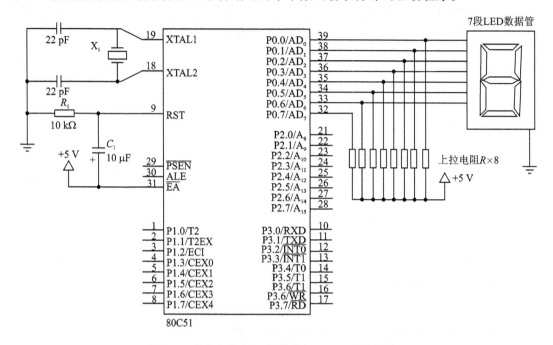

图 5.4 单个 7 段 LED 数码管与 80C51 单片机接口

【例 5-3】 单个数码管软件译码汇编语言驱动程序。

```
        ORG     0000H
START:  MOV     DPTR,#TABLE     ;DPTR 指向段码表首地址
S1:     MOV     A,#00H
        MOVC    A,@A+DPTR       ;查表取得段码
        CJNE    A,#01H,S2       ;判断段码是否为结束符
        SJMP    START
S2:     MOV     P0,A            ;段码送数码管显示
        LCALL   DELAY           ;延时
        INC     DPTR
        SJMP    S1
DELAY:  MOV     R5,#20          ;延时子程序
D2:     MOV     R6,#20
D1:     MOV     R7,#248
        DJNZ    R7,$
        DJNZ    R6,D1
```

```
        DJNZ       R5,D2
        RET
TABLE: DB          3FH,06H,5BH,4FH,66H,6DH,7DH,07H,7FH,6FH    ;段码表
       DB          01H                                         ;结束符
       END
```

【例 5-4】 单个数码管软件译码 C 语言驱动程序。

```c
#include<reg52.h>
#define uchar unsigned char
#define uint unsigned int

uchar code SEG[]={0x3f,0x06,0x5b,0x4f,0x66,0x6d,0x7d,0x07,0x7f,0x6f}; // 段码表

/*********************** 延时函数 ****************************/
void delay(){
    uint i;
    for(i=0; i<35000; i++);
}

/*********************** 主函数 ****************************/
main(){
    while(1){
        uchar i;
        for(i=0; i<10; i++){
            P0=table[i];
            delay();
        }
    }
}
```

图 5.5 所示为多位 7 段 LED 数码管与 80C51 单片机的接口电路,它采用了软件译码和动态扫描显示技术。单片机 P2 口用于数码管段驱动,P3 口用于数码管位驱动。根据要显示的数字或字符去查表取得相应的段码送到 P2 口,P3 口采用逐位扫描的方法控制哪一位数码管被点亮。先从最左一位数码管开始,逐个左移,直至最后一个数码管显示完毕,然后重复上述过程,由于人眼的视觉暂留,看起来不会有闪动感觉。例 5-5 和例 5-6 分别为采用汇编语言和 C 语言编写的多位数码管驱动程序。

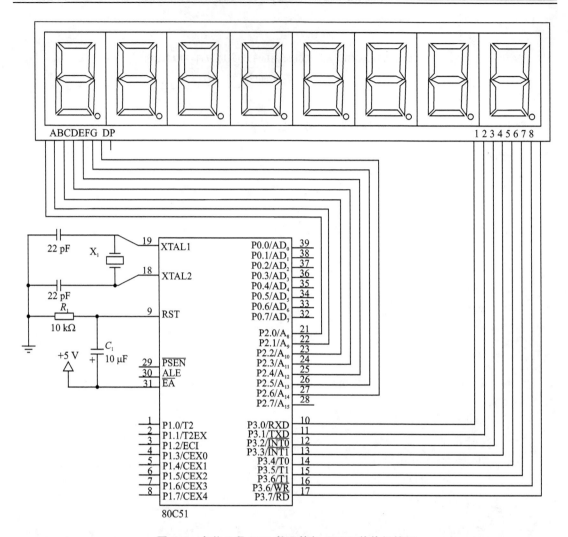

图 5.5　多位 7 段 LED 数码管与 80C51 单片机接口

【例 5-5】 多位数码管动态扫描汇编语言驱动程序。

```
        ORG   0000H
START:  MOV   DPTR,#TABLE     ;DPTR 指向段码表首地址
        MOV   R7,#07FH        ;设置动态显示扫描初值
S1:     MOV   A,#00H
        MOVC  A,@A+DPTR       ;查表取得段码
        CJNE  A,#01H,S2       ;判断段码是否为结束符
        SJMP  START
```

```
S2:     MOV     B,A                     ;段码送B保存
        MOV     A,R7
        RL      A                       ;显示位扫描值左移1位
        MOV     P3,A                    ;显示位扫描值送P3口
        MOV     R7,A
        MOV     P2,B                    ;显示段码送P2显示
        LCALL   DELAY                   ;延时
        INC     DPTR
        SJMP    S1
DELAY:  MOV     R5,#20                  ;延时子程序
D2:     MOV     R6,#20
D1:     NOP
        DJNZ    R6,D1
        DJNZ    R5,D2
        RET
TABLE:  DB      3FH,06H,5BH,4FH,66H,6DH,7DH,07H      ;段码表
        DB      01H                     ;结束符
        END
```

【例 5-6】 多位数码管动态扫描 C 语言驱动程序。

```c
#include<reg52.h>
#include<intrins.h>
#define uchar unsigned char
#define uint unsigned int
uchar code SEG[]={0x3f,0x06,0x5b,0x4f,0x66,0x6d,0x7d,0x07,0x7f,0x6f}; //段码表
/*********************延时函数*************************/
void delay(){
    uint i;
    for(i=0;i<1000;i++);
}
/*********************主函数*************************/
main(){
    while(1){
        uchar i;
        P3=0x7f;
        for(i=0;i<8;i++){
            P3=_crol_(P3,1);
```

```
            P2 = SEG[i];
            delay();
        }
    }
}
```

5.1.2 串行接口 8 位共阴极 LED 驱动器 MAX7219

MAX7219 是 MAXIM 公司生产的一种串行接口方式 7 段共阴极 LED 显示驱动器。其片内包含有一个 BCD 码到 B 码的译码器、多路复用扫描电路、字段和字位驱动器，以及存储每个数字的 8×8 RAM。每位数字都可以被寻址和更新，允许对每一位数字选择 B 码译码或不译码。采用三线串行方式与单片机接口。电路十分简单，只需要一个 10 kΩ 左右的外接电阻来设置所有 LED 的段电流。MAX7219 的引脚排列如图 5.6 所示。

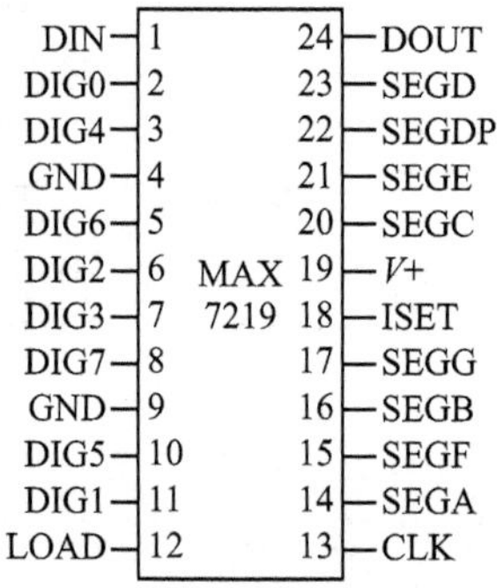

```
DIN  — 1        24 — DOUT
DIG0 — 2        23 — SEGD
DIG4 — 3        22 — SEGDP
GND  — 4        21 — SEGE
DIG6 — 5        20 — SEGC
DIG2 — 6  MAX   19 — V+
DIG3 — 7  7219  18 — ISET
DIG7 — 8        17 — SEGG
GND  — 9        16 — SEGB
DIG5 — 10       15 — SEGF
DIG1 — 11       14 — SEGA
LOAD — 12       13 — CLK
```

图 5.6 MAX7219 的引脚排列

各引脚功能如下：

DIN　　　　　串行数据输入。在 CLK 时钟的上升沿，串行数据被移入内部移位寄存器。移入时最高位(MSB)在前。

DIG0~7　　　8 根字位驱动引脚，它从 LED 显示器吸入电流。

GND　　　　地，两根 GND 引脚必须相连。

LOAD　　　　装载数据输入。在 LOAD 的上升沿，串行输入数据的最后 16 位被锁存。

CLK　　　　 时钟输入。它是串行数据输入时所需的移位脉冲。最高时钟频率为 10 MHz，在 CLK 的上升沿串行数据被移入内部移位寄存器，在 CLK 的下降沿数据从 DOUT 移出。

SEGA~G,DP　7 段和小数点驱动输出，它提供 LED 显示器源电流。

ISET　　　　通过一个 10 kΩ 电阻 R_{SET} 接到 V+ 以设置峰值段电流。

V+　　　　　+5 V 电源电压。

DOUT　　　　串行数据输出。输入到 DIN 的数据经过 16.5 个时钟周期后，在 DOUT 端有效。

MAX7219 采用串行数据传输方式，由 16 位数据包发送到 DIN 引脚的串行数据在每个 CLK 的上升沿被移入到内部 16 位移位寄存器中，然后在 LOAD 的上升沿将数据锁存到数字或控制寄存器中。LOAD 信号必须在第 16 个时钟上升沿同时或之后，但在下一个时钟上升沿之前变高；否则将会丢失数据。DIN 端的数据通过移位寄存器传送，并在 16.5 个时钟周期后出现在 DOUT 端。DOUT 端的数据在 CLK 的下降沿输出。串行数据以 16 位为一帧，其中,D15～D12 可以任意,D11～D8 为内部寄存器地址,D7～D0 为寄存器数据,格式如表 5-2 所列。

表 5-2 MAX7219 的串行数据格式

D15	D14	D13	D12	D11	D10	D9	D8	D7	D6	D5	D4	D3	D2	D1	D0
×	×	×	×	地址				MSB			数据				LSB

MAX7219 的数据传输时序如图 5.7 所示。

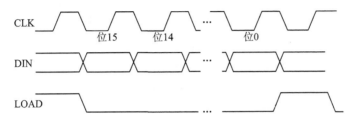

图 5.7 MAX7219 的数据传输时序

MAX7219 具有 14 个可寻址的内部数字和控制寄存器。8 个数字寄存器由一个片内 8×8 双端口 SRAM 实现,它们可以直接寻址;因此,可以对单个数字进行更新;并且只要 V+ 超过 2 V,数据就可以保留下去。控制寄存器有 5 个,分别为译码方式、显示亮度、扫描界限(扫描数位的个数)、停机和显示测试。另外还有一个空操作寄存器(NO-OP),在不改变显示或影响任一控制寄存器的条件下器件级联时,它允许数据从 DIN 传送到 DOUT。表 5-3 所列为 MAX7219 的内部寄存器及其地址。

表 5-3 MAX7219 的内部寄存器及其地址

寄存器	地址				
	D15～D12	D11	D10	D9	D8	十六进制代码
NO-OP	×	0	0	0	0	×0H
数字 0	×	0	0	0	1	×1H
数字 1	×	0	0	1	0	×2H
数字 2	×	0	0	1	1	×3H
数字 3	×	0	1	0	0	×4H
数字 4	×	0	1	0	1	×5H
数字 5	×	0	1	1	0	×6H
数字 6	×	0	1	1	1	×7H
数字 7	×	1	0	0	0	×8H
译码方式	×	1	0	0	1	×9H

续表 5-3

寄存器	地址					十六进制代码
	D15~D12	D11	D10	D9	D8	
亮度	×	1	0	1	0	×AH
扫描界限	×	1	0	1	1	×BH
停机	×	1	1	0	0	×CH
显示测试	×	1	1	1	1	×FH

下面以表格形式对 MAX7219 内部寄存器中不同数据所表示的含义进行说明。表 5-4 为译码方式寄存器中数据的含义。从表中可见,寄存器中的每一位与一个数字位相对应,逻辑高电平选择 B 码译码,而逻辑低电平则选择旁路译码器。

表 5-4 译码方式寄存器(地址 = ×9H)

含 义	D7	D6	D5	D4	D3	D2	D1	D0	十六进制代码
7~0 位均不译码	0	0	0	0	0	0	0	0	00H
0 位译成 B 码,7~1 均不译码	0	0	0	0	0	0	0	1	01H
3~0 位译成 B 码,7~4 均不译码	0	0	0	0	1	1	1	1	0FH
7~0 位均译成 B 码	1	1	1	1	1	1	1	1	FFH

MAX7219 可用 $V+$ 和 ISET 之间所接外部电阻 R_{SET} 来控制显示亮度。来自段驱动器的峰值电流通常为进入 ISET 电流的 100 倍。R_{SET} 既可为固定电阻,也可为可变电阻,以提供来自面板的亮度调节,其最小值为 9.52 kΩ。段电流的数字控制由内部脉宽调制 DAC 控制。该 DAC 通过亮度寄存器向低 4 位加载,将平均峰值电流按 16 级比例设计,从 R_{SET} 设置峰值电流的 31/32 的最大值到 1/32 的最小值,如表 5-5 所列,最大亮度出现在占空比为 31/32 时。

表 5-5 亮度寄存器(地址 = ×AH)

占空比(亮度)	D7	D6	D5	D4	D3	D2	D1	D0	十六进制代码
1/32(最小亮度)	×	×	×	×	0	0	0	0	×0H
3/32	×	×	×	×	0	0	0	1	×1H
5/32	×	×	×	×	0	0	1	0	×2H
⋮				⋮					⋮
29/32	×	×	×	×	1	1	1	0	×EH
31/32(最大亮度)	×	×	×	×	1	1	1	1	×FH

扫描界限寄存器用于设置所显示的数字位,可以为 1~8。通常以扫描频率为 1300 Hz、8 位数字、多路方式显示。因为所扫描数字的多少会影响显示亮度,所以要注意调整。如果扫描界限寄存器被设置为 3 个数字或更少,各数字驱动器将消耗过量的功率。因此,R_{SET} 电阻的值必须按所显示数字的位数多少适当调整,以限制各个数字驱动器的功耗。表 5-6 为扫描界限寄存器中数据的含义。

表 5-6 扫描界限寄存器(地址 = ×BH)

显示数字位	D7	D6	D5	D4	D3	D2	D1	D0	十六进制代码
只显示第 0 位数字	×	×	×	×	×	0	0	0	×0H
显示第 0 位~第 1 位数字	×	×	×	×	×	0	0	1	×1H
显示第 0 位~第 2 位数字	×	×	×	×	×	0	1	0	×2H
⋮					⋮				⋮
显示第 0 位~第 6 位数字	×	×	×	×	×	1	1	0	×6H
显示第 0 位~第 7 位数字	×	×	×	×	×	1	1	1	×7H

当 MAX7219 处于停机方式时,扫描振荡器停止工作,所有的段电流源被拉到地,而所有的位驱动器被拉到 V+,此时 LED 将不显示。在数字和控制寄存器中的数据保持不变。停机方式可用于节省功耗或使 LED 处于闪烁。MAX7219 退出停机方式的时间不到 250 μs,在停机方式下显示驱动器还可以进行编程。停机方式可以被显示测试功能取消。表 5-7 为停机寄存器中数据的含义。

表 5-7 停机寄存器(地址 = ×CH)

工作方式	D7	D6	D5	D4	D3	D2	D1	D0	十六进制代码
停机	×	×	×	×	×	×	×	0	×0H
正常	×	×	×	×	×	×	×	1	×1H

显示测试寄存器有两种工作方式:正常和显示测试。在显示测试方式下 8 位数字被扫描,占空比为 31/32。通常不考虑(但不改变)所有控制寄存器和数据寄存器(包括停机寄存器)内的控制字来接通所有的 LED 显示器。表 5-8 为显示测试寄存器中数据的含义。

表 5-8 显示测试寄存器(地址 = ×FH)

工作方式	D7	D6	D5	D4	D3	D2	D1	D0	十六进制代码
正常	×	×	×	×	×	×	×	0	×0H
显示测试	×	×	×	×	×	×	×	1	×1H

数字 0～7 寄存器受译码方式寄存器的控制：译码或不译码。数字寄存器可将 BCD 码译成 B 码(0～9、一、E、H、L、P)，如表 5-9 所列。如果不译码，则数字寄存器中数据的 D6～D0 位分别对应 7 段 LED 显示器的 A～G 段，D7 位对应 LED 的小数点 DP。某一位数据为 1，则点亮与该位对应的 LED 段；数据为 0，则熄灭该段。

表 5-9 数字 0～7 寄存器(地址 = ×1H～×8H)

7 段字形	寄存器数据						点亮段						
	D7	D6～D4	D3	D2	D1	D0	DP	A	B	C	D	E	F	G
0	×	0	0	0	0	0	1	1	1	1	1	1	0
1	×	0	0	0	1	0	1	1	0	0	0	0
2	×	0	0	1	0	1	1	0	1	1	0	1
3	×	0	0	1	1	1	1	1	1	0	0	1
4	×	0	1	0	0	0	1	1	0	0	1	1
5	×	0	1	0	1	1	0	1	1	0	1	1
6	×	0	1	1	0	1	0	1	1	1	1	1
7	×	0	1	1	1	1	1	1	0	0	0	0
8	×	1	0	0	0	1	1	1	1	1	1	1
9	×	1	0	0	1	1	1	1	1	0	1	1
—	×	1	0	1	0	0	0	0	0	0	0	1
E	×	1	0	1	1	1	0	0	1	1	1	1
H	×	1	1	0	0	0	1	1	0	1	1	1
L	×	1	1	0	1	0	0	0	1	1	1	0
P	×	1	1	1	0	1	1	0	0	1	1	1
暗	×	1	1	1	1	0	0	0	0	0	0	0

注：小数点 DP 由 D7 位控制，D7=1 点亮小数点。

MAX7219 可以级联使用，这时需要用到空操作寄存器(NO-OP)，空操作寄存器的地址为×0H。将所有级联器件的 LOAD 端连在一起，将 DOUT 端连接到相邻 MAX7219 的 DIN 端。例如，将 4 个 MAX7219 级联使用，那么要对第 4 片 MAX7219 写入时，发送所需要的 16 位字，其后跟 3 个空操作代码(×0××)。当 LOAD 变高时，数据被锁存在所有器件中。前 3 个芯片接收空操作指令，而第 4 个芯片将接收预期的数据。

图 5.8 所示为 80C51 单片机与 MAX7219 的一种接口。80C51 的 P3.5 连到 MAX7219 的 DIN 端，P3.6 连到 LOAD 端，P3.7 连到 CLK 端，以软件模拟方式产生 MAX7219 所需的

工作时序。例 5-7 和例 5-8 分别为采用汇编语言和 C 语言编写的显示驱动程序,程序执行后在 LED 上显示 8051 字样。

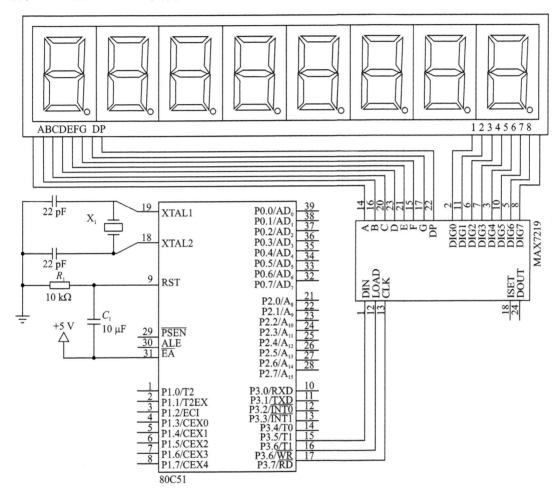

图 5.8　MAX7219 与 80C51 单片机接口

【例 5-7】 MAX7219 汇编语言显示驱动程序。

```
        DIN     BIT     P3.5        ;定义 I/O 口
        LOAD    BIT     P3.6
        CLK     BIT     P3.7
        ORG     0000H               ;复位入口
        LJMP    MAIN
        ORG     0030H               ;主程序起始地址
```

```
MAIN:    MOV    SP,#60H         ;设置堆栈指针
         MOV    R7,#0AH         ;亮度寄存器
         MOV    R5,#07H         ;亮度值
         LCALL  DINPUT          ;调用7219命令写入子程序
         MOV    R7,#0BH         ;扫描界限寄存器
         MOV    R5,#07H         ;显示8位数字
         LCALL  DINPUT          ;调MAX7219命令写入子程序
         MOV    R7,#09H         ;译码方式寄存器
         MOV    R5,#0FFH        ;#FFH=位7~0均译为B码,#00=不译码
         LCALL  DINPUT          ;调MAX7219命令写入子程序
         MOV    R7,#0CH         ;停机寄存器
         MOV    R5,#01H         ;正常工作
         LCALL  DINPUT          ;调MAX7219命令写入子程序
         MOV    30H,#0FFH       ;30H~37H为显示缓冲区
         MOV    31H,#0FFH
         MOV    32H,#08H        ;显示..8051..
         MOV    33H,#00H
         MOV    34H,#05H
         MOV    35H,#01H
         MOV    36H,#0FFH
         MOV    37H,#0FFH
         MOV    R7,#30H
         LCALL  DISPLY          ;调MAX7219显示子程序
         SJMP   $
DINPUT:  MOV    A,R7            ;7219命令写入子程序,传递来的第1个参数保存在R7中
         MOV    R2,#08          ;作为MAX7219控制寄存器的8位地址值
LOOP1:   RLC    A               ;A的$D_7$位移至DIN,依次为$D_6$~$D_0$
         MOV    DIN,C           ;8位地址输入DIN
         CLR    CLK
         SETB   CLK
         DJNZ   R2,LOOP1
         MOV    A,R5            ;传递来的第2个参数保存在R5中
         MOV    R2,#08          ;作为写入MAX7219控制寄存器的8位命令数据值
LOOP2:   RLC    A               ;A的$D_7$位移至P1.0,依次为$D_6$~$D_0$
         MOV    DIN,C           ;8位数据输入DIN
         CLR    CLK
         SETB   CLK
```

```
            DJNZ    R2,LOOP2
            CLR     LOAD            ；输出 LOAD 信号，上升沿装载寄存器数据
            SETB    LOAD
            RET
DISPLY：    MOV     A,R7            ；7219 显示子程序，R7 的内容为 7219 显示缓冲区入口地址
            MOV     R0,A            ；R0 指向显示缓冲区首地址
            MOV     R1,#01          ；R1 指向 8 字节显示 RAM 首地址
            MOV     R3,#08
LOOP3：     MOV     A,@R0           ；取出显示数据→R5
            MOV     R5,A
            MOV     A,R1            ；取出显示 RAM 地址→R7
            MOV     R7,A
            LCALL   DINPUT          ；调 MAX7219 命令写入子程序
            INC     R0
            INC     R1
            DJNZ    R3,LOOP3
            RET
END
```

【例 5-8】 MAX7219 的 C 语言显示驱动程序。

```c
#include <reg51.h>
#define uchar unsigned char
#define uint unsigned int

sbit DIN = 0xB5;
sbit LOAD = 0xB6;
sbit CLK = 0xB7;

uchar code LED_code_09[10]=                 // 定义显示数字 0~9 数组
    {0x7E,0x30,0x6D,0x79,0x33,0x5B,0x5F,0x70,0x7F,0x7B};
uint code LED_code_L07[8]=                  // 定义显示位置 L0~L3 数组
    {0x0100,0x0200,0x0300,0x0400,0x0500,0x0600,0x0700,0x0800};

/******************向 MAX7219 发送命令函数 ********************/
void sent_LED( uint n ){
    uint i;
    i = (uchar)(n);
```

```
        CLK = 0; LOAD = 0; DIN = 0;
        for ( i=0x8000; i>=0x0001; i=i>>1 ){
            if ( ( n & i ) == 0 ) DIN = 0; else DIN = 1;
            CLK = 1; CLK = 0;
        }
        LOAD = 1;
}
/*********************** MAX7219 初始化函数 ************************/
void MAX7219_init(){
    sent_LED(置 0x0C01)以为正常状态
    sent_LED(置 0x0A04)亮度为 9/32
    sent_LED(置 0x0B07)扫描范围 DIGIT0~7
    sent_LED(置 0x0900)显示为不译码方式
}
// 清除 MAX7219 函数
void cls(){
    uint   i;
    for (i=0x0100; i<=0x0800; i+=0x0100 ) sent_LED( i );
}
/*********************** 数字显示函数 ************************
参数:    H 显示位置 0~7 [7][6][5][4][3][2][1][0]
         n 显示数值 0~9
         DP 显示小数点 1xxxxxxx :ON/0xxxxxxx :OFF
返回值:无
*********************************************************/
void disp_09( uchar H, uchar n ){
    if(( n & 0x80 ) == 0 ){
        sent_LED( LED_code_L07[ H ] | LED_code_09[ n ] );
    }
    else{
        sent_LED( LED_code_L07[ H ] | LED_code_09[ n & 0x7F ] | 0x80 );
    }
}
/*********************** 主函数 ************************/
void main(){
    MAX7219_init();
    cls();
    disp_09( 0x07,0xff); disp_09( 0x06,0xff);
```

```
    disp_09(0x05,0x01); disp_09(0x04,0x05);
    disp_09(0x03,0x00); disp_09(0x02,0x08);
    disp_09(0x01,0xff); disp_09(0x00,0xff);
    while(1);
}
```

5.2 键盘接口技术

键盘是由一组按压式或触模式开关构成的阵列,键盘的设置应由系统具体功能来决定。

键盘可分为编码式键盘和非编码式键盘。编码键盘能够由硬件自动提供与被按键对应的 ASCII 码或其他编码;但是它要求采用较多的硬件,价格昂贵。非编码键盘则仅提供行和列的矩阵,其硬件逻辑与按键编码不存在严格的对应关系,而要由所用的程序来确定。非编码键盘的硬件接口简单,但是要占用较多的 CPU 时间。

任何键盘接口均要解决下述 3 个主要问题。

1. 按键识别

决定是否有键被按下,若有,则应识别键盘矩阵中被按键对应的编码。关于按键识别方法后面还要详细讨论。

2. 反弹跳

当按键开关的触点闭合或断开到其稳定,会产生一个短暂的抖动和弹跳,如图 5.9(a)所示。这是机械式开关的一个共同性问题。消除由于键抖动和弹跳产生的干扰可采用硬件方法,也可采用软件延迟的方法。通常,在键数较少时采用硬件方法,例如可采用图 5.9(b)所示的 R-S 触发器。当键数较多时(16 个以上),则经常用软件延时的方法来反弹跳,如图 5.10

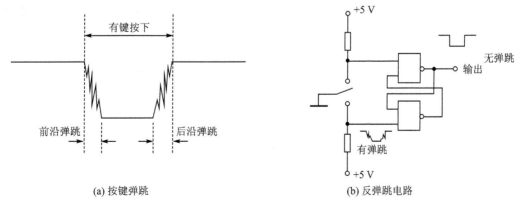

图 5.9 按键弹跳及反弹跳电路

流程图所示。当检出有键按下后，先执行一个反颤延时 20 ms 的子程序，待前沿弹跳消失后再转入键闭合 CLOSE 子程序。然后再判断此次按键是否松开。如果没有，则进行等待；若已松开，则又执行一次延时 20 ms 的子程序来消除后沿弹跳的影响，才能再去检测下次按键的闭合。

3. 串键保护

由于操作不慎，可能会造成同时有几个键被按下，这种情况称为串键。有 3 种处理串键的技术：两键同时按下、n 键同时按下和 n 键锁定。

"两键同时按下"技术是在两个键同时按下时产生保护作用。最简单的办法是当只有 1 个键按下时才读取键盘的输出，最后仍被按下的键是有效的正确按键。当用软件扫描键盘时常采用这种方法。另一种方法是当第 1 个按键未松开时，按第 2 个键不产生选通信号。这种方法常借助硬件来实现。

"n 键同时按下"技术或者不理会所有被按下的键，直至只剩下 1 键按下时为止；或者将所有按键的信息都存入内部缓冲器中，然后逐个处理。这种方法成本较高。

"n 键锁定"技术只处理 1 个键，任何其他按下又松开的键不产生任何码。通常第一个被按下或最后一个松开的键产生码。这种方法最简单也最常用。

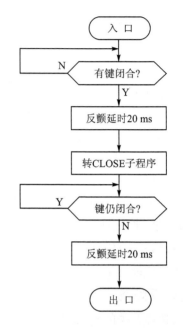

图 5.10 软件反颤及单次键入判断流程图

键盘接口的这些任务可用硬件或软件来完成，相应地出现了两大类键盘，即编码键盘和非编码键盘。

5.2.1 编码键盘

编码键盘的基本任务是识别按键，提供按键读数。一个高质量的编码键盘应具有反弹跳、处理同时按键等功能。目前，已有用 LSI 技术制成的专用编码键盘接口芯片。当按下某一按键时，该芯片能自动给出相应的编码信息，并可消除弹跳的影响。这样可使仪表设计者免除一部分软件编程，并可使 CPU 减轻用软件去扫描键盘的负担，提高 CPU 的利用率。

最简单的编码键盘接口采用普通的编码器。图 5.11(a)表示采用 8-3 编码器(74148)作键盘编码器的静态编码键盘接口电路。每按一个键，在 A_2、A_1、A_0 端输出相应的按键读数，真值表列于图 5.11(b)。这种编码键盘不进行扫描，因而称为静态式编码器。其缺点是一个按键需用一条引线，因而当按键增多时，引线将很复杂。

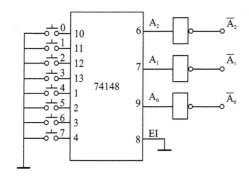

(a) 静态编码键盘接口电路　　　　　　　　　(b) 真值表

图 5.11　静态式编码键盘接口

5.2.2　非编码键盘

非编码键盘大都采用按行、列排列的矩阵开关结构。这种结构可以减少硬件和连线。图 5.12 所示为 4×4 非编码矩阵键盘的基本结构。

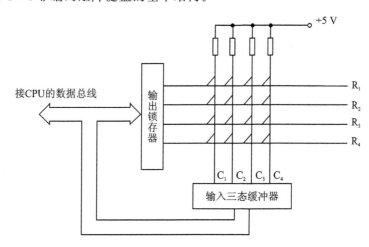

图 5.12　4×4 非编码矩阵键盘接口

在此接口电路中,输出锁存器的 4 根输出线分别与键盘的行线相连,列线电平信号经输入缓冲器送入单片机来进行按键识别。当输出锁存器的某一位为低电平时,位于该行的按键中若有一键被按下,则按下键的相应列线由于与行线短路而为低电平;否则为高电平。这样,单片机就可以通过检查行线的输出电平和列线的输入电平来识别按键。矩阵键盘接口的设计思想是把键盘既作为输入又作为输出设备对待的。

按键识别有两种方法:一是行扫描(Row - Scanning)法,二是线反转(Line - Reverse)法。

行扫描法是采用步进扫描方式，CPU通过输出口把一个"步进的0"逐行加至键盘的行线上，然后通过输入口检查列线的状态。由行线列线电平状态的组合来确定是否有键按下，并确定被按键所处的行、列位置。图5.13所示为4×4矩阵键盘的行扫描按键识别原理图。

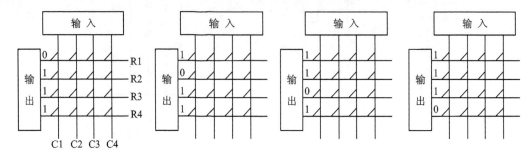

图 5.13　行扫描法按键识别

表5-10列出了识别图5.13中按键位置与各行之间的关系。其中，R1、R2、R3、R4表示行，C1、C2、C3、C4表示列。当扫描第1行时，R1=0；若读入的列值C1=0，则表明按键K13被压下；如果C3=0，则表明按键K15被压下。第1行扫描完毕后再扫描第2行，逐行扫描至最后一行为止，即可识别出所有的按键。

当采用行扫描法进行按键识别时，常用软件编程来提供串键保护。图5.14所示为串键保护流程图。基本思路是：当有多个键被压下时，不立即求取键值，而是重新回到按键识别直至只剩下1个键压下时为止。

表 5-10　键位与行列线关系表

行＼列	C1	C2	C3	C4
R1	K13	K14	K15	K16
R2	K9	K10	K11	K12
R3	K5	K6	K7	K8
R4	K1	K2	K3	K4

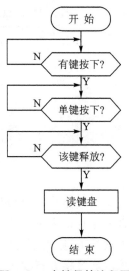

图 5.14　串键保护流程图

具体步骤如下：

① CPU通过输出锁存器在行线上送"0"，通过输入缓冲器检查列线是否有"0"状态，进行按键识别。

② 若检出有键压下，则转入逐行扫描（逐行送"0"），同时检测列线状态。

③ 若列线上"0"的个数多于1时，说明有串键，程序返回第②步，扫描等待。

④ 仅有1根列线为"0"时，产生相应按键代码。

线反转法是借助程控并行接口实现的，比行扫描法的速度快。图5.15所示为一个4×4键盘与并行接口的连接。并行接口有一个方向寄存器和一个数据寄存器，方向寄存器规定了接口总线的方向：寄存器的某位置"1"，规定该位口线为输出；寄存器的某位置"0"，规定该位口线为输入。线反转法的具体操作分两步。

第1步：如图5.15(a)所示，先把控制字0FH置入并行接口的方向寄存器，使4条行线（$PB_0 \sim PB_3$）作输出，4条列线（$PB_4 \sim PB_7$）作输入。然后把控制字F0H写入数据寄存器，$PB_0 \sim PB_3$将输出"0"到键盘行线。这时若无键按下，则4条列线均为"1"；若有某键按下，则该键所在行线的"0"电平通过闭合键使相应的列线变为"0"，并经"与非"门发出键盘中断请求信号给单片机。图5.15(a)是第2行第1列有键按下的情况。这时$PB_7 \sim PB_4$线的输入为1011，其中0对应于被按键所在的列。

第2步：使接口总线的方向反转（图5.15(b)），把控制字F0H写入方向寄存器，使$PB_0 \sim PB_3$作输入，$PB_4 \sim PB_7$作输出。这时$PB_7 \sim PB_4$线的输出为1011，$PB_3 \sim PB_0$的输入为1011，其中"0"对应于被按键的行。单片机现在读取数据寄存器的完整内容为10111011，其中两个0分别对应于被按键所在的行列位置。根据此位置码到ROM中去查表，就可识别是何键被按下。

实际应用中经常采用可编程并行接口芯片实现矩阵扫描键盘及7段LED数码管与单片机的接口功能，Intel 8155是使用较多的一种芯片。图5.16所示为单片机80C51通过8155芯片实现的一种矩阵键盘及7段LED数码管接口电路。接口电路中采用80C51单片机的P2.7作为8155的片选线，P2.0作为8155的I/O端口和片内RAM选择线，因此8155的命令寄存器地址为7F00H，PA~PC口地址为7F01H~7F03H。编程设定8155的PA口、PB口作为输出口，PC口作为输入口。PB口作为7段LED数码管的字形输出口，PA口完成键盘的行扫描输出，同时又对数码管做字位扫描。由于字位驱动器7404为反相驱动器，因此在程序中扫描模式初值设为01H。PC口输入键盘列线状态，单片机通过读取PC口来判断是否有键按下，有键按下时计算出按键键值并送入R4保存，没有键按下则设置无键按下标志。

80C51单片机内部RAM中的7AH~7FH单元作为显示缓冲区，用于存放欲显示的数据。在显示程序中，查表取段码用的是指令"MOVCA @A+PC"，它是以程序计数器PC的内容为基址的变址寻址方式。为了获得正确的段码表地址，需要在此指令前面放一条加偏移量的指令。偏移量的计算方法是：

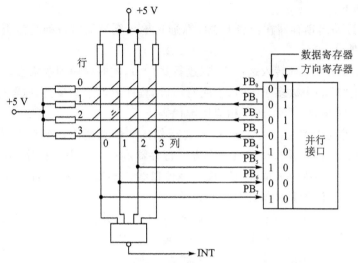

(a) 第2行第1列有键按下时的矩阵键盘接口

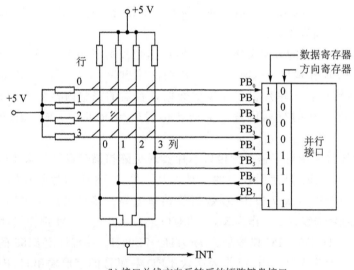

(b) 接口总线方向反转后的矩阵键盘接口

图 5.15 线反转法矩阵键盘接口

偏移量＝ROM 表首地址－当前查表指令地址－1

例 5-9 给出了根据图 5.16 接口电路采用汇编语言编写的按键识别及数码管显示子程序，主程序通过调用这两个子程序实现键盘显示器综合应用，程序执行后数码管上显示"012345"，有键按下时，数码管上将显示相应的字符。例 5-10 为 C 语言驱动程序。

第 5 章 智能化测量控制仪表的键盘与显示器接口技术

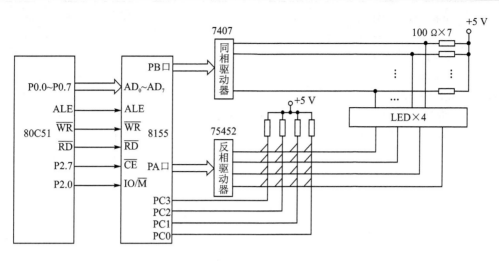

图 5.16　单片机 80C51 通过 8155 实现的键盘显示接口电路

【例 5-9】　8155 键盘显示接口的汇编语言驱动程序。

```
        ORG    0000H
START:  LJMP   MAIN
        ORG    0030H
MAIN:   MOV    SP,#60H
        MOV    7AH,#00         ;置显示缓冲区初值
        MOV    7BH,#01
        MOV    7CH,#02
        MOV    7DH,#03
        MOV    7EH,#04
        MOV    7FH,#05
        MOV    DPTR,#7F00H     ;8155 命令口地址
        MOV    A,#03H          ;置 8155 PA、PB 口为输出,PC 口为输入
        MOVX   @DPTR,A
LOOP:   LCALL  DISP
        LCALL  KEY
        MOV    A,R4
        CJNE   A,#88H,DSP      ;有键按下时,将按键的键值送入显示缓冲区 7AH 单元
        SJMP   LOOP
DSP:    MOV    7AH,A           ;键值送入显示缓冲区 7AH 单元
        MOV    7BH,#010H
        MOV    7CH,#010H
```

```
              MOV    7DH,#010H
              MOV    7EH,#010H
              MOV    7FH,#010H
              SJMP   LOOP
;按键识别子程序
KEY:          MOV    R4,#00H            ;0→键号寄存器R4
              MOV    R2,#01H            ;扫描模式01H→R2
KEY1:         MOV    DPTR,#7F01H
              MOV    A,R2
              MOVX   @DPTR,A            ;扫描模式→8155的PA口
              INC    DPTR
              INC    DPTR
              MOVX   A,@DPTR            ;读8155的PC口
              JB     ACC.0,KEY2         ;0列无键闭合,转判1列
              MOV    A,#00H             ;0列有键闭合,0→A
              AJMP   KEY5
KEY2:         JB     ACC.1,KEY3         ;1列无键闭合,转判2列
              MOV    A,#01H             ;1列有键闭合,列线号01H→A
              AJMP   KEY5
KEY3:         JB     ACC.2,KEY4         ;2列无键闭合,转判3列
              MOV    A,#02H             ;2列有键闭合,02H→A
              AJMP   KEY5
KEY4:         JB     ACC.3,NEXT         ;3列无键闭合,转判下一行
              MOV    A,#03H             ;3列有键闭合,03H→A
KEY5:         ADD    A,R4               ;列线号+(R4)作为键值→A
              MOV    R4,A               ;键值→R4
              RET                       ;返回
NEXT:         MOV    A,R4;
              ADD    A,#04              ;键值寄存器加4
              MOV    R4,A
              MOV    A,R2
              JB     ACC.3,NEXT1        ;判别是否已扫描到最后一行
              RL     A                  ;扫描模式左移一位
              MOV    R2,A
              AJMP   KEY1               ;重新开始扫描下一行
NEXT1:        MOV    R4,#88H            ;扫描到最后一行仍无按键,置无键按下标志
              RET
```

;数码管显示子程序
```
DISP:       MOV     R0,#7AH              ;置显示缓冲器指针初值
            MOV     R3,#01H              ;置扫描模式初值
DISPB1:     MOV     DPTR,#7F01H          ;8155 PA口地址
            MOV     A,#0h                ;熄灭所有数码管
            MOVX    @DPTR,A
            MOV     DPTR,#7F02H          ;8155 PB口地址
            MOV     A,@R0                ;取显示数据
            ADD     A,#014H              ;加偏移量
            MOVC    A,@A+PC              ;查表取段码
            MOVX    @DPTR,A              ;段码→8155 PB口
            MOV     A,R3
            MOV     DPTR,#7F01H          ;8155 PA口地址
            MOVX    @DPTR,A              ;扫描模式→8155 PA口
            ACALL   DELAY                ;延时
            INC     R0
            MOV     A,R3
            JB      ACC.6,DISPB2         ;判6位数码管显示完否
            RL      A                    ;扫描模式左移1位
            MOV     R3,A
            AJMP    DISPB1
DISPB2:     MOV     R3,#01H
            RET
SEGPT2:     DB 3fh,06h,5bh,4fh,66h,6dh,7dh,07h    ;段码表
            DB 7fh,6fh,77h,7ch,39h,5eh,79h,71h
            DB 00h,02h,08h,00h,59h,0fh,76h
;延时子程序
DELAY:      MOV     R4,#0FFH
DELAY1:     DJNZ    R4,DELAY1
            RET
            END
```

【例 5 - 10】 8155键盘显示接口的C语言驱动程序。

```
#include<reg52.h>
#include <absacc.h>
#include <intrins.h>
#define uchar unsigned char
```

```c
#define uint unsigned int
#define PM8155 0x7f00                        // 8155 命令口地址
#define PA8155 0x7f01                        // 8155 PA 口地址
#define PB8155 0x7f02                        // 8155 PB 口地址
#define PC8155 0x7f03                        // 8155 PC 口地址

uchar dspBf[6]={0,1,2,3,4,5};                // 显示缓冲区
uchar code SEG[]={0x3f,0x06,0x5b,0x4f,0x66,0x6d,0x7d,0x07,// 段码表
                  0x7f,0x6f,0x77,0x7c,0x39,0x5e,0x79,0x71,0x00};
/*************************数码管显示函数*************************/
void disp(){
    uchar i,dmask=0x01;
    for(i=0; i<6; i++){
        XBYTE[PA8155]=0x00;                  // 熄灭所有 LED
        XBYTE[PB8155]=SEG[dspBf[i]];
        XBYTE[PA8155]=dmask;
        dmask=_crol_(dmask,1);               // 修改扫描模式
    }
}
/*************************键盘扫描函数*************************/
uchar key(){
    uchar i,kscan;
    uchar temp=0x00,kval=0x00,kmask=0x01;
    for(i=0; i<4; i++){
        XBYTE[PA8155]=kmask;                 // 扫描模式→8155 PA 口
        kscan=XBYTE[PC8155];                 // 读 8155 PC 口
        switch(kscan&0x0f){
            case(0x0e):kval=0x00+temp; break;
            case(0x0d):kval=0x01+temp; break;
            case(0x0b):kval=0x02+temp; break;
            case(0x07):kval=0x03+temp; break;
            default:
                kmask=_crol_(kmask,1);       // 修改扫描模式
                temp=temp+0x04; break;
        }
    }
    if(kmask==0x10) kval=0x088;
```

```
        return kval;
    }
/************************ 主函数 ************************/
void main(){
    uchar i,k;
    XBYTE[PM8155]=0x03;            // 置 8155 PA、PB 口为输出,PC 口为输入
    while(1){
        disp();
        k=key();
        if(k!=0x88){
            dspBf[0]=k;
            for(i=1; i<6; i++){
                dspBf[i]=0x10;
            }
        }
        disp();
    }
}
```

5.2.3 键值分析

单片机从键盘接口获得键值后究竟执行什么操作,完全取决于键盘解释程序。同样一种键盘接口,用在不同的智能仪表中可以完成全然不同的功能,根本的原因就是在每个仪表系统中都有它自己的一套分析和解释键盘的程序。下面从简单的键值分析程序着手,介绍键值分析的方法。

无论键盘上有多少个键,基本上都可分为两类:数字键和功能键。这里主要讨论功能键。功能键又分为单个功能键和字符串功能键。
- 单个功能键的作用是按了一个键,仪表就完成该键所规定的功能。
- 而字符串功能键是要在按完多个键后,仪表才会完成规定的功能。

在进行键值分析时,常用的方法有查表法和状态分析法。
- 查表法是根据得到的键值代码,到固化在 ROM 里的表格中查找对应该代码的动作例行程序的首地址。这种方法适用于一个键就产生一个动作的单个命令键。
- 状态分析法是根据键码和当前所处的状态找出下一个应进入的状态及动作例行程序。这种方法适用于多个键互相配合产生一个动作的多义键。

1. 查表法

查表法的核心是一个固化在 ROM 中的功能子程序入口地址转移表,如表 5-11 所列。

在转移表内存有各个功能子程序的入口地址,根据键值代码查阅此表获得相应功能的子程序入口地址,从而可以转移到相应的命令处理子程序。

根据图 4.7 所示键盘接口调用按键识别子程序所获得的键值如表 5-12 所列。当键值小于 10H 时代表数字键,键值大于等于 10H 时代表功能键。在进行键值分析时,先区分出数字键和功能键,然后根据不同的按键转入相应的处理子程序。

表 5-11 功能子程转移地址表

功能子程序	入口地址
子程序 1	入口地址 1
子程序 2	入口地址 2
子程序 3	入口地址 3
⋮	⋮

表 5-12 键值表

按 键	键 值	按 键	键 值
0～F	00H～0FH	STORE	13H
RUN	10H	READ	14H
RET	11H	WRITE	15H
ADRS	12H		

下面给出处理功能键的一段程序:

```
INPUT:  LCALL  KEY          ;调按键识别子程序,获得键值在 A 中
        MOV    R0,A         ;键值暂存于 R0
        ANL    A,#10H
        JZ     DATAIN       ;小于 10H 为数字键,转入数字操作
        MOV    A,R0         ;大于等于 10H 为命令键
        ANL    A,#0FH       ;保留键值低 4 位
        MOV    R0,A         ;(A)×3
        RL     A
        ADD    A,R0
        MOV    DPTR,#TABEL  ;取转移表首地址
        JMP    @A+DPTR      ;按不同键值散转至子程序
TABEL:  LJMP   #RUN         ;转 RUN 命令子程序
        LJMP   #RET         ;转 RET 命令子程序
        LJMP   #ADRS        ;转 ADRS 命令子程序
        LJMP   #STORE       ;转 STORE 命令子程序
        LJMP   #READ        ;转 READ 命令子程序
        LJMP   #WRITE       ;转 WRITE 命令子程序
DATAIN: 数字键操作程序,略。
```

在以上程序中,执行(A)×3 操作的原因是由于 LJMP 指令要占用 3 个字节。从这个程序中可以归纳以下几点:

- 将命令功能键排列起来,并赋于一个编号。在本例中键值本身已是按号排列了,例如 "RUN"键的键值为 10H,它就是 0 号功能键。
- 将各键所要执行的服务子程序的入口地址按键号的顺序排列,形成一个功能子程序转移地址表,并存入 ROM 中。
- 根据按键子程序得到的键值,加上适当的偏移量(本例中是键值×3),以功能子程序转移表的首地址为基址,采用变址寻址方式即可按不同的键值转移到相应的服务子程序中。

上面例子中一个按键只有一种功能,即所谓一键一义。对于复杂的智能化测量控制仪表,若仍采用一键一义,则会使按键数量太多。这不但增加了仪表的成本,而且使仪表的面板难以布置,操作使用也很不方便。因此,目前智能化测量控制仪表一般都是一键多义,即一个按键具有多种功能,既可以作命令键,也可以作数字键。

在一键多义情况下,一个命令不是由一次按键,而是由一个按键序列组成。换句话说,对于一个按键含义的解释,除了取决于本次按键之外,还取决于以前按了什么键。这正如我们看到字母 d 时,还不能决定它的含义,需要看看前面是什么字母。若前面是 Re,则组成单词 Red;若前面是 Rea,则组成单词 Read。因此在一键多义的情况下,首先要判断一个按键序列(而不是一次按键)是否构成一个合法命令。若已构成合法命令,则执行命令;否则等待新的按键输入。

对于一键多义的键值分析程序,仍可采用转移表的方法来设计,但这时要用到多张转移表。组成命令的按键起着引导的作用,把控制引向合适的转移表。根据最后一个按键读数查阅该转移表,找到要求的子程序入口。

下面举一个例子来进行说明。

假设一电压频率计面板上有 A、B、C、D、GATE、SET、OFS、RESET 等 8 个键。按 RESET 键使仪表初始化并启动测量,再按 A、B、C、D 键则分别进行测频率(F)、测周期(T)、时间间隔(T_{A-B})、电压(V)等。按 GATE 键后再按 A、B、C、D 键,则规定闸门时间或电压量程。按 SET 键后按 A、B、C、D 键,则送一个常数(称为偏移)。若按奇数次 OFS 键,则进入偏移工作方式,把测量结果加上偏移后进行显示;按偶数次 OFS 键,则为正常工作方式,测量结果直接显示。

为完成这些功能采用转移表法设计的程序流程图如图 5.17 所示。程序内包含了 3 张转移表。GATE、SET 键分别把控制引向转移表 2 和 3,以区别 A、B、C、D 键的含义。每执行完一个命令,单片机继续扫描键盘,等待新的按键命令输入。

还可以中断方式来设计上述程序,但这些程序的特点是命令的识别与子程序的执行交织在一起,结构复杂,层次不清,不易阅读、修改与调试。当按键较多、复用次数较多时,这一矛盾尤为突出。这时就可采用状态变量法来设计键值分析程序了。

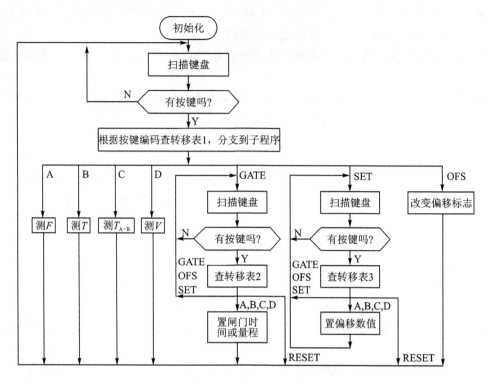

图 5.17 转移表法多义键键值分析流程

2. 状态变量法

"状态"是系统理论中的一个基本概念。系统的状态是表示系统的最小一组变量(叫做状态变量)。只要知道了在 $t=t_0$ 时的状态变量和 $t \geqslant t_0$ 时的输入,那么就能完全确定系统在 $t \geqslant t_0$ 任何时间内的行为。

智能化测量控制仪表的键值分析程序也是一个系统。在 t_0 时刻以前的按键序列 K_{c-1}、K_{c-2}、……决定了 $t \geqslant t_0$ 时按键 K_c 输入后系统的行为。因此,所谓程序的当前状态(简称现状,以 PREST 表示)就是按键序列 K_{c-1}、K_{c-2}、……所带来的影响系统行为的信息总合,即:

$$PREST = f(K_{c-1}, K_{c-2}, \cdots\cdots)$$

每个状态下,各按键都有确定的意义。在不同的状态,同一个按键具有不同的意义。引入状态概念后,只需在存储器内开辟存储单元"记住"当前状态,而不必记住以前各次按键情况,就能对当前按键的含义作出正确的解释,因而简化了程序设计。

在任一个状态下,当按下某个按键时,执行某处理程序并变迁到下一个状态(称为次态,以 NEXST 表示),这可用矩阵表示,如表 5-13 所列。该矩阵称为状态矩阵,它明确表示了每个状态下,接收各种按键所应进行的动作,也规定了状态的变迁。

第 5 章　智能化测量控制仪表的键盘与显示器接口技术

表 5-13　状态矩阵表

状态\按键 动作	K_1		K_2		...	K_n	
ST_0	SUB_{01}	$NEXST_{01}$	SUB_{02}	$NEXST_{02}$	...	SUB_{0n}	$NEXST_{0n}$
ST_1	SUB_{11}	$NEXST_{11}$	SUB_{12}	$NEXST_{12}$	...	SUB_{1n}	$NEXST_{1n}$
⋮	⋮		⋮		⋮	⋮	
ST_m	SUB_{m1}	$NEXST_{m1}$	SUB_{m2}	$NEXST_{m2}$	...	SUB_{mn}	$NEXST_{mn}$

表 5-13 表示仪表有 n 个按键，$m+1$ 个状态。若在 $ST_i(0\leqslant i\leqslant m)$ 状态下按下 $K_j(1\leqslant j\leqslant n)$ 键，则将执行 SUB_l 子程序（l 为子程序号数或首地址），并转移到 $NEXST_r$ 状态（$0\leqslant r\leqslant m$）。这样用状态变量法设计键值分析程序就归结为根据现态与当前按键两个关键字查阅状态表这么一件简单的事情。

下面以一个实例来说明用状态变量法设计键值分析程序的一般步骤。设某电压频率计的面板键盘如图 5.18 所示。其中 F、T、T_{A-B} 及 V 键规定了仪表的测量功能，SET 键规定数字键 0～9 及小数点键作输入常数或自诊断用，GATE 键规定数字键作闸门时间或电压量程用。按 OFS 键奇数次则进入偏移工作方式；按 OFS 键偶数次，则为正常工作方式；按 CHS 键则规定为负偏移工作方式，把测量结果减去偏移后再显示，否则为正偏移方式。

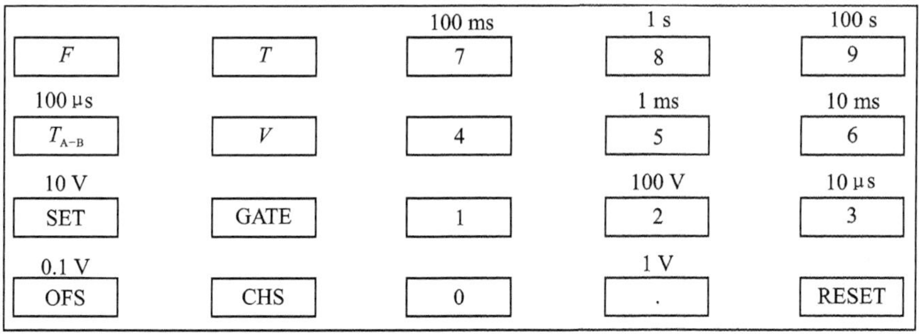

F	T	100 ms 7	1 s 8	100 s 9
100 μs T_{A-B}	V	4	1 ms 5	10 ms 6
10 V SET	GATE	1	100 V 2	10 μs 3
0.1 V OFS	CHS	0	1 V 	RESET

图 5.18　面板键盘布置

设计的第 1 步是根据仪表功能画出键盘状态图。状态图与状态矩阵是一一对应的。本例的状态图可设计成如图 5.19 所示。图中方框表示状态，流线旁的字母表示按键符号，"DIG" 表示数字（包括小数点），"*" 号表示该状态内未被指明的所有按键。下面仅以 SET 键被按下后状态的变迁为例来进行说明。

仪表通电后处于 0 态。第 1 次按 SET 键后进入 1 态。这时可按数字键置入常数，按 CHS

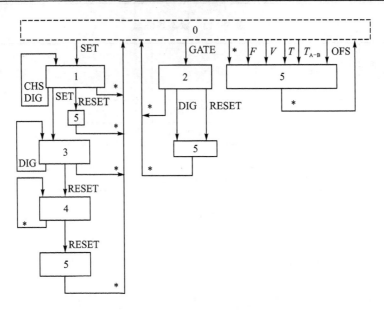

图 5.19 键盘状态图

键改变常数符号;按 RESET 键迁移到 5 态。第 2 次按 SET 键后迁移到 3 态。按其他任意键回到 0 态。在 3 态,数字键用作选择仪表 11 种自诊断模式中的一种;按 RESET 键后迁移到 4 态,进行键盘检测,检测按键的好坏。若再按一次 RESET 键,则迁移到 5 态。由此可见,在 1、3、4 这 3 种不同的状态下,按同一个 RESET 键,却能产生不同的功能。

根据状态图可给出状态表如表 5-14 所列,表内各子程序的功能如下:

♯0　无操作、等待;
♯1　测频;
♯2　测周期;
♯3　测时间间隔;
♯4　测电压;
♯5　改变偏移标志,启动测量;
♯6　回到初始状态,启动测量;
♯7　输入常数、等待;
♯8　改变常数符号、等待;
♯9　设置闸门时间或电压量程,启动测量;
♯10　自诊断工作方式;
♯11　键盘检测。

表 5-14 中将按键进行了分类,其中判定码是为了判定按键所属类别而设置的数据。根据键盘显示器接口电路,结合表 5-14 即可编写出状态变量法键值分析程序。键值分析程序中状态表以数字形式出现,每个状态作为一个子表,子表的每一行由 3 个数据组成:判定码、次态号、子程序号。键符并不出现在表格中,而是与键值相对应。判定码与键值的关系是:对于功能键其键值与判定码相同;对于数字键,以 0 为最小数字,并将最大数字作为判定码;对于一个状态中没有出现的键,其判定码设为 FF。

例 5-11 为根据图 5.16 所示键盘接口略做修改,增加 1 列输入线(PC$_4$)成为 4×5 矩阵键盘,采用状态变量法设计的键值分析程序。程序中状态号放在 ST 单元中,读出键值后存储到 KD 单元,这两个单元是键值分析程序独立占用的,其他程序不得随意改变。当然,在子程序中为了改变键控程序流向,有目的地改变则是允许的。状态表中各状态子表的入口是 TB20、TB21…,它们的地址由状态地址索引表 TBB1 给出。

当有键按下时,程序执行过程如下:

① 首先调用按键识别程序,读出键值并存储到 KD 中。
② 根据当前状态寄存器单元 ST 的值,查状态地址索引表找到状态子表的入口地址。
③ 判定按下的键属于状态子表中的哪一种。判定时先从表中取出一个判定码存于累加器 A 中,再分以下 3 种情况进行判定:
第 1 种:按键是该状态下出现的功能键。若(KD)=(A),则该条目满足。
第 2 种:按键是数字键。若取到判定码为 9,即满足(KD)≤(A)时,则该条目满足。
第 3 种:按键是该状态下未出现的键。若取到判定码为 0FFH 时,即满足(A)=0FFH 时,则该条目满足。

表 5-14 状态表

状 态	键 符	判定码	次 态	子程序
0	F	0B	5	1
	T	0C	5	2
	T$_{A-B}$	0D	5	3
	V	0E	5	4
	SET	0F	1	0
	GATE	10	2	0
	OFS	11	5	5
	*	FF	5	0
1	DIG	09	1	7
	CHS	12	1	8
	SET	0F	3	0
	RESET	13	5	6
	*	FF	0	0
2	DIG	09	5	9
	RESET	13	5	6
	*	FF	0	0
3	DIG	09	3	10
	RESET	13	4	0
	*	FF	0	0
4	RESET	13	5	6
	*	FF	4	11
5	*	FF	0	0

当上述 3 种情况之一满足时,则当前按键与该条目满足;否则取下一判定码继续判定,直到上述 3 种情况之一满足时停止判定。

④ 按键符合的条目找到后,取状态表中判定码后面的数据,即次态号,并存到 ST 中。

⑤ 再取状态表中的下一数据,即子程序号,并根据子程序号执行散转指令:JMP　@A+DPTR,转移到相应的子程序。

⑥ 子程序执行完毕后,返回到主程序等待下一个按键命令,或执行其他任务。

需要指出的是在下面的程序中,按键识别程序对于不同的键盘接口会有所不同,按键识别程序需要稍做修改。状态表的内容及功能子程序对于不同的应用情况也可能会不相同,但从 KDD0 到 SUBJ 之前这一部分是通用的,SUBJ 到 TB25 从结构上讲也是通用的。

【例 5-11】 采用状态变量法设计的键值分析程序。

```
              ORG     0000H
              KD      EQU     60H
              ST      EQU     61H
              ORG     0000H           ;复位入口
              LJMP    MAIN
              ORG     0030H
MAIN:         MOV     SP,#30H
              MOV     ST,#00H
              MOV     KD,#00H
ML0:          LCALL   READKEY         ;调读键值程序
              SJMP    ML0             ;无键按下,循环等待
READKEY:      LCALL   KEY             ;调按键识别子程序
              MOV     A,R4            ;得到键值在 A 中
              CJNE    A,#88H,KLD      ;有键按下,转到键值分析
              RET                     ;无键按下,返回
KLD:          MOV     KD,A            ;将键值存于 KD 单元
KDD0:         MOV     A,ST            ;读状态子表入口地址→DPTR
              RL      A
              PUSH    ACC
              MOV     DPTR,#TBB1
              MOVC    A,@A+DPTR
              MOV     B,A
              POP     ACC
              INC     A
              MOVC    A,@A+DPTR
              MOV     DPL,A
```

	MOV	DPH,B	
CTT:	CLR	A	
	MOVC	A,@A+DPTR	；读判定码
	CJNE	A,KD,NEE	；功能键判定
	SJMP	QEE	；是功能键
NEE:	CJNE	A,#0FFH,NCC	；未用键判定
	SJMP	QEE	；是未用键
NCC:	CJNE	A,#09H,NNN	；数字键判定
	CJNE	A,KD,NPP	
NPP:	JNC	QEE	；是数字键
NNN:	INC	DPTR	；条目不符
	INC	DPTR	
	INC	DPTR	
	SJMP	CTT	；返回,继续判定
QEE:	CLR	A	；判定符合
	INC	DPTR	
	MOVC	A,@A+DPTR	；读次态码→ST
	MOV	ST,A	
	JZ	KDD0	；若为0态,返回KDD0重新进行
	CLR	A	
	INC	DPTR	
	MOVC	A,@A+DPTR	；读子程序号
	MOV	DPTR,#SUBJ	
	RL	A	
	JMP	@A+DPTR	；散转到子程序入口
SUBJ:	AJMP	SUB0	；转移到不同的子程序
	AJMP	SUB1	
	AJMP	SUB2	
	AJMP	SUB3	
	AJMP	SUB4	
	AJMP	SUB5	
	AJMP	SUB6	
	AJMP	SUB7	
	AJMP	SUB8	
	AJMP	SUB9	
	AJMP	SUB10	
	AJMP	SUB11	

```
TBB1:   DW   TB20,TB21,TB22,TB23      ;状态子表入口地址索引表
        DW   TB24,TB25
TB20:   DB   0BH,5,1                  ;0状态子表
        DB   0CH,5,2
        DB   0DH,5,3
        DB   0EH,5,4
        DB   0FH,1,0
        DB   10H,2,0
        DB   11H,5,5
        DB   0FFH,5,0
TB21:   DB   09,1,7                   ;1状态子表
        DB   12H,1,8
        DB   0FH,3,0
        DB   13H,5,6
        DB   0FFH,0,0
TB22:   DB   09,5,9                   ;2状态子表
        DB   13H,5,6
        DB   0FFH,0,0
TB23:   DB   09,3,10                  ;3状态子表
        DB   13H,4,0
        DB   0FFH,0,0
TB24:   DB   13H,5,6                  ;4状态子表
        DB   0FFH,4,11
TB25:   DB   0FFH,0,0                 ;5状态子表
SUB0:   RET                           ;功能子程序,略
SUB1:   RET
  …
SUB11:  RET
KEY:    …                             ;按键识别子程序略,详见例5-9
        RET
```

应用状态变量法设计键值分析程序具有如下优点:
- 应用一张状态表,统一处理任何一组按键状态的组合,使复杂的按键序列编译过程变得简洁、直观、容易优化,程序易读、易懂。
- 翻译、解释按键序列与执行子程序完全分离,键值分析程序的设计不受其他程序的影响,可单独进行。
- 若仪表功能发生改变,程序结构不变,仅需改变状态表。

- 设计任务越复杂,按键复用次数越多,此方法的效率越高。对于复杂的仪表仅是状态表规模大一些,程序的设计方法完全一样。

5.3 8279 可编程键盘/显示器芯片接口技术

键盘输入及显示输出是智能化测量控制仪表不可缺少的组成部分。为了减轻 CPU 的负担,少占用它的工作时间,目前已经出现了专供键盘及显示器接口用的可编程接口芯片。Intel 公司生产的 8279 可编程键盘/显示器接口芯片就是较为常用的一种。

5.3.1 8279 的工作原理

8279 分为两个部分:键盘部分和显示部分。

键盘部分:能够提供 64 按键阵列(可扩展为 128)的扫描接口,也可以接传感器阵列。键的按下可以是双键锁定或 N 键互锁。键盘输入经过反弹跳电路自动消除前后沿按键抖动影响之后,被选通送入一个 8 字符的 FIFO(先进先出栈)存储器。如果送入的字符多于 8 个,则溢出状态置位。按键输入后将中断输出线升到高电平向 CPU 发中断申请。

显示部分:对 7 段 LED、白炽灯或其他器件提供显示接口。8279 有一个内部的 16×8 显示 RAM,组成一对 16×4 存储器。显示 RAM 可由 CPU 写入或读出。显示方式有从右进入的计算器方式和从左进入的电传打字方式。显示 RAM 每次读/写之后,其地址自动加 1。

图 5.20 所示为 8279 芯片的引脚排列。它的读/写信号 $\overline{RD}$、$\overline{WR}$,片选信号 $\overline{CS}$,复位信号 RESET,同步时钟信号 CLK,数据总线 $DB_0 \sim DB_7$,均能与 CPU 相应的引脚直接相连。$C/\overline{D}$ (A_0)脚用于区别数据总线上传递的信息是数据还是命令字。IRQ 为中断请求线,通常在键盘有数据输入或传感器(通断)状态改变时产生中断请求信号。$SL_0 \sim SL_3$ 是扫描信号输出线,$RL_0 \sim RL_7$ 是回馈信号线。$OUTB_0 \sim OUTB_3$、$OUTA_0 \sim OUTA_3$ 是显示数据的输出线。$\overline{BD}$ 是消隐线,在更换数据时,其输出信号可使显示器熄灭。图 5.21 所示为 8279 的内部逻辑结构框图。

下面对各个主要组成模块的功能做一简要说明。

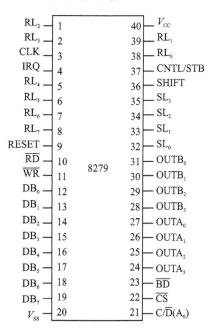

图 5.20 8279 引脚排列图

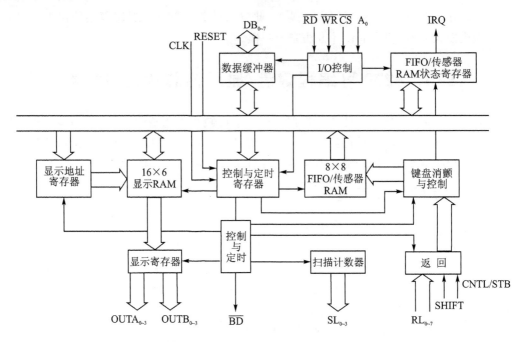

图 5.21　8279 的内部逻辑结构框图

1. I/O 控制和数据缓冲

I/O 控制电路用 $\overline{CS}$、C/$\overline{D}$(A_0)、$\overline{RD}$、$\overline{WR}$ 信号来控制各个内部寄存器和缓冲器与 CPU 之间的数据流向。$\overline{CS}$ 是片选信号,当 $\overline{CS}=0$ 时,允许数据流入或流出 8279。由 C/$\overline{D}$(A_0)、$\overline{RD}$、$\overline{WR}$ 信号配合起来选择各个寄存器。当 C/$\overline{D}$(A_0)=0 时,传送的是数据,由 $\overline{RD}$、$\overline{WR}$ 信号决定数据流方向。当 C/$\overline{D}$(A_0)=1 时,传送的是状态和命令。数据缓冲器是双向缓冲器,它将内部总线和外部总线连接起来。当 $\overline{CS}=1$ 时,芯片未被选中,器件处于高阻状态。

2. 控制与定时寄存器及定时控制

控制与定时寄存器用来寄存键盘及显示的工作方式,以及由 CPU 编程的其他操作方式。设定"方式"的方法是将一适当命令放在数据线上,并使 C/$\overline{D}$(A_0)=1,再送出 $\overline{WR}$ 信号,命令在 $\overline{WR}$ 的上升沿锁存;然后将命令译码,并建立适当功能。定时控制包括基本的定时计数器链。第 1 个计数器是除以 N 的预定标器,通过设定 N 可以使 CPU 周期时间和内部定时相匹配。预定标器可软件编程,其值为 2~31 之间。若设定值使内部频率为 100 kHz,则给出 5.1 ms 键盘扫描时间和 10.3 ms 消颤时间。其他计数器对基本内部频率进行分频,以提高适当的逐行扫描频率和显示扫描时间。

3. 扫描计数器

扫描计数器有两种工作方式:一是编码方式,计数器做二进制计数,在外部必须附加译码器来提供键盘和显示器的扫描线;二是译码方式,扫描计数器将最低两位译码,提供译码的 4 选 1 扫描。

注意:当键盘是译码扫描方式时,显示器也是这种方式,即在显示 RAM 中只有前 4 位字符是供显示的。在编码方式下,扫描线是高电平输出;在译码方式下,扫描线是低电平输出。

4. 返回缓冲器和键盘消颤及控制

8 根返回线上的信息存储于返回缓冲器中。在键盘方式下,通过扫描这些线来查找在哪一行有按键闭合。如果消颤电路检测到有键闭合,等待 10 ms 后再检测此键是否仍保持闭合。如果仍然保持闭合,则将矩阵中开关的地址以及换档(SHIFT)、控制(CNTL)的状态一起传送到先进先出(FIFO)栈。在扫描传感器方式下,每次扫描时,将返回线的状态直接送到传感器 RAM 的相应行中。在选通输入方式下,返回线的状态在 CNTL/STB 线上脉冲的上升沿传送到先进先出栈。

5. FIFO/传感器 RAM 和状态

它是一个 8×8 RAM,具有两种功能。在键盘或选通输入方式下,它是先进先出栈。每个新登记项写入相继的 RAM 位置,读出顺序与送入次序相同。FIFO 状态记录着 FIFO 中的字数,监视它是否已满或已空。若读(或写)次数过多,则会出错。令 $C/\overline{D}(A_0)=1,\overline{CS}=0,\overline{RD}=0$ 即可读出此状态。当 FIFO 未空时,状态逻辑将提供 1 个 IRQ 信号。在扫描传感器矩阵方式下,此存储器是传感器 RAM。在传感器矩阵中,一行传感器状态将加载到传感器 RAM 中相应行。在此方式下,若检测到一个传感器有变化,IRQ 就升为高电平。

6. 显示地址寄存器和显示 RAM

显示地址寄存器中的地址是 CPU 正在读或写的地址,或者是正在显示的两个 4 位组的地址。读/写地址由 CPU 编程。它也能设定成每次读或写后自动增量方式。在设定了正确方式和地址之后,显示 RAM 的内容可用 CPU 直接读出,A 组和 B 组的地址由 8279 自动修改,以便与 CPU 送入或送出数据的操作相匹配。按照 CPU 所设定的方式,A 组和 B 组可以独立访问,也可以作为一个字访问。数据进入显示器可以设定为从左面进入或从右面进入。

5.3.2 8279 的数据输入、显示输出及命令格式

1. 数据输入

数据输入有 3 种方式,即键扫描方式、传感器扫描方式和选通输入方式。

采用键扫描方式时,扫描线为 $SL_0 \sim SL_3$,回馈线为 $RL_0 \sim RL_7$。每按下一个键,便由 8279 自动编码,并送入先进先出栈 FIFO,同时产生中断请求信号 IRQ。键的编码格式为:

D7	D6	D5	D4	D3	D2	D1	D0
CNTL	SHIFT	扫描行序号			回馈线（列）序号		

如果芯片的控制脚 CNTL 和换档脚 SHIFT 接地，则 D7 和 D6 均为"0"。例如，若被按下键的位置在第 2 行（扫描行序号为 010），且与第 4 列回馈线（列序号为 100）相交，则该键所对应的代码为 00010100，即 14H。

8279 的扫描输出有两种方式：译码扫描和编码扫描。所谓"译码扫描"，即 4 条扫描线在同一时刻只有一条是低电平，并且以一定的频率轮流更换。如果用户键盘的扫描线多于 4，则可采用编码输出方式。此时 $SL_0 \sim SL_3$ 输出的是 $0000 \sim 1111$ 的二进制计数代码。在编码扫描时，扫描输出线不能直接用于键盘扫描，而必须经过低电平有效输出的译码器。例如，将 $SL_0 \sim SL_2$ 输入到通用的 3-8 译码器（74LS138），即可得到直接可用的扫描线（由 8279 内部逻辑所决定，不能直接用 4-16 译码器对 $SL_0 \sim SL_3$ 进行译码，即在编码扫描时 SL_3 仅用于显示器，而不能用于键扫描）。

暂存于 FIFO 中的按键代码，在 CPU 执行中断处理子程序时取出，数据从 FIFO 取走后，中断请求信号 IRQ 将自动撤消。若在中断子程序读取数据前，下一个键被按下，则该键代码自动进入 FIFO。FIFO 堆栈由 8 个 8 位的存储单元组成，它允许依次暂存 8 个键的代码。这个栈的特点是先进先出，因此由中断子程序读取的代码顺序与键被按下的次序相一致。在 FIFO 中的暂存数据多于 1 个时，只有在读完（每读一个数据则它从栈顶自动弹出）所有数据时，IRQ 信号才会撤消。虽然键的代码暂存于 8279 的内部堆栈，但 CPU 从栈内读取数据时只能用"输入"或"取数"指令，而不能用"弹出"指令，因为 8279 芯片在微机系统中是作为 I/O 接口电路而设置的。

在传感器扫描方式工作时，将对开关列阵中每一个结点的通、断状态（传感器状态）进行扫描，并且当列阵（最多是 8×8 位）中的任何一位发生状态变化时，便自动产生中断信号 IRQ。此时，FIFO 的 8 个存储单元用于寄存传感器的现时状态，称为状态存储器。其中存储器的地址编号与扫描线的顺序一致。中断处理子程序将状态存储器的内容读入 CPU，并与原有状态比较后，便可由软件判断哪一个传感器的状态发生了变化。所以 8279 用来检测开关（传感器）的通断状态是非常方便的。

在选通输入方式工作时 $RL_0 \sim RL_7$ 与 8255 的选通并行输入端口的功能完全一样。此时，CNTL 端作为选通信号 STB 的输入端，STB 为高电平有效。

此外，在使用 8279 时，不必考虑按键的抖动和串键问题。因为在芯片内部已设置了消除触头抖动和串键的逻辑电路，这给使用带来了很大方便。

2. 显示输出

8279 内部设置了 16×8 显示数据存储器（RAM），每个单元寄存一个字符的 8 位显示代码。8 个输出端与存储单元各位的对应关系为：

D7	D6	D5	D4	D3	D2	D1	D0
A_3	A_2	A_1	A_0	B_3	B_2	B_1	B_0

$A_3 \sim A_0$、$B_3 \sim B_0$ 分时送出 16 个（或 8 个）单元内存储的数据，并在 16 个或 8 个显示器上显示出来。

显示器的扫描信号与键盘输入扫描信号是共用的。当实际的数码显示器多于 4 个时，必须采用编码扫描输出，经过译码器后，方能用于显示器的扫描。

显示数据经过数据总线 D7～D0 及写信号 $\overline{WR}$（同时 $\overline{CS}=0$，$C/\overline{D}(A_0)=0$），可以分别写入显示存储器的任何一个单元。一旦数据写入后，8279 的硬件便自动管理显示存储器的输出及同步扫描信号。因此，对操作者仅要求完成向显示存储器写入信息的操作。

8279 的显示管理电路亦可在多种方式下工作，例如：左端输入、右端输入、8 字符显示、16 字符显示等。各种方式的设置将在后面加以说明。8279 的工作方式是由各种控制命令决定的。CPU 通过数据总线向芯片传送命令时，应使 $\overline{WR}=0$、$\overline{CS}=0$ 及 $C/\overline{D}(A_0)=1$。

8279 共有 8 条命令，分述如下。

1) 键盘、显示器工作模式设置命令

编码格式为：

D7	D6	D5	D4	D3	D2	D1	D0
0	0	0	D_1	D_0	K_2	K_1	K_0

最高 3 位 000 是本命令的特征码。

D_1、D_0 用于决定显示方式，其定义如下：

D_1	D_0	显示管理方式
0	0	8 字符显示，左端输入
0	1	16 字符显示，左端输入
1	0	8 字符显示，右端输入
1	1	16 字符显示，右端输入

8279 可外接 8 位或 16 位的 7 段 LED 数码显示器，每一位显示器对应一个 8 位的显示 RAM 单元。显示 RAM 中的字符代码与扫描信号同步地依次送上输出线 $A_3 \sim A_0$、$B_3 \sim B_0$。

当实际的数码显示器少于 8 时,也必须设置 8 字符或 16 位字符显示模式之一。如果设置 16 字符显示,显示 RAM 中从 0 单元到 15 单元的内容同样依次轮流输出,而不管扫描线上是否有数码显示器存在。

左端输入方式是一种简单的显示模式,显示器的位置(最左边由 SL_0 驱动的显示器为零号位置)编号与显示 RAM 的地址一一对应,即显示 RAM 中"0"地址的内容在"0"号(最左端)位置显示。CPU 依次从"0"地址或某一地址开始将字符代码写入显示 RAM。地址大于 15 时,再从 0 地址开始写入。写入过程如下:

	0	1		14	15	← 显示 RAM 地址
第 1 次写入 X1	X1					

	0	1		14	15	← 显示 RAM 地址
第 2 次写入 X2	X1	X2				

⋮

	0	1		14	15	← 显示 RAM 地址
第 16 次写入 X16	X1	X2		X15	X16	

	0	1		14	15	← 显示 RAM 地址
第 17 次写入 X17	X17	X2		X15	X16	

右端输入方式也是一种常用的显示方式,一般的电子计算器都采用这种方式。从右端输入信号与前者比较,一个重要的特点是显示 RAM 的地址与显示器的位置不是一一对应的,而是每写入一个字符,左移 1 位,显示器最左端的内容被移出丢失。写入过程如下:

	1	2		14	15	0	← 显示 RAM 地址
第 1 次写入 X1						X1	

	2	3		15	0	1	← 显示 RAM 地址
第 2 次写入 X2				X1	X2		

⋮

	0	1		13	15	15	← 显示 RAM 地址
第 16 次写入 X16	X1	X2		X14	X15	X16	

	1	2		14	15	0	← 显示 RAM 地址
第 17 次写入 X17	X2	X3		X15	X15	X17	

编码格式中的 K_2、K_1、K_0 用于设置键盘的工作方式,其定义如下:

K_2	K_1	K_0	数据输入及扫描方式
0	0	0	编码扫描,键盘输入,两键互锁
0	0	1	译码扫描,键盘输入,两键互锁
0	1	0	编码扫描,键盘输入,多键有效
0	1	1	译码扫描,键盘输入,多键有效
1	0	0	编码扫描,传感器列阵检测
1	0	1	译码扫描,传感器列阵检测
1	1	0	选通输入,编码扫描显示器
1	1	1	选通输入,译码扫描显示器

键盘扫描方式中,两键互锁是指当被按下键未释放前,第 2 键又被按下时,FIFO 堆栈仅接收第 1 键的代码,第 2 键作为无效键处理。如果两个键同时按下,则后释放的键为有效键,而先释放者作为无效键处理。多键有效方式是指若多个键同时按下,则所有键依扫描顺序被识别,其代码依次写入 FIFO 堆栈。虽然 8279 具有两种处理串键的方式,但通常选用两键互锁方式,以消除多余的被按下的键所带来的错误输入信息。

给 8279 加一个 RESET 信号将自动设置编码扫描、键盘输入(两键互锁)、左端输入的 16 字符显示。该信号的作用等效于编码为 08H 的命令。

2) 扫描频率设置命令

编码格式为:

D7	D6	D5	D4	D3	D2	D1	D0
0	0	1	P_4	P_3	P_2	P_1	P_0

最高 3 位 001 是本命令的特征码。$P_4P_3P_2P_1P_0$ 取值为 2~31,它是外接时钟的分频系数,经分频后得到内部时钟频率。8279 在接到 RESET 信号后,如果不发送本命令,则分频系数取值 31。

3) 读 FIFO 堆栈的命令

编码格式为:

D7	D6	D5	D4	D3	D2	D1	D0
0	1	0	AI	×	A_2	A_1	A_0

最高 3 位 010 是本命令的特征码。在读 FIFO 之前,CPU 必须先输出这条命令。8279 接收到本命令后,CPU 执行输入指令,从 FIFO 中读取数据。地址由 $A_2A_1A_0$ 决定,例如 $A_2A_1A_0=$ 000,则输入指令执行的结果是将 FIFO 堆栈顶(或传感器阵列状态存储器)的数据读入 CPU

的累加器。AI 是自动增 1 标志,当 AI=1 时,每执行一次输入指令,地址 $A_2A_1A_0$ 自动加 1。显然,键盘输入数据时,每次只需从栈顶读取数据,故 AI 应取"0"。如果数据输入方式为检测传感器阵列的状态,则 AI 取 1,执行 8 次输入指令,依次把 FIFO 的内容读入 CPU。利用 AI 标志位可省去每次读取数据前都要设置读取地址的操作。

4) 读显示 RAM 命令

编码格式为:

D7	D6	D5	D4	D3	D2	D1	D0
0	1	1	AI	A_3	A_2	A_1	A_0

最高 3 位 011 是本命令的特征码。在读显示 RAM 中的数据之前,必须先输出这条命令,8279 接收到这条命令后,CPU 才能读取数据。$A_3A_2A_1A_0$ 用于区别 16 个 RAM 地址,AI 是地址自动加"1"标志。

5) 写显示 RAM 命令

编码格式为:

D7	D6	D5	D4	D3	D2	D1	D0
1	0	0	AI	A_3	A_2	A_1	A_0

最高 3 位 100 是本命令的特征码。在将数据写入显示 RAM 之前,CPU 必须先输出这条命令。命令中的地址码 $A_3A_2A_1A_0$ 决定 8279 芯片接收来自 CPU 的数据存放在显示 RAM 的哪个单元。AI 是地址自动增 1 标志。

6) 显示屏蔽消隐命令

编码格式为:

D7	D6	D5	D4	D3	D2	D1	D0
1	0	1	×	IWA	IWB	BLA	BLB

最高 3 位 101 是本命令的特征码。IWA 和 IWB 分别用以屏蔽 A 组和 B 组显示 RAM。在双 4 位显示器使用时,即 $OUTA_{0\sim3}$ 和 $OUTB_{0\sim3}$ 独立地作为两个半字节输出时,可改写显示 RAM 中的低半字而不影响高半字节的状态(若 IWA=1),或者可改写高半字节而不影响低半字节(若 IWB=1)。BLA 和 BLB 是消隐特征位。要消隐两组显示输出,必须使 BLA 和 BLB 同时为 1,要恢复显示时则使它们同时为 0。

7) 清除命令

编码格式为:

D7	D6	D5	D4	D3	D2	D1	D0
1	1	0	C_{D2}	C_{D1}	C_{D0}	C_F	C_A

最高 3 位 110 是本命令的特征码。C_{D2}、C_{D1}、C_{D0} 用来设定清除显示 RAM 的方式,其定义如下:

C_{D2}	C_{D1}	C_{D0}	清除方式
	0	×	显示 RAM 所有单元均置 0
1	1	0	显示 RAM 所有单元均置 20H
	1	1	显示 RAM 所有单元均置 1
0	×	×	不清除($C_A=0$ 时)

$C_F=1$,清除 FIFO 状态标志,FIFO 被置成空状态(无数据),并复位中断输出 IRQ。C_A 是总清的特征位。$C_A=1$,清除 FIFO 状态和显示 RAM(方式仍由 C_{D1}、C_{D0} 确定)。清除显示 RAM 大约需 160 μs。在此期间,CPU 不能向显示 RAM 写入数据。

8) 中断结束/设置出错方式命令

编码格式为:

D7	D6	D5	D4	D3	D2	D1	D0
1	1	1	E	×	×	×	×

最高 3 位 111 是本命令的特征码。在传感器工作方式中,该命令使 IRQ 输出线变为低电平(即中断结束),允许再次对 RAM 写入(在检测到传感器变化后,IRQ 可能已经变成高电平,这时禁止在复位前再次将信息写入 RAM)。在 N 键巡回工作方式中,若 $E=1$,在消颤期内如果有多键同时按下,则产生中断,并且阻止对 RAM 的写入。

除了上述 8 条命令之外,8279 还有一个状态字。状态字用来指出 FIFO 中的字符个数、出错信息以及能否对显示 RAM 进行写入操作。状态字格式如下:

D7							D0
DU	S/E	O	U	F	N_2	N_1	N_0

$N_2 N_1 N_0$ 表示 FIFO 中数据的个数。
$F=1$ 时,表示 FIFO 已满(存有 8 个键入数据)。
在 FIFO 中没有输入字符时,CPU 读 FIFO,则 U 置 1。
当 FIFO 已满,又输入一个字符时,发生溢出,O 置 1。
S/E 用于传感器扫描方式,几个传感器同时闭合时置 1。
在清除命令执行期间 DU 为 1,此时对显示 RAM 写操作无效。

5.3.3　8279 的接口方法

图 5.22 所示为用 8279 芯片实现的键盘-显示器接口框图。在初始化 8279 后,单片机把显示字符送到 8279 内部的一个 16 字节寄存器内。8279 将字符转换成段码,并经 $A_0 \sim A_3$、$B_0 \sim B_3$ 线把段码送到显示器,同时经 $SL_0 \sim SL_3$ 线发出 4 位数位选通码。4-16 译码器对选通码进行译码后轮流选通各位显示器。这些操作都是由 8279 自动进行的。$SL_0 \sim SL_2$ 线同时连到 3-8 译码器。该译码器的输出用于扫描键盘 8 行。8279 经 8 根返回线($RL_0 \sim RL_7$)读取键盘的状态。如果发现按键闭合则等待 10 ms,颤动过去后再检验按键是否闭合。若按键仍然闭合,则把被按键的键值选通输入 8279 内部的先进先出(FIFO)存储器,同时经 INT 线发出一个高电平,指出 FIFO 内已经有一个字符。INT 线连接到 CPU 的中断请求输入线。当单片机接收到中断请求后,若开中断,则转到键盘服务程序,从 FIFO 中读取按键的键值。图中 $\overline{BD}$ 信号用于熄灭显示。在这种接口中,单片机要做的事仅是初始化 8279,送出要显示的字符,接到中断请求后读取按键的键值,其他工作均由 8279 自动完成。

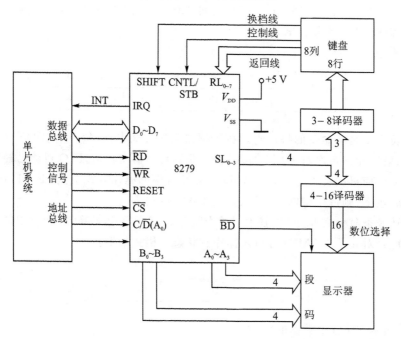

图 5.22　用 8279 芯片实现的键盘-显示器接口框图

图 5.23 所示为单片机 80C51 与 8279 组成的键盘显示器接口电路。80C51 的 P2.7(A_{15})接到 8279 的片选端 $\overline{CS}$,P2.0(A_8)接到 8279 的 $C/\overline{D}(A_0)$ 端,因此该接口对用户来说只有两个口地址:命令口地址 7FFFH 和数据口地址 7EFFH。图中,8279 外接 4×4 矩阵键盘和 6 位共

阴极 LED 数码管,采用编码扫描方式,译码器 74LS138 对扫描线 $SL_0 \sim SL_3$ 进行译码,译码输出一方面扫描矩阵键盘,同时作为 LED 数码管的位驱动。

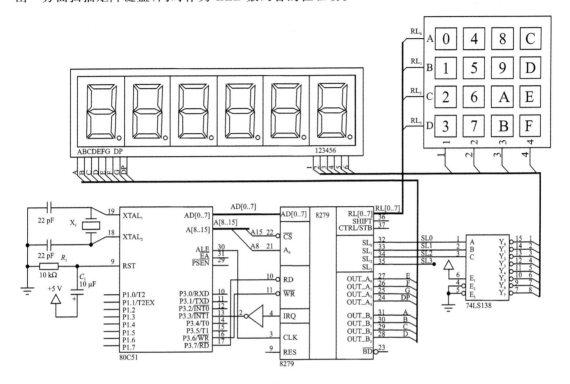

图 5.23 80C51 单片机与 8279 组成的的键盘-显示器接口电路

图 5.24 所示为根据图 5.23 接口电路设计的 8279 初始化、显示更新及键盘输入中断服务子程序等工作流程。例 5-12 和例 5-13 为采用汇编语言和 C 语言编写的应用程序。主程序先在 80C51 单片机内部 RAM 中开辟一段显示缓冲区,并将显示字符写入其中;接着调用 8279 的初始化子程序,根据需要对 8279 进行初始化并开中断;然后不断循环调用 8279 显示更新子程序,将显示缓冲区中的内容显示到数码管上。有键按下时将触发 80C51 中断,通过 8279 中断服务程序读取键值,并将键值送入显示缓冲区。

【例 5-12】 采用汇编语言编写的 8279 应用程序。

```
        ORG     0000H
START:  LJMP    MAIN
        ORG     0013H
        LJMP    PKEYI
        ORG     0030H
MAIN:   MOV     SP,#60H         ;主程序
```

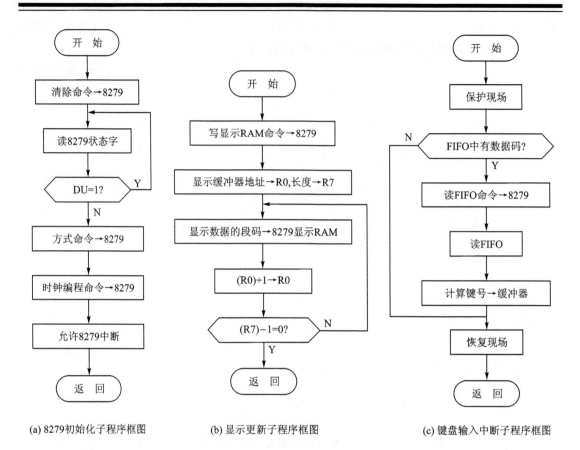

图 5.24 8279 工作子程序流程

```
        MOV    70H,#00         ;设置显示缓冲区初值
        MOV    71H,#01
        MOV    72H,#02
        MOV    73H,#03
        MOV    74H,#04
        MOV    75H,#05
        MOV    76H,#06
        MOV    77H,#07
        LCALL  INI79           ;调 8279 初始化子程序
LOOP:   LCALL  RDIR            ;调 8279 显示更新子程序
        SJMP   LOOP
;8279 初始化子程序
INI79:  MOV    DPTR,#7FFFH     ;8279 命令口地址
```

	MOV	A,#0D1H	;清0命令
	MOVX	@DPTR,A	
WNDU:	MOVX	A,@DPTR	;等待8279清0结束
	JB	ACC.7,WNDU	
	MOV	A,#00	;设置8279为编码扫描方式,两键互锁
	MOVX	@DPTR,A	
	MOV	A,#34H	;设置8279扫描频率
	MOVX	@DPTR,A	
	MOV	IE,#84H	;允许8279中断
	RET		

;8279显示更新子程序

RDIR:	MOV	DPTR,#7FFFH	;8279命令口地址
	MOV	A,#90H	;写显示RAM命令
	MOVX	@DPTR,A	
	MOV	R0,#70H	;显示缓冲器首地址→R0
	MOV	R7,#8	
	MOV	DPTR,#7EFFH	
RDLO:	MOV	A,@R0	;取显示数据
	ADD	A,#5	;加偏移量
	MOVC	A,@A+PC	;查表转换为段码数据
	MOVX	@DPTR,A	
	INC	R0	
	DJNZ	R7,RDLO	
	RET		
SEG:	DB	3fH,06H,5BH,4FH	;段码表
	DB	66H,6DH,7DH,07H	
	DB	7FH,6FH,77H,7CH	
	DB	39H,5EH,79H,71H	
	DB	00H	

;8279按键输入中断服务程序

PKEYI:	PUSH	PSW	
	PUSH	DPL	
	PUSH	DPH	
	PUSH	ACC	
	PUSH	B	
	SETB	PSW.3	;选80C51工作寄存器1区
	MOV	DPTR,#7FFFH	;8279命令口地址

```
        MOVX   A,@DPTR              ;读 FIFO 状态字
        ANL    A,#0FH
        JZ     PKYR                 ;判 FIFO 中是否有数据?
        MOV    A,#40H               ;读 FIFO 命令
        MOVX   @DPTR,A
        MOV    DPTR,#7EFFH          ;8279 数据口地址
        MOVX   A,@DPTR              ;读数据
        MOV    R2,A
        ANL    A,#38H               ;计算键值
        RR     A
        RR     A
        RR     A
        MOV    B,#04H
        MUL    AB
        XCH    A,R2
        ANL    A,#7
        ADD    A,R2
        MOV    70H,A                ;键值装入显示缓冲区 70H 单元
        MOV    71H,#16
        MOV    72H,#16
        MOV    73H,#16
        MOV    74H,#16
        MOV    75H,#16
PKYR:   POP    B
        POP    ACC
        POP    DPH
        POP    DPL
        POP    PSW
        RETI
END
```

【例 5-13】 采用 C 语言编写的 8279 应用程序。

```
#include <absacc.h>
#define uchar unsigned char
#define uint unsigned int

char data DisBuf[6]={0,1,2,3,4,5};            //显示缓冲区
```

```c
uchar code keyval[]={0x00,0x01,0x02,0x03,0x08,0x09,0x0a,0x0b,     // 键值表
                     0x10,0x11,0x12,0x13,0x18,0x19,0x1a,0x1b};
uchar code SEG[]={0x3f,0x06,0x5b,0x4f,0x66,0x6d,0x7d,0x07,         // 段码表
                  0x7f,0x6f,0x77,0x7c,0x39,0x5e,0x79,0x71,0x00};

/*************************8279初始化函数********************************/
void KbDisInit() {
    XBYTE[0x7fff]=0x00;                     // 设置8279工作方式
    XBYTE[0x7fff]=0xD1;                     // 清除8279
    while (XBYTE[0x7fff] & 0x80);           // 等待清除结束
    XBYTE[0x7eff]=0x34;                     // 设置8279分频系数
}
/*************************读键值函数**********************************/
uchar ReadKey(){
    uchar i,j;
    if (XBYTE[0x7fff] & 0x07){              // 判断是否有按键
        XBYTE[0x7fff]=0x40;                 // 有键按下,写入读FIFO命令
        i=XBYTE[0x7eff];                    // 获取键值
        j=0;
        while (i!=keyval[j]){j++;}          // 查键值表
        return(j+1);
    }
    return (0);                             // 无键按下
}
/*************************显示函数***********************************/
void Disp() {
    uchar i;
    XBYTE[0x7fff]=0x90;                     // 写显示RAM命令
    for (i=0; i<6; i++){
        XBYTE[0x7eff]=SEG[DisBuf[i]];       // 显示缓冲区内容
    }
}
/*******************填充显示缓冲区函数**************************/
void DspBf(){
    uchar i;
    for (i=1; i<6; i++){
        DisBuf[i]=0x10;
```

        }
}
/******************无按键处理函数*****************************/
void NoKey() {
    ;
}
/******************0键处理函数******************************/
void k0() {
        DisBuf[0]=0x00;   DspBf();
}
/******************1键处理函数******************************/
void k1() {
        DisBuf[0]=0x01;   DspBf();
}
/******************2键处理函数******************************/
void k2() {
        DisBuf[0]=0x02;   DspBf();
}
/******************3键处理函数******************************/
void k3() {
        DisBuf[0]=0x03;   DspBf();
}
/******************4键处理函数******************************/
void k4() {
        DisBuf[0]=0x04;   DspBf();
}
/******************5键处理函数******************************/
void k5() {
        DisBuf[0]=0x05;   DspBf();
}
/* k6,...其他按键处理函数可在此处插入 */
code void (code * KeyProcTab[])()={NoKey,k0,k1,k2,k3,k4,k5/*...*/};
/***********************主函数******************************/
void main(){
    KbDisInit();   // 8279 初始化
    while(1){
        Disp();

```
        (*KeyProcTab[ReadKey()])();              // 根据不同按键的值查表散转
    }
}
```

5.4 LCD 液晶显示器接口技术

对于采用电池供电的便携式智能化测量控制仪表,考虑到其低功耗的要求,常常需要采用液晶显示器 LCD(Liquid Crystal Diodes)。液晶显示器 LCD 体积小,重量轻,功耗极低,因此在仪器仪表中的应用十分广泛。

5.4.1 LCD 显示器的工作原理和驱动方式

LCD 是一种被动式显示器,它本身并不发光,只是调节光的亮度。目前常用的 LCD 是根据液晶的扭曲-向列效应原理制成的。这是一种电场效应,夹在两块导电玻璃电极之间的液晶经过一定处理后,其内部的分子呈 90°的扭曲。这种液晶具有旋光特性。当线性偏振光通过液晶层时,偏振面会旋转 90°。当给玻璃电极加上电压后,在电场的作用下液晶的扭曲结构消失,其旋光作用也随之消失,偏振光便可以直接通过。当去掉电场后,液晶分子又恢复其扭曲结构。把这样的液晶放在两个偏振片之间,改变偏振片的相对位置(平行或正交)就可得到黑底白字或白底黑字的显示形式。LCD 的响应时间和余辉为毫秒级,阈值电压为 3~20 V,功耗为 5~100 mW/cm^2。

LCD 常采用交流驱动,通常采用"异或"门把显示控制信号和显示频率信号合并为交变的驱动信号,如图 5.25 所示。当显示控制电极上的波形与公共电极上的方波相位相反时,则为显示状态。显示控制信号由 C 端输入,高电平为显示状态。显示频率信号是一个方波。当"异或"门的 C 端为低电平时,输出端 B 的电位与 A 端相同,LCD 两端的电压为 0,LCD 不显示;当"异或"门的 C 端为高电平时,B 端的电位与 A 端相反,LCD 两端呈现交替变化的电压,LCD 显示。常用的扭曲-向列型 LCD,其驱动电压范围是 3~6 V。由于 LCD 是容性负载,工作频率越高消耗的功率越大。而且显示频率升高,对比度会变差。当频率升高到临界高频以上时,LCD 就不能显示了,所以 LCD 宜采用低频工作。

LCD 的驱动方式分为静态和动态两种。不同的 LCD 显示器要采用不同的驱动方式。静态驱动方式的 LCD 每个显示器的每个字段都要引出电极,所有显示器的公共电极连在一起后引出。显示位数越多,引出线也越多,相应的驱动电路也越多,故适用于显示位数较少的场合。动态驱动方式可以减少 LCD 的引出线和相应的驱动电路,故适用于显示位数较多的场合。动态驱动方式实际上是用矩阵驱动法来驱动字符显示。字段引线相当于行引线,公共电极相当于列引线,字符的每一个字段相当于矩阵的一个点。分时驱动是常用的动态驱动方法。分时驱动常采用偏压法,图 5.26(a)所示为采用 1/3 偏压法作分时驱动的基本原理。在一个 2×2

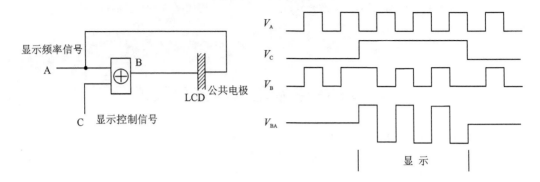

图 5.25 LCD 的基本驱动电路及波形

的矩阵上,D、S 线的交点为显示点,其余各点均不显示。在电极 D 端施加 $2V_C/3$ 的电压,在电极的 R 端和 S 端施加 $V_C/3$ 的电压。D 端电压的相位与 R 端相同而与 S 端相反,电极 C 端施加的电压为 0 V,如图 5.26(b)所示。各个交点上的电压和波形如图 5.26(c)所示。交点 CR、CS、DR 上的电压为 $V_C/3$,DS 上的电压为工作电压 V_C。采用这种驱动方式的 LCD 其阈值电压应在 $V_C/3 \sim V_C$。

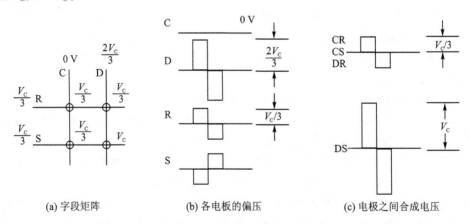

(a) 字段矩阵　　　(b) 各电极的偏压　　　(c) 电极之间合成电压

图 5.26　1/3 偏压法驱动原理

5.4.2　点阵字符型液晶显示模块

点阵字符型液晶显示模块能显示数字、字母、符号以及少量自定义图形符号(如简单汉字),因而在单片机应用系统中得到了广泛应用。点阵字符型液晶显示模块由液晶显示器、点阵驱动器、LCD 控制器等组成,模块内集成有字符发生器和数据存储器,采用单一+5 V 电源供电。点阵字符型液晶显示模块在国际上已经规范化,采用的控制器多为日立公司的 HD44780,也有采用其兼容电路如 SED1278(SEIKO、EPSON 公司产品)、KS00666(三星公司产品)等。表 5-15 列出了 EPSON 公司生产的 EA-D 系列点阵字符型液晶显示模块的外部特性。

表 5-15 EA-D 系列点阵字符型液晶显示模块外部特性

名 称	字符数	外部尺寸	视觉范围	字符点阵	字符尺寸	点的尺寸	速 率
EA-D16015	16×1	80×36	64.5×13.8	5×7	3.07×6.56	0.55×0.75	1/16
EA-D16025	16×2	84×44	61.×15.8	5×7	2.96×5.56	0.56×0.66	1/16
EA-D20025	20×2	116×37	83.×18.6	5×7	3.20×5.55	0.60×0.65	1/16
EA-D20040	20×4	98×60	76.×25.2	5×7	3.01×4.84	0.57×0.57	1/16
EA-D24016	24×1	126×36	100.0×13.8	5×10	3.15×8.70	0.55×0.70	1/11
EA-D40016	40×1	182×33.5	154.4×15.8	5×10	3.15×8.70	0.55×0.70	1/11
EA-D40025	40×2	182×33.5	154.4×15.8	5×7	3.20×5.55	0.60×0.65	1/16

下面介绍 EPSON 公司生产的点阵字符型液晶显示模块与单片机系统的接口及应用。EA-D 系列点阵字符型液晶显示模块内部结构如图 5.27 所示。它由点阵式液晶显示面板、SED1287 控制器和 4 个列驱动器组成。SED1278 完成显示模块的时序控制,同时也可以驱动 16 行 40 列的点阵库。

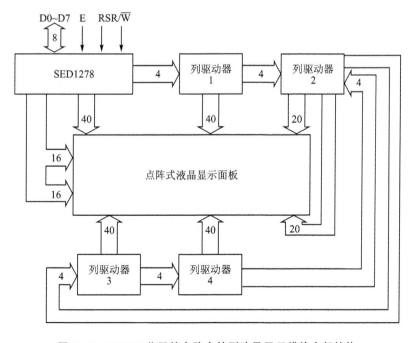

图 5.27 EPSON 公司的点阵字符型液晶显示模块内部结构

SED1278 控制器有 14 条引脚:
- V_{SS}: 地线输入端。
- V_{DD}: +5 V 电源输入端。
- V_O: 液晶显示面板亮度调节,通过 10~20 kΩ 的电阻接到+5 V 和地之间,起调节显示亮度的作用。
- RS: 寄存器选择信号输入线,低电平选通指令寄存器,高电平选通数据寄存器。
- R/$\overline{W}$: 读/写信号输入线,低电平为写入,高电平为读出。
- E: 片选信号输入线,高电平有效。
- D_0~D_7: 数据总线,可以选择 4 位或 8 位总线操作,选择 4 位总线操作时使用 D_4~D_7。

SED1287 的控制电路主要由指令寄存器(IR)、数据寄存器(DR)、忙标志(BF)、地址计数器(AC)、显示数据寄存器(DDRAM)、字符发生器 ROM(CGROM)、字符发生器 RAM(CGRAM)、时序发生电路所组成。

指令寄存器 IR 用于寄存各种指令码,只能写入,不能读出。

数据寄存器 DR 用于寄存显示数据,由内部操作自动写入 DDRAM 和 CGRAM,或寄存从 DDRAM 和 CGRAM 读出的数据。

忙标志 BF=1 时,表示正在进行内部操作,此时不能接收任何外部指令和数据。

地址计数器 AC 作为 DDRAM 或 CGRAM 的地址指针。如果地址码随指令写入 IR,则 IR 的地址码自动装入 AC,同时选择 DDRAM 或 CGRAM 单元。

显示数据寄存器 DDRAM 用于存储显示数据,DDRAM 的地址与显示屏幕的物理位置是一一对应的。当向数据寄存器某一地址单元写入一个字符的编码时,该字符就在对应的位置上显示出来。表 5-16 列出了 DDRAM 显示地址与显示屏物理位置的对应关系。

表 5-16 DDRAM 显示地址与显示屏物理位置关系

显示地址\列号 行号	1	2	3	4	5	6	7	8	9	10	11	12	13	14	15	16	17	18	19	20
1	00	01	02	03	04	05	06	07	08	09	0A	0B	0C	0D	0E	0F	10	11	12	13
2	40	41	42	43	44	45	46	47	48	49	4A	4B	4C	4D	4E	4F	50	51	52	53
3	14	15	16	17	18	19	1A	1B	1C	1D	1E	1F	20	21	22	23	24	25	26	27
4	54	55	56	57	58	59	5A	5B	5C	5D	5E	5F	60	61	62	63	64	65	66	67

字符发生器 CGROM 由 8 位字符码生成 5×7 点阵字符 160 个和 5×10 点阵字符 32 个,已经固化在液晶显示器模块内部,由用户随意使用。表 5-17 列出了 8 位字符编码的高、低位排列及其与字符的对应关系。如果想显示 192 个字符中的一个,只要把该字符的编码送入

DDRAM 即可；如果想显示 192 个字符以外的字符，则需要利用 CGRAM 自定义字符。

表 5-17　CGROM 字符编码表

高位 低位	0010	0011	0100	0101	0110	0111	1010	1011	1100	1101	1110	1111
0000		0	@	P	\	p		―	タ	ミ	α	p
0001	!	1	A	Q	a	q	。	ヌ	チ	ム	a	q
0010	"	2	B	R	b	r	「	イ	ツ	メ	β	θ
0011	#	3	C	S	c	s	」	ウ	チ	モ	ε	∞
0100	$	4	D	T	d	t	、	エ	ト	ヤ	μ	Ω
0101	%	5	E	U	e	u	。	オ	ナ	ユ	σ	O
0110	&	6	F	V	f	v	ラ	カ	ニ	ヨ	ρ	Σ
0111	,	7	G	W	g	w	ア	キ	ヌ	ラ	g	π
1000	(	8	H	X	h	x	イ	ク	ネ	リ	∫	X
1001	)	9	I	Y	i	y	ゥ	ケ	ノ	ル	-1	Y
1010	*	:	J	Z	j	z	エ	コ	ハ	レ	j	千
1011	+	;	K	[	k	{	オ	サ	ヒ	ロ	×	万
1100	,	<	L	¥	l	|	セ	シ	フ	ワ	Φ	⊕
1101	-	=	M	]	m	}	コ	ス	ヘ	ン	£	÷
1110	.	>	N	∧	n	→	ヨ	セ	ホ	ハ	n	
1111	/	?	O		o	←	ツ	ソ	マ	ロ	○	■

字符发生器 CGRAM 是为用户创建自己的特殊字符设立的，它的容量仅为 64 字节，地址为 00H～3FH，但是作为自定义字符字模使用的仅是一个字节中的低 5 位，每个字节的高 3 位可作为数据存储器使用。若自定义字符为 5×7 点阵，可定义 8 个字符，自定义字符的代码为 00H～07H。表 5-18 列出了自定义字符"上"，从表中可以看出，字符编码（DDRAM 中的数据）的 0～2 位等同于 CGRAM 地址的 3～5 位。CGRAM 地址的 0～2 位定义字符的行位置。CGRAM 中数据的 0～4 位决定字符形式，第 4 位是字符的最左端。CGRAM 的 5～7 位不用作显示字符，因此它可用作一般的数据 RAM。

表 5-18 CGRAM 自定义字符

字符编码 (DDRAM 数据)	CGRAM 地址	字符形式(CGRAM 数据)
7 6 5 4 3 2 1 0	5 4 3 2 1 0	7 6 5 4 3 2 1 0
0 0 0 0 × 0 0 0	0 0 0	× × × 0 0 1 0 0
	0 0 1	× × × 0 0 1 0 0
	0 1 0	× × × 0 0 1 0 0
	0 0 0 0 1 1	× × × 0 0 1 1 1
	1 0 0	× × × 0 0 1 0 0
	1 0 1	× × × 0 0 1 0 0
	1 1 0	× × × 1 1 1 1 1
	1 1 1	× × × 0 0 0 0 0

点阵字符型液晶显示模块的显示功能是由各种命令来实现的,共有 11 条命令。

1) 清显示命令

编码格式为:

RS	R/W	D_7	D_6	D_5	D_4	D_3	D_2	D_1	D_0
0	0	0	0	0	0	0	0	0	1

该命令把空格编码 20H 写入显示数据存储器的所有单元。

2) 光标返回命令

编码格式为:

RS	R/W	D_7	D_6	D_5	D_4	D_3	D_2	D_1	D_0
0	0	0	0	0	0	0	0	1	×

该命令把地址计数器中 DDRAM 地址清 0,如果显示屏上显示了字符,则光标移到起始位置。如果显示两行,则光标移到第 1 行第 1 个字符的位置,显示数据存储器的内容不变。

3) 设置输入方式命令

编码格式为:

RS	R/W	D_7	D_6	D_5	D_4	D_3	D_2	D_1	D_0
0	0	0	0	0	0	0	1	I/D	S

当一个字符编码被写入 DDRAM 或从 DDRAM 中读出时,若 I/D=1,则 DDRAM 地址加 1,若 I/D=0,则 DDRAM 地址减 1。地址加 1 时,光标右移;地址减 1 时,光标左移。对 CGRAM 的读/写操作和 DDRAM 一样,只是 CGRAM 与光标无关。当 S=1 时,整个显示屏向左(I/D=1)或向右(I/D=0)移动。在从 DDRAM 中读数、向 CGRAM 写数或从 CGRAM 中读数、S=0 这 3 种情况下,显示屏不移动。

4) 显示开/关控制命令

编码格式为:

RS	R/W	D_7	D_6	D_5	D_4	D_3	D_2	D_1	D_0
0	0	0	0	0	0	1	D	C	B

当 D=0 时,显示器关闭,显示数据存储器中的数据不变;当 D=1 时,显示器立即显示 DDRAM 中的数据。

当 C=0 时,不显示光标;当 C=1 时,显示光标。当选择字符为 5×7 点阵时,用第 8 行的第 5 个点显示光标。

当 B=1 时,显示闪烁光标,当时钟为 270 kHz 时,在 379.2 ms 内交换显示全黑点和字符,以实现字符闪烁。

5) 光标或显示屏移动命令

编码格式为:

RS	R/W	D_7	D_6	D_5	D_4	D_3	D_2	D_1	D_0
0	0	0	0	0	1	S/C	R/L	×	×

该命令使显示和光标向左或向右移位。对两行显示而言,光标从第 1 行的第 40 个字符位置移到第 2 行的首位。从第 2 行的第 40 个位置不能移位到清屏的起始位置,而是回到第 2 行的第 1 个位置。命令中 S/C 和 R/L 位的作用如下:

S/C	R/L	作 用
0	0	光标左移,地址计数器减 1
0	1	光标右移,地址计数器加 1
1	0	显示屏左移,光标跟随显示屏移动
1	1	显示屏右移,光标跟随显示屏移动

6) 功能设置命令

编码格式为:

RS	R/W	D_7	D_6	D_5	D_4	D_3	D_2	D_1	D_0
0	0	0	0	1	IF	N	F	×	×

命令中的 IF 位用来设置接口数据长度。当 IF＝1 时,数据以 8 位长度($D_7 \sim D_0$)发送或接收;当 IF＝0 时,数据以 4 位长度($D_7 \sim D_4$)发送或接收。命令中的 N 和 F 位用来设置显示屏的行数和字符的点阵。设置方式如下:

N	F	显示行数	字符点阵	占空系数
0	0	1	5×7	1/16
0	1	1	5×10	1/11
1	0	2	5×7	1/16
1	1	2	5×7	1/16

对于 EA-D20040 来说一定要设置 N＝1,显示 2 行。

7) 设置 CGRAM 地址命令

编码格式为:

RS	R/W	D_7	D_6	D_5	D_4	D_3	D_2	D_1	D_0
0	0	0	1	A5	A4	A3	A2	A1	A0

该命令的功能是设置 CGRAM 的地址,命令执行后,单片机和 CGRAM 可连续进行数据交换。

8) 设置 DDRAM 地址命令

编码格式为:

RS	R/W	D_7	D_6	D_5	D_4	D_3	D_2	D_1	D_0
0	0	1	A6	A5	A4	A3	A2	A1	A0

该命令的功能是设置 DDRAM 的地址,命令执行后,单片机与 DDRAM 进行数据交换。

9) 读忙标志和地址命令

编码格式为:

RS	R/W	D_7	D_6	D_5	D_4	D_3	D_2	D_1	D_0
0	1	BF	A6	A5	A4	A3	A2	A1	A0

该命令的功能是读出忙标志 BF 的值。当读出的 BF＝1 时,则说明系统内部正在进行操

作,不能接收下一条命令。在读出 BF 值的同时,CGRAM 和 DDRAM 所使用的地址计数器的值也被同时读出。

10) 向 CGRAM 或 DDRAM 写数据命令

编码格式为:

RS	R/W	D_7	D_6	D_5	D_4	D_3	D_2	D_1	D_0
1	0	D	D	D	D	D	D	D	D

该命令的功能是把二进制数 DDDDDDDD 写入 CGRAM 或 DDRAM 中。若先送入 CGRAM 的地址则向 CGRAM 写入;若先送入 DDRAM 地址则向 DDRAM 写入。

11) 从 CGRAM 或 DDRAM 读取数据命令

编码格式为:

RS	R/W	D_7	D_6	D_5	D_4	D_3	D_2	D_1	D_0
1	1	D	D	D	D	D	D	D	D

该命令的功能是将数据从用写数据命令建立的 CGRAM 或 DDRAM 地址指出的 RAM 中读出。在本命令之前的命令应是 CGRAM 或 DDRAM 地址建立命令、光标移位命令或是上次 CGRAM/DDRAM 数据读出命令。若是其他命令,读出的数据可能会出错。

在执行读数据或写数据命令之后,地址计数器会自动加 1 或减 1。一般是先执行一条地址建立命令或光标移位命令,再执行读数据命令,一旦一条读数据命令被执行后,就可连续执行数据读取命令,而不需再执行其他命令了。

图 5.28 所示为 16 字符×2 行的点阵字符型液晶显示模块与 80C51 单片机接口电路。液晶显示模块的 R/W 和 RS 信号由 80C51 单片机的低 8 位地址线来控制,显示模块的 E 信号则由单片机的最高地址线 P2.7 和读 RD、写 WR 信号线组成的联合逻辑电路来控制,从而可得该接口电路的命令写入地址为 7FF0H,命令读取地址为 7FF1H,数据操作地址为 7FF2H,这种接口称为直接方式接口。

例 5-14 为采用汇编语言编写的点阵字符型液晶模块与单片机直接方式接口的驱动程序。主程序首先调用初始化子程序,初始化内容包括功能设置(8 位字长、2 行、5×7 点阵)、清屏、设置输入方式和设置显示方式及光标等,需要注意的是每写入一条命令,都应先检查忙标志 BF,只有当 BF=0 时才能执行下一条指令;接着调用自定义汉字字符子程序,该子程序中先设定 CGRAM 首地址;然后依次向 CGRAM 中写入各个自定义汉字的字模数据;接着设定显示字符在液晶屏上的位置,即 DDRAM 的地址;最后将要显示的字符代码分别写入 DDRAM。对于 CGROM 中的字符代码可以查表 5-17 得到,而自定义汉字字符的代码则为 00H~07H,本例只定义了 3 个字符"年"、"月"、"日",它们的代码分别为 00H、01H 和 02H。

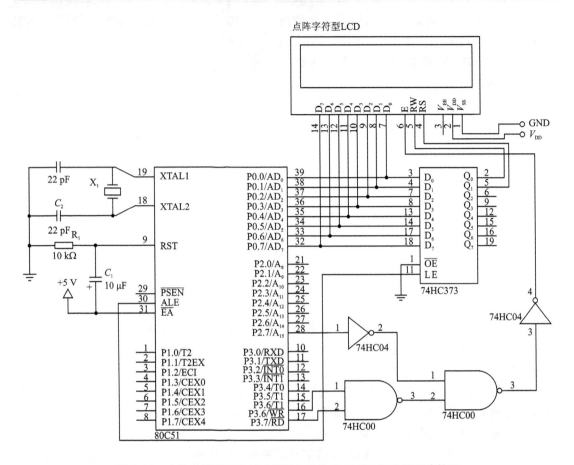

图 5.28 点阵字符型液晶显示模块与单片机 80C51 的直接方式接口

【例 5-14】 点阵字符型液晶模块与单片机直接方式接口的汇编语言驱动程序。

```
        ORG    0000H
START:  LJMP   MAIN
        ORG    0030H
MAIN:   LCALL  INIT          ;主程序开始,调用液晶模块初始化子程序
        LCALL  WPAD          ;调用自定义汉字字符子程序
        MOV    R2,#81H       ;设置 DDRAM 地址,第 1 行从第 2 位开始
        LCALL  WRTC          ;写入
        MOV    R4,#16        ;第 1 行共 14 个字符
        MOV    DPTR,#ZIFU    ;指向显示字符代码首地址
        LCALL  WP1           ;第 1 行字符代码写入 DDRAM
```

```
            MOV     R2,#0C4H                    ;设置 DDRAM 地址,第 2 行从第 4 位开始
            LCALL   WRTC                        ;写入
            MOV     R4,#12                      ;第 2 行共 12 个字符
            LCALL   WP1                         ;第 2 行字符代码写入 DDRAM
            SJMP    $
ZIFU:       DB      "Hello Every Body"          ;显示 CGROM 中的字符
            DB      "2008",00H,"10",01H,"26",02H,20H   ;显示数字和自定义汉字字符
;BF 忙标志判断子程序
WAIT:       MOV     P2,#7FH
            MOV     R0,#0F1H                    ;读 BF 忙标志地址
            MOVX    A,@R0
            JB      ACC.7,WAIT
            RET
;写指令代码子程序
WRTC:       LCALL   WAIT                        ;判断 BF 标志
            MOV     A,R2
            MOV     R0,#0F0H                    ;写指令地址
            MOVX    @R0,A
            RET
;写数据子程序
WRTD:       LCALL   WAIT                        ;判断 BF 标志
            MOV     A,R2
            MOV     R0,#0F2H                    ;写数据地址
            MOV     A,R2
            MOVX    @R0,A
            RET
;读数据子程序
RDD:        LCALL   WAIT                        ;判断 BF 标志
            MOV     R0,#0F3H                    ;读数据地址
            MOVX    A,@R0
            RET
;初始化子程序
INIT:       LCALL   TIM1                        ;延时 15 ms
            MOV     R2,#38H                     ;功能设置命令,8 位字长,2 行,5×7 点阵
            LCALL   WRTC                        ;写入
            LCALL   TIM3                        ;延时 100 μs
            MOV     R2,#38H
```

```
            LCALL   WRTC                        ;写入
            LCALL   TIM3                        ;延时 100 μs
            MOV     R2,#38H
            LCALL   WRTC                        ;写入
            LCALL   TIM3                        ;延时 100 μs
            MOV     R2,#01H                     ;清屏命令
            LCALL   WRTC                        ;写入
            MOV     R2,#06H                     ;输入方式命令
            LCALL   WRTC                        ;写入
            MOV     R2,#0EH                     ;开显示、光标不闪命令
            LCALL   WRTC                        ;写入
            RET
;自定义汉字字符子程序
WPAD:       MOV     R2,#40H                     ;设置 CGRAM 首地址为 0
            LCALL   WRTC                        ;写入 CGRAM 首地址
            MOV     R4,#24                      ;3 个汉字共 24 字节字模数据
            MOV     DPTR,#ZIMO                  ;指向字模首地址
WP1:        CLR     A
            MOVC    A,@A+DPTR
            MOV     R2,A
            LCALL   WRTD                        ;写入 1 字节字模数据
            INC     DPTR
            DJNZ    R4,WP1
            RET
ZIMO:       DB      08H,0FH,12H,0FH,0AH,1FH,02H,00H  ;"年"字模数据
            DB      0FH,09H,0FH,09H,0FH,09H,11H,00H  ;"月"字模数据
            DB      0FH,09H,09H,0FH,09H,09H,0FH,00H  ;"日"字模数据
;延时 15 ms 子程序
TIM1:       MOV     R5,#03H
TT1:        LCALL   TIM2
            DJNZ    R5,TT1
            RET
;延时 5 ms 子程序
TIM2:       MOV     R4,#50
TT2:        LCALL   TIM3
            DJNZ    R4,TT2
            RET
```

```
;延时 100 μs 子程序
TIM3:   MOV     R3,#50
TT3:    DJNZ    R3,TT3
        RET
        END
```

点阵字符型液晶显示模块还可以采用间接控制方式与单片机 80C51 进行接口,这种方式通过单片机的并行 I/O 端口引脚实现对液晶显示模块的间接控制。图 5.29 给出了间接控制方式的接口电路,液晶显示模块的 RS、R/W 和 E 信号分别由 80C51 单片机的 P2.1、P2.2 和 P2.3 来控制。与直接方式不同,间接控制方式不是通过固定的接口地址,而是通过单片机 I/O 端口引脚来操作液晶显示模块,因此在编写驱动程序时要注意时序的配合。写操作时 E 信号的下降沿有效,工作时序上应先设置 RS、R/W 状态,再写入数据,然后产生 E 信号脉冲,最后复位 RS、R/W 状态。读操作时 E 信号的高电平有效,工作时序上应先设置 RS、R/W 状态,再

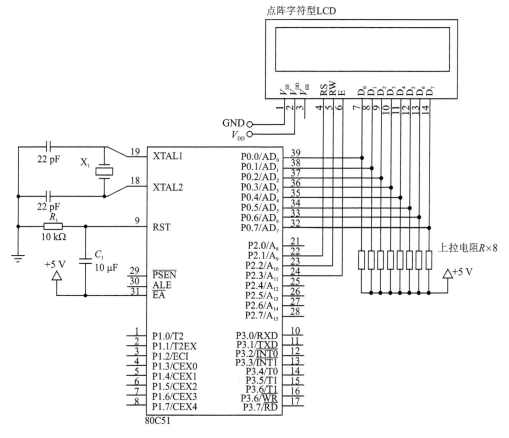

图 5.29 点阵字符型液晶显示模块与单片机 80C51 的间接方式接口

设置 E 信号为高电平,再读取数据,然后将 E 信号设置为低电平,最后复位 RS、R/W 状态。例 5-15 为点阵字符型液晶模块与单片机间接方式接口的 C 语言驱动程序,程序编写时要特别注意工作时序的配合。

【例 5-15】 点阵字符型液晶模块与单片机间接方式接口的 C 语言驱动程序。

```c
#include <reg51.h>
#include <intrins.h>
#include <stdio.h>
#include <string.h>
#include <math.h>
#include <absacc.h>
#define uchar unsigned char
#define uint unsigned int
#define DataPort P0                    // 数据端口
#define Busy     0x80

sbit    RS   = P2^1;                   // LCD 控制引脚定义
sbit    RW   = P2^2;
sbit    Elcm = P2^3;

code char exampl[]="Hello Every Body";
unsigned char tem1,t;
unsigned char c1=10;
/******************************1 ms 延时函数 *****************************/
void Delay1Ms(void){
    uint i = 552;
    while(i--);
}


/******************************5 ms 延时函数 *****************************/
void Delay5Ms(void){
    uint i = 5552;
    while(i--);
}
/*****************************等待允许函数 *******************************/
void WaitForEnable( void ) {
    DataPort = 0xff;
    RS =0; RW = 1; _nop_();
```

```
    Delay1Ms();
    Elcm = 1; _nop_(); _nop_();
    Delay1Ms();
    while( DataPort & Busy );
    Elcm = 0;
}
/********************* 写控制字符函数 *****************************/
void LcdWriteCommand( uchar CMD,uchar AttribC ) {
    if (AttribC) WaitForEnable();              // 检测忙信号？
    RS = 0;    RW = 0; _nop_();
    DataPort = CMD; _nop_();                   // 送控制字子程序
    Elcm = 1; _nop_(); _nop_(); Elcm = 0;      // 操作允许脉冲信号
}
/********************* 当前位置写字符函数 ***************************/
void LcdWriteData( char dataW ) {
    WaitForEnable();                           // 检测忙信号
    RS = 1; RW = 0; _nop_();
    DataPort = dataW; _nop_();
    Elcm = 1; _nop_(); _nop_(); Elcm = 0;      // 操作允许脉冲信号
}
/********************* 显示光标定位函数 ****************************/
void LocateXY( char posx,char posy) {
uchar temp;
    temp = posx & 0xf;
    posy &= 0x1;
    if ( posy )temp |= 0x40;
    temp |= 0x80;
    LcdWriteCommand(temp,0);
}
/********************* 单字符显示函数 *****************************/
void DispOneChar(uchar x,uchar y,uchar Wdata) {
    LocateXY( x,y );                           // 定位显示字符的 x,y 位置
    LcdWriteData( Wdata );                     // 写字符
}
/********************* 显示字符串函数 *****************************/
void ePutstr(uchar x,uchar y,uchar j,uchar code * ptr){
    uchar i;
```

```c
        for (i=0; i<j; i++) {
            DispOneChar(x++,y,ptr[i]);
            if ( x == 16 ){
                x = 0; y ^= 1;
            }
        }
}
/************************LCD 初始化函数 *********************************/
void LcdReset( void ) {
        LcdWriteCommand( 0x38,0);             // 显示模式设置(不检测忙信号)
            Delay5Ms();
        LcdWriteCommand( 0x38,0);             // 共 3 次
            Delay5Ms();
        LcdWriteCommand( 0x38,0);
            Delay5Ms();
        LcdWriteCommand( 0x38,1);             // 显示模式设置(以后均检测忙信号)
        LcdWriteCommand( 0x08,1);             // 显示关闭
            LcdWriteCommand( 0x01,1);         // 显示清屏
        LcdWriteCommand( 0x06,1);             // 显示光标移动设置
        LcdWriteCommand( 0x0c,1);             // 显示开及光标设置
}
/************************400 ms 延时函数 ********************************/
void Delay400Ms(void){
    uchar i = 5;
    uint j;
    while(i--){
        j=7269;
        while(j--);
    };
}
/************************ 主函数 ****************************************/
void main(void){
    LcdReset();
    Delay400Ms();
    ePutstr(0,0,16,exampl);                   // 第 1 行从第 0 位开始显示 Hello Every Body
    while(1);
}
```

5.4.3 点阵图型液晶显示模块

点阵字符型液晶显示模块只能显示英文字符和简单的汉字,要想显示较为复杂的汉字或图形,就必须采用点阵图型液晶显示模块。本小节介绍 12864 点阵图型液晶显示模块与单片机的接口技术。12864 液晶显示模块内部控制器采用 KS0108 或 HD61202,图 5.30 所示为其引脚排列,引脚功能如表 5-19 所列。

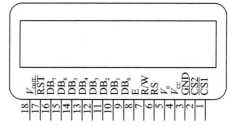

图 5.30 12864 点阵图型液晶显示模块引脚排列

表 5-19 12864 点阵图型液晶显示模块的引脚功能

引脚	符号	功能	引脚	符号	功能
1	$\overline{CS1}$	1:选择左边 64×46 点	7	R/W	1:数据读取,0:数据写入
2	$\overline{CS2}$	1:选择右边 64×46 点	8	E	使能信号,负跳变有效
3	GND	地	9~16	$DB_0 \sim DB_7$	数据信号
4	V_{CC}	+5 V 电源	17	$\overline{RST}$	复位,低电平有效
5	V_0	显示驱动电源 0~5 V	18	V_{OUT}	LCD 驱动负电源
6	RS	1:数据,0:命令			

12864 内部存储器 DDRAM 与显示屏上的显示内容具有一一对应关系,用户只要将显示内容写入 12864 内部显示存储器 DDRAM 中,就能实现正确显示。12864 液晶屏横向有 128 个点,纵向有 64 个点,分为左半屏和右半屏,DDRAM 与显示屏的对应关系如表 5-20 所列。

表 5-20 12864 内部 DDRAM 液晶显示屏的关系

	$\overline{CS1}$=1(左半屏)						$\overline{CS2}$=1(右半屏)						行号
Y=	0	1	...	62	63	0	1	...	62	63			
X=0	DB_0 ↓ DB_7	DB_0 ↓ DB_7	DB_0 ↓ DB_7	DB_0 ↓ DB_7	DB_0 ↓ DB_7	DB_0 ↓ DB_7	DB_0 ↓ DB_7	DB_0 ↓ DB_7	DB_0 ↓ DB_7	DB_0 ↓ DB_7			0 ↓ 7
X=1	DB_0 ↓ DB_7	DB_0 ↓ DB_7	DB_0 ↓ DB_7	DB_0 ↓ DB_7	DB_0 ↓ DB_7	DB_0 ↓ DB_7	DB_0 ↓ DB_7	DB_0 ↓ DB_7	DB_0 ↓ DB_7	DB_0 ↓ DB_7			8 ↓ 15
...	...												

续表 5-20

	$\overline{CS1}=1$（左半屏）						$\overline{CS2}=1$（右半屏）					
X=7	DB_0 ↓ DB_7	DB_0 ↓ DB_7	DB_0 ↓ DB_7	DB_0 ↓ DB_7	DB_0 ↓ DB_7	DB_0 ↓ DB_7	DB_0 ↓ DB_7	DB_0 ↓ DB_7	DB_0 ↓ DB_7	DB_0 ↓ DB_7	DB_0 ↓ DB_7	56 ↓ 63

在 12864 液晶屏上显示图形或汉字时，可以利用字模提取软件获得图形或汉字的点阵代码。字模点阵数据是纵向的，一个像素对应一个位。8 个像素对应一个字节，字节的位顺序是上低下高。例如，从上到下 8 个点的状态是"＊-----＊-"（＊为黑点，-为白点），则转换的字模数据是 41H（01000001B）。以"单"字 16×16 点阵显示为例，按纵向取模方式获得的字模点阵代码如下：

DB 000H,000H,000H,0F0H,052H,054H,050H,0F0H
DB 050H,054H,052H,0F0H,000H,000H,000H,000H
DB 000H,008H,008H,00BH,00AH,00AH,00AH,07FH
DB 00AH,00AH,00AH,00BH,008H,008H,000H,000H

显示时先输入汉字的上半部分 16 个数据，再输入下半部分 16 个数据。

12864 点阵图型液晶显示模块的指令功能比较简单，共有 8 条指令。

1) 读忙标志

编码格式为：

RS	R/W	E	D_7	D_6	D_5	D_4	D_3	D_2	D_1	D_0
0	1	1	BUSY	0	ON/OFF	RESET	0	0	0	0

其中 BUSY=1，显示模块内部控制器忙，不能进行操作，只有 BUSY=0 才允许进行操作。ON/OFF=1，显示关闭；ON/OFF=0，显示打开。RESET=1，复位状态；RESET=0，正常状态。在 BUSY 和 RESET 状态下，除读忙标志指令外，其他指令均不对液晶显示模块产生作用。

2) 写命令

编码格式为：

RS	R/W	E	D_7	D_6	D_5	D_4	D_3	D_2	D_1	D_0
0	0	下降沿	指令							

3) 写数据

编码格式为：

RS	R/W	E	D_7	D_6	D_5	D_4	D_3	D_2	D_1	D_0
1	0	下降沿				显示数据				

操作时每完成一个列地址,计数器自动加 1。

4) 显示开/关

编码格式为:

RS	R/W	D_7	D_6	D_5	D_4	D_3	D_2	D_1	D_0
0	0	0	0	1	1	1	1	1	D

其中 D=1,显示 RAM 中的内容;$DB_0=0$,关闭显示。

5) 显示起始行

编码格式为:

RS	R/W	D_7	D_6	D_5	D_4	D_3	D_2	D_1	D_0
0	0	1	1			显示起始行(0~63)			

该指令规定显示屏上起始行对应 DDRAM 的行地址,有规律地改变显示起始行,可以实现显示滚屏的效果。

6) 页面地址

编码格式为:

RS	R/W	D_7	D_6	D_5	D_4	D_3	D_2	D_1	D_0
0	0	1	0	1	1	1	页面(0~7)		

DDRAM 共 64 行,分 8 页,每页 8 行。

7) 列地址

编码格式为:

RS	R/W	D_7	D_6	D_5	D_4	D_3	D_2	D_1	D_0
0	0	0	1			显示列地址(0~63)			

列地址计数器在每一次读/写数据后自动加 1,每次操作后明确起始列的地址。设置了页面地址和列地址,就唯一确定了 DDRAM 中的一个单元,这样单片机就可以用读/写指令读出该单元中的内容或向该单元写进一个字节数据。

8) 读数据

编码格式为:

RS	R/W	D_7	D_6	D_5	D_4	D_3	D_2	D_1	D_0
1	1	显示数据							

该指令将 DDRAM 对应单元中的内容读出,然后列地址计数器自动加 1。需要注意的是,进行读操作之前,必须有一次空读操作,紧接着再读才会读出所要求单元中的数据。

单片机与 12864 液晶模块之间可以采用直接方式接口,也可以采用间接方式接口。直接接口方式就是将液晶模块作为一个单独的 I/O 扩展设备,需要为它分配专门的控制地址。间接接口方式是利用单片机的端口引脚模拟液晶模块的工作时序,达到对它控制的目的。

图 5.31 所示为 12864 液晶模块与 80C51 单片机以间接方式实现的接口电路。液晶模块的 $\overline{CS1}$、$\overline{CS2}$、RS、R/W 和 E 信号分别由 80C51 单片机的 P2.0、P2.1、P2.2、P2.3 和 P2.4 来控制。由于间接控制方式需要通过单片机的端口引脚来操作液晶模块,因此在编写驱动程序时要特别注意时序的配合。例 5-16 列出了 12864 液晶模块与 80C51 单片机以间接方式接口的 C 语言驱动程序。

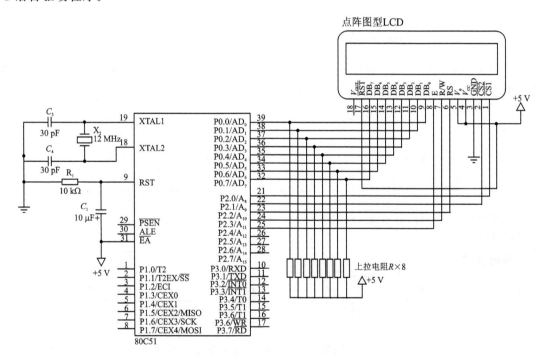

图 5.31 12864 液晶模块与单片机 80C51 的间接方式接口

【例 5-16】 12864 液晶模块与 80C51 单片机以间接方式接口的 C 语言驱动程序。

```
#include<reg51.h>
#include<absacc.h>
```

```c
#include<intrins.h>
#define uchar unsigned char
#define uint unsigned int
#define PORT P0

sbit CS1=P2^0;
sbit CS2=P2^1;
sbit RS=P2^2;
sbit RW=P2^3;
sbit E=P2^4;
sbit bflag=P0^7;

uchar code Num[]={                              // 字模点阵数据
0x00,0x00,0x00,0xF0,0x52,0x54,0x50,0xF0,        // 单
0x50,0x54,0x52,0xF0,0x00,0x00,0x00,0x00,
0x00,0x08,0x08,0x0B,0x0A,0x0A,0x0A,0x7F,
0x0A,0x0A,0x0A,0x0B,0x08,0x08,0x00,0x00,
0x00,0x00,0x00,0x00,0xFC,0x20,0x20,0x20,        // 片
0x20,0x3E,0x20,0x20,0x20,0x30,0x20,0x00,
0x00,0x40,0x20,0x10,0x0F,0x01,0x01,0x01,
0x01,0x01,0x7F,0x00,0x00,0x00,0x00,0x00,
0x00,0x20,0x20,0xA0,0xFE,0xA0,0x20,0x00,        // 机
0xFC,0x04,0x04,0xFE,0x04,0x00,0x00,0x00,
0x00,0x04,0x02,0x01,0x7F,0x40,0x21,0x10,
0x0F,0x00,0x00,0x3F,0x40,0x40,0x78,0x00,
0x00,0x00,0x00,0xFC,0x04,0x04,0xE4,0xA4,        // 原
0xB4,0xAC,0xA4,0xA4,0xE4,0x06,0x04,0x00,
0x00,0x40,0x30,0x0F,0x20,0x10,0x0B,0x22,
0x42,0x3E,0x02,0x0A,0x13,0x30,0x00,0x00,
0x00,0x88,0x88,0xF8,0x88,0x88,0x00,0xFC,        // 理
0x24,0x24,0xFC,0x24,0x24,0xFE,0x04,0x00,
0x00,0x10,0x30,0x1F,0x08,0x48,0x40,0x4B,
0x49,0x49,0x7F,0x49,0x49,0x6B,0x40,0x00,
0x00,0x00,0x00,0xC0,0xBE,0x90,0x90,0x90,        // 与
0x90,0x90,0x90,0xD0,0x98,0x10,0x00,0x00,
0x00,0x04,0x04,0x04,0x04,0x04,0x04,0x04,
0x24,0x44,0x20,0x1F,0x00,0x00,0x00,0x00,
```

```
    0x00,0x00,0x00,0xF8,0x08,0x88,0x08,0x2A,         // 应
    0x4C,0x88,0x08,0x08,0x08,0xCC,0x08,0x00,
    0x00,0x40,0x30,0x0F,0x20,0x20,0x23,0x2C,
    0x20,0x23,0x30,0x2C,0x23,0x30,0x20,0x00,
    0x00,0x00,0x00,0xFC,0x24,0x24,0x24,0x24,         // 用
    0xFC,0x24,0x24,0x24,0xFE,0x04,0x00,0x00,
    0x00,0x40,0x30,0x0F,0x02,0x02,0x02,0x02,
    0x7F,0x02,0x22,0x42,0x3F,0x00,0x00,0x00
};
// 清左半屏
void Left(){
    CS1=0; CS2=1;
}
// 清右半屏
void Right(){
    CS1=1; CS2=0;
}
// 判忙
void Busy_12864(){
    do{
        E=0; RS=0; RW=1;
        PORT=0xff;
        E=1; E=0; }while(bflag);
}
// 命令写入
void Wreg(uchar c){
    Busy_12864();
    RS=0; RW=0;
    PORT=c;
    E=1;   E=0;
}
// 数据写入
void Wdata(uchar c){
    Busy_12864();
    RS=1; RW=0;
    PORT=c;
    E=1;   E=0;
```

}
// 设置显示初始页
```
void Pagefirst(uchar c){
    uchar i=c;
    c=i|0xb8;
    Busy_12864();
    Wreg(c);
}
```
// 设置显示初始列
```
void Linefirst(uchar c){
    uchar i=c;
    c=i|0x40;
    Busy_12864();
    Wreg(c);
}
```
// 清屏
```
void Ready_12864(){
    uint i,j;
    Left();
    Wreg(0x3f);
    Right();
    Wreg(0x3f);
    Left();
    for(i=0; i<8; i++){
     Pagefirst(i);
     Linefirst(0x00);
     for(j=0; j<64; j++){
        Wdata(0x00);
     }
    }
    Right();
    for(i=0; i<8; i++){
     Pagefirst(i);
     Linefirst(0x00);
     for(j=0; j<64; j++){
        Wdata(0x00);
     }
```

```c
    }
}
// 16×16 汉字显示,纵向取模,字节倒序
void Display(uchar * s,uchar page,uchar line){
    uchar i,j;
    Pagefirst(page);
    Linefirst(line);
    for(i=0; i<16; i++){
        Wdata(*s); s++;
    }
    Pagefirst(page+1);
    Linefirst(line);
    for(j=0; j<16; j++){
        Wdata(*s); s++;
    }
}
// 主函数
main(){
    Ready_12864();
    Left();
    Display(Num,0x03,0);
    Display(Num+32,0x03,16);
    Display(Num+64,0x03,32);
    Display(Num+96,0x03,48);
    Right();
    Display(Num+128,0x03,64);
    Display(Num+160,0x03,80);
    Display(Num+192,0x03,96);
    Display(Num+224,0x03,112);
    while(1);
}
```

复习思考题

1. 分别画出共阴极和共阳极的 7 段 LED 电路连接图,列出段码表。
2. 采用 80C51 单片机 P1 口驱动 1 个共阴极 7 段 LED 数码管,循环显示数字"0"~"9",画出

电路原理图，编写驱动程序。
3. 采用 80C51 单片机 P1 口和 P3 口设计一个 8 位共阴极 7 段 LED 数码管动态显示接口，画出电路原理图，编写驱动程序。
4. 设计一个 80C51 单片机与 MAX7219 实现的 8 位共阴极 7 段 LED 数码管显示接口，画出电路原理图，编写驱动程序。
5. 编码键盘与非编码键盘各有什么特点？
6. 键盘接口需要解决哪几个主要问题？什么是按键弹跳？如何解决按键弹跳的问题？试画出硬件反弹跳电路和软件反弹跳流程。
7. 采用 80C51 单片机 P1 口驱动 1 个共阴极 7 段 LED 数码管，P3 口连接 8 个独立按键，分别控制数码管显示数字"0"～"9"，画出电路原理图，编写驱动程序。
8. 简述行扫描式非编码键盘的工作原理和线反转式非编码键盘的工作原理。
9. 采用 80C51 单片机和 8155 芯片设计一个 4×4 行扫描式非编码键盘和共阴极数码管动态显示接口电路，要求实现按数字顺序排列的键值，有键按下时在数码管上显示相应键值，画出电路原理图，编写识别按键和数码管显示程序。
10. 试根据上题获得的键值，用查表法设计一个键值分析程序。
11. 简述键盘、显示器接口芯片 8279 各个主要组成模块的功能。
12. 采用 80C51 单片机和 8279 芯片设计一个 4×4 行扫描式非编码键盘和共阴极数码管显示接口电路，要求实现按数字顺序排列的键值，有键按下时在数码管上显示相应键值，画出电路原理图，编写出 8279 初始化、显示器更新及键盘输入中断子程序，并画出各个子程序的流程图。
13. 简述 LCD 显示器的工作原理。
14. 采用直接接口方式设计一个字符型 LCD 模块与 80C51 单片机的接口电路，要求 2 行，第 1 行显示英文字符串"Hello World"，第 2 行显示中文字符"上""中""下"，画出电路原理图，编写显示驱动程序。
15. 采用间接接口方式设计一个图型 LCD 模块 12864 与 80C51 单片机的接口电路，要求第 1 行显示英文字符串"8051 MCU"，第 2 行显示中文字符"单片机 8051"，画出电路原理图，编写显示驱动程序。

第6章 智能化测量控制仪表的通信接口

在自动化测量和控制系统中,各台仪表之间需要不断地进行各种信息的交换和传输。这种信息的交换和传输是通过仪表的通信接口进行的,通信接口是各台仪表之间或者是仪表与计算机之间进行信息交换和传输的联络装置。为了使不同厂家生产的任何型号的仪表都可用一条无源标准总线电缆连接起来,世界各国都按统一标准来设计智能化仪器仪表的通信接口。本章主要介绍利用 80C51 单片机片内 UART 串行口实现仪表之间的相互通信以及通过 RS-233 接口实现与上位机之间的串行通信。

6.1 串行通信接口

串行数据传送格式串行通信是将数据一位一位地传送,它只需要一根数据线,硬件成本低,而且可使用现有的通信通道(如电话、电报等)。因此,在集散型控制系统(特别在远距离传输数据时),例如智能化测量控制仪表与上位机(IBM-PC 机等)之间通常采用串行通信来完成数据的传送。

电子工业协会(EIA)公布的 RS-232C 是用得最多的一种串行通信标准,它除了包括物理指标外,还包括按位串行传送的电气指标。

6.1.1 RS-232C 标准

图 6.1 所示为 RS-232C 以位串行方式传送数据的格式,数据从最低有效位开始连续传送,以奇偶校验位结束。RS-232C 标准接口并不限于 ASCII 数据,还可有 5~8 个数据位后加 1 位奇偶校验位的传送方式。在电气性能方面,RS-232C 标准采用负逻辑,逻辑"1"电平在 $-5 \sim -15$ V 范围内,逻辑"0"电平则在 $+5 \sim +15$ V 范围内。它要求 RS-232C 接收器必须能识别高至 $+3$ V 的信号作为逻辑"0",而识别低至 -3 V 的信号作为逻辑"1",这意味着有 2 V 的噪声容限。RS-232C 标准的主要电气特性如表 6-1 所列。

图 6.1 串行数据传送格式

RS-232C 的逻辑电平与 TTL 电平不兼容,为了与 TTL 电平的 80C51 单片机器件连接,必须进行电平转换。美国 MAXIM 公司生产的 MAX232 系列 RS-232C 收发器是目前应用较为普遍的串行口电平转换器件。图 6.2 所示为 MAX232 芯片的引脚排列和典型工作电路,芯片内部包含 2 个收发器,采用"电荷泵"技术,利用 4 个外接电容 $C_1 \sim C_4$(通常取值为 1 μF)就可以在单 +5 V 电源供电的条件下,将输入的 +5 V 电压转换为 RS-232C 输出所需要的 ±12 V 电压,在实际应用中,由于器件对电源噪声很敏感,因此必须在

表 6-1 RS-232C 电气特性

最大电缆长度	15 m
最大数据率	20 kb/s
驱动器输出电压(开路)	±25 V(最大)
驱动器输出电压(满载)	±5～±15 V(最大)
驱动器输出电阻	300 Ω(最小)
驱动器输出短路电流	±500 mA
接收器输入电阻	3～7 kΩ
接收器输入门限电压值	-3～+3 V(最大)
接收器输入电压	-25～+25 V(最大)

电源 V_{CC} 与地之间加一个去耦电容 C_5(通常取值为 0.1 μF)。收发器在短距离(电缆电容量<1 000 pF)通信时,通信速率最高可达 120 kb/s。

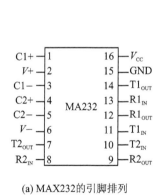

(a) MAX232 的引脚排列

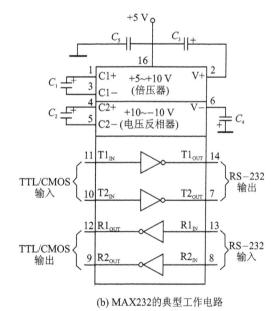

(b) MAX232 的典型工作电路

图 6.2 MAX232 的引脚排列和典型工作电路

完整的 RS-232C 接口有 25 根线,采用 25 芯的插头座。这 25 根线的信号列于表 6-2。其中的 15 根线组成主信道(表中标"*"号者),另外的一些为未定义的和供辅信道使用的线。辅信道为次要串行通道提供数据控制和通道,但其运行速度比主信道要低得多。除了速度之

外,辅信道与主信道相同。辅信道极少使用,如果要用,主要是向连接于通信线路两端的调制-解调器提供控制信息。

RS-232C 标准接口中的主要信号是"发送数据"和"接收数据",它们用来在两个系统或设备之间传送串行信息。其传输速率有 50、75、110、150、300、600、1 200、2 400、4 800、9 600 和 19 200 b/s。通常电传打字机终端使用 50~300 b/s 的速率,而 CRT 终端使用 1 200 b/s 以上的速率。该标准接口中的有些信号是用来表示调制-解调器通信链路的状态,例如"请求发送(RTS)"、"清除发送(CTS)"、"数据装置就绪(DSR)"和"数据终端就绪(DTR)"等信号就是用来控制调制-解调器(Modem)链路的。

表 6-2 RS-232C 接口信号

引脚	电路	缩写	名称	地	数据信号		控制信号		定时信号	
					DCE 源	DET 目标	DCE 源	DET 目标	DCE 源	DET 目标
1*	AA		保护地	√						
2*	BA	TXD	发送数据		√					
3*	BB	RTS	接收数据			√				
4*	CA	RTS	请求发送					√		
5*	CB	CTS	清除发送(允许发送)				√			
6*	CC	DSR	数据装置就绪				√			
7*	AB		信号地(公共回线)	√						
8*	CF	DCD	接收线信号检测				√			
9			(保留供数据装置测试)							
10			(保留供数据装置测试)							
11			未定义							
12	SCF	DCD	辅信道接收信号检测				√			
13	SCB	CTS	辅信道清除发送				√			
14	SBA	TXD	辅信道发送数据		√					
15*	DB		发送信号定时(DCE 源)						√	
16	SBB	RXD	辅信道接收数据			√				
17*	DD		接收信号定时(DCE 源)						√	
18			未定义							

续表 6-2

引脚	电路	缩写	名称	地	数据信号 DCE源	数据信号 DET目标	控制信号 DCE源	控制信号 DET目标	定时信号 DCE源	定时信号 DET目标
19	SCA	RTS	辅信号道请求发送					√		
20*	CD	DTR	数据终端就绪					√		
21*	DG		信号质量检测				√			
22*	CE		振铃指示				√			
23*	CH		数据信号速率选择					√		
24*	DA		发送信号定时(DTE源)							√
25			未定义							

从表 6-2 可看出，RS-232C 标准接口上的信号线基本上可分成 4 类：数据信号(4 根)、控制信号(12 根)、定时信号(3 根)和地(2 根)。下面对这些信号给以简单的功能说明。

1. 数据信号

"发送数据"(TXD)和"接收数据"(RXD)信号线是一对数据传输线，用来传输串行的位数据信息。对于异步通信，传输的串行位数据信息的单位是字符。发送数据信号由数据终端设备(DTE)产生，送往数据通信设备(DCE)。在发送数据信息的间隔期间或无数据信息发送时，数据终端设备(DTE)保持该信号为"1"。"接收数据"信号由数据通信设备(DCE)发出，送往数据终端设备(DTE)。同样，在数据信息传输的间隔期间或无数据信息传输时，该信号应为"1"。

对于"接收数据"信号，不管何时，当"接收线信号检测"信号复位时，该信号必须保持"1"态。在半双工系统中，当"请求发送"信号置位时，该信号也保持"1"态。

辅信道中的 TXD 和 RXD 信号作用同上。

2. 控制信号

数据终端设备发出"请求发送"信号到数据通信设备，要求数据通信设备发送数据。在双工系统中，该信号的置位条件保持数据通信设备处于发送方式。在半双工系统中，该信号的置位条件维持数据通信设备处于发送状态，并且禁止接收。该信号复位后，才允许数据通信设备转为接收方式。在数据通信设备复位"清除发送"信号之前，"请求发送"信号不能重新发生。

数据通信设备发送"清除发送"信号到数据终端设备，以响应数据终端设备的请求发送数据的要求，表示数据通信设备处于发送状态且准备发送数据，数据终端设备作好接收数据的准备。当该控制信号复位时，应无数据发送。

数据通信设备的状态由"数据装置就绪"信号表示。当设备连接到通道时，该信号置位，表示设备不在测试状态和通信方式,设备已经完成了定时功能。该信号置位并不意味着通信电路已经建立,仅表示局部设备已准备好,处于就绪状态。"数据终端就绪"信号由数据终端设备发出,送往数据通信设备,表示数据终端处于就绪状态,并且在指定通道已连接数据通信设备,此时数据通信设备可以发送数据。完成数据传输后,该信号复位,表示数据终端在指定通道上和数据通信设备逻辑上断开。

当数据通信设备收到振铃信号时,置位"振铃指示"信号。当数据通信设备收到一个符合一定标准的信号时,发送"接收线信号检测"信号。当无信号或收到一个不符合标准的信号时,"接收线信号检测"信号复位。

确信无数据错误发生时,数据通信设备置位"信号质量检测"信号;若出现数据错误,则该信号复位。在使用双速率的数据装置中,数据通信设备使用"数据信号速率选择"控制信号,以指定两种数据信号速率中的一种。若该信号置位,则选择高速率;否则,选择低速率。该信号源来自数据终端设备或数据通信设备。辅信道控制信号的作用同上。

3. 定时信号

数据终端设备使用"发送信号定时"信号指示发送数据线上的每个二进制数据的中心位置;而数据通信设备使用"接收信号定时"信号指示接收线上的每个二进制数据的中心位置。

4. 地

"保护地"又称屏蔽地,而"信号地"是 RS-232C 所有信号公共参考点的地。大多数计算机和终端设备仅需要使用 25 根信号线中的 3~5 根线就可工作。对于标准系统,则需要使用 8 根信号线。图 6.3 给出了使用 RS-232C 标准接口的两种系统结构。在使用 RS-232C 接口的通信系统中,其中的 5 个信号线是最常用的。"发送数据"和"接收数据"提供了两个方向的数据传输线,而"请求发送"和"数据装置就绪"用来进行联络应答、控制数据的传输。

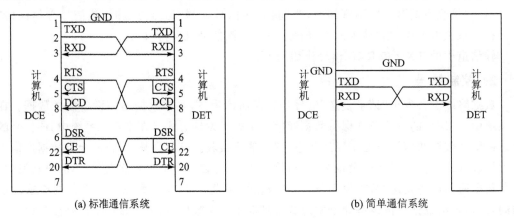

(a) 标准通信系统   (b) 简单通信系统

图 6.3 RS-232C 数据通信系统的结构

通信系统在工作之前，需要进行初始化，即进行一系列控制信号的交互联络。首先由终端发出"请求发送"信号(高电平)，表示终端设备要求通信设备发送数据；数据通信设备发出"清除发送"信号(高电平)予以响应，表示该设备准备发送数据；而终端设备使用"数据终端就绪"信号进行回答，表示它已处于接收数据状态。此后，即可发送数据。在数据传输期间，"数据终端就绪"信号一直保持高电平，直至数据传输结束。"清除发送"信号变低后，可复位"请求发送"信号线。

6.1.2 串行通信方式

实现串行通信要解决若干技术问题。首先在发送时，需要把并行数据转换成串行数据；而在接收时，又需要把串行数据转换成并行数据。数据转换可以使用软件的方法，也可以使用硬件的方法。硬件的方法是使用移位寄存器。一个8位移位寄存器中的二进制数据，在时钟控制下，可顺序地发送出去；同样，在时钟控制下，接收进来的二进制数据，可在移位寄存器中装配成并行的8位数据字节。

根据时钟控制数据发送和接收的方式，串行通信分成两种：同步通信和异步通信。串行通信方法的示意图如图 6.4 所示。

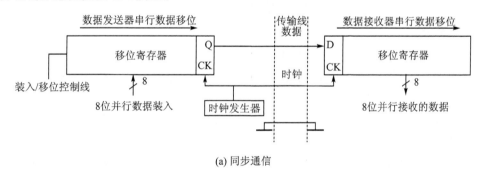

(a) 同步通信

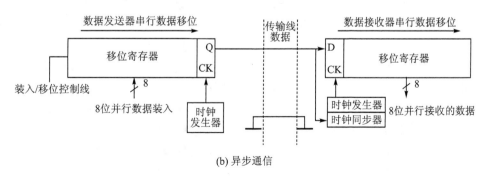

(b) 异步通信

图 6.4　串行数据通信的方法

1. 同步通信

在同步通信中,串行数据传输前,发送和接收移位寄存器必须进行同步初始化,即在传输二进制数据串的过程中,发送与接收应保持一致。因此,往往使用同一个时钟控制串行数据的发送和接收。

通常,发送和接收移位寄存器和初始同步是使用一个同步字符来完成的,即由发送和接收双方约定为一个特定字符。当一次串行数据的同步传输开始时,接收器进入接收位串的等待方式。发送寄存器送出的第一个字符应该是一个双方约定的同步字符(字节),然后与发送器同步,开始接收后续的有效数据信息。如果由于某种原因,发送器送出的第一个字节是非同步字节,则一次同步传输过程失效或要求发送器重新发送同步字节。由此可见,在一次同步的串行数据传输过程中,同步字节用来初始同步发送和接收移位寄存器,且指出传输数据的开始。

同步通信的实用性完全取决于发送器和接收器保持同步的能力。如果接收器由于某种原因,例如噪声,在接收的过程中,漏掉一位,则所有下面接收的字节数据都是不正确的。因此,在同步通信方式中,发送和接收移位寄存器必须使用同一个时钟。很明显,同步串行数据传输,除了需要输入和输出两根数据传输线外,还需要一根时钟信号线,由其信号的上升沿指示单个二进制数据的传输,并决定传输字节的位。

2. 异步通信

在数据传输过程中,取消同步通信中的同步时钟,就变成异步通信。对于异步串行通信,发送器和接收器两端分别使用自己的时钟,不再共用同一个时钟。要求两个时钟的频率大致相同,能在短时间内保持同步。

异步数据发送器先送出一个初始定时位(称为起始位),后面跟着具有一定格式的串行数据位和停止位。异步数据接收器首先接收起始位,同步它的时钟,使之接近于发送器的频率,然后使用同步时钟接收位数据串。在接收过程中,接收时钟与发送时钟的匹配会有偏差,但这种偏差不会影响短时间内的位数据串接收的正确性。停止位表示数据串的结束,它通常被接收器用来判别接收过程中的某些错误,例如串行数据的字节边界错等。

相对于并行通信接口,串行通信需设置更多的控制电路。例如,它需要使用串-并转换电路、时钟同步电路和位计数电路等。现在大都使用单片串行通信大规模集成电路芯片来处理复杂的接口和转换任务,弥补了串行通信控制电路复杂的缺点,方便了使用。目前,在微机系统中使用的串行接口芯片有这样几种类型:UART(通用的异步接收/发送器)、USART(通用的同步、异步接收/发送器)和 ACIA(异步的通信接口适配器)等。

同步通信与异步通信相比较,同步通信具有传输数据速度快的优点,但使用较多的连接线。若在一次串行数据的传输过程中出现错误,则成批的数据将报废。而异步通信传输数据速度慢,但使用较少的连接线。若在一次串行数据的过程中,出现错误,仅影响一个字节数据。

在测量、控制系统中,目前串行数据的传输多使用异步通信方式。

串行通信中需要考虑一个重要指标——波特率,它用于表示数据传送的速率,其单位为每秒钟传送二进制代码的位数。如果数据传送速率为 120 字符/秒,每个字符有 10 位(1 个起始位、8 个数据位、1 个停止位),则此时数据传送的波特率为

$$120 \times 10 \text{ b/s} = 1200 \text{ b/s}$$

异步串行通信的波特率通常在 50~19 200 b/s 范围内,实际应用中应根据需要设置合适的波特率,以保证数据传输的可靠性。

6.2　串行通信的实现

多个智能化测量控制仪表组成网络应用时,如果仪表之间的距离超过 30 m,就需要采用串行通信方式来传递数据。一般情况下,仪表相互之间的串行通信可以采用点对点的方式来实现,仪表与上位机之间的通信则需要通过 RS-232C 接口来实现。

6.2.1　仪表相互之间的通信

有 A、B 两台基于 80C51 的智能化测量控制仪表,采用点对点串行通信方式实现仪表 A 与仪表 B 通信。它们的晶振频率均为 6 MHz,串行口设定为工作方式 3(9 位 UART,每帧数据有 11 位,第 9 位用于奇偶校验),波特率设定为 2 400 b/s。仪表 A 将本机片外数据存储器 4000H~407FH 单元中的数据向仪表 B 发送。每发送一帧信息,仪表 B 对接收到的数据进行奇偶校验。采用奇偶校验方式,将校验位 P 的状态放在 TB8 中,若校验正确,则仪表 B 向仪表 A 回送 00H 作为"数据发送正确信号",仪表 A 收到该信号后再发送下一个字节数据。若奇偶校验出错,则仪表 B 向仪表 A 回送 0FFH 作为"数据发送出错信号",仪表 A 收到该信号后重新发送原来的字节数据。仪表 A 将设定数据块中的内容发送完毕后停止发送,仪表 B 将接收到的数据写入本机以 4000H 为首地址的片外数据存储器,直至接收完所有数据。

为了数据传送的正确性,必须设定合适的波特率。这里采用定时器 T1 作为波特率发生器,波特率设定为 2 400 b/s,T1 以自动重装常数方式工作(方式 2),T1 的定时常数计算如下:

$$X = 2^8 - \frac{6 \times 10^6}{2400 \times 12 \times \frac{32}{2^{\text{Smod}}}}$$

取 Smod=1,得 $X = 242.98 \approx 243 = \text{F3H}$,此时实际波特率为 2 403.85 b/s。

仪表 A 和仪表 B 采用中断方式进行串行通信,图 6.5 所示为仪表 A 发送数据流程。

仪表 A 的主程序如下:

```
        ORG    0000H         ;主程序入口
        LJMP   MAIN
        ORG    0023H         ;串行中断入口
```

```
            LJMP    SERVE1
            ORG     0100H
    MAIN:   MOV     TMOD,#20H       ;将 T1 设为工作方式 2
            MOV     TH1,#0F3H       ;fosc=6 MHz 时,BD=2400 b/s
            MOV     TL1,#0F3H
            SETB    TR1             ;启动 T1
            MOV     PCON,#80H       ;Smod=1
            MOV     SCON,#0D0H      ;串行口设为工作方式 3,允许接收
            MOV     DPTR,#4000H     ;数据块首地址
            MOV     R0,#80H         ;发送字节数
            SETB    ES              ;允许串行口中断
            SETB    EA              ;开中断
            MOVX    A,@DPTR         ;取发送数据
            MOV     C,P
            MOV     TB8,C           ;奇偶标志送 TB8
            MOV     SBUF,A          ;发送数据
    HERE:   SJMP    HERE            ;等待中断
```

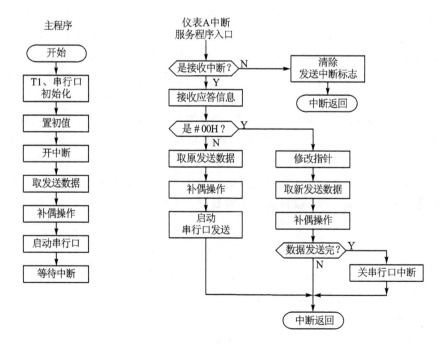

图 6.5 仪表 A 数据传送流程

仪表 A 的中断服务程序如下:

```
SERVE1: JBC   RI,LOOP        ;是接收中断,RI清零,转入接收仪表B的应答信息
        CLR   TI             ;是发送中断,TI清零
        SJMP  ENDT
LOOP:   MOV   A,SBUF         ;取仪表B的应答信息
        CLR   C
        SUBB  A,#01H         ;判断应答信息是#00H吗?
        JC    LOOP1          ;是#00H,发送正确
        MOVX  A,@DPTR        ;否则重发原来数据
        MOV   C,P
        MOV   TB8,C
        MOV   SBUF,A
        SJMP  ENDT
LOOP1:  INC   DPTR           ;修改地址指针,准备发送下一个数据
        MOVX  A,@DPTR
        MOV   C,P
        MOV   TB8,C
        MOV   SBUF,A         ;发送数据
        DJNZ  R0,ENDT        ;数据未发送完,继续
        CLR   ES             ;数据全部发送完毕,禁止串行口中断
ENDT:   RETI                 ;中断返回
```

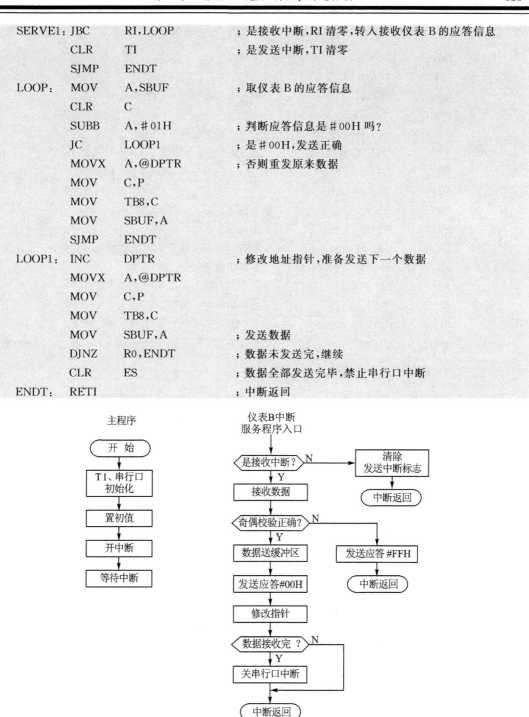

图 6.6　仪表 B 数据传送流程

图 6.6 所示为仪表 B 接收数据流程。仪表 B 的主程序如下：

```
            ORG     0000H               ;主程序入口
            LJMP    MAIN
            ORG     0023H               ;串行中断入口
            LJMP    SERVE2
            ORG     0100H
MAIN:       MOV     TMOD,#20H           ;将 T1 设为工作方式 2
            MOV     TH1,#0F3H           ;fosc=6 MHz 时,BD=2 400 b/s
            MOV     TL1,#0F3H
            SETB    TR1                 ;启动 T1
            MOV     PCON,#80H           ;Smod=1
            MOV     SCON,#0D0H          ;串行口设为工作方式 3,允许接收
            MOV     DPTR,#4000H         ;数据块首地址
            MOV     R0,#80H             ;接收字节数
            SETB    ES                  ;允许串行口中断
            SETB    EA                  ;开中断
HERE:       SJMP    HERE                ;等待中断
```

仪表 B 的中断服务程序如下：

```
SERVE2:     JBC     RI,LOOP             ;是接收中断,RI 清零,转入接收
            CLR     TI                  ;是发送中断,TI 清零
            SJMP    ENDT
LOOP:       MOV     A,SBUF              ;接收数据
            MOV     C,P                 ;奇偶标志送 C
            JC      LOOP1               ;为奇数,转入 LOOP1
            ORL     C,RB8               ;为偶数,检测 RB8
            JC      LOOP2               ;奇偶校验出错
            SJMP    LOOP3
LOOP1:      ANL     C,RB8               ;检测 RB8
            JC      LOOP3               ;奇偶校验正确
LOOP2:      MOV     A,#0FFH
            MOV     SBUF,A              ;发送"不正确"应答信号
            SJMP    ENDT
LOOP3:      MOVX    @DPTR,A             ;存放接收数据
            MOV     A,#00H
            MOV     SBUF,A              ;发送"正确"应答信号
            INC     DPTR                ;修改数据指针
```

	DJNZ	R0,ENDT	;未接收完数据
	CLR	ES	;全部数据接收完毕,禁止串行口中断
ENDT:	RETI		;中断返回

6.2.2 仪表与上位机之间的通信

实际应用中经常采用 IBM-PC 机作为上位机,以 80C51 单片机为核心的智能化测量控制仪表作为下位机构成小型集散式测量控制系统。在这样的系统中,作为下位机的仪表完成现场数据采集和各种控制任务,同时需要将数据传送给上位机进行各种处理,从而实现集中管理和最优控制。上位机与各个仪表之间的数据交换实际上是一种多机通信问题。

IBM-PC 机内装有异步通信适配器板,其主要器件为可编程的 8250 UART 芯片。它使该机有能力与其他具有标准 RS-232C 串行通信接口的计算机或设备进行通信。而 80C51 单片机本身具有一个全双工的串行口,只要外接一个 MAX232 电平转换器就可以与 PC 机的 RS-232C 串行口连接,组成一个简单可行的通信接口。

IBM-PC 机内基于 8250 的异步通信适配器主要特点如下:
- 波特率范围大,适配器允许以 50~19 200 b/s 的波特率进行通信;
- 具有优先级的中断系统提供对发送、接收的控制以及错误、线路状态的检测中断;
- 可编程设置串行通信数据长度(5~8 位)、奇偶校验位、停止位位数(1/1.5/2 位);
- 具有全双缓冲机构,不需要精确的同步;
- 独立的接收器时钟输入;
- 内部的各个寄存器都有独立的端口地址,不会引起误操作,可靠性高;
- 具有 MODEM 控制功能。

图 6.7 所示为 8250 的引脚排列和逻辑框图,8250 内部功能模块和有关引脚的功能所述。

1. I/O 数据缓冲器

$D_0 \sim D_7$:三态双向数据线。它是 8250 与 CPU 之间传送数据、状态和命令的总线。

2. 读/写控制逻辑

这个模块的功能是控制 8250 与 CPU 之间的信息传输,涉及的引脚如下:

CS_0、CS_1、$\overline{CS_2}$　　片选信号输入线。当 CS_0、CS_1 均为高电平而 $\overline{CS_2}$ 为低电平时,8250 才能被选中。

CSOUT　　片选输出线。当它为高电平时表示 8250 确实被选中,可以进行数据传送。

$A_0 \sim A_2$　　端口寄存器地址输入线。8250 有 10 个内部寄存器,表 6-3 列出了各寄存器的名称和相应的端口地址。

$\overline{ADS}$　　地址选通信号输入线。$\overline{ADS}$ 为低电平时 8250 选通并锁存寄存器选择

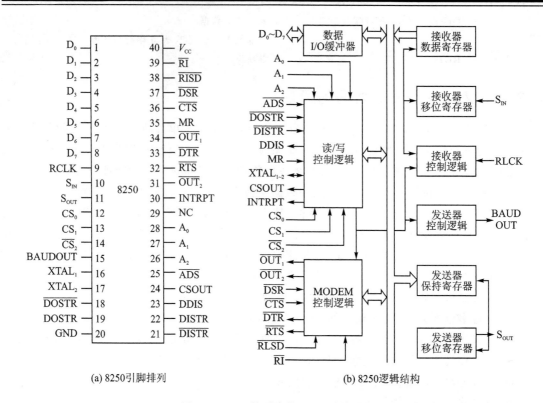

(a) 8250引脚排列　　　　(b) 8250逻辑结构

图 6.7　8250 的引脚排列和逻辑框图

信号 $A_0 A_1 A_2$。

DISTR　　　　　读选通信号输入线。高电平有效。

$\overline{\text{DISTR}}$　　　　读选通信号输入线。低电平有效。

当 DISTR 或 $\overline{\text{DISTR}}$ 有效时,$A_0 A_1 A_2$ 指定的寄存器内容被读到数据总线上。

DOSTR　　　　写选通信号输入线。高电平有效。

$\overline{\text{DOSTR}}$　　　　写选通信号输入线。低电平有效。

当 DOSTR 或 $\overline{\text{DOSTR}}$ 有效时,将数据总线上的信息写入 $A_0 A_1 A_2$ 指定的寄存器中。

$XTAL_1$、$XTAL_2$　外部时钟输入/输出线。通常将 $XTAL_1$ 接 1.843 2 MHz 的时钟信号,$XTAL_2$ 悬空。

DDIS　　　　　禁止驱动信号输入线。高电平时禁止 CPU 对 8250 进行写操作。

MR　　　　　　复位信号输入线。高电平有效。

INTRPT　　　　中断请求信号输出线。当 8250 内部任意一个中断源有效且中断允许时,INTRPT 上升为高电平。

8250 有 4 个中断源，它们的中断优先级如表 6-4 所列。

表 6-3 8250 内部寄存器和端口地址

寄存器名称	输入或输出	端口地址	复位后的初值
发送器保持寄存器	输出	3F8H	××H
接收器数据寄存器	输入	3F8H	××H
波特率因子(低位字节)	输出	3F8H	00H
波特率因子(高位字节)	输出	3F9H	01H
中断控制寄存器	输出	3F9H	00H
中断标志寄存器	输入	3FAH	00H
线路控制寄存器	输出	3FBH	60H
调制解调器寄存器	输出	3FCH	×0H
线路状态寄存器	输入	3FDH	××H
调制解调器状态寄存器	输入	3FEH	××H

3. 调制解调器控制逻辑

本模块是实现 8250 和调制解调器之间通信的控制部件，与它有关的引脚如下：

表 6-4 8250 的中断源与优先级

中断源名称	优先级
接收线路状态中断	1(最高)
接收数据就绪中断	2
发送器保持寄存器空中断	3
调制解调器状态中断	4(最低)

$\overline{DSR}$　　数据装置就绪信号输入线。低电平时表示调制解调器可与 8250 通信。

$\overline{DTR}$　　数据终端就绪信号输出线。低电平时表示 8250 已准备好通信，复位后为高电平。

$\overline{RTS}$　　请求发送信号输出线。低电平时表示 8250 请求调制解调器作发送准备。

$\overline{CTS}$　　清除发送信号输入线。低电平时表示调制解调器已作好发送准备。若此时允许"调制解调器状态中断"，则会产生一次中断。

$\overline{RLSD}$　　接收线路信号检测信号输入线。低电平时表示调制解调器已检测出数据载波。若此时允许"调制解调器状态中断"，则产生一次中断。

$\overline{RI}$　　振铃指示信号输入线。低电平时表示调制解调器已收到电话机的振铃信号。若此时允许"调制解调器状态中断"，则产生一次中断。

$\overline{OUT}_1$　　用户定义的输出线。编程调制解调器控制器的第 2 位可使它为"0"或"1"，复位后为高电平。

$\overline{OUT}_2$　　用户定义的输出线。编程调制解调器控制器的第 3 位可使它为"0"或"1"，复位后为高电平。

4. 接收器逻辑

该模块包括接收器移位寄存器和数据寄存器,以及相应的控制逻辑。有关的引脚如下:

RCLK　　　　接收器数据输入线。输入接收器波特率16倍的时钟信号。

S_{IN}　　　　串行数据输入线。

5. 发送器逻辑

它包括发送器保持寄存器、移位寄存器以及相应的控制逻辑。有关的引脚如下:

BAUDOUT　　发送器波特率输出线。输出发送器波特率16倍的时钟信号,若将BAUDOUT与RCLK相连,则使接收器与发送器的波特率相同。

S_{OUT}　　　　串行数据输出线。复位后为高电平。

下面按表6-3的顺序介绍8250内部各个寄存器的功能。

1) 发送器保持寄存器(地址为3F8H,只写)

该寄存器包含将要串行发送的字符,其中第0位是串行发送的第1位。

2) 接收器数据寄存器(地址为3F8H,只读)

该寄存器存放接收的字符,其中第0位是接收的第1位。

3) 波特率因子低字节(地址为3F8H,只写)

4) 波特率因子高字节(地址为3F9H,只写)

波特率因子也称除数锁存寄存器,这两个寄存器的值决定了发送器波特率输出信号BAUDOUT的频率。BAUDOUT与外部时钟的频率关系为

BAUDOUT 波特率＝

外部输入时钟频率/(16×波特率因子)

表6-5给出了当外部输入时钟频率为1.843 2 MHz时不同波特率因子与波特率的对应值。

5) 中断控制寄存器(地址为3F9H,可读/可写)

该寄存器的高4位为"0",低4位是8250四种类型中断源的允许位。置"1"允许中断,置"0"则禁止中断,复位后该寄存器的各位均为"0"。该寄存器各位的含义如图6.8所示。

表6-5　波特率因子与波特率的对应值

波特率	波特率因子寄存器	
	高位字节	低位字节
50	09H	00H
75	06H	00H
110	04H	17H
134.5	03H	59H
150	03H	00H
300	01H	80H
600	00H	C0H
1 200	00H	60H
1 800	00H	40H
2 000	00H	3AH
2 400	00H	30H
3 600	00H	20H
4 800	00H	18H
7 200	00H	10H
9 600	00H	0CH

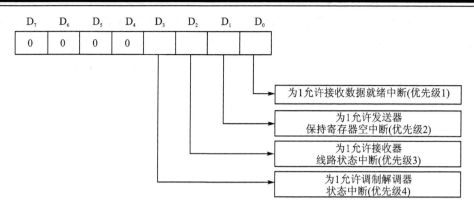

图 6.8　8250 中断控制寄存器中各位的含义

6）中断标志寄存器（地址为 3FAH，只读）

该寄存器的高 5 位为"0"，低 3 位寄存了中断信息，复位后的初值为 01H。其中各位的含义如图 6.9 所示。

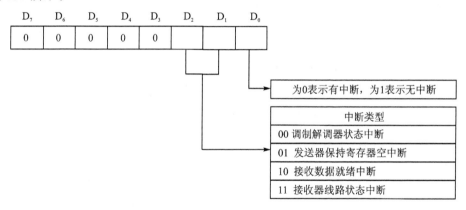

图 6.9　8250 中断标志寄存器中各位的含义

8250 的 4 种中断源的置位和复位条件如表 6-6 所列。

表 6-6　8250 的 4 种中断源的置位和复位条件

中断源	置位条件	复位条件
接收器线路状态	奇偶错/溢出错/帧格式错/间断	读线路状态寄存器
发送器保持器空	发送器保持寄存器空	读中断标志寄存器/写发送器保持寄存器
接收数据就绪	接收数据有效	读接收数据寄存器
调制解调器状态	清除发送/振铃标志有效/调制解调器就绪/接收信号检测有效	读调制解调器状态寄存器

表中,"奇偶错"即接收到的数据的校验位和所设置的奇偶类型不同。"溢出错"即接收器数据寄存器的内容被CPU读走之前又有新的字符装入。"帧格式错"即接收字符的停止位无效。"间断"即接收到的数据信息在大于整个字符传送的时间内均为空格或"0"。

7) 线路控制寄存器(地址为3FBH,可读/可写)

该寄存器的内容规定了异步通信的格式。复位后为全0。其中各位的含义如图6.10所示。

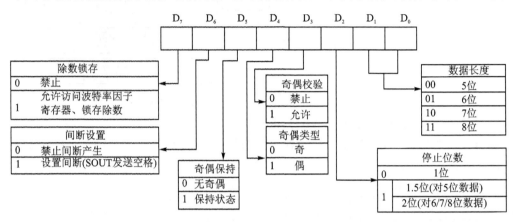

图6.10 8250线路控制寄存器中各位的含义

8) 调制解调器控制寄存器(地址为3FCH,可读/可写)

该寄存器控制8250与调制解调器的接口,其中各位的含义如图6.11所示。

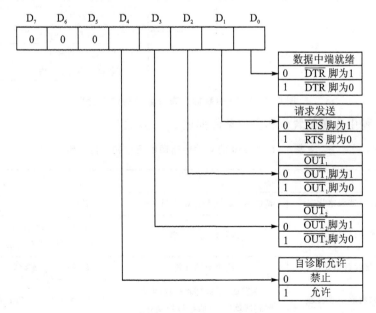

图6.11 8250调制解调器控制寄存器中各位的含义

8250 芯片在自诊断时,发送的数据立即被接收,芯片内部自动按图 6.12 所示线路连接,循环检测。这时发送器串行输出的数据流为标志态(逻辑 1);接收器串行输入端开路;发送器移位寄存器的内容被送入接收器移位寄存器的输入端;调制解调器的 4 个控制输入端($\overline{DSR}$、$\overline{CTS}$、$\overline{RI}$、$\overline{RLSD}$)对外开路,而在芯片内部被连到调制解调器的 4 个控制输出端($\overline{DTR}$、$\overline{RTS}$、$\overline{OUT_1}$、$\overline{OUT_2}$)。

注意:在自诊断方式下,接收器和发送器的中断系统和调制解调器的中断系统仍然有效,这些中断系统仍受中断控制寄存器的控制。

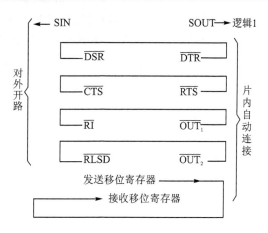

图 6.12　8250 自诊断示意图

但此时调制解调器的中断源不是来自引脚 $\overline{DTR}$、$\overline{RTS}$、$\overline{OUT_1}$、$\overline{OUT_2}$,而是来自调制解调器控制器的低 4 位。这种功能主要用于测试 8250 和 CPU 连接逻辑的正确性。

9) 线路状态寄存器(地址为 3FDH,只读)

该寄存器为 CPU 提供与数据传送有关的状态信息,复位后初值为 60H。其中各位的含义如图 6.13 所示。

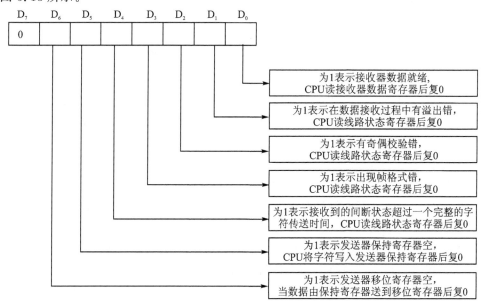

图 6.13　8250 线路状态寄存器中各位的含义

10) 调制解调器状态寄存器（地址为 3FEH，只读）

该寄存器的高 4 位反应调制解调器控制输入线的当前状态，低 4 位反应调制解调器输入端的状态变化。其中各位的含义如图 6.14 所示。

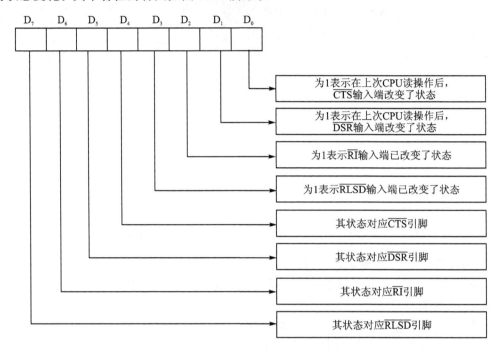

图 6.14 调制解调器状态寄存器中各位的含义

在进行通信之前应先根据用户要求和协议规定的波特率、数据位数、奇偶类型、停止位数对 8250 芯片进行初始化，然后即可用程序查询或中断方式通过 8250 与外部进行数据通信。8250 的 10 个内部寄存器中有 5 个寄存器需要在主程序开始时用输入/输出指令对其进行初始化。

初始化时首先要设置波特率因子。这时必须先把线路控制寄存器的 D_7 位置"1"，然后才可以向波特率因子寄存器中送波特率因子的高位和低位。然后将串行通信中的字符长度、停止位位数、奇偶校验类型等参数写入线路控制寄存器。需要时还应对调制解调控制寄存器写入相应的初值。

多台基于 80C51 单片机的智能化测量控制仪表与 IBM－PC 机的通信接口如图 6.15 所示，图中采用了 MAX232 作为 RS－232C 与 TTL 的电平转换电路。从 PC 机通信适配器板引出的发送线（TXD）通过 MAX232 与 80C51 的接收端（RXD）相连，从适配器板引出的接收线（RXD）通过 MAX232 与 80C51 的接收端（TXD）相连。通信采用主从方式，由 PC 机确定与哪个单片机进行通信。

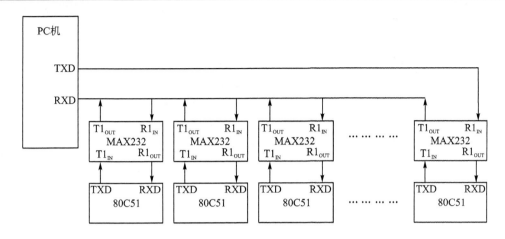

图 6.15　多台智能化测量控制仪表与 IBM-PC 机的通信接口

在通信软件中,PC 机应根据用户的要求和通信协议规定,对 8250 进行初始化,设置波特率(9 600 b/s)、数据位数(8 位)、奇偶类型和停止位数(1 位)。需要指出的是,这里的奇偶校验用作发送下位机的地址码(通道号)或数据的特征位(1 表示地址,0 表示数据),而数据通信的校核采用累加和校验方法。数据传送可采用查询方式或中断方式。若采用查询方式,在发送地址或数据时,先用输入指令检查发送器的保持寄存器是否为空。若空,则用输出指令将一个数据输出给 8250 即可。8250 会自动地将数据一位一位地发送到串行通信线上。接收数据时,8250 把串行数据转换成并行数据,并送入接收数据寄存器中,同时把"接收数据就绪"信号置于状态寄存器中。CPU 读到这个信号后,即可用输入指令从接收器中读入一个数据。

若采用中断方式,发送时,用输出指令输出一个数据给 8250。若 8250 已将此数发送完毕,则发出一个中断信号,说明 CPU 可以继续发数。若 8250 接收到一个数据,则发一个中断信号,表明 CPU 可以取出数据。

PC 机采用查询方法发送和接收数据的程序框图如图 6.16 所示。

用 8086 汇编语言编写的 PC 机数据发送和接收程序如下:

```
PCCOMUN: MOV    DX,3FBH        ;设置波特率,8250 初始化
         MOV    AL,80H
         OUT    DX,AL
         MOV    DX,3F8H
         MOV    AL,0CH         ;波特率=9 600 b/s
         OUT    DX,AL
         MOV    DX,3F9H
         MOV    AL,00H
         OUT    DX,AL
```

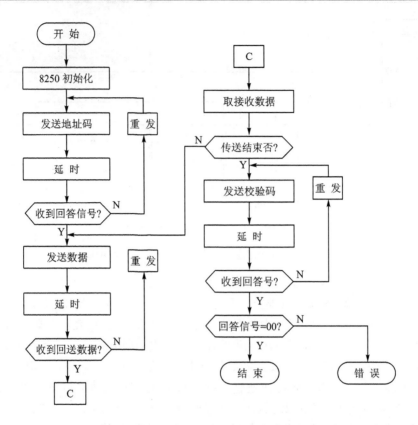

图 6.16 PC 机通信软件框图

MOV	DX,3FBH		
MOV	AL,2BH	;设置 8 位数据位,1 位停止位	
OUT	DX,AL		
MOV	DX,3FCH	;奇偶位为"1"	
MOV	AL,03H		
OUT	DX,AL	;状态寄存器初始化	
MOV	DX,3F9H		
MOV	AL,00H		
OUT	DX,AL	;禁止中断	
MOV	AX,00H		
MOV	BX,00FFH	;设置传送字节数	
MOV	SI,SOUSE	;设置发送数据指针	
MOV	DI,DEST	;设置接收数据指针	
MOV	DX,3FDH		

LEEP:	MOV	CX,2801H	;延时常数
LEEP1:	IN	AL,DX	
	TEST	AL,20H	
	JZ	LEEP1	
	MOV	DX,3F8H	
	MOV	AL,NUMBER	;发送地址码
	OUT	DX,AL	
LEEP2:	LOOP	LEEP2	;延时
	MOV	DX,3FDH	;检查8250线路状态寄存器
LEEP3:	IN	AL,DX	
	TEST	AL,01H	
	JZ	LEEP	;未收到回答信号,重发
	TEST	AL,1EH	
	JNZ	ERROR	
	MOV	DX,3F8H	
	IN	AL,DX	;接收回答信号
	JNZ	ERROR	
	MOV	DX,3FBH	
	MOV	AL,3BH	;奇偶位为"0"
	OUT	DX,AL	
START:	MOV	DX,3FDH	
	MOV	CX,2801H	
SEND:	IN	AL,DX	
	TEST	AL,20H	
	JZ	SEND	
	MOV	DX,3F8H	
	MOV	AL,[SI]	;发送数据
	OUT	DX,AL	
	ADD	AL,AH	;将每次发送的数据累加到AH中
	MOV	AH,AL	
RECV:	LOOP	RECV	
	MOV	DX,3FDH	
	IN	AL,DX	
	TEST	AL,01H	
	JZ	SEND	
	TEST	AL,1EH	
	JNZ	ERROR	

	MOV	DX,3F8H	;读入数据
	IN	AL,DX	
	MOV	[DI],AL	
	DEC	BX	
	JZ	END	;发送结束
	INC	SI	;未发送完,继续
	INC	DI	
	JMP	START	
ERROR	MOV	DX,OFFSETERROR1	
	MOV	AH,09H	
	INT	21H	
	INT	20H	
END:	MOV	DX,3FDH	;数据传送结束后发校验和
	MOV	CX,2801H	
END1:	IN	AL,DX	
	TEST	AL,20H	
	JZ	END1	
	MOV	DX,3F8H	
	MOV	AL,AH	;最后发送校验和
	OUT	DX,AL	
	MOV	DX,3FDH	
END2:	LOOP	END2	
	IN	AL,DX	
	TEST	AL,01H	
	JZ	END	
	MOV	DX,3F8H	
	IN	AL,DX	;接收回答信号
	AND	AL,AL	
	JZ	END3	
	JMP	ERROR	
END3:	INT	20H	

单片机采用中断方式发送和接收数据。串行口设置为工作方式3,由第9位判断地址码或数据。当某台单片机与PC机发出的地址码一致时,就发出应答信号给PC机,而其他几台则不发应答信号。这样,在某一时刻PC机只与一台单片机传输数据。单片机与PC机沟通联络后,先接收数据,再将机内数据发往PC机。

定时器T1作为波特率发生器,将其设置为工作方式2,波特率同样为9 600 b/s。单片机的通信程序框图如图 6.17 所示。

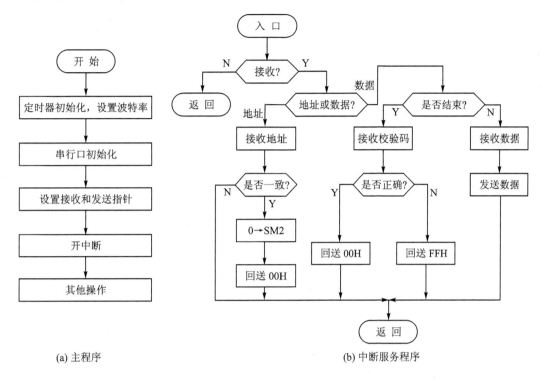

(a) 主程序　　　　　　　　　　　(b) 中断服务程序

图 6.17　单片机通信软件框图

通信程序如下(设某台仪表的地址为 03H)：

```
COMMN: MOV    TMOD,#20H         ;设置 T1 工作方式
       MOV    TH1,#0FDH         ;设置时间常数,确定波特率
       MOV    TL1,#0FDH
       SETB   TR1
       SETB   EA
       SETB   ES                ;允许串行口中断
       MOV    SCON,#0F8H        ;设置串行口工作方式
       MOV    PCON,#80H
       MOV    23H,#0CH          ;设置接收数据指针
       MOV    22H,#00H
       MOV    21H,#08H          ;设置发送数据指针
       MOV    20H,#00H
       MOV    R5,#00H           ;累加和单元置 0
       MOV    R7,#COUNT         ;设置字节长度
```

	INC	R7	
	⋮		
0023H:	LJMP	CINT	;串行口中断服务程序入口
	⋮		
CINT:	JBC	RI,REV1	;若接收,转 REV1
	RETI		
REV1:	JNB	RB8,REV3	;RB8=0,是数据,转 REV3
	MOV	A,SBUF	;RB8=1,是地址
	CJNE	A,#03H,REV2	;若与本机地址不符,转 REV2
	CLR	SM2	;0→SM2
	MOV	SBUF,#00H	;与本机地址符合,回送"00"
REV2:	RETI		
REV3:	DJNZ	R7,RT	;若未完,继续接收和发送
	MOV	A,SBUF	;接收校验码
	XRL	A,R5	
	JZ	RIGHT	;校验正确,转 RIGHT
	MOV	SBUF,#0FFH	;校验不正确,回送"FF"
	SETB	F0	;置错误标志
	CLR	ES	;关中断
	RETI		
RIGHT:	MOV	SBUF,#00H	;回送"00"
	CLR	F0	;置正确标志
	CLR	ES	;关中断
	RETI		
RT:	MOV	A,SBUF	;接收数据
	MOV	DPH,23H	
	MOV	DPL,22H	
	MOVX	@DPTR,A	;存接收数据
	ADD	A,R5	
	MOV	R5,A	;数据累加
	INC	DPTR	
	MOV	23H,DPH	
	MOV	22H,DPL	
	MOV	DPH,21H	
	MOV	DPL,20H	
	MOVX	A,@DPTR	;取发送数据
	INC	DPTR	

```
MOV    21H,DPH
MOV    20H,DPL
MOV    SBUF,A       ;发送
ADD    A,R5         ;数据累加
MOV    R5,A
RETI
```

6.2.3 RS-422 和 RS-423 标准

从 RS-232C 的电气特性表可知,若不采用调制解调器,其传输距离很短,而且最大数据传输率也受到限制。因此,EIA 又公布了适应于远距离传输的 RS-422(平衡传输线)和 RS-423(不平衡传输线)标准。

RS-232C 传送的信号是单端电压,而 RS-422 和 RS-423 是用差分接收器接收信号电压的。图 6.18 所示为这几种标准连接方式的比较。

由于差分输入的抗噪声能力强,使得 RS-422、RS-423 可以有较长的传输距离。RS-422 的发送端采用平衡驱动器,因而其传输速率最高,传输距离也最远。表 6-7 分别列出了 RS-423 和 RS-422 的电气特性。

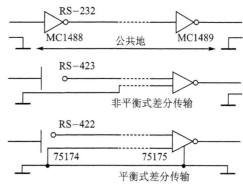

图 6.18 RS-232C、RS422 和 RS-423 连接方式的比较

表 6-7 RS-423 和 RS-422 电气特性

特 性	RS-423	RS-422
最大电缆长度	600 m	1 200 m
最大数据率	300 kb/s	10 Mb/s
驱动器输出电压(开路)	±6 V(最大)	6 V(最大)输出端之间
驱动器输出电压(满载)	±3.6 V(最小)	2 V(最小)输出端之间
驱动器输出短路电流	±150 mA(最大)	±150 mA(最大)
接收器输入电阻	≥4 kΩ	≥4 kΩ
接收器输入门限电压值	-0.2～+0.2 V(最大)	-0.2～+0.2 V(最大)
接收器输入电压	-12～+12 V(最大)	-12～+12 V(最大)

复习思考题

1. 试简述 RS-232C 串行通信标准的数据传送格式和电气标准。
2. RS-232C 标准的接口信号有哪几类？其中主要信号是什么？
3. 什么是同步通信和异步通信？它们各有何优缺点？
4. 如何实现基于单片机 80C51 的智能仪表相互之间的的通信？编写出点对点通信程序。
5. 如何实现基于单片机 80C51 的智能仪表与 IBM-PC 机的数据通信？编写一台 PC 机与多台下位机之间的通信程序。

第7章 智能化测量控制仪表的抗干扰技术

智能化测量控制仪表主要应用于实际的工业生产过程,而工业生产的工作环境往往比较恶劣,干扰严重。这些干扰有时会严重损坏仪表的器件或程序,导致仪表不能正常运行。因此,为了保证仪表能在实际应用中可靠地工作,必须要周密考虑和解决抗干扰的问题。本章介绍智能化测量控制仪表的硬件和软件抗干扰技术。

7.1 干扰源

干扰信号主要通过3个途径进入仪表内部:电磁感应、传输通道和电源线。一般情况下,经电磁感应进入仪表的干扰在强度上远远小于从传输通道和电源线进入的干扰,对于电磁感应干扰可采用良好的"屏蔽"和正确的"接地"加以解决。所以,抗干扰措施主要是尽量切断来自传输通道和电源线的干扰。

7.1.1 串模干扰、共模干扰及电源干扰

串模干扰是指干扰电压与有效信号串联叠加后作用到仪表上的,如图7.1所示。串模干扰通常来自于高压输电线、与信号线平行铺设的电源线及大电流控制线所产生的空间电磁场。由传感器来的信号线有时长达一二百米,干扰源通过电磁感应和静电耦合作用加上如此之长的信号线上的感应电压数值是相当可观的。例如,一路电线与信号线平行敷设时,信号线上的电磁感应电压和静电感应电压分别都可达到mV级,然而来自传感器的有效信号电压的动态范围通常仅有几十mV,甚至更小。

由此可知:第一,由于测量控制系统的信号线较长,通过电磁和静电耦合所产生的感应电压有可能大到与被测有效信号相同的数量级,甚至比后者大得多。第二,对测量控制系统而言,由于采样时间短,工频的感应电压也相当于缓慢变化的干扰电压。这种干扰信号与有效直流信号一起被采样和放大,造成有效信号失真。

除了信号线引入的串模干扰外,信号源本身固有的漂移、纹波和噪声以及电源变压器不良屏蔽或稳压滤波效果不良等也会引入串模干扰。

共模干扰是指输入通道两个输入端上共有的干扰电压。这种干扰可以是直流电压,也可以是交流电压,其幅值可达几伏甚至更高,取决于现场产生干扰的环境条件和仪表的接地情况。在测控系统中,检测元件和传感器是分散在生产现场的各个地方,因此,被测信号V_s的参

考接地点和仪表输入信号的参考接地点之间往往存在着一定的电位差 V_{cm}（见图 7.2）。由图可见，对于输入通道的两个输入端来说，分别有 V_S+V_{cm} 和 V_{cm} 两个输入信号。显然，V_{cm} 是转换器输入端上共有的干扰电压，故称共模干扰电压。

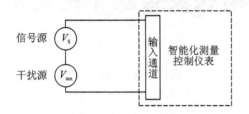
图 7.1 串模干扰示意图

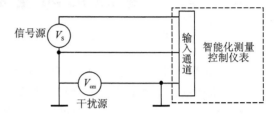
图 7.2 共模干扰示意图

在测量电路中，被测信号有单端对地输入和双端不对地输入两种输入方式，如图 7.3 所示。对于存在共模干扰的场合，不能采用单端对地输入方式，因为此时的共模干扰电压将全部成为串模干扰电压，如图 7.3(a)所示，必须采用双端不对地输入方式，如图 7.3(b)所示。

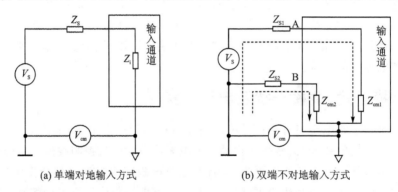

(a) 单端对地输入方式　　　　(b) 双端不对地输入方式

注：Z_S、Z_{S1}、Z_{S2}：信号 8 源内阻；Z_i、Z_{cm1}、Z_{cm2}：输入通道的输入阻抗。

图 7.3 被测信号的输入方式

由图 7.3(b)可见，共模干扰电压 V_{cm} 对 2 个输入端形成 2 个电流回路（如虚线所示），每个输入端 A、B 的共模电压为

$$V_A = \frac{V_{cm}}{Z_{S1}+Z_{cm1}} \times Z_{cm1} \tag{7-1}$$

$$V_B = \frac{V_{cm}}{Z_{S2}+Z_{cm2}} \times Z_{cm2} \tag{7-2}$$

因此，在两个输入端之间呈现的共模电压为

$$V_{AB} = V_A - V_B$$
$$= \frac{V_{cm}}{Z_{S1}+V_{cm1}} \times Z_{cm1} - \frac{V_{cm}}{Z_{S2}+V_{cm2}} \times Z_{cm2}$$

$$= V_{cm} \left(\frac{Z_{cm1}}{Z_{S1} + V_{cm1}} - \frac{Z_{cm2}}{Z_{S2} + V_{cm2}} \right) \tag{7-3}$$

如果此时 $Z_{S1} = Z_{S2}$ 和 $Z_{cm1} = Z_{cm2}$，则 $V_{AB} = 0$，表示不会引入共模干扰；但实际上无法满足上述条件，只能做到 Z_{S1} 接近于 Z_{S2}，Z_{cm1} 接近于 Z_{cm2}，因此 $V_{AB} \neq 0$。也就是说，实际上总存在一定的共模干扰电压。显然，Z_{S1}、Z_{S2} 越小，Z_{cm1}、Z_{cm2} 越大，并且 Z_{cm1} 与 Z_{cm2} 越接近时，共模干扰的影响就越小。一般情况下，共模干扰电压 V_{cm} 总是转化成一定的串模干扰出现在两个输入端之间。

输入通道的输入阻抗通常由直流绝缘电阻和分布耦合电容产生的容抗决定。差分放大器的直流绝缘电阻可达到 $10^9\ \Omega$，工频寄生耦合电容可小到几个 pF（容抗达 10^9 数量级），但共模电压仍有可能造成 1% 的测量误差。

除了串模干扰和共模干扰之外，还有一些干扰是从电源引入的。电源干扰一般有以下几种：

- 当同一电源系统中的可控硅器件通断时产生的尖峰，通过变压器的初级和次级之间的电容耦合到直流电源中去产生干扰；
- 附近的断电器动作时产生的浪涌电压，由电源线经变压器级间电容耦合产生的干扰；
- 共用同一个电源的附近设备接通或断开时产生的干扰。

7.1.2 数字电路的干扰

在数字电路的元件与元件之间、导线与导线之间、导线与元件之间、导线与结构件之间都存在着分布电容。如果某一个导体上的信号电压（或噪声电压）通过分布电容使其他导体上的电位受到影响，这种现象称为电容性耦合。

下面以一个实际例子分析电容耦合的特点。

图 7.4(a) 为平行布线的 A 和 B 之间电容性耦合情况的示意图。

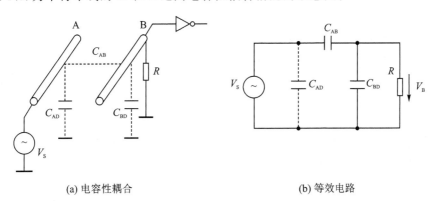

(a) 电容性耦合　　　　　　　　　(b) 等效电路

图 7.4　平行导线的电容耦合

图中,C_{AB}是两导线之间的分布电容,C_{AD}是 A 导线对地的分布电容,C_{BD}是 B 导线对地的分布电容,R 是输入电路的对地电阻。

图 7.4(b)为等效电路,其中 V_S 为等效的信号电压。若 ω 为信号电压的角频率,B 导线为受感线,则不考虑 C_{AD} 时,B 导线上由于耦合形成的对地噪声电压(有效值)V_B 为

$$V_B = \left| \frac{i\omega C_{AB}}{\frac{1}{R} + j\omega(C_{AB} + C_{BD})} \right| V_S \tag{7-4}$$

在下述两种情况下,可将上式简化。

(1) 当 R 很大时,即

$$R \gg \frac{1}{\omega(C_{AB} + C_{BD})} \tag{7-5}$$

则

$$V_B \approx \frac{C_{AB}}{C_{AB} + C_{BD}} V_S \tag{7-6}$$

可见,此时 V_B 与信号电压频率基本无关,而正比于 C_{AB} 和 C_{BD} 的电容分压比。显然,只要设法降低 C_{AB},就能减小 V_B 值。因此,在布线时应增大两导线间的距离,并尽量避免两导线平行。

(2) 当 R 很小时,即

$$R \ll \frac{1}{\omega(C_{AB} + C_{BD})} \tag{7-7}$$

则

$$V_B \approx |j\omega R C_{AB}| V_S \tag{7-8}$$

这时 V_B 正比于 C_{AB}、R 和信号幅值 V_S,而且与信号电压频率 ω 有关。

因此,只要设法降低 R 值就能减小耦合受感回路的噪声电压。实际上,R 可看作受感回路的输入等效电阻,从抗干扰考虑,降低输入阻抗是有利的。

现假设 A、B 两导线的两端均接有门电路,如图 7.5 所示。当门 1 输出一个方波脉冲,而受感线(B 线)正处于低电平时,可以从示波器上观察到如图 7.6 所示的波形。

图 7.6 中,V_A 表示信号源,V_B 为感应电压。若耦合电容 C_{AB} 足够大,使得正脉冲的幅值高于门 4 的开门电平 V_T,脉冲宽度也足以维持使门 4 的输出电平从

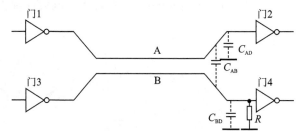

图 7.5 布线干扰

高电平下降到低电平,则门 4 就输出一个负脉冲,即干扰脉冲。

在印刷电路板上,两条平行导线间的分布电容为 0.1~0.5 pF/cm,与靠在一起的绝缘导线间的分布电容有相同数量级。除以上所介绍之外,还有其他一些干扰和噪声,例如:由印刷

电路板电源线与地线之间的开关电流和阻抗引起的干扰、元器件的热噪声、静电感应噪声等。

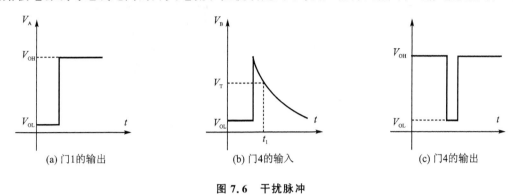

图 7.6 干扰脉冲

7.2 硬件抗干扰措施

7.2.1 串模干扰的抑制

串模干扰的抑制能力用串模抑制比 NMR 来衡量,一般要求 NMR≥40~80 dB。

$$\mathrm{NMR} = 10\lg \frac{V_{\mathrm{nm}}}{V_{\mathrm{nm1}}} \mathrm{dB} \tag{7-9}$$

式中 V_{nm}——串模干扰电压;

V_{nm1}——仪表输入端由串模干扰引起的等效差模电压。

智能化测量控制仪表中,主要的抗串模干扰措施是用低通输入滤波器滤除交流干扰,而对直流串模干扰则采用补偿措施。

常用的低通滤波器有 RC 滤波器、LC 滤波器、双 T 滤波器及有源滤波器等,它们的原理图分别见图 7.7(a)、(b)、(c)和(d)。

RC 滤波器的结构简单,成本低,也不需调整。但它的串模抑制比不高,一般需 2~3 级串联使用才能达到规定的 NMR 指标。而且时间常数 RC 较大,RC 过大时将影响放大器的动态特性。

LC 滤波器的串模抑制比较高,但需要绕制电感,体积大,成本高。

双 T 滤波器对一固定频率的干扰具有很高的抑制比,偏离该频率后抑制比迅速减小。主要用来滤除工频干扰,而对高频干扰无能为力,其结构虽然也简单,但调整比较麻烦。

有源滤波器可以获得较理想的频率特性,但作为仪表输入级,有源器件(运算放大器)的共模抑制比一般难以满足要求,其本身带来的噪声也较大。

通常,仪表的输入滤波器都采用 RC 滤波器。在选择电阻和电容参数时除了要满足 NMR 指标外,还要考虑信号源的内阻抗,兼顾共模抑制比和放大器动态特性的要求。故常用 2 级阻

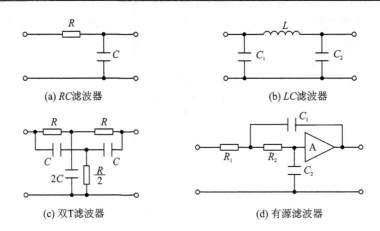

图 7.7 滤波器原理图

容低通滤波网络作为输入通道的滤波器。如图 7.8 所示,它可使 50 Hz 的串模干扰信号衰减至 1/600 左右。该滤波器的时间常数小于 200 ms,因此,当被测信号变化较快时应当相应改变网络参数,以适当减小时间常数。

用双积分式 A/D 转换器可以削弱周期性的串模干扰的影响。因为此类转换器是对输入信号的平均值而不是瞬时值进行转换,所以对周期干扰具有很强的抑制能力。若取积分周期等于主要串模干扰的周期或整数倍,则通过双积分 A/D 转换器后,对串模干扰的抑制有更好的效果。

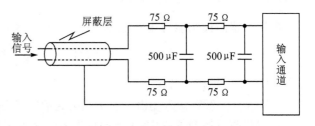

图 7.8 两级阻容滤波网络

对于主要来自于电磁感应的串模干扰,应尽可能早地对被测信号进行前置放大,以提高回路中的信号噪声比;或者尽可能早地完成 A/D 转换或采取隔离屏蔽措施。

在选取仪表的元器件时,可以采用高抗扰度的逻辑器件,通过提高阈值电平来抑制低噪声的干扰;或采用低速逻辑器件来抑制高频干扰;也可人为地附加电容器,以降低某个逻辑电路的工作速度来抑制高频干扰。这些方法能有效地抑制由元器件内部的热扰动产生的随机噪声干扰以及在数字信号传输过程中夹带的低噪声或窄脉冲干扰。

如果串模干扰的变化速度与被测信号相当,则一般很难通过以上措施来抑制这种干扰。此时应从根本上消除产生干扰的原因。对测量元件或变送器进行良好的电磁屏蔽,同时信号线应选用带屏蔽层的双绞线或电缆线,并应有良好的接地系统。

7.2.2 共模干扰的抑制

共模干扰的抑制能力用共模抑制比 CMR 表示,即

$$\text{CMR} = 10\lg \frac{V_{\text{cm}}}{V_{\text{cm1}}} \text{ dB} \qquad (7-10)$$

式中 V_{cm} 为共模干扰电压;

V_{cm1} 为仪表输入端由共模干扰引起的等效电压。

共模干扰是一种常见的干扰源,采用双端输入的差分放大器作为仪表输入通道的前置放大器,是抑制共模干扰的有效方法。设计比较完善的差分放大器,在不平衡电阻为 1 kΩ 的条件下,共模抑制比 CMR 可达 100~160 dB。

也可以利用变压器或光电耦合器把各种模拟负载与数字信号隔离开,也就是把"模拟地"与"数字地"断开。被测信号通过变压器耦合或光电耦合获得通路,而共模干扰由于不成回路而得到有效的抑制。如图 7.9 所示。

当共模干扰电压很高或要求共模漏电流很小时,常在信号源与仪表的输入通道之间插入隔离放大器。

还可以采用浮地输入双层屏蔽放大器来抑制共模干扰,如图 7.10 所示。这是利用屏蔽方法使输入信号的模拟地浮空,从而达到抑制共模干扰的目的。图中 Z_1 和 Z_2 分别为模拟地与内屏蔽罩之间和内屏蔽罩和外屏蔽罩(机壳)之

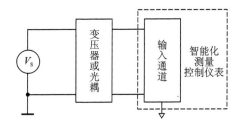

图 7.9 输入隔离

间的绝缘阻抗,它们由漏电阻和分布电容组成,所以阻抗值很大。图中,用于传递信号的屏蔽线的屏蔽层和 Z_2 为共模电压 V_{cm} 提供了共模电流 I_{cm1} 的通路。由于屏蔽线的屏蔽层存在电阻 R_{C},因此,共模电压 V_{cm} 在 R_{C} 上会产生较小的共模信号,它将在模拟量输入回路中产生共模电流 I_{cm2}。I_{cm2} 会在模拟量输入回路中产生串模干扰电压。显然,由于 $R_{\text{C}} \ll Z_2$,$Z_{\text{S}} \ll Z_1$,故由 V_{cm} 引入的串模干扰电压是非常微弱的,所以这是一种十分有效的共模干扰抑制措施。

在采用这种方法时要注意以下几点:
- 信号线屏蔽层只允许一端接地,并且只在信号源一侧接地,而放大器一侧不得接地。当信号源为浮地方式时,屏蔽只接信号源的低电位端。
- 模拟信号的输入端要相应地采用三线采样开关。
- 在设计输入电路时,应使放大器二输入端对屏蔽罩的绝缘电阻尽量对称,并且尽可能减小线路的不平衡电阻。

采用浮地输入的仪表输入通道虽然增加了一些器件,例如每路信号都要用屏蔽线和三线开关,但对放大器本身的抗共模干扰能力的要求大为降低,因此这种方案已获得广泛应用。

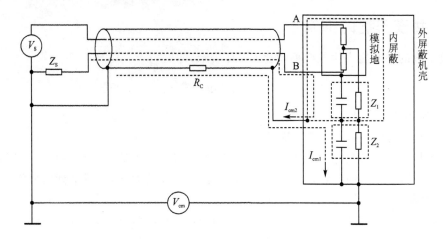

图 7.10 浮地输入双层屏蔽放大器

7.2.3 输入/输出通道干扰的抑制

开关量输入/输出通道和模拟量输入/输出通道,都是干扰窜入的渠道。要切断这条渠道,就要去掉对象与输入/输出通道之间的公共地线,实现彼此电隔离以抑制干扰脉冲。最常见的隔离器件是光电耦合器,其内部结构如图 7.11(a)所示。

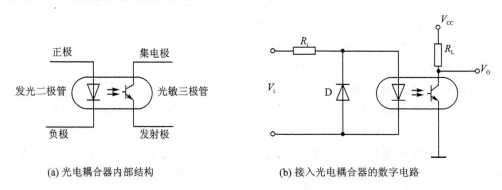

(a) 光电耦合器内部结构　　　　　　(b) 接入光电耦合器的数字电路

图 7.11 二级管-三级管型的光电耦合器

光电耦合器之所以具有很强的抗干扰能力,主要有以下几个原因:

(1) 光电耦合器的输入阻抗很低,一般在 $100 \sim 1\,000\,\Omega$ 内;而干扰源的内阻一般都很大,通常为 $10^5 \sim 10^6\,\Omega$。根据分压原理可知,这时能馈送到光电耦合器输入端的噪声自然会很小。即使有时干扰电压的幅度较大,但所提供的能量却很小,即只能形成很微弱的电流。而光电耦合器输入部分的发光二极管,只有在通过一定强度的电流时才能发光;输出部分的光敏三极管只在一定光强下才能工作(见图 7.11(b))。因此电压幅值很高的干扰,由于没有足够的能量而不能使二极管发光,从而被抑制掉了。

(2) 输入回路与输出回路之间的分布电容极小,一般仅为 0.5~2 pF;而绝缘电阻又非常大,通常为 $10^{11} \sim 10^{13}$ Ω。因此,回路一边的各种干扰噪声都很难通过光电耦合器馈送到另一边去。

(3) 光电耦合器的输入回路与输出回路之间是光耦合的,而且是在密封条件下进行的,故不会受到外界光的干扰。

接入光电耦合器的数字电路如图 7.11(b)所示,其中 R_i 为限流电阻,D 为反向保护二极管。可以看出,这时并不要求输入 V_i 值一定得与 TTL 逻辑电平一致,只要经 R_i 限流之后符合发光二极管的要求即可。R_L 是光敏三极管的负载电阻(R_L 也可接在光敏三极管的射极端)。当 V_i 使光敏三极管导通时,V_O 为低电平(即逻辑 0);反之为高电平(即逻辑 1)。

R_i 和 R_L 的选取说明如下:当光电耦合器选用 GO103,发光二极管在导通电流 $I_F = 10$ mA 时,正向压降 $V_F \leq 1.3$ V,光敏三极管导通时的压降 $V_{CE} = 0.4$ V。设输入信号的逻辑 1 电平为 $V_i = 12$ V,并取光敏三极管导通电流 $I_C = 2$ mA,则 R_i 和 R_L 可由下式计算:

$$R_i = (V_i - V_F)/I_F = (12 \text{ V} - 1.3 \text{ V})/10 \text{ mA} = 1.07 \text{ k}\Omega$$
$$R_L = (V_{CC} - V_{CE})/I_C = (5 \text{ V} - 0.4 \text{ V})/2 \text{ mA} = 2.3 \text{ k}\Omega$$

需要强调指出的是,在光电耦合器的输入部分和输出部分必须分别采用独立的电源。如果两端共用一个电源,则光电耦合器的隔离作用将失去意义。顺便提一下,变压器是无源器件,它也经常用作隔离器,其性能虽不及光电耦合器,但结构简单。

开关量输入电路接入光电耦合器后,由于光电耦合器的抗干扰作用,使夹杂在输入开关量中的各种干扰脉冲都被挡在输入回路的一边。另外,光电耦合器还起到很好的安全保障作用,即使故障造成 V_i 与电力线相接也不致于损坏仪表,因为光电耦合器的输入回路与输出回路之间可耐很高的电压(GO103 为 500 V,有些光电耦合器可达 1000 V,甚至更高)。

图 7.12 是光电隔离抗干扰开关量输出电路的原理图。三态缓冲门接成直通式,当开关量信号 V_i 为 0 时,电流通过发光二极管,使光敏三极管导通,外接三极管 T 截止,可控硅 EC 导通,直流负载加电。反之,V_i 为 1 时,直流负载断电。LD 是普通发光二极管,用作开关指示。光敏三极管一边的电源值不一定是 +5 V,其他值也可以,只要其值不超过光敏三极管和三极管 T 的容许值就行。若为交流负载,则只要把驱动电器的电源改成交流电源,可控硅换成双向可控硅即可。也可用光电耦合器来隔离开关量输出电路和二位式执行机构(如电磁阀),图 7.13 为光电耦合器用于隔离电磁阀驱动电路。

模拟量 I/O 电路与外界的电气隔离可用安全栅来实现。安全栅是有源隔离式的四端网络。与变送器相接时,其输入信号由变送器提供;与执行部件相接时,其输入信号由电压/电流转换器提供,都是 4~20 mA 的电流信号。它的输出信号是 4~20 mA 的电流信号,或 1~5V 的电压信号,经过安全栅隔离处理之后,可以防止一些故障性的干扰损害智能化测量控制仪表。但是,一些强电干扰还会经此或通过其他一些途径,从模拟量输入/输出电路窜入系统。

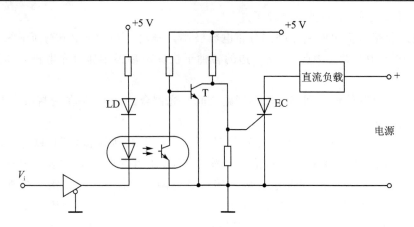

图 7.12　光电隔离开关量输出电路

因此在设计时,为保证仪表在任何时候都能工作在既平稳又安全的环境里,要另加隔离措施加以防范。

由于模拟量信号的有效状态有无数个,而数字(开关)量的状态只有两个,所以叠加在模拟量信号上的任何干扰,都因有实际意义而起到干扰作用。叠加在数字(开关)量信号上的干扰,只有在幅度和宽度都达到一定量时才能起到作用。这表明抗干扰屏障的位置越往外推越好,最好能推到模拟量入、出口处,也就是说,最好把光电耦合器设置在 A/D 电路模拟量输入和 D/A 电路模拟量输出的位置上。要想把光电耦合器设置在这两个位置上,就要

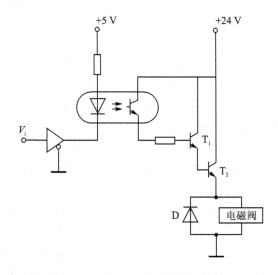

图 7.13　光电隔离电磁阀驱动电路

求光电耦合器必须具有能够进行线性变换和传输的特性。但限于线性光耦的价格和性能指标等方面原因,国内一般都采用逻辑光电耦合器。此时,抗干扰屏障就应设在最先遇到的开关信号工作的位置上。对 A/D 转换电路来说,光电耦合器设在 A/D 芯片和模拟量多路开关芯片这两类电路的数字量信号线上。对 D/A 转换电路来说,应设在 D/A 芯片和采样保持芯片的数字量信号线上。对具有多个模拟量输入通道的 A/D 转换电路来说,各被测量的接地点之间存在着电位差,从而引入共模干扰,故仪表的输入信号应连接成差分输入的方式。为此,可选用差分输入的 A/D 芯片,例如 ADC0801/4 等,并将各被测量的接地点经模拟量多路开关芯片接到差分输入的负端。

图 7.14 是具有 4 个模拟量输入通道的抗干扰电路原理图。这个电路与 80C51 单片机的外围接口电路 8155 相连。8155 的 PA 口作为 8 位数据输入口，PC 口的 PC_0 和 PC_1 作为控制信号输出口。4 路信号的输入由 4052 选通，经 A/D 转换器 14433 转换成 3 位半 BCD 码数字量。因为 14433 为 CMOS 集成电路，驱动能力小，故其输出通过 74LS244 驱动光电耦合器。数字信号经光电耦合器与 8155 的 PA 口相连。4052 的选通信号由 8155 的 PC 口发出。两者之间同样用光耦隔离。14433 的转换结束信号 EOC 通过光耦由 74LS74D 触发器锁存，并向 80C51 的 $\overline{INT1}$ 发出中断请求。

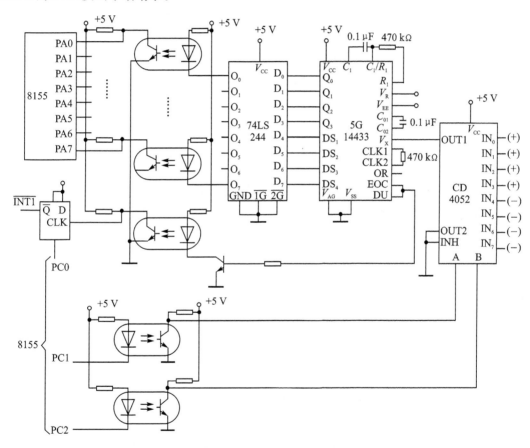

图 7.14 具有 4 个模拟量输入通道的抗干扰 A/D 转换电路（与 8155 接口）

必须注意的是，当用光电耦合器来隔离输入输出通道时，必须对所有的信号（包括数字量信号、控制信号、状态信号）全部隔离，使得被隔离的两边没有任何电气上的联系；否则这种隔离是没有意义的。

7.2.4 电源与电网干扰的抑制

为了抑制电网干扰所造成稳压电源的波动,可以采取以下一系列措施。

采用能抑制交流电源干扰的计算机系统电源,如图 7.15 所示。图中,电抗器用来抑制交流电源线上引入的高频干扰,让 50 Hz 的基波通过;变阻二极管用来抑制进入交流电源线上的瞬时干扰(或者大幅值的尖脉冲干扰);隔离变压器的初、次级之间加有静电屏蔽层,从而进一步减小进入电源的各种干扰。该交流电压再通过整流、滤波和直流电子稳压后使干扰被抑制到最小。

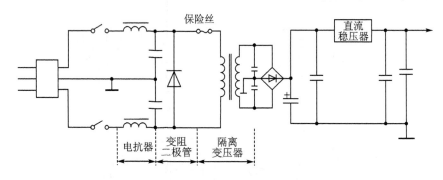

图 7.15 电源抗干扰

不间断电源 UPS 是近年来推出的一种新型电源。它除了有很强的抗电网干扰的能力外,更主要的是万一电网断电,它能以极短的时间(<3 ms)切换到后备电源上去。后备电源能维持 10 min 以上(满载)或 30 min 以上(半载)的供电时间,以便操作人员及时处理电源故障或采取应急措施。在要求很高的控制场合可采用 UPS。

以开关式直流稳压器代替各种稳压电源。由于开关频率可达 10~20 kHz 或更高,因而变压器、扼流圈都可小型化。高频开关晶体管工作在饱和及截止状态,效率可达 60%~70%。而且抗干扰性能强。

图 7.16 为印刷电路板与电源装置的接线状态。由此图可看出,从电源装置到集成电路 IC 的电源-地端子间有电阻和电感。

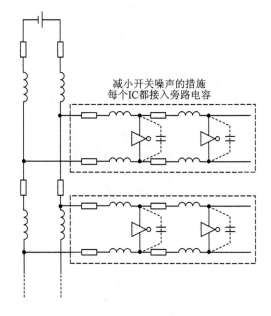

图 7.16 电路板的接线状态

另一方面,印刷板上的 IC 是 TTL 电路时,若以高速进行开关动作,其开关电流和阻抗会引起开关噪声。因此,无论电源装置提供的电压是多么稳定,V_{CC} 线、GND 线也会产生噪声,致使数字电路发生误动作。

降低这种开关噪声的方法有两种:其一是以短线向各印刷电路板并行供电,而且印刷电路板里的电源线采用格子形状或用多层板,做成网眼结构以降低线路的阻抗。其二是在印刷电路板上的每个 IC 都接入高频特性好的旁路电容器,将开关电流经过的线路局限在印刷电路板内一个极小的范围内。旁路电容可用 0.01~0.1 μF 的陶瓷电容器。旁路电容器的引线要短而且要紧靠在需要旁路的集成器件的 V_{CC} 与 GND 端,若离开了则毫无意义。

若在一台仪表中有多块逻辑电路板,则一般应在电源和地线的引入处附近并接一个 10~100 μF 的大电容和一个 0.01~0.1 μF 的瓷片电容,以防止板与板之间的相互干扰。但此时最好在每块逻辑电路板上装一片或几片"稳压块",形成独立的供电,防止板间干扰。

7.2.5 地线系统干扰的抑制

正确接地是仪表系统抑制干扰所必须注意的重要问题。在设计中若能把接地和屏蔽正确地结合,可很好地消除外界干扰的影响。

接地设计的基本目的是消除各电路电流流经公共地线时所产生的噪声电压,以及免受电磁场和地电位差的影响,即不使其形成地环路。接地设计应注意如下:

(1) 一点接地和多点接地的使用原则。一般高频电路应就近多点接地,低频电路应一点接地。在低频电路中,接地电路形成的环路对干扰影响很大,因此应一点接地。在高频时,地线上具有电感,因而增加了地线阻抗,而且地线变成了天线,向外幅射噪声信号,因此,要多点就近接地。

(2) 屏蔽层与公共端的连接。当一个接地的放大器与一个不接地的信号源连接时,连接电缆的屏蔽层应接到放大器公共端,反之应接到信号源公共端。高增益放大器的屏蔽层应接到放大器的公共端。

(3) 交流地、功率地同信号地不能共用。流过交流地和功率地的电流较大,会造成数 mV、甚至几 V 电压,这会严重地干扰低电平信号的电路。因此信号地应与交流地、功率地分开。

(4) 屏蔽地(或机壳地)接法随屏蔽目的不同而异。电场屏蔽是为了解决分布电容问题,一般接大地;电磁屏蔽主要避免雷达、短波电台等高频电磁场的辐射干扰,地线用低阻金属材料做成,可接大地,也可不接。屏蔽是防磁铁、电机、变压器等的磁感应和磁耦合的,办法是用高导磁材料使磁路闭合,一般接大地。

(5) 电缆和接插件的屏蔽。在电缆和接插件的屏蔽中要注意:

- 高电平线和低电平线不要走同一条电缆。不得已时,高电平线应单独组合和屏蔽。同时要仔细选择低电平线的位置。
- 高电平线和低电平线不要使用同一接插件。不得已时,要将高低电平端子分立两端,中间留接高低电平引地线的备用端子。

- 设备上进出电缆的屏蔽应保持完整。电缆和屏蔽线也要经插件连接。两条以上屏蔽电缆共用一个插件时,每条电缆的屏蔽层都要用一个单独接线端子,以免电流在各屏蔽层流动。

7.3 软件抗干扰措施

7.2 节介绍硬件抗干扰措施的目的是尽可能切断干扰进入智能化测量控制仪表的通道,因此是十分必要的。但是由于干扰存在的随机性,尤其是在一些较恶劣的外部环境下工作的仪表,尽管采用了硬件抗干扰措施,并不能将各种干扰完全拒之于门外。这时就应该充分发挥智能化测量控制仪表中单片机在软件编程方面的灵活性,采用各种软件抗干扰措施,与硬件措施相结合,提高仪表工作的可靠性。

7.3.1 数字量输入/输出中的软件抗干扰

数字量输入过程中的干扰,其作用时间较短,因此在采集数字信号时,可多次重复采集,直到若干次采样结果一致时才认为其有效。例如,通过 A/D 转换器测量各种模拟量时,如果有干扰作用于模拟信号上,就会使 A/D 转换结果偏离真实值。这时如果只采样一次 A/D 转换结果,就无法知道其是否真实可靠,而必须进行多次采样,得到一个 A/D 转换结果的数据系列。对这一系列数据再作各种数字滤波处理,最后才能得到一个可信度较高的结果值。第 8 章将给出各种具体的数字滤波算法及程序。如果对于同一个数据点经多次采样后得到的信号值变化不定,说明此时的干扰特别严重,已经超出允许的范围,应该立即停止采样并给出报警信号。如果数字信号属于开关量信号,例如限位开关、操作按扭等,则不能用多次采样取平均值的方法,而必须每次采样结果绝对一致才行。这时可按图 7.17 编写一个采样子程序,程序中设置有采样成功和采样失败标志。如果对同一开关量信号进行若干次采样,其采样结果完全一致,则成功标志置位;否则失败标志置位。后续程序可通过判别这些标志来决定程序的流向。

智能化测量控制仪表对外输出的控制信号很多是以数字量的形式出现的,例如各种显示器、步进电机或电磁阀的驱动信号等。即使是以模拟量输出,也是经过 D/A 转换而获得的。单片机给出一个正确的数据后,由于外部干扰的作用有可能使输出装置得到一个被改变了的错误数据,从而使输出装置发生误动作。对于数字量输出软件抗干扰最有效的方法是重复输出同一个数据,重复周期应尽量短。这样输出装置在得到一个被干扰的错误信号后,还来不及反应,一个正确的信号又来到了,从而可以防止误动作的产生。

在程序结构上,可将输出过程安排在监控循环中。循环周期取得尽可能短,就能有效地防止输出设备的错误动作。需要注意的是,经过这种安排后输出功能是作为一个完整的模块来执行的。与这种重复输出措施相对应,软件设计中还必须为各个外部输出设备建立一个输出暂存单元。每次将应输出的结果存入暂存单元中,然后再调用输出功能模块将各暂存单元的

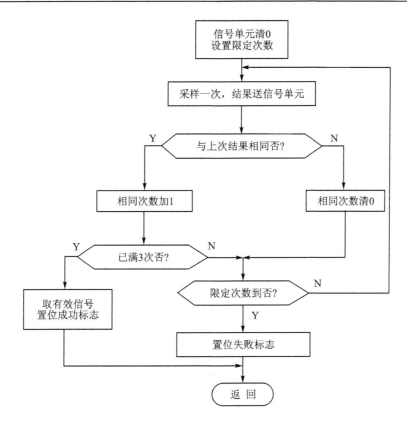

图 7.17 开关量信号采样流程

数据一一输出,不管该数据是刚送来的,还是以前就有的。这样可以让每个外部设备不断得到控制数据,从而使干扰造成的错误状态不能得以维持。在执行输出功能模块时,应将有关输出接口芯片的初始状态也一并重新设置。因为由于干扰的作用可能使这些芯片的工作方式控制字发生变化,而不能实现正确的输出功能,重新设置控制字就能避免这种错误,确保输出功能的正确实现。

7.3.2 程序执行过程中的软件抗干扰

前面述及的是针对输入/输出通道而言的,干扰信号还未作用到 CPU 本身,CPU 还能正确地执行各种抗干扰程序。如果干扰信号已经通过某种途径作用到了 CPU 上,CPU 就不能按正常状态执行程序,从而引起混乱。这就是通常所说的程序"跑飞"。程序"跑飞"后使其恢复正常的一个最简单的方法是使 CPU 复位,让程序从头开始重新运行。智能化测量控制仪表中都应设置如图 7.18 所示的人工复位电路,上电时电容 C 通过电阻 R_2 充电,使单片机 80C51 的 RESET 端维持一段足够时间的高电平,达到上电复位的目的。需要人工复位时,按

下按钮 K_A，电容 C 通过 R_1 放电；放开按钮后，电容 C 重新充电，80C51 的复位端重又获得一段时间的高电平，达到复位的目的。采用这种方法虽然简单，但需要人的参与，而且复位不及时。人工复位一般是在整个系统已经完全瘫痪，无计可施的情况下才不得已而为之的。因此，在进行软件设计时就要考虑到万一程序"跑飞"，应让其能够自动恢复到正常状态下运行。

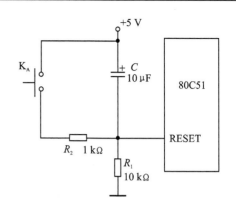

图 7.18 人工复位电路

程序"跑飞"后往往将一些操作数当作指令码来执行，从而引起整个程序的混乱。采用"指令冗余"是使"跑飞"的程序恢复正常的一种措施。所谓"指令冗余"，就是在一些关键的地方人为地插入一些单字节的空操作指令 NOP。当程序"跑飞"到某条单字节指令上时，就不会发生将操作数当成指令来执行的错误。对于 80C51 单片机来说，所有的指令都不会超过 3 字节；因此在某条指令前面插入两条 NOP 指令，则该条指令就不会被前面冲下来的失控程序拆散，而会得到完整的执行，从而使程序重新纳入正常轨道。通常是在一些对程序的流向起关键作用的指令前面插入两条 NOP 指令。应该注意的是，在一个程序中指令冗余不能使用过多，否则会降低程序的执行效率。

采用指令冗余使"跑飞"的程序恢复正常是有条件的，首先"跑飞"的程序必须落到程序区，其次必须执行到所设置的冗余指令。如果"跑飞"的程序落到非程序区（如 EPROM 中未用完的空间或某些数据表格等），或在执行到冗余指令之前已经形成了一个死循环，则指令冗余措施就不能使"跑飞"的程序恢复正常了。这时可以采用另一种软件抗干扰措施，即所谓"软件陷阱"。"软件陷阱"是一条引导指令，强行将捕获的程序引向一个指定的地址，在那里有一段专门处理错误的程序。假设这段处理错误的程序入口地址为 ERR，则下面 3 条指令即组成一个"软件陷阱"。

```
NOP
NOP
LJMP    ERR
```

"软件陷阱"一般安排在下列 4 种地方：

（1）未使用的中断向量区。80C51 单片机的中断向量区为 0003H～002FH，如果所设计的智能化测量控制仪表未使用完全部中断向量区，则可在剩余的中断向量区安排"软件陷阱"，以便能捕捉到错误的中断。例如，某智能化测量控制仪表使用了两个外部中断 $\overline{INT0}$、$\overline{INT1}$ 和一个定时器中断 T0，它们的中断服务子程序入口地址分别为 FINT0、FINT1 和 FUT0，则可按下面的方式来设置中断向量区。

```
        ORG     0000H
START:  LJMP    MAIN        ;引向主程序入口
        LJMP    FUINT0      ;INT0 中断服务程序入口
        NOP                 ;冗余指令
        NOP
        LJMP    ERR         ;陷阱
        LJMP    FUT0        ;T0 中断服务程序入口
        NOP                 ;冗余指令
        NOP
        LJMP    ERR         ;陷阱
        LJMP    FUINT1      ;INT1 中断服务程序入口
        NOP                 ;冗余指令
        NOP
        LJMP    ERR         ;陷阱
        LJMP    ERR         ;未使用 T1 中断,设陷阱
        NOP                 ;冗余指令
        NOP
        LJMP    ERR         ;陷阱
        LJMP    ERR         ;未使用串行口中断,设陷阱
        NOP                 ;冗余指令
        NOP
        LJMP    ERR         ;陷阱
        LJMP    ERR         ;未使用 T2 中断,设陷阱
        NOP                 ;冗余指令
        NOP
MAIN:   …                   ;主程序
```

(2) 未使用的大片 EPROM 空间。智能化测量控制仪表中使用的 EPROM 芯片一般都不会使用完其全部空间,对于剩余未编程的 EPROM 空间,一般都维持其原状,即其内容为 0FFH。0FFH 对于 80C51 单片机的指令系统来说是一条单字节的指令"MOV R7,A"。如果程序"跑飞"到这一区域,则将顺序向后执行,不再跳跃(除非又受到新的干扰)。因此,在这段区域内每隔一段地址设一个陷阱,就一定能捕捉到"跑飞"的程序。

(3) 表格。有两种表格,即数据表格和散转表格。由于表格的内容与检索值有一一对应的关系,在表格中间安排陷阱会破坏其连续性和对应关系,因此只能在表格的最后安排陷阱。如果表格区较长,则安排在最后的陷阱不能保证一定能捕捉到飞来的程序的流向,有可能在中途再次"跑飞"。

(4) 程序区。程序区是由一系列的指令所构成的,不能在这些指令中间任意安排陷阱,否

则会破坏正常的程序流程。但是在这些指令中间常常有一些断点,正常的程序执行到断点处就不再往下执行了。如果在这些地方设置陷阱,就能有效地捕获"跑飞"的程序。例如在一个根据累加器 A 中内容的正、负和零的情况进行三分支的程序 。软件陷阱安排如下:

```
        JNZ    XYZ              ;零处理
        ⋮
        AJMP   ABC              ;断裂点
        NOP
        NOP
        LJMP   ERR              ;陷阱
XYZ:    JB     ACC.7,UVW
        ⋮                       ;正处理
        AJMP   ABC              ;断裂点
        NOP
        NOP
        LJMP   ERR              ;陷阱
UVW:    ⋮                       ;负处理
ABC:    MOV    A,R2             ;取结果
        RET                     ;断裂点
        NOP
        NOP
        LJMP   ERR              ;陷阱
```

由于软件陷阱都安排在正常程序执行不到的地方,故不会影响程序的执行效率。在 EPROM 容量允许的条件下,这种软件陷阱多一些为好。

如果"跑飞"的程序落到一个临时构成的死循环中时,冗余指令和软件陷阱都将无能为力。这时可以采用人工复位的方法使系统恢复正常,实际上可以设计一种模仿人工监测的"程序运行监视器",俗称"看门狗"(WATCHDOG)。

WATCHDOG 有如下特征:
- 本身能独立工作,基本上不依赖于 CPU。CPU 只在一个固定的时间间隔内与之打一次交道,表明整个系统"目前尚属正常"。
- 当 CPU 落入死循环之后,能及时发现并使整个系统复位。

图 7.19 所示为采用硬件电路组成的 WATCHDOG。十六进制计数器对振荡电路发出的脉冲计数,当计到第 8 个脉冲时,Q_D 端变成高电平。单片机执行一个从 P1.7 输出清 0 脉冲的固定程序。只要每次清 0 脉冲的时间间隔小于 8 个振荡脉冲周期,计数器就总也计不到 8,Q_D 端就一直保持低电平。如果 CPU 受到干扰使程序"跑飞",就无法执行这个发清 0 脉冲的固定程序,计数器就会计数到 8,使 Q_D 端变成高电平,经微分电路 C_2、R_3 输出一个正脉冲到单

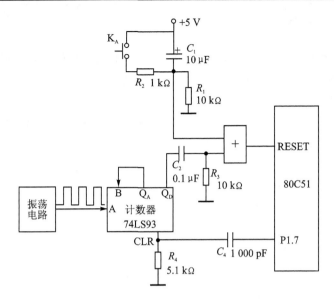

图 7.19 硬件 WATCHDOG 电路

片机 80C51 的 RESET 端,使 CPU 复位。此电路中还包括有上电复位(C_1、R_1)和人工复位(K_A、R_1、R_2)部分。在有些新型的单片机中已经集成了片内的硬件 WATCHDOG 电路,使用起来更为方便。

也可以用软件程序来形成 WATCHDOG。例如,可以将 80C51 定时器 T0 的溢出中断设为高级中断,其他中断均设置为低级中断。若采用 6 MHz 的时钟,则可用以下程序使 T0 定时约 10 ms 来形成软件 WATCHDOG,即

```
        MOV    TMOD,#01H       ;置 T0 为 16 位定时器
        SETB   ET0             ;允许 T0 中断
        SETB   PT0             ;设置 T0 为高级中断
        MOV    TH0,#0E0H       ;定时约 10 ms
        SETB   TR0             ;启动 T0
        SETB   EA              ;开中断
```

软件 WATCHDOG 启动后,系统工作程序必须每隔小于 10 ms 的时间执行一次"MOV TH0,#0E0H"指令,重新设置 T0 的计数初值。如果程序"跑飞"后执行不到这条指令,则在 16 ms 之内即会产生一次 T0 溢出中断,在 T0 的中断向量区安放一条转移到出错处理程序的指令"LJMP ERR",由出错处理程序来处理各种善后工作。

采用软件 WATCHDOG 有一个弱点,就是如果"跑飞"的程序使某些操作数变形成为了修改 T0 功能的指令,执行这种指令后软件 WATCHDOG 就会失效。因此,软件 WATCHDOG 的可靠性不如硬件高。

7.3.3 系统的恢复

前面列举的各项措施只解决了如何发现系统受到干扰和如何捕捉"跑飞"程序,但仅此还不够,还要能够让单片机根据被破坏的残留信息自动恢复到正常工作状态。

硬件复位是使单片机重新恢复正常工作状态的一个简单有效的方法。前面介绍的上电复位、人工复位及硬件 WATCHDOG 复位,都属于硬件复位。硬件复位后 CPU 被重新初始化,所有被激活的中断标志都被清除,程序从 0000H 地址重新开始执行。硬件复位又称为"冷启动",它是将系统当时的状态全部作废,重新进行彻底的初始化来使系统的状态得到恢复。而用软件抗干扰措施来使系统恢复到正常状态,是对系统的当前状态进行修复和有选择的部分初始化,这种操作又可称为"热启动"。热启动时首先要对系统进行软件复位,也就是执行一系列指令来使各专用寄存器达到与硬件复位时同样的状态,这里需要注意的是还要清除中断激活标志。当用软件 WATCHDOG 使系统复位时,程序出错有可能发生在中断子程序中,中断激活标志已经置位,它将阻止同级的中断响应;而软件 WATCHDOG 是高级中断,它将阻止所有的中断响应。由此可见清除中断激活标志的重要性。在所有的指令中,只有 RETI 指令能清除中断激活标志。前面提到的出错处理程序 ERR 主要就是用来完成这一功能。这部分程序如下:

```
        ORG    0030H
ERR:    CLR    EA              ;关中断
        MOV    DPTR,#ERR1      ;准备返回地址
        PUSH   DPL
        PUSH   DPH
        RETI                   ;清除高级中断激活标志
ERR1:   MOV    66H,#0AAH       ;重建上电标志
        MOV    67H,#55H
        CLR    A               ;准备复位地址
        PUSH   ACC             ;压入复位地址
        PUSH   ACC
        RETI                   ;清除低级中断激活标志
```

在这段程序中用两条 RETI 指令来代替两条 LJMP 指令,从而清除了全部的中断激活标志。另外,在 66H、67H 两个单元中存放一个特定的数据 0AA55H 作为软件复位标志,系统程序在执行复位操作时可以根据这一标志来决定是进行全面初始化还是进行有选择的部分初始化。如前所述,热启动时应进行部分初始化;但如果干扰过于严重而使系统遭受的破坏太大,热启动不能使系统得到正确的恢复时,则只有采取冷启动,对系统进行全面初始化来使之恢复正常。

在进行热启动时,为使启动过程能顺利进行,首先应关中断并重新设置堆栈。因为热启动过程是由软件复位(如软件 WATCHDOG 等)引起的,这时中断系统未被关闭,有些中断请求也许正在排队等待响应,因此使系统复位的第 1 条指令应为关中断指令。第 2 条指令应为重新设置栈底指令,因为在启动过程中要执行各种子程序,而子程序的工作需要堆栈的配合,在系统得到正确恢复之前堆栈指针的值是无法确定的,所以在进行正式恢复工作之前要先设置好栈底。然后应将所有的 I/O 设备都设置成安全状态,封锁 I/O 操作,以免干扰造成的破坏进一步扩大。接下来即可根据系统中残留的信息进行恢复工作。系统遭受干扰后会使 RAM 中的信息受到不同程度的破坏,RAM 中的信息有:系统的状态信息,例如各种软件标志、状态变量等;预先设置的各种参数;临时采集的数据或程序运行中产生的暂时数据。对系统进行恢复实际上就是恢复各种关键的状态信息和重要的数据信息,同时尽可能地纠正由于干扰而造成的错误信息。对于那些临时数据则没有必要进行恢复。在恢复了关键的信息之后,还要对各种外围芯片重新写入它们的命令控制字,必要时还需要补充一些新的信息,才能使系统重新进入工作循环。

系统信息的恢复工作是至关重要的。系统中的信息以代码的形式存放在 RAM 中,为了使这些信息在受到破坏后能得到正确的恢复,在存放系统信息时应该采取代码冗余措施。下面介绍一种三重冗余编码,它是将每个重要的系统信息重复存放在 3 个互不相关的地址单元中,建立双重数据备份。当系统受到干扰后,就可以根据这些备份的数据进行系统信息的恢复。这 3 个地址应当尽可能的独立,如果采用了片外 RAM,则应在片外 RAM 中对重要的系统信息进行双重数据备份。片外 RAM 中的信息只有 MOVX 指令才能对它进行修改,而能够修改片内 RAM 中信息的指令则要多得多,因此在片外 RAM 中进行双重数据备份是十分必要的。通常将片内 RAM 中的数据供程序使用以提高程序的执行效率,当数据需要进行修改时应将片外 RAM 中的备份数据作同样的修改。在对系统信息进行恢复时,通常采用如图 7.20 所示的三中取二的表决流程。

首先将要恢复的单字节信息及它的两个备份信息分别存放到工作寄存器 R2、R3 和 R4 中,再调用表决子程序。子程序出口时,若 F0=0,则表示表决成功,即 3 个数据中有两个是相同的;若 F0=1,表示表决失败,即 3 个数据互不相同。表决结果存放在累加器 A 中。表决子程序如下:

```
VOTE3:  MOV   A,R2         ;第 1 数据与第 2 数据比较
        XRL   A,R3
        JZ    VOTE32
        MOV   A,R2         ;第 1 数据与第 3 数据比较
        XRL   A,R4
        JZ    VOTE32
        MOV   A,R3         ;第 2 数据与第 3 数据比较
```

```
         XRL     A,R4
         JZ      VOTE31
         SETB    F0              ;失败
         RET
VOTE31:  MOV     A,R3            ;以第2数据为准
         MOV     R2,A
VOTE32:  CLR     F0              ;成功
         MOV     A,R2            ;取结果
         RET
```

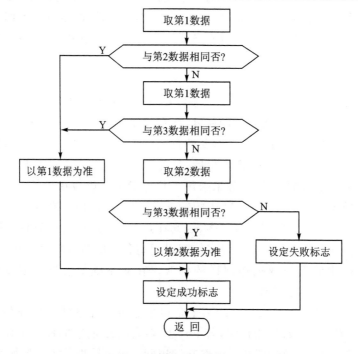

图 7.20 三中取二表决流程

所有重要的系统信息都要一一进行表决,对于表决成功的信息应将表决结果再写回到原来的地方,以进行统一;对于表决失败的信息要进行登记。全部表决结束后再检查登记。如果全部成功,系统将得到满意的恢复。如果有失败者,则应根据该失败信息的特征采取其他补救措施,如从现场采集数据来帮助判断,或者按该信息的初始值处理,其目的都是为了使系统得到尽可能满意的恢复。

复习思考题

1. 智能化测量控制仪表中有几种类型的干扰?它们是通过什么途径进入仪表内部的?
2. 什么是串模干扰和共模干扰?应如何克服?
3. 采用浮地双层屏蔽放大器来抑制共模干扰时有哪些注意事项?
4. 为什么说光电耦合器具有很强的抗干扰能力?
5. 采用光电耦合器抑制干扰时,它应分别设置在 A/D 电路和 D/A 电路的什么位置上?为什么?
6. 如何抑制来自电源与电网的干扰?
7. 如何抑制地线系统的干扰?接地设计时应注意什么问题?
8. 对于输入/输出的数字量如何实现软件抗干扰?
9. 软件抗干扰中有哪几种对付程序"跑飞"的措施?它们各有何特点?
10. 软件陷阱一般应设在程序的什么地方?
11. 使受干扰的系统重新恢复正常时,何时应采用冷启动?何时应采用热启动?热启动时要进行哪些工作?

第8章 智能化测量控制仪表中的常用测量与控制算法

在智能化测量控制仪表中,被测量通过模拟测量环节和模/数转换器转换成相应的数字量,仪表中的单片机首先取得这个被测数据,对它进行分析和加工处理;然后输出作显示或控制之用。整个过程按照一定程序所规定的算法来完成。

所谓算法即计算的方法,它是为了获得某种特定的计算结果而规定的一套详细的计算方法和步骤。只要按照它一步一步地进行,许多复杂的问题都可以得到所需要的结果,并且,这些计算工作可以由计算机来完成,算法可以表示为数学公式(又称数学模型)或者表示为操作流程,对同一问题可以采用不同的算法来解决。实际上,算法的概念已推广到为了解决任何一个问题而详细规定的一套无二义的过程。例如,图 8.1(a)所示的开关和倒相器电路的算法可用 $\overline{A(B+C)}$ 表示,或者用图 8.1(b)的流程来表示。

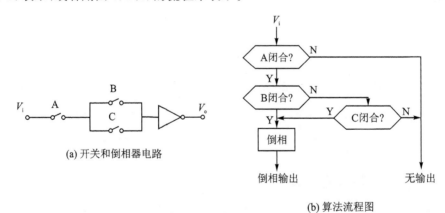

(a) 开关和倒相器电路

(b) 算法流程图

图 8.1　开关和倒相器电路及其算法流程图

具体的测量算法取决于具体的测量技术和测量电路。在设计一台智能化测量控制仪表的测量算法时,首先要把仪表的测量全过程逐步细分为若干个较为具体和独立的任务。每个具体任务又可分为若干个基本独立的算法模块。最常用的也是最核心的算法模块称为内务模块或后台算法,它相当于编程时的子程序。

在设计一台智能化测量控制仪表时,往往会发现有许多并列的工作。这些任务如何安排布置?通过什么方式来挑选或进入各项工作?这些问题都属于主程序算法或称为前台算法,它相当于编程序时的主程序。

测量算法是指直接与测量技术有关的算法。其主要内容包括克服随机误差的数字滤波算法、克服系统误差的校正算法、量程自动切换及工程量变换算法等。

8.1 数字滤波算法

当由于存在随机干扰使被测信号中混入了无用成份时,可以采用滤波器滤掉信号中的无用成分提高信号质量。模拟滤波器在低频和甚低频时实现是比较困难的,而数字滤波器则不存在这些问题。它具有高精度、高可靠性和高稳定性的特点,因此在智能化测量控制仪表中被广泛用于克服随机误差。采用数字滤波算法克服随机误差具有如下优点:

(1) 数字滤波是由软件程序实现的,不需要硬件,因此不存在阻抗匹配的问题。

(2) 对于多路信号输入通道,可以共用一个软件"滤波器",从而降低仪表的硬件成本。

(3) 只要适当改变滤波器程序或运算参数,就能方便地改变滤波特性,这对于低频脉冲干扰和随机噪声的克服特别有效。

8.1.1 一阶惯性滤波

图 8.2 所示为最简单常用的一阶惯性 RC 模拟低通滤波器。假设滤波器的输入电压为 $x(t)$,输出为 $y(t)$,它们之间存在如下关系:

$$RC \times \frac{dy(t)}{dt} + y(t) = x(t) \qquad (8-1)$$

为了进行数字化,必须应用它们的采样值,即

$$y_n = y(n)\Delta t, x_n = x(n \times \Delta t)$$

如果采样间隔 Δt 足够小,则式(8-1)的离散值近似为

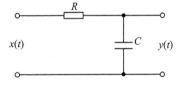

图 8.2 低通滤波器

$$RC \frac{y(n)\Delta t - y(n-1)\Delta t}{\Delta t} + y(n)\Delta t = x(n)\Delta t \qquad (8-2)$$

即

$$\left(1 + \frac{RC}{\Delta t}\right) \times y_n = x_n + \frac{RC}{\Delta t} \times y_{n-1} \qquad (8-3)$$

令

$$a = \frac{1}{1 + \frac{RC}{\Delta t}}, \quad b = \frac{RC/\Delta t}{1 + \frac{RC}{\Delta t}}$$

则式(8-3)可化为

$$y_n = ax_n + by_{n-1} \qquad (8-4)$$

可见,系数 $a+b=1$。

对于直流,$y_n = y_{n-1}$,由式(8-4)可见,此时满足 $x_n = y_n$,即该滤波器的直流增益为 1。

若取采样间隔 Δt 足够小,则 $a \approx \Delta t/RC$,滤波器的截止频率为

$$f_c = \frac{1}{2\pi RC} \approx \frac{a}{2\pi \Delta t} \qquad (8-5)$$

系数 a 越大,滤波器的截止频率越高。若取 $\Delta t = 50~\mu s, a = 1/16$,则截止频率为

$$f_c = \frac{1/16}{2\pi \times 50 \times 10^{-6}~\mu s} = 198.9~\text{Hz}$$

当采用图 8.2 所示的模拟滤波器来抑制高频干扰时,要求滤波器有大的时间常数和高精度的 RC 网格,增大时间常数要求增大 R 值,其漏电流也随之增大,从而使 RC 网络的误差增大,降低了滤波效果。而采用式(8-4)所示的数字滤波算法来实现动态的 RC 滤波,则能很好地克服上述模拟滤波器的缺点。

在滤波常数要求较大的场合,这种方法更为适用。一阶惯性滤波算法对于周期干扰具有良好的抑制作用,其不足之处是带来了相位滞后,灵敏度低。滞后程度取决于 b 值的大小。同时它不能滤除频率高于采样频率二分之一(称为奈奎斯特频率)的干扰信号。例如,若采样频率为 100 Hz,则它不能滤除 50 Hz 以上的干扰信号。对于高于奈奎斯特频率的干扰信号,应该采用模拟滤波器。

【例 8-1】 一阶惯性滤波算法的程序。

设 y_{n-1} 在 60H 为首地址的单元中,x_n 在 62H 为首地址的单元中,均为双字节。取 $a = 0.25, b = 0.75$,滤波结果在 R2、R3 中。程序如下:

```
FOF: MOV   R0,#60H
     MOV   R1,#62H
     CLR   C                 ; 0.5y_{n-1},存入 R2、R3 中
     INC   R0
     MOV   A,@R0
     RRC   A
     MOV   R2,A
     DEC   R0
     MOV   A,@R0
     RRC   A
     MOV   R3,A
     MOV   A,@R0             ; x_n + y_{n-1}
     ADD   A,@R1
     MOV   R7,A
     INC   R0
     INC   R1
     MOV   A,@R0
     ADDC  A,@R1
```

CLR	C		
RRC	A		; $(x_n+y_{n-1})\times 0.5$ 存入 R6、R7 中
MOV	R6,A		
MOV	A,R7		
RRC	A		
MOV	R7,A		
CLR	C		; $(x_n+y_{n-1})\times 0.25$
MOV	A,R6		
RRC	A		
MOV	R6,A		
MOV	A,R7		
RRC	A		
ADD	A,R3		; $0.25\times(x_n+y_{n-1})+0.5y_{n-1}$ 存于 R2、R3 中
MOV	R3,A		
MOV	A,R6		
ADDC	A,R2		
MOV	R2,A		
RET			

8.1.2 限幅滤波

由于测控系统中存在随机脉冲干扰，或由于变送器不可靠而将尖脉冲干扰引入输入端，从而造成测量信号的严重失真。对于这种随机干扰，限幅滤波是一种有效的方法，其基本方法是比较相邻（n 和 $n-1$ 时刻）的两个采样值 y_n 和 y_{n-1}，根据经验确定两次采样允许的最大偏差。如果两次采样值 y_n 和 y_{n-1} 的差值超过了允许的最大偏差范围，则认为发生了随机干扰，并认为后一次采样值 y_n 为非法值，应予剔除。剔除 y_n 后，可用 y_{n-1} 代替 y_n。若未超过允许的最大偏差范围，则认为本次采样值有效。

【例 8-2】 限幅滤波程序。

设当前采样值存于 30H，上次采样值存于 31H，结果存于 32H，最大允许偏差设为 01H。程序如下：

PUSH	ACC	; 保护现场
PUSH	PSW	
MOV	A,30H	; $y_n \to A$
CLR	C	
SUBB	A,31H	; 求 y_n-y_{n-1}
JNC	LP0	; $y_n-y_{n-1}\geq 0$?
CPL	A	; $y_n<y_{n-1}$,求补

```
LP0:    CLR     C
        CJNE    A,#01H,LP2      ; $y_n - y_{n-1} > \Delta y$?
LP1:    MOV     32H,30H         ; 等于 $\Delta y$,本次采样值有效
        SJMP    LP3
LP2:    JC      LP1             ; 小于 $\Delta y$,本次采样值有效
        MOV     32H,31H         ; 大于 $\Delta y$,$y_n = y_{n-1}$
LP3:    POP     PSW
        POP     ACC
        RET
```

只有当本次采样值小于上次采样值时,才进行求补,保证本次采样值有效。

8.1.3 中位值滤波

中位值滤波是对某一被测参数连续采样 n 次(一般 n 取奇数),然后把 n 次采样值按大小排列,取中间值为本次采样值。中位值滤波能有效地克服偶然因素引起的波动或采样器不稳定引起的误码等脉冲干扰。对温度、液位等缓慢变化的被测参数采用此法能收到良好的滤波效果;但对于流量、压力等快速变化的参数一般不宜采用中位值滤波。

【例 8-3】 中位值滤波程序。

设 SAMP 为存放采样值的内存单元首地址,DATA 为存放滤波值的内存单元地址,N 为采样值个数。程序如下:

```
FILTER: MOV     R3,#N-1         ; 置循环初值
SORT:   MOV     A,R3
        MOV     R2,A            ; 循环次数送 R2
        MOV     R0,#SAMP        ; 采样值首地址送 R0
LOOP:   MOV     A,@R0
        INC     R0
        CLR     C
        SUBB    A,@R0           ; $y_n - y_{n-1} \to A$
        JC      DONE            ; $y_n < y_{n-1}$ 转 DONE
        ADD     A,@R0           ; 恢复 A
        XCH     A,@R0           ; $y_n \geq y_{n-1}$,交换数据
        DEC     R0
        MOV     @R0,A
        INC     R0
DONE:   DJNZ    R2,LOOP         ; R2≠0,继续比较
        DJNZ    R3,SORT         ; R3≠0,继续循环
        DEC     R0
```

```
            MOV     A,#N              ;计算中值地址
            CLR     C
            RRC     A
            ADD     A,R0
            MOV     R0,A
            MOV     DATA,@R0          ;存放滤波值
            RET
```

8.1.4 算术平均值滤波

算术平均值滤波适用于对一般具有随机干扰的信号进行滤波。这种信号的特点是信号本身在某一数值范围附近上下波动,例如测量流量、液位时经常遇到这种情况。

算术平均滤波是要按输入的 N 个采样数据 $x_i(i=1\sim N)$,寻找这样一个 y,使 y 与各采样值之间偏差的平方和最小,即使:

$$E = \min \sum_{i=1}^{N} (y - x_i)^2 \tag{8-6}$$

由一元函数求极值的原理,可得:

$$y = \frac{1}{N} \sum_{i=1}^{N} x_i \tag{8-7}$$

上式即为算平均滤波的基本算式。

设第 i 次测量的测量值包含信号成份 S_i 和噪声成份 n_i,进行 N 次测量的信号成分之和为:

$$\sum_{i=1}^{N} S_i = N \times S \tag{8-8}$$

噪声的强度是用均方根来衡量的。当噪声为随机信号时,进行 N 次测量的噪声强度之和为:

$$\sqrt{\sum_{i=1}^{N} n_i^2} = \sqrt{N} \times n \tag{8-9}$$

上述 S、n 分别表示进行 N 次测量前信号和噪声的平均幅度。

这样对 N 次测量进行算术平均后的信噪比为:

$$\frac{N \times S}{\sqrt{N} \times n} = \sqrt{N} \times \frac{S}{n} \tag{8-10}$$

式中 S/n 是求算术平均值前的信噪比。

因此,采用算术平均值后,信噪比提高了 $\sqrt{N}$ 倍。由式(8-10)知,算术平均值法对信号的平滑滤波程度完全取决于 N。当 N 较大时,平滑度高,但灵敏度低,即外界信号的变化对测量计算结果 y 的影响小;当 N 较小时,平滑度低,但灵敏度高。应按具体情况选取 N。若对一般

流量测量,可取 $N=8\sim16$,对压力等测量,可取 $N=4$。

算术平均滤波程序可直接按式(8-7)编写,但要注意如下两点:

- x_i 的输入方法。对于定时测量,为了减小数据的存储容量,可对测得的 x 值直接按式(8-7)进行计算。但对于某些应用场合,为了加快数据测量的速度,可采用先测量数据,并存放在存储器中,测完 N 点后,再对 N 个数据进行平均值计算。
- 选取适当的 x、y 的数据格式,即 x、y 是采用定点数还是浮点数。采用浮点数计算比较方便,但计算时间较长;采用定点数可加快计算速度,但必须考虑累加时是否产生溢出。例如,当数据为14位二进制定点数时,采用双字节运算;当 $N>4$ 时,就可能产生溢出。

【例 8-4】 算术平均值滤波程序。

设 N 值存于 $R0$ 中,x_i 为三字节浮点数,它由数据读入子程序 RDXI 读入到单片机 80C51 的当前工作寄存器区的 R7(阶)R4R5 中,RDXI 可按 x_i 的实际输入方法编制。例如,x_i 已知为浮点数,并存于内部 RAM 中,则按 i 值(由(R0)决定)取出对应的 x_i 到 R7(阶)R4R5 中;又如 x_i 直接从输入设备(如 ADC)读入,则可先从输入设备上读入定点的 x_i 值,再把整数 x_i 转换成浮点数 x_i,并存于 R7(阶)R4R5 中。程序计算结果,即算术平均值 y 存于由(R1)指向的 3 个单元中。程序如下:

```
FAVG:  MOV    R6,#40H      ;置初值
       MOV    R2,#0
       MOV    R3,#0
       MOV    A,R0
       PUSH   ACC          ;N 值保存到堆栈
FLOP:  LCALL  RDXI         ;读入 xi
       CLR    3AH          ;执行加法
       LCALL  FABP         ;R6R2R3+R7R4R5→R4R2R3
       MOV    A,R4
       MOV    R6,A
       DJNZ   R0,FLOP
       LCALL  FSTR         ;存放累加和
       POP    ACC          ;恢复 N
       MOV    R2,#0
       MOV    R3,A
       INC    SP           ;调整栈指针
       MOV    A,SP
       XCH    A,R1
       MOV    R0,A
```

```
        INC     SP
        INC     SP
        CLR     3CH
        LCALL   INTF            ;N 转换成浮点数
        LCALL   FDIV            ;计算 y 值
        MOV     A,R0
        MOV     R1,A
        LCALL   FSTR            ;存放平均值
        DEC     SP              ;恢复栈指针
        DEC     SP
        DEC     SP
        RET
```

8.1.5 滑动平均值滤波

上面介绍的算术平均值滤波,每计算一次数据,需测量 N 次。对于测量速度较慢或要求计算速度较高的实时系统,该方法是无法使用的。例如,某 ADC 芯片转换速率为 10 次/秒,而要求每秒输入 4 次数据时,则 N 不能大于 2。下面介绍一种只需进行一次测量,就能得到一个新的算术平均值的方法——滑动平均值法。

滑动平均值法采用队列作为测量数据存储器,队列的长度固定为 N,每进行一次新的测量,把测量结果放于队尾,而扔掉原来队首的一个数据。这样在队列中始终有 N 个"最新"的数据。计算平均值时,只要把队列中的 N 个数据进行算术平均,就可得到新的算术平均值。这样每进行一次测量,就可计算得到一个新的算术平均值。

【例 8-5】 滑动平均值滤波程序。

采用循环队列来实现滑动平均值滤波,该程序调用子程序 RDXI(根据具体情况自己编制)输入一个 x 值(3 字节浮点数),放入单片机 80C51 的当前工作寄存器区的 R6(阶)R2R3 中;然后把它放入外部 RAM 2000H~202FH 的队列中(长度为 16,队尾指针为 7FH);最后计算队列中 16 个数据的算术平均值,结果放到(R1)指向的三字节内部 RAM 中。本程序使用了外部 RAM 2000H~202FH 的循环队列,它的队尾指针为 7FH,值为 0~15,初始时,循环队列中各元素均为 0,指针也为 0。插入一个数据 x 后,指针加 1。当指针等于 16 时,重新调整为 0。累加时,最新一个数据已在工作寄存器中,故只需累加 15 次。在把累加和除以 16 时,采用将阶码减 4 的方法,以加快程序的运行速度。程序如下:

```
FSAV:   LCALL   RDXI            ;读入输入值 x
        MOV     A,7FH           ;队尾指针
        MOV     B,#3
        MUL     AB
```

```
        MOV    DPTR,#2000H        ;队列首址
        ADD    A,DPL              ;计算队尾地址
        MOV    DPL,A
        MOV    A,R6
        MOVX   @DPTR,A            ;存放 x 值
        INC    DPTR
        MOV    A,R2
        MOVX   @DPTR,A
        INC    DPTR
        MOV    A,R3
        MOVX   @DPTR,A
        MOV    A,7FH              ;调整队尾指针
        INC    A
        CJNE   A,#16,FSA1
        CLR    A                  ;循环队列
FSA1:   MOV    7FH,A
        MOV    R0,#15             ;累加15次
        INC    DPTR
FSA2:   MOV    A,DPL
        CJNE   A,#30H,FSA3
        MOV    DPL,#0             ;循环
FSA3:   MOVX   A,@DPTR
        MOV    R7,A
        INC    DPTR
        MOVX   A,@DPTR
        MOV    R4,A
        INC    DPTR
        MOVX   A,@DPTR
        MOV    R5,A
        INC    DPTR
        CLR    3AH
        LCALL  FABP               ;执行加法
        MOV    A,R4
        MOV    R6,A
        DJNZ   R0,FSA2
        MOV    C,ACC.7            ;暂存累加和的符号位
        DEC    A
```

```
DEC     A
DEC     A
DEC     A
MOV     ACC.7,C         ;恢复 y 的符号位
MOV     R4,A
LCALL   FSTR            ;存放 y
RET
```

8.1.6 加权滑动平均滤波

在算术平均滤波和滑动平均滤波算法中，N 次采样值在输出结果中的比重是均等的，即 $1/N$。用这样的滤波算法，对于时变信号会引入滞后。N 越大，滞后越严重。为了增加新的采样数据在滑动平均中的比重，以提高系统对当前采样值中所受干扰的灵敏度，可以采用加权滑动平均滤波算法。它是前面介绍的滑动平均法的一种改进，即对不同时刻的数据加以不同的权，通常越接近现时刻的数据，权取得越大。N 项加权滑动平均滤波算法为：

$$y = \frac{1}{N} \sum_{i=0}^{N-1} C_i \times x_{n-i} \qquad (8-11)$$

式中，y 为第 n 次采样值经滤波后的输出，x_{n-i} 为未经滤波的第 $n-i$ 次采样值，$C_0, C_1, \cdots, C_{N-1}$ 为常数，且满足如下条件：

$$C_0 + C_1 + \cdots + C_{N-1} = 1 \qquad (8-12)$$

$$C_0 > C_1 > \cdots > C_{N-1} > 0 \qquad (8-13)$$

常系数 $C_0, C_1, \cdots, C_{N-1}$ 的选取有多种方法，其中最常用的是加权系数法。设 τ 为对象的纯滞后时间，且：

$$\delta = 1 + e^{-\tau} + e^{-2\tau} + \cdots + e^{-(N-1)\tau} \qquad (8-14)$$

则：

$$C_0 = \frac{1}{\delta}, \quad C_1 = \frac{e^{-\tau}}{\delta}, \quad \cdots, \quad C_{N-1} = \frac{e^{-(N-1)\tau}}{\delta}$$

因为 τ 越大，δ 越小，则给予新的采样值的权系数就越大，而给先前采样值的权系数就越小，从而提高了新的采样值在平均过程中的比重。所以加权滑动平均滤波算法适用于有较大纯滞后时间常数 τ 的对象和采样周期较短的系统；而对于纯滞后时间常数较小，采样周期较长，变化缓慢的信号，则不能迅速反应系统当前所受干扰的严重程度，滤波效果较差。

8.1.7 复合滤波法

智能化测量控制仪表在实际应用中，所受到的随机扰动往往不是单一的，有时既要消除脉冲扰动的影响，又要作数据平滑处理。因此，在实际中往往把前面介绍的两种以上的滤波方法结合起来使用，形成所谓复合滤波，防脉冲扰动平均值滤波算法就是一种实例。这种算法的特

点是先用中位值滤波算法滤掉采样值中的脉冲干扰,然后把剩下的各采样值进行滑动平均滤波。其基本算法如下:

如果 $x_1 \leqslant x_2 \leqslant \cdots \leqslant x_n$,其中,$3 \leqslant n \leqslant 14$,$x_1$ 和 x_n 分别是所有采样值中的最小值和最大值,则:

$$y = \frac{x_2 + x_3 + \cdots + x_{n-1}}{n-2} \tag{8-15}$$

由于这种滤波方法兼容了滑动平均滤波算法和中位值滤波算法的优点,所以无论是对缓慢变化的过程变量,还是对快速变化的过程变量,都能起到较好的滤波效果。

上面介绍了几种使用较为普遍的克服随机干扰的软件算法,在一个具体的仪表中究竟应选用哪种滤波算法,取决于仪表的使用场合及过程中所含有的随机干扰情况。

8.2 校正算法

8.1 节中介绍的数字滤波算法可以用来克服随机误差,而仪表中除了随机误差外,往往还具有系统误差。所谓系统误差是指在相同条件下,多次测量同一量时,其大小和符号保持不变或按一定规律变化的误差。恒定不变的误差称为恒定系统误差,例如校验仪表时标准表存在的固有误差、仪表的基准误差等。按一定规律变化的误差称为变化系统误差,例如仪表的零点和放大倍数的漂移,热电偶冷端随室温变化而引起的误差等。克服系统误差与抑制随机扰动不同,系统误差不能依靠统计平均的方法来消除,不能像抑制随机干扰那样寻出一些普遍适用的处理方法,而只能针对某一具体情况在测量技术上采取一定的措施。本节介绍一些常用而有效的测量校准方法,来消除和减弱系统误差对测量结果的影响。

另外,克服系统误差与克服随机误差在软件处理上也是不同的。后者的基本特征是随机性,其算法往往是仪表测控算法的一个重要组成部分,实时性很强;而前者是恒定的或有规则的,因而通常采用离线处理方法来确定校正算法和数学表达式,在线测量时则利用这个校正算式对系统误差进行修正。

8.2.1 系统误差的模型校正法

在某些情况下,对仪表的系统误差进行理论分析和数学处理,可以建立仪表的系统误差模型,从而可以确定校正系统误差的算法和表达式。例如,MC14433 双积分型 ADC 芯片是仪表输入通道中常用的器件,这种器件在输入信号的极性发生变化时,要占有一次转换周期的时间,从而使信号的有效转换延迟一个周期。当仪表中采用这种 ADC 芯片作单极性信号转换时,如果输入信号较小,则一个负脉冲干扰就可能使极性发生变化,从而导致转换延迟,这是不希望的。为了克服这一现象,通常可在输入信号端叠加一个固定的小正信号,从而使信号不会由于干扰而变为负极性。假设这一附加信号的转换结果是 a,则有效信号转换结果应是 ADC 的输出值 x 减去 a,即:

$$y = x - a \qquad (8-16)$$

式中,a 可视为一固定的系统误差。上式就是这一系统误差的校正算式。

又如,在仪表中用运算放大器测量电压时,常会引入零点和增益误差。设测量信号 x 与真值 y 是线性关系,即 $y=a_1x+a_0$。为了消除这一系统误差,可用这一电路分别去测量标准电势 V_R 和一短路电压信号,以此获得两个误差方程:

$$\begin{cases} V_R = a_1 x_1 + a_0 \\ 0 = a_1 x_0 + a_0 \end{cases} \qquad (8-17)$$

解此方程组,得:

$$\begin{cases} a_1 = V_R/(x_1 - x_0) \\ a_0 = V_R \times x_0/(x_0 - x_1) \end{cases} \qquad (8-18)$$

从而可得校正算式:

$$y = V_R(x - x_0)/(x_1 - x_0) \qquad (8-19)$$

下面用一个例子来进行说明。图 8.3 是在仪表中具有普遍意义的一种误差模型。图中 x 为输入被测量(如直流放大器的输入电压),y 是带有误差的测量结果(如放大器的输出电压),ε 是影响量(如零点漂移或干扰),i 是偏置量(如直流放大器的偏置电流),k 是影响特性(如放大器的增益变化)。

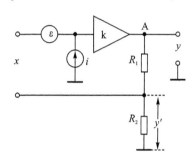

图 8.3　一个测量误差模型

从输出端 A 引一反馈量到输入端,以改善系统的稳定性。在无误差的理想情况下,$\varepsilon=0,i=0,k=1$,于是 $y=x$,在有误差时,则:

$$y = k(\varepsilon + x + y') \qquad (8-20)$$

其中 y' 为偏置电流 i 转换成电压的影响量,则补偿其影响的反馈量为:

$$y' = \frac{R_2}{R_2 + R_1} \times y \qquad (8-21)$$

代入式(8-20)得:

$$x = y\left(\frac{1}{k} - \frac{R_2}{R_2 + R_1}\right) - \varepsilon \qquad (8-22)$$

或改写为:

$$x = y\left(\frac{1}{k} - \frac{1}{F}\right) - \varepsilon \qquad (8-23)$$

还可进一步简化为下列形式:

$$x = b_1 y + b_0 \qquad (8-24)$$

如果能求出误差因子 b_0 和 b_1 之值,则该系统误差即可修正。误差因子的求取可通过校准技术完成。由于存在 b_0 和 b_1 两个误差因子,因此需进行两次校准,从而可得两个关系式,并由此关系式中解出误差因子 b_1 和 b_0。

按照图 8.4 所示的方法进行校准的过程如下:

(1) 先令输入端短路(开关 s_1 闭合),此时有 $x=0$ (零点校准),其输出为 y_0。按式(8-24)则有:

$$0 = b_1 y_0 + b_0 \quad (8-25)$$

(2) 令输入端接一已知的标准电压(开关 s_2 闭合),此时有 $x=E$ (增益校准),其输出为 y_1,于是可得:

$$E = b_1 y_1 + b_0 \quad (8-26)$$

(3) 联立求解式(8-25)和式(8-26),即可求出两个误差因子为:

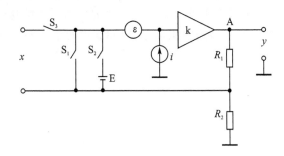

图 8.4 校准电路

$$\begin{cases} b_1 = \dfrac{E}{y_1 - y_0} \\ b_0 = \dfrac{E}{1 - y_1/y_0} \end{cases} \quad (8-27)$$

(4) 在进行实际测量时(开关 s_3 闭合),其输出为 y,于是被测量的真值为:

$$x = b_1 y + b_0 = \frac{E(y - y_0)}{y_1 - y_0} \quad (8-28)$$

这里 y_0 和 y_1 是二次校准中所测得的数值,都是已知数。由于智能化测量控制仪表的测量过程是自动而快速进行的,所以在每次实际测量之前,都可予先进行校准,取得当时的误差因子。这种方法近似于实时的误差修正。

8.2.2 利用校准曲线通过查表法修正系统误差

在较复杂的仪器中,对较多的误差来源往往不能充分的了解,因此难以建立适当的误差模型。这时可通过实验,即通过实际校准求得测量的校准曲线,然后将曲线上各校准点的数据存入存储器的校准表格中。在以后的实际测量中,通过查表求得修正了的测量结果。

获得校准曲线的过程为:在仪器的输入端逐次加入一个已知量(如电压)$x_1, x_2, \cdots, x_n, \cdots$,并得到实际测量结果 $y_1, y_2, \cdots, y_n, \cdots$。于是可作出如图 8.5 所示的校准曲线。将实际测量得到的这些 y_n 值作为存储器中的一个地址,把对应的诸 x_n 值作为内容存入其中,这就建立了一张校准表格。然后,在实际测量时测得一个 y_n 值,就令单片机去访问这个地址 y_n,读出其内容 x_n,此 x_n 即为被测量经修正过的值。对于 y 值介于某两个校准点 y_n 和 y_{n+1} 之间时,可按最邻近的一个值 y_n 或 y_{n+1} 去查找对应的 x 值作为最后结果,那么这个结果将带有一定的残余误差。

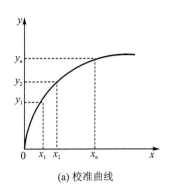
(a) 校准曲线

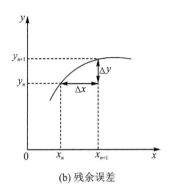
(b) 残余误差

图 8.5 校准曲线

在任意两个校准点之间的校准曲线段,可以近似地看成是一段直线段。设这段直线的斜率为 $s=\mathrm{d}x/\mathrm{d}y$,(注意,校正时 y 是自变量,x 是函数值),校准曲线的最大斜率为 s_m。由图 8.5(b)可见,可能引起的最大残余误差为:

$$\Delta x = s_m \Delta y \tag{8-29}$$

其中

$$\Delta y = y_{n+1} - y_n \tag{8-30}$$

若考虑取双向误差,残余误差的绝对值可减小一半,即为:

$$\pm \Delta x = \pm s_m \Delta y/2 \tag{8-31}$$

设 Y 为 y 的量程,校准时取恒等间隔的 N 个校准点,即:

$$y_{n+1} - y_n = \Delta y = Y/N \tag{8-32}$$

于是得:

$$\Delta x = s_m Y/2N \tag{8-33}$$

此外,还应考虑到数据字长有限引起的误差,假定字长为 B 位二进制数,由此造成的误差将为数据字长的最低位的一半,即:

$$\frac{1}{2}\mathrm{LSB} = \frac{1}{2}(X/2^B) \tag{8-34}$$

这里 X 是 x 的量程,于是实际总误差应为:

$$\Delta x = \frac{s_m Y}{2N} + \frac{X}{2^{B+1}} \tag{8-35}$$

校准表所占的存储空间为:

$$M = N \times B \tag{8-36}$$

显然应使 M 值尽可能小,以节约存储器。从式(8-36)得校准点数为:

$$N = \frac{M}{B} \tag{8-37}$$

代入式(8-35)得:

$$M = \frac{s_m \times B(Y/X)}{2(\Delta x/X - 1/2^{B+1})} \quad (8-38)$$

令 $dM/dB = 0$,可求得对应于最小存储空间 M 所应取的字长 B 的关系为:

$$2\left(\frac{\Delta x}{X}\right) = \frac{1 + B \times \ln 2}{2^B} \quad (8-39)$$

从而得最小存储器空间为:

$$M = \frac{(s_m/S) \times 2^B}{m^2} \quad (8-40)$$

式中 $S = X/Y$。

下面以具体的数据为例,在一定的数据字长 B 之下,按式(8-39)求出对应的相对残余误差 $\Delta x/X$ 之值列于表 8-1 中,再按式(8-40)求得对应的最小存储器空间 M,代入式(8-37)中求得对应的所需校准点数 N,取整值列入表 8-1 中。可以看到,若要求残余误差为 0.1% 左右时,需要字长为 12 位,大约 500 个校准点,至少需要 6 KB 的存储空间。若要求残余误差为 0.01%,则需 6000 个 16 位的校准点,占用近 100K 位的存储空间,这显然是不切合实际的。因此,必须取较少的校准点,以进一步节省存储器空间,然后利用内插法(分段直线拟合)来提高准确度。

表 8-1 字长、点数和存储空间与残余误差的关系

字长 B/位	误差 $\Delta x/X$/%	标准点数 N	存储器空间/位
4	12	6	24
5	7	10	50
6	4	16	96
7	2.3	27	189
8	1.3	47	376
9	0.7	83	747
10	0.4	148	1480
11	0.2	269	2959
12	0.1	493	5916
13	0.06	910	11830
14	0.03	1689	23646
15	0.017	3152	47280
16	0.009	5910	94560

在两个校准点之间进行内插,最简单的是作线性内插。当 $y_n < y < y_{n+1}$ 时,取:

$$x = x_n + s_n(y - y_n) \quad (8-41)$$

即:

$$x = x_n + \frac{x_{n+1} - x_n}{y_{n+1} - y_n}(y - y_n) \quad (8-42)$$

根据上式即可画出查表内插程序框图如图 8.6 所示。程序由一些简单的加、减、乘、除子程序组成。关于更精确的内插方法,读者可参阅有关"计算方法"的书籍。

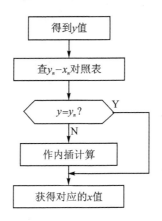

图 8.6 查表内插的流程图

8.2.3 非线性特性的校正

非线性校正又称线性化过程,是智能化测量控制仪表的一项重要功能。非线性校正的方法很多,例如,上述利用校准曲线用查表法作修正,利用分段折线法获得校正算法,直接从所描绘的非线性方程中获得算法等。线性化的关键是找出校正函数,有时校正函数很难找到,这时只能用多项式或解析函数进行拟合。假设器件的输出 x 与输入 y 之间的特性关系 $x=f(y)$ 存在非线性,现计算下列函数:

$$R = g(x) = g[f(y)]$$

使 R 与 y 之间保持线性关系,函数 $g(x)$ 便是要找的校正函数。

例如,半导体二极管检波器的电压 u_o 与输出电压 u_i 成指数关系:

$$u_o \propto e^{\frac{u_i}{a}}$$

式中,a 为常数。为了得到线性结果,计算机可对数字化后的输出电压进行一次对数运算;$R \propto \ln u_o \propto u_i$,使 R 与 u_i 间呈现线性关系。

拟合校正函数可采用连续函数和分段拟合两种方法。前者要求运用较多的数学知识,但其误差函数是连续平滑的。后者较易实现,但其误差函数有不平滑的转折点。若要对信号进行微分或其他非线性处理,转折点则会引起麻烦。

1. 连续函数拟合

用连续函数拟合,首先要确定拟合函数的类型,通常根据人们对所研究对象的了解来进行选择。若事先缺乏了解,则可根据曲线的外型来估算函数形式。

现以图 8.7 所示 J 型铁-康铜热电偶为例进行讨论。该热电偶的线性范围至 400 ℃,线性输出为 40 μV/℃。设要求用连续函数进行拟合,使线性范围增大 1 倍(至 800 ℃),如图中直线所示。热电偶的特性可用 2 次多项式拟合,即:

$$y = Ax + Bx^2 \qquad (8-43)$$

第一次试算： $x = 13.5 \text{ mV}, y = 250 \text{ °C}$，

代入式(8-43)得： $250 = 13.5A + 182.25B$

整理得： $A = 18.5 - 13.5B \qquad (8-44)$

第二次试算： $x = 42.3 \text{ mV}, \quad y = 750 \text{ °C}$

代入式(8-43)得： $750 = 42.3(18.5 - 13.5B) + 1789B$

整理得： $B = -0.026$

代入式(8-44)得： $A = 18.85$

结果为： $y = 18.85x - 0.026x^2 \qquad (8-45)$

这一方程很好地拟合了热电偶的特性，使其线性范围达到800℃。

若要得到更高的精确度，可采用最小二乘法来拟合曲线。这种方法还能消除测量过程中随机误差的影响。下面简单介绍最小二乘法原理及其在直线拟合和曲线拟合中的应用。

运用 n 次多项式或 n 个直线方程对非线性特性进行逼近，可以保证在 $n+1$ 个节点上校正误差为零，即逼近曲线（或 n 段折线）恰好经过这些节点。但如果这些数据是实验数据，含有随机

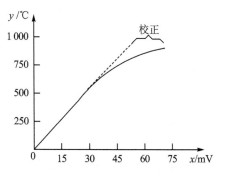

图 8.7 J 型热电偶特性的线性化

误差，则这些校正方程并不一定能反映出实际的函数关系，即使能够实现，往往次数太多使用起来不方便。因此，对于含有随机误差的实验数据的拟合，通常选择"误差平方和为最小"这一标准来衡量逼近效果，使逼近模型比较符合实际，在形式上也尽可能简单。这一逼近想法的数学描述如下：

设被逼近函数为 $f(x_i)$，逼近函数为 $g(x_i)$，x_i 为 x 上的离散点，逼近误差为：

$$V(x_i) = |f(x_i) - g(x_i)| \qquad (8-46)$$

记

$$\Phi = \sum_{i=1}^{n} V^2(x_i) \qquad (8-47)$$

令 $\Phi \to \min$，即在最小二乘意义上使 $V(x)$ 最小化，这就是最小二乘法原理。为了逼近函数简单起见，通常选择 $g(x)$ 为多项式。当 $g(x)$ 为一次多项式时，即为直线拟合，$g(x)$ 为二次以上多项式时，即为曲线拟合。

设有一组实验数据如图 8.8 所示，现在要求一条最接近于这些数据点的直线。直线可以有很多，关键是找出一条最佳的。设这组实验数据的最佳拟合直线方程（回归方程）为：

$$y = a_0 + a_1 x$$

式中 a_1 和 a_0 称为回归系数。

令 $\Phi_{a_0,a_1} = \sum\limits_{i=1}^{n} V_i^2 = \sum\limits_{i=1}^{n} [y_i - (a_0 + a_1 x_i)]^2$

根据最小二乘原理,要使 Φ_{a_0,a_1} 为最小,按通常求极值的方法,取对 a_0、a_1 的偏导数,并令其为 0,得:

$$\frac{\partial \Phi}{\partial a_0} = \sum_{i=1}^{n} [-2(y_i - a_0 - a_1 x_i)] = 0$$

$$\frac{\partial \Phi}{\partial a_1} = \sum_{i=1}^{n} [-2 x_i (y_i - a_0 - a_1 x_i)] = 0$$

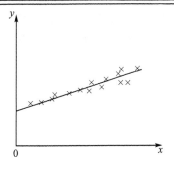

图 8.8　一组实验数据

又可得如下方程组(称为正则方程组):

$$\sum_{i=1}^{n} y_i = n a_0 + a_1 \sum_{i=1}^{n} x_i$$

$$\sum_{i=1}^{n} x_i y_i = a_0 \sum_{i=1}^{n} x_i + a_1 \sum_{i=1}^{n} x_i^2$$

解得:

$$a_0 = \frac{\sum\limits_{i=1}^{n} y_i \sum\limits_{i=1}^{n} x_i^2 - \sum\limits_{i=1}^{n} x_i y_i \sum\limits_{i=1}^{n} x_i}{n \sum\limits_{i=1}^{n} x_i^2 - \left(\sum\limits_{i=1}^{n} x_i\right)^2} \qquad (8-48)$$

$$a_1 = \frac{n \sum\limits_{i=1}^{n} x_i y_i - \sum\limits_{i=1}^{n} x_i \sum\limits_{i=1}^{n} y_i}{n \sum\limits_{i=1}^{n} x_i^2 - \left(\sum\limits_{i=1}^{n} x_i\right)^2} \qquad (8-49)$$

只要将各测量数据代入正则方程组,即可解得回归方程的回归系数 a_0 和 a_1,从而得到这组测量数据在最小二乘意义上的最佳拟合直线方程。

为了提高拟合精度,还可对 n 个实验数据对 $(x_i, y_i)(i=1,2,\cdots,n)$ 选用 m 次多项式:

$$y = f(x) = a_0 + a_1 x + a_2 x^2 + \cdots + a_m x^m = \sum_{j=0}^{m} a_j x^j \qquad (8-50)$$

来作为描述这些数据的近似函数关系式(回归方程)。如果把 (x_i, y_i) 的数据代入多项式,就可得 n 个方程:

$$y_1 - (a_0 + a_1 x_1 + \cdots + a_m x_1^m) = v_1$$
$$y_2 - (a_0 + a_1 x_2 + \cdots + a_m x_2^m) = v_2$$
$$\vdots$$
$$y_n - (a_0 + a_1 x_n + \cdots + a_m x_n^m) = v_n$$

简记为:

$$v_i = y_i - \sum_{j=0}^{m} a_j x_i^j \qquad (i=1,2,\cdots,n)$$

式中,v_i 为在 x_i 处由回归方程(8-50)计算得到的值与测量值之间的误差。由于回归方程不一定通过该测量点(x_i, y_i)，所以v_i不一定为零。

根据最小二乘原理，为求取系数a_j的最佳估计值，应使误差v_i的平方和为最小，即：

$$\varphi(a_0, a_1, \cdots a_m) = \sum_{i=1}^{n} V_i^2 = \sum_{i=1}^{n} \left[y_i - \sum_{j=0}^{m} a_j x_i^j \right]^2 \rightarrow \min$$

由此可得如下正则方程组：

$$\frac{\partial \varphi}{\partial a_k} = -2 \sum_{i=1}^{n} \left[\left(y_i - \sum_{j=0}^{m} a_j x_i^j \right) x_i^k \right] = 0 \quad (k = 1, 2, \cdots, n)$$

亦即计算$a_0, a_1, \cdots, a_m$的线性方程组为：

$$\begin{bmatrix} m & \sum_{i=1}^{n} x_i & \cdots & \sum_{i=1}^{n} x_i^m \\ \sum_{i=1}^{n} x_i & \sum_{i=1}^{n} x_i^2 & \cdots & \sum_{i=1}^{n} x_i^{m+1} \\ \vdots & \vdots & \vdots & \vdots \\ \sum_{i=1}^{n} x_i^m & \sum_{i=1}^{n} x_i^{m+1} & \cdots & \sum_{i=1}^{n} x_i^{2m} \end{bmatrix} \begin{bmatrix} a_0 \\ a_1 \\ \vdots \\ a_m \end{bmatrix} = \begin{bmatrix} \sum_{i=1}^{n} y_i \\ \sum_{i=1}^{n} x_i y_i \\ \vdots \\ \sum_{i=1}^{n} x_i^m y_i \end{bmatrix} \quad (8-51)$$

求解上式可得$m+1$个未知数a_j的最佳估计值。

拟合多项式的次数越高，拟合结果就越精确，但计算繁冗，所以一般取$m < 7$。除用m次多项式来拟合外，也可用其他函数如指数函数、对数函数、三角函数等来拟合。另外，拟合曲线还可以用实验数据作图，从各个数据点的图形（称为散点图）的分布形状来分析，选配适当的函数关系或经验公式来进行拟合。当函数类型确定后，函数关系中的一些待定系数，仍常用最小二乘法来确定。

2. 分段直线拟合

分段直线拟合是用一条折线来拟合器件的非线性曲线，如图8.9所示。图中y是被测量，x是测量数据，用三段直线来逼近器件的非线性曲线。

直线由下列方程描述：

$$y = ax + b \quad (8-52)$$

式中a、b是系数。每条直线段有二个点是已知的，如图8.9中直线段Ⅱ的(x_1, y_1)和(x_2, y_2)点是已知的，因此通过解下列方程：

$$\begin{cases} y_{i-1} = a_i x_{i-1} + b_i \\ y_i = a_i x_i + b_i \end{cases}$$

就可得直线段i的系数a_i和b_i为：

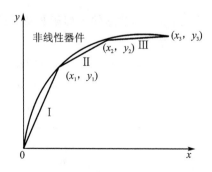

图8.9 折线拟合

$$a_i = \frac{y_i - y_{i-1}}{x_i - x_{i-1}} \qquad (8-53)$$

$$b_i = \frac{x_{i-1} y_i - x_i y_{i-1}}{x_{i-1} - x_i} \qquad (8-54)$$

在实际应用中,预先把每段直线方程的系数及测量数据 $x_0, x_1, x_2, \cdots$ 存于片内存储器中。单片机进行校正时,先根据测量值的大小,找到合适的校正直线段,从存储器中取出该直线段的系数,然后计算直线方程式(8-52),就可获得实际被测量 y。

3. 利用平方插值法进行非线性校正

平方插值法实质上也是一种分段校正法。它与分段直线拟合法的主要区别是,在每一段中不是采用线性拟合,而是采用二阶抛物线拟合。这样拟合的结果显然比直线拟合更精确。平方插值法校准曲线的分段拟合如图 8.10 所示,图示曲线可划分为 a、b、c、d 等 4 段,每段可用一个二阶抛物线方程来描绘。

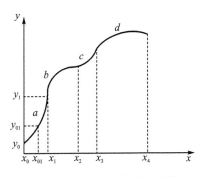

图 8.10 校正曲线的分段拟合

$$\begin{cases} (x \leqslant x_2) \\ (x_1 < x \leqslant x_2) \\ (x_2 < x \leqslant x_3) \\ (x_3 < x \leqslant x_4) \end{cases} \begin{cases} y = a_0 + a_1 x + a_2 x^2 \\ y = b_0 + b_1 x + b_2 x^2 \\ y = c_0 + c_1 x + c_2 x^2 \\ y = d_0 + d_1 x + d_2 x^2 \end{cases} \qquad (8-55)$$

式(8-55)中,每段的系数 a_i、b_i、c_i、d_i 可通过下述办法获得。在每段中可以找出任意 3 点,如图 8.10 中的 x_0、x_{01}、x_1,其对应的 y 值为 y_0、y_{01}、y_1,然后解联立方程:

$$\begin{cases} y_0 = a_0 + a_1 x_0 + a_2 x_0^2 \\ y_{01} = a_0 + a_1 x_{01} + a_2 x_{01}^2 \\ y_1 = a_0 + a_1 x_1 + a_2 x_1^2 \end{cases} \qquad (8-56)$$

则可求得系数 a_0、a_1、a_2,同理可求得 b_0、b_1、b_2。然后将这些系数和 x_0、x_1、x_2、x_3、x_4 等值预先存入单片机相应非线性校正程序的数据表区域。图 8.11 为平方插值法非线性校正程序的流程图。

上面介绍了若干种克服系统误差和进行非线性校正的方法。在实际应用中,究竟应采用哪种校正方法,取决于系统误差和非线性特性的具体情况以及所要求的校正精度。在保证校正精度的前提下,应选用尽可能简单的校正模型。

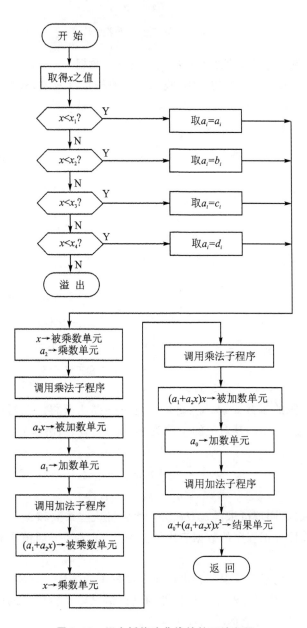

图 8.11 平方插值法非线性校正流程图

8.3 量程自动转换与标度变换

8.3.1 量程自动转换

如果传感器和显示器的分辨率一定,而仪表的测量范围很宽时,为了提高测量的精度,智能化测量控制仪表应能自动转换量程。量程的自动转换可采用程控放大器来实现。采用程控放大器后,可通过控制来改变放大器的增益,对幅值小的信号采用大增益,对幅值大的信号改用小增益,使进入 A/D 转换器的信号满量程达到均一化。程控放大器的反馈回路中包含有一个精密梯形电阻网络或权电阻网络,使其增益可按二进制或十进制的规律进行控制。一个具有 3 条增益控制线 A_0、A_4 和 A_3 的程控放大器,具有 8 种可能的增益,如表 8-2 所列。如果不需要 8 种增益,用 2 条控制线可实现 4 种增益,用 1 条控制线可实现 2 种增益,不用的控制线接固定电平。用程控放大器进行量程转换的原理如图 8.12 所示。

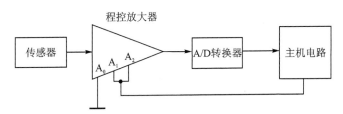

图 8.12 程控放大器量程转换原理图

图 8.12 中放大器采用两种增益,由仪表的主机电路控制。现举例说明这种量程转换方案的适用性。设图 8.12 中的传感器为一个压力传感器,最大测量范围为 0~1 MPa,相对精度为 ±0.1%。如果把测量范围压缩到 0~0.1 MPa,其相对精度仍可达 ±0.2%。在这种情况下,可采用程控放大器来充分发挥这种传感器的性能。现在,A/D 转换器选用 3 位半 A/D 转换器,仪表量程分成两部分:0~1 MPa 和 0~0.1 MPa。在小量程时,传感器输出变小,可以通过提高程控放大器的增益来补偿,使单位数字量所代表的压力减小,从而提高数字计算的分辨率。

表 8-2 增益与控制线的关系

增益	数字代码		
	A_2	A_0	A_1
1	0	0	0
2	0	0	1
4	0	1	0
8	0	1	1
16	1	0	0
32	1	0	1
64	1	1	0
128	1	1	1

在 0~1 MPa 量程时,程控放大器增益为 1,控制线 $A_2 A_1 A_0 = 000$。当被测压力为最大值

时,A/D 转换器的输出为 1999。在此量程内,一旦 A/D 转换器的输出小于 200,则经软件判断后自动转入小量程档 $0\sim0.1$ MPa,并使放大器的增益提高到 8,即令控制线 $A_2A_1A_0=011$。类似地,小量程档内若 A/D 转换器的输出大于 $200\times8=1600$,软件判断后自动转入大量程档,并使放大器的增益恢复到 1。上述自动切换功能的软件流程如图 8.13 所示。图中 F0 为标志位。

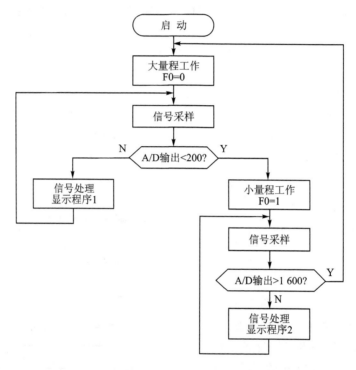

图 8.13 用程控放大器实现量程自动转换的程序流程

在第 3 章已经介绍过程控放大器的工作原理,这里再介绍两种常用的程控放大器芯片。PGA100 是一种多路输入的程控增益放大器芯片,它将多路转换输入和程控增益控制集成在一个芯片内,这对于小信号多路数据采集系统来说特别适用。PGA100 的主要特性为:增益精度高,非线性小,稳定时间短,通道之间的串扰小,有 8 个二进制的增益控制($\times1\times2\times4\times8\times16\times32\times64\times128$)。图 8.14 所示为 PGA100 的引脚排列。引脚 $A_0\sim A_5$ 用来选择增益和模拟输入通道。选择方式如下:

A_5	A_4	A_3	增益	A_2	A_1	A_0	通道
0	0	0	1	0	0	0	IN_0
0	0	1	2	0	0	1	IN_1
0	1	0	4	0	1	0	IN_2

A_5	A_4	A_3	增益	A_2	A_1	A_0	通道
0	1	1	8	0	1	1	IN_3
1	0	0	16	1	0	0	IN_4
1	0	1	32	1	0	1	IN_5
1	1	0	64	1	1	0	IN_6
1	1	1	128	1	1	1	IN_7

AD612/AD614 也是一种程控增益放大器，图 8.15 所示为它的引脚排列。程控增益是利用芯片内部的精密电阻网络实现的。当精密电阻网络引出端 3～10 脚分别与 1 脚相连时，其增益范围为 $2^1 \sim 2^8$；当要求增益为 2^9 时，应将 10 脚、11 脚与 1 脚相连；当要求增益为 2^{10} 时，应将 10、11、12 脚与 1 脚相连；当 3～12 脚均不与 1 脚相连时，增益为 1。因此，只要在 1 脚和 2～12 脚之间加一个多路开关就能方便地实现程控增益。

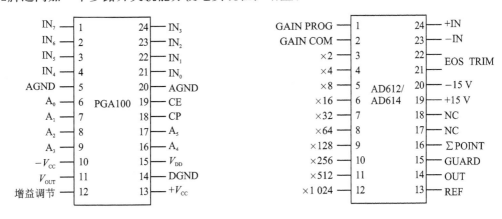

图 8.14　PGA100 的引脚排列　　　　图 8.15　AD612/AD614 的引脚排列

8.3.2　标度变换

智能化测量控制仪表在读入被测模拟信号并转换成数字量后，往往要转换成操作人员所熟悉的工作量。这是因为被测对象的各种数据的量纲与 A/D 转换的输入值是不一样的。例如，温度的单位为℃，压力的单位为 Pa，流量的单位为 m^3/h 等。这些参数经传感器和 A/D 转换后得到一系列的数码。这些数码值并不等于原来带有量纲的参数值，它仅仅对应于参数的大小，故必须把它转换成带有量纲的数值后才能运算、显示或打印输出。这种转换就是标度变换。非线性变换方法在 8.2.3 小节已经介绍，这里简要介绍线性的标度变换。

线性标度变换的公式如下：

$$Y = (Y_{\max} - Y_{\min})(X - N_{\min})/(N_{\max} - N_{\min}) + Y_{\min} \quad (8-57)$$

式中，Y 为参数测量值；$Y_{\max}$ 为测量范围最大值；$Y_{\min}$ 为测量范围最小值；$N_{\max}$ 为 $Y_{\max}$ 对应的

A/D 转换值；N_{min} 为 Y_{min} 对应的 A/D 转换值；X 为测量值 Y 对应的 A/D 转换值。

例如，一个数字温度计的测量范围为 $-50 \sim 150\ ℃$，则 $Y_{min} = -50\ ℃$，$Y_{max} = 150\ ℃$。而且当 $Y_{min} = -50\ ℃$ 时，$N_{min} = 0$；$Y_{max} = 150\ ℃$ 时，$N_{max} = 1800$，则

$$Y = \frac{[150 - (-150)] \times (X - 0)}{1800 - 0} + (-50) \approx 0.111\,1X - 50$$

一般情况下，Y_{max}、Y_{min}、N_{max} 和 N_{min} 都是已知的，因而可把式(8-57)变成如下形式：

$$Y = a_1 X + a_0 \tag{8-58}$$

式中 a_1 和 a_0 为待定值。a_0 取决于零点值，a_1 为比例系数。用式(8-58)进行标度变换时，只需进行一次乘法和一次加法。在编程前，先根据 Y_{max}、Y_{min}、N_{max} 和 N_{min} 求出 a_1 和 a_0，然后编出按 X 求 Y 的程序。如果 a_1 和 a_0 允许改变，则将其放在 RAM 中，测量时根据 RAM 中的 a_1 和 a_0 来计算 Y 值。RAM 中的 a_1 和 a_0 可由键盘来改变，为了保存 a_1 和 a_0，RAM 应具有掉电保护功能。如果 a_1 和 a_0 不变，则可在编程时将它们作为常数写入 EPROM 中。

8.4 PID 控制算法

控制算法是智能化测量控制仪表的一个重要组成部分，整个仪表的控制功能主要由控制算法实现。比例、积分、微分控制(简称 PID 控制)是过程控制中应用最广泛的一种控制规律。控制理论可以证明，PID 控制能满足相当多工业对象的控制要求。所以，它至今仍是一种最基本的控制方法。

一个典型的 PID 单回路控制系统如图 8.16 所示。图中 c 是被控参数，r 是给定值。

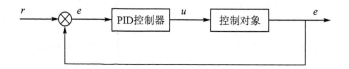

图 8.16 单回路控制系统

8.4.1 基本控制规律

PID 调节器的基本输入输出关系可用微分方程表示为：

$$u(t) = K_P \left[e(t) + \frac{1}{T_I} \int_0^t e(t) \mathrm{d}t + T_D \frac{\mathrm{d}e(t)}{\mathrm{d}t} \right] \tag{8-59}$$

式中，$u(t)$ 为调节器的输出信号；$e(t)$ 为调节器的输入偏差信号，$e(t) = r(t) - c(t)$。

式(8-59)可用传递函数表示为：

$$G_D(s) = K_D \left(1 + \frac{1}{T_I s} + T_D s \right) \tag{8-60}$$

式中，K_P 为比例增益；T_I 为积分时间；T_D 为微分时间。

将式(8-60)离散化：令 $t=nT$，T 为采样周期，用 T 代替微分增量 dt，用误差的增量 $\Delta e(nT)$ 代替 $de(t)$。为书写方便，在不致引起混淆的场合，省略 (nT) 中的 T，则：

$$\frac{de(t)}{dt} \to \frac{e(nT)-e[(n-1)T]}{T} = \frac{e(n)-e(n-1)}{T} = \frac{\Delta e(n)}{T}$$

$$\int_0^t e(t)dt \to \sum_{i=0}^n e(iT)T = T\sum_{i=0}^n e(i) \tag{8-61}$$

式中，n 为采样序号；$e(n)$ 为第 n 次采样的偏差值，$e(n)=r(n)-c(n)$。

于是式(8-59)可写成：

$$u(n) = K_P\left\{e(n) + \frac{T}{T_I}\sum_{i=0}^n e(i) + \frac{T_D}{T}[e(n)-e(n-1)]\right\} + u_0$$

上式中的第 1 项起比例控制作用，称为比例(P)项；第 2 项起积分控制作用，称为积分(I)项；第 3 项起微分控制作用，称为微分(D)项。u_0 是偏差为零时的初值。这 3 种作用可单独使用(微分作用一般不单独使用)或合并使用，常用的组合有 P、PI、PD 及 PID 控制。

数字 P 控制算法为：

$$u(n) = K_P e(n) + u_0 \tag{8-62}$$

式中，K_P 为比例增益。

由控制理论知，对于没有积分环节的具有自衡性质的系统，静态放大系数 $K=K_0 K_P$(K_0 为对象增益)是个有限值。对于给定值的阶跃响应，稳态误差(静差)$e(\infty)$ 为：

$$e(\infty) = \frac{1}{1+K}\Delta\tau$$

显然，只要 K 取得足够大，稳态误差就会变得很小。

对于含有一个积分环节的系统，或具有两个以上积分环节的具有非自衡性质的系统，稳态放大系数 $K\to\infty$，故 $e(\infty)=0$；因此，对于这类系统，P 控制算法会使其阶跃响应的稳态误差为 0。

另外需要指出的是，比例增益 K_P 并非越大越好。过大的 K_P 会导致系统振荡，破坏系统的稳定性。

数字 PI 控制算法为：

$$u(n) = K_P\left[e(n) + \frac{T}{T_I}\sum_{i=0}^n e(i)\right] + u_0 = u_P(n) + u_I(n) + u_0 \tag{8-63}$$

式中，T_I 为积分时间，T_I 越小，则积分作用越强。通常 T_I 的范围从几秒到几十分。

积分作用的引入，有利于消除静差。但积分作用也会导致调节器的相位滞后，每增加一个积分环节就使相位滞后 90°。引入积分作用还会产生积分饱和，这些在使用中都应加以注意。

数字 PD 算法为：

$$u(n) = K_P\left[e(n) + \frac{T_D}{T}\sum_{i=0}^{n}e(i)\right] + u_0 = u_P(n) + u_D(n) + u_0 \qquad (8-64)$$

式中,T_D 为微分时间,其范围从几秒到几十分。

微分作用是按偏差的变化趋势进行控制。因此,微分作用的引入,有利于改善高阶系统的调节品质。同时微分作用会带来相位超前。每引入一个微分环节,相位就超前 $90°$,从而有利于改善系统的稳定性。但微分作用对输入信号的噪声很敏感,因此对一些噪声比较大的系统(如流量、液位控制系统),一般不引入微分作用;或在引入微分作用的同时,先对输入信号进行滤波。

另外,理想的微分作用,会由于偏差的阶跃变化而引起输出的大幅度变化,从而引起执行机构在全范围内剧烈动作,这对控制过程往往是不利的。因此对上述微分作用必须作适当的改进。

8.4.2 完全微分型 PID 控制算法

完全微分型 PID 算法又称理想算式。根据系统中所采用的执行机构和不同的控制方式,该算式可以有位置型、增量型和速度型 3 种不同的差分方程形式。

1. 位置型算式

位置型算式的输出值与执行机构的位置(例如阀门的开度)相对应,其算式为:

$$u(n) = K_P\left\{e(n) + \frac{T}{T_I}\sum_{i=0}^{n}e(i) + \frac{T_D}{T}[e(n)-e(n-1)]\right\} + u_0 \qquad (8-65)$$

2. 增量型算式

增量型算式的输出值与执行机构的变化量相对应,即是前后二次采样所计算的位置值之差。根据式(8-65)可得:

$$\begin{aligned}\Delta u(n) &= u(n) - u(n-1)\\ &= K_P\left\{[e(n)-e(n-1)] + \frac{T}{T_I}\left[\sum_{i=0}^{n}e(i) - \sum_{i=0}^{n-1}e(i)\right]\right.\\ &\quad \left. + \frac{T_D}{T}[e(n)-2e(n-1)+e(n-2)]\right\}\\ &= K_P\left\{\Delta e(n) + \frac{T}{T_I}e(n) + \frac{T_D}{T}[\Delta e(n)-\Delta e(n-1)]\right\}\end{aligned} \qquad (8-66)$$

若记 $\Delta^2 e(n) = \Delta e(n) - \Delta e(n-1)$,则上式可写成:

$$\Delta u(n) = K_P\left[\Delta e(n) + \frac{T}{T_I}e(n) + \frac{T_D}{T}\Delta^2 e(n)\right] \qquad (8-67)$$

由增量式可得位置输出值为:

$$u(n) = u(n-1) + \Delta u(n)$$

3. 速度型算式

速度型算式的输出值与执行机构位置的变化率(例如直流伺服电机的转动速度)相对应,

它是由增量型算式除以 T 得到。

$$u(n) = \frac{\Delta u(n)}{T} = \frac{K_P}{T}\left[\Delta e(n) + \frac{T}{T_I}e(n) + \frac{T_D}{T}\Delta^2 e(n)\right] \quad (8-68)$$

在位置型、增量型和速度型 3 种算式中，增量型是最基本的一种。为方便计算，该算式又可改写为：

$$\Delta u(n) = a_0 e(n) + a_1 e(n-1) + a_2 e(n-2)$$

式中：

$$a_0 = K_P\left(1 + \frac{T}{T_I} + \frac{T_D}{T}\right)$$

$$a_1 = K_P\left(1 + \frac{2T_D}{T}\right)$$

$$a_2 = K_P\frac{T_D}{T}$$

显然，按增量型 PID 算法计算 $\Delta u(n)$ 只需要保留现时刻以及以前的两个偏差值 $e(n)$、$e(n-1)$ 和 $e(n-2)$。初始化程序置初值 $e(n-1) = e(n-2) = 0$，由中断服务程序对过程变量进行采样，并根据参数 a_0、a_1、a_2 以及 $e(n)$、$e(n-1)$ 和 $e(n-2)$ 计算 $\Delta u(n)$。图 8.17 给出了完全微分增量型 PID 算法的程序流程。80C51 单片机的内存地址分配见图 8.18，所有参数均以补码形式存入。

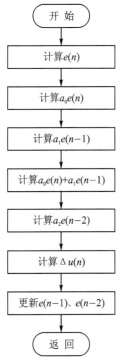

图 8.17　完全微分型 PID 算法程序流程

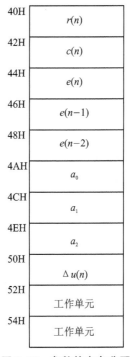

图 8.18　参数的内存分配

【例 8-6】 完全微分增量型 PID 算法程序。

设 ADD22、SUB22 和 MULT22 分别为双字节补码加、减、乘法子程序。R0、R1 为运算数据指针,结果值存 52H、53H 单元中。程序如下:

PIDC2:	MOV	R0,#40	;计算 $e(n)$,结果在 52H,53H 中
	MOV	R1,#42H	
	ACALL	SUB22	
	MOV	44H,52H	;$e(n)$ 转存于 44H,45H
	MOV	45H,53H	
	MOV	R0,#44H	;计算 $a_0 e(n)$,结果在 52H,53H 中
	MOV	R1,#4AH	
	ACALL	MULT22	
	MOV	54H,52H	;$a_0 e(n)$ 转存于 54H,55H
	MOV	55H,53H	
	MOV	R0,#46H	;计算 $a_1 e(n-1)$,结果在 52H,53H 中
	MOV	R1,#4CH	
	ACALL	MULT22	
	MOV	R0,52H	;计算 $a_0 e(n)+a_1 e(n-1)$,结果在 52H,53H 中
	MOV	R1,54H	
	ACALL	ADD22	
	MOV	54H,52H	;转存于 54H,55H
	MOV	55H,53H	
	MOV	R0,48H	;计算 $a_2 e(n-2)$,结果在 52H,53H 中
	MOV	R1,4EH	
	ACALL	MULT22	
	MOV	R0,52H	;计算 $\Delta u(n)$,结果在 52H,53H 中
	MOV	R1,54H	
	ACALL	ADD22	
	MOV	50H,52H	;转存于 50H,51H
	MOV	51H,53H	
	MOV	48H,46H	;更新 $e(n-2)$
	MOV	49H,47H	
	MOV	46H,44H	;更新 $e(n-1)$
	MOV	47H,45H	
	RET		
SUB22:	CLR	C	;减法子程序
	MOV	A,@R0	

```
SUBB    A,@R1
MOV     52H,A
INC     R0
INC     R1
MOV     A,@R0
SUBB    A,@R1
MOV     53H,A
RET
```

其余子程序略。

应该指出,不论按哪种 PID 算法求取控制量 $u(n)$(或 $\Delta u(n)$),都可能使执行机构的实际位置达到上(或下)极限,而控制量 $u(n)$ 还在增加或(减小)。另外,仪表内的控制算法总是受到一定运算字长的限制,例如对于 8 位 D/A 转换器,其控制量的最大数值就限制在 0~255 之间。大于 255 或小于 0 的控制量 $u(n)$ 是没有意义的,因此,在算法上应对 $u(n)$ 进行限幅,即:

$$u(n) = \begin{cases} u_{\min} & u(n) \leqslant u_{\min} \\ u(n) & u_{\min} < u(n) < u_{\max} \\ u_{\max} & u(n) \geqslant u_{\max} \end{cases} \quad (8-69)$$

在有些系统中,即使 $u(n)$ 在 $u_{\min}$ 与 $u_{\max}$ 范围之内,但系统的工况不允许控制量过大。此时,不仅应考虑极限位置的限幅,还要考虑相对位置的限幅。限幅值一般通过仪表键盘设定和修改。在软件上,只要用上、下限比较的方法就能实现。

8.4.3 不完全微分型 PID 控制算法

在 8.4.1 小节中已说明了完全微分(理想 D)作用对控制过程不一定有益。因此,在实际控制系统中,往往采用不完全微分型 PID 算法。不完全微分,即用实际 PD 环节来代替理想 PD 环节。这样,在偏差变化较快时,微分作用不致太强烈,且其作用可保持一段时间。在 PID 算法中,P、I 和 D 三个作用是独立的,故可在比例积分作用的基础上串接一个 $\dfrac{T_D s+1}{T_D/K_D s+1}$ 环节(K_D 为微分增益,通常取 5~10),如图 8.19 所示。

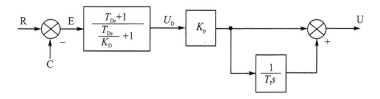

图 8.19 不完全微分型 PID 算法传递函数框图

因此不完全微分型 PID 算法的传递函数为:

$$G_c(s) = \left(\frac{T_D s + 1}{\frac{T_D}{K_D} s + 1}\right)\left(1 + \frac{1}{T_I s}\right) K_P \tag{8-70}$$

完全微分和不完全微分作用的区别可用图 8.20 来表示。引入不完全微分项后,系统的响应得到了改善。

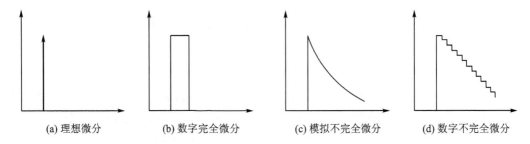

图 8.20 完全和不完全微分作用

同完全微分型一样,不完全微分型的数字 PID 算式也有位置型、增量型和速度型 3 种基本型式。下面介绍常用的增量型算式。

不完全微分的连续 PID 算式可用以下两式表示:

$$u_D(s) = \frac{T_D s + 1}{\frac{T_D}{K_D} s + 1} E(s) \tag{8-71}$$

$$u(s) = K_P\left(1 + \frac{1}{T_I s}\right) u_D(s) \tag{8-72}$$

将式(8-71)化为微分方程:

$$\frac{T_D}{K_D} \frac{du_D(t)}{dt} + u_D(t) = T_D \frac{de(t)}{dt} + e(t)$$

再将其差分并化简:

$$\frac{T_D}{K_D} \frac{u_D(n) - u_D(n-1)}{T} + u_D(n) = T_D \frac{e(n) - e(n-1)}{T} + e(n)$$

$$u_D(n) = \frac{\frac{T_D}{K_D}}{\frac{T_D}{K_D} + T} u_D(n-1) + \frac{T_D}{\frac{T_D}{K_D} + T}[e(n) - e(n-1)] + \frac{T}{\frac{T_D}{K_D} + T} e(n)$$

$$= u_D(n-1) + \frac{T_D}{\frac{T_D}{K_D} + T}[e(n) - e(n-1)] + \frac{T}{\frac{T_D}{K_D} + T}[e(n) - u_D(n-1)]$$

设 $K_{d1} = \dfrac{T_D}{\frac{T_D}{K_D} + T}$, $K_{d2} = \dfrac{T}{\frac{T_D}{K_D} + T}$,则上式可变为

$$u_D(n) = u_D(n-1) + K_{d1}[e(n) - e(n-1)] + K_{d2}[e(n) - u_D(n-1)] \quad (8-73)$$

同样,将式(8-72)化为微分方程:

$$T_I \frac{du(t)}{dt} = K_P T_I \frac{du_D(t)}{dt} + K_P u_D(t)$$

再将其差分并化简后,得:

$$T_I \frac{u(n) - u(n-1)}{T} = K_P T_I \frac{u_D(n) - u_D(n-1)}{T} + K_P u_D(n)$$

$$\Delta u(n) = K_P \frac{T}{T_I} u_D(n) + K_P [u_D(n) - u_D(n-1)] \quad (8-74)$$

将式(8-73)的 $u_D(n)$ 值代入上式,即可得到不完全微分型数字 PID 算式输出的增量值。

图 8.21 给出了不完全微分型数字 PID 算法的程序框图。

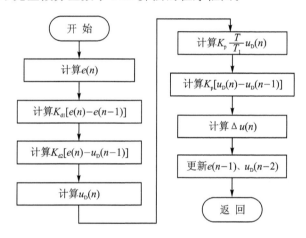

图 8.21 不完全微分型 PID 算法程序流程图

8.4.4 PID 算法的改进

1. 抗积分饱和

积分作用虽能消除控制系统的静差,但它也有一个副作用,即会引起积分饱和,确切地说是积分过量。这是由于在偏差始终存在的情况下,输出 $u(n)$ 将达到上、下极限值。此时虽然对 $u(n)$ 进行了限幅,但积分项 $u_I(n)$ 仍在累加,从而造成积分过量。当偏差方向改变后,因积分的累积值很大,超过了输出值的限幅范围,故需经过一段时间后,输出 $u(n)$ 才脱离饱和区。这样就造成调节滞后,使系统出现明显的超调,恶化调节品质。这种由积分项引起的过积分作用称为积分饱和现象。

下面介绍几种克服积分饱和的方法。

1) 积分限幅法

消除积分饱和的关键在于不能使积分项过大。积分限幅法的基本思想是当积分项输出达到输出限幅值时,即停止积分项的计算,这时积分项的输出取上一时刻的积分值。其算法流程如图 8.22 所示。

2) 积分分离法

积分分离法的基本思想是在偏差大时不进行积分,仅当偏差的绝对值小于一预定的门限值 ε 时才进行积分累积。这样既防止了偏差大时有过大的控制量,又避免了过积分现象。其算法流程如图 8.23 所示。由流程可以看出,当偏差大于门幅限值时,该算法相当于比例微分(PD)控制器,只有在门限范围内,积分部分才起作用,以消除系统静差。

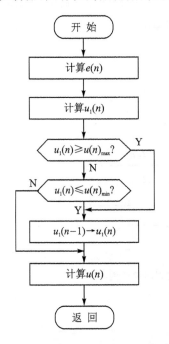

图 8.22 积分限幅 PID 算法程序流程图

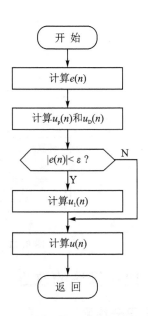

图 8.23 积分分离 PID 算法程序流程图

3) 变速积分法

积分的目的,是为了消除静差。因此要求在偏差较大时积分慢一些,作用相对弱一些;而在偏差较小时,积分快一些,作用强一些,以尽快消除静差。基于这种想法的一种算法是对积分项中的 $e(n)$ 作适当变化,即用 $e'(n)$ 来代替 $e(n)$。

$$e'(n) = f(|e(n)|) \times e(n)$$

$$f(|e(n)|) = \begin{cases} \dfrac{A-|e(n)|}{A} & |e(n)| < A \\ 0 & |e(n)| > A \end{cases} \quad (8-75)$$

式中，A 为一预定的偏差限。这种算法实际是积分分离法的改进。

2. 防止积分极限环的产生

智能化测量控制仪表具有较高的控制精度，只要系统的偏差大于其精度范围，仪表就不断改变控制量。但是为防止控制过程产生极限环（小幅度振荡），应对仪表输出增加一个限制条件，即如果 $|\Delta u| < \delta$（δ 是预先指定的一个相当小的常数，即所谓不灵敏区），则不输出。

3. 微分先行和输入滤波

微分先行是对偏差的微分改为对被控量的微分，在给定值变化时，不会产生输出的大幅度变化。而且由于被控量一般不会突变，即使给定值已发生改变，被控量也是缓慢变化的，从而不致引起微分项的突变。微分项的输出增量为：

$$\Delta u_D(n) = \frac{K_P T_D}{T}[\Delta c(n) - \Delta c(n-1)] \quad (8-76)$$

按式（8-76）求取 $\Delta u_D(n)$ 值并不困难，只是在基本 PID 算式中把求微分时的变量内容换一下而已。

克服偏差突变引起微分项输出大幅度变化的另一种方法是输入滤波。所谓输入滤波就是在计算微分项时，不是直接应用当前时刻的误差 $e(n)$，而是采用滤波值 $\bar{e}(n)$，即用过去和当前 4 个采样时刻的误差的平均值：

$$\bar{e}(n) = 1/4[e(n) + e(n-1) + e(n-2) + e(n-3)] \quad (8-77)$$

然后再通过加权求和形式近似构成微分项，即

$$\begin{aligned} u_D(n) &= \frac{K_P T_D \Delta \bar{e}(n)}{T} = \frac{K_P T_D}{4}\left[\frac{e(n)-\bar{e}(n)}{1.5T} + \frac{e(n-1)-\bar{e}(n)}{0.5T} + \right. \\ &\quad \left. \frac{e(n-2)-\bar{e}(n)}{-0.5T} + \frac{e(n-3)-\bar{e}(n)}{-1.5T}\right] \\ &= \frac{K_P T_D}{6T}[e(n) + 3e(n-1) - 3e(n-2) - e(n-3)] \end{aligned} \quad (8-78)$$

其增量式为：

$$\Delta u_D(n) = \frac{K_P T_D}{6T}[\Delta e(n) + 3\Delta e(n-1) - 3\Delta e(n-2) - \Delta e(n-3)] \quad (8-79)$$

或：

$$\Delta u_D(n) = \frac{K_P T_D}{6T}[e(n) + 2e(n-1) - 6e(n-2) + 2e(n-2) + e(n-4)] \quad (8-80)$$

复习思考题

1. 什么是算法？测量算法包括哪些主要内容？
2. 采用数字滤波算法克服随机误差具有哪些优点？
3. 试将图 8.2 所示模拟低通滤波器进行数字化，推导出公式。
4. 试分析限幅滤波和中位值滤波程序。
5. 试推导出采用算术平均值滤波后的信噪比公式并分析滤波程序。
6. 什么是仪表系统误差？应该如何来克服系统误差？
7. 参照图 8.3 和图 8.4 分析按误差模型进行校正的过程。
8. 进行非线性特性的校正时，一般有哪几种方法？
9. 试简述量程自动转换的目的和方法。
10. 试将式(8-59)所示的连续 PID 算式进行离散化。
11. 试写出完全微分型 PID 控制算式的 3 种表达式，并画出增量型算式的程序流程图。
12. 什么是积分饱和？它有哪些不良影响？有哪几种克服积分饱和的方法？

第 9 章 智能化测量控制仪表的设计方法与实例分析

设计一台智能化测量控制仪表时,应先按仪表功能要求制定出总体设计方案,并论证方案的正确性,作出初步的评价;然后分别进行硬件和软件的具体设计工作。在硬件设计方面,要选用合适的单片机和其他大规模集成电路,制成功能模板,以满足仪表的各种需要。智能化测量控制仪表与普通仪表的一个重大区别在于它的性能指标和操作功能的实现,在很大程度上取决于软件的设计。在软件设计方面,包括确定仪表的操作功能,画出仪表监控程序的总体流程,划分功能模块,按模块进行结构化程序设计。由于设计一台智能化测量控制仪表要涉及硬件和软件技术,因此设计人员应具有较为广泛的硬件和软件知识和技能,具有良好的技术素质。图 9.1 所示为智能化测量控制仪表的一般设计过程。

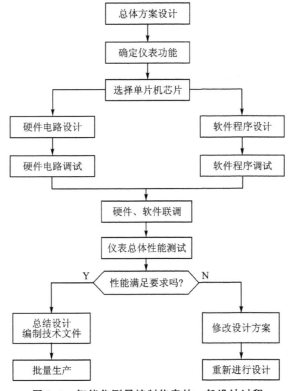

图 9.1 智能化测量控制仪表的一般设计过程

9.1 智能化测量控制仪表的总体设计

在设计一台智能化测量控制仪表时，首先要进行仪表的总体设计。一般要考虑以下几点。

1. 从整体到局部(自顶向下)的设计原则

在硬件或软件设计时，应遵循从整体到局部也即自顶向下的设计原则。它是把复杂的、难处理的问题分为若干个较简单的、容易处理的问题，再一个个地加以解决。开始时，设计人员根据仪表功能和设计要求提出仪表设计的总任务，并绘制硬件和软件总框图。然后将总任务分解成一批可以独立表征的子任务。这些子任务再向下分，直到每个低级的子任务足够简单，可以直接而且容易实现为止。这些低级子任务可用模块方法来实现，可以采用某些通用化的模块(模件)，也可作为单独的实体进行设计和调试，并对它们进行各种试验和改进，直至能够以最低的难度和最大的可靠性组成高一级的模块。将各种模块有机地集合起来便完成了原设计任务。

2. 经济性要求

为了获得较高的性能价格比，设计仪表时不应盲目地追求复杂高级的方案。在满足性能指标的前提下，应尽可能采用简单的方案。因为方案简单意味着元器件少，可靠性高，从而也就比较经济。

仪表的造价取决于研制成本和生产成本。研制成本只花费一次，就第一台样机而言，主要的花费在于系统设计、调试和软件研制，样机的硬件成本不是考虑的主要因素。当样机投入生产时，生产数量越大，每台产品的平均研制费用就越低。在这种情况下，生产成本就成为仪表造价的主要因素，显然仪表硬件成本对产品的生产成本有很大影响。如果硬件成本比较低，生产量越大，仪表的造价就越低，在市场上就有竞争力。相反，当仪表产量较小时，研制成本则决定了仪表的造价。在这种情况下，宁可多花费一些硬件开支，也要尽量降低研制经费。

在考虑仪表的经济性时，除造价外还应顾及仪表的使用成本，即使用期间的维护费、备件费、运转费、管理费和培训费等，必须综合考虑后才能看出真正的经济效果，从而作出选用方案的正确决策。

3. 可靠性要求

所谓可靠性是指产品在规定的条件下和规定的时间内完成规定功能的能力。可靠性指标除了可用完成功能的概率表示外，还可用平均无故障时间、故障率、失效率或平均寿命等来表示。

对于智能化测量控制仪表来说，无论在原理上如何先进，在功能上如何全面，在精度上如何高级，如果可靠性差，故障频繁，不能正常运行，则该仪表就没有使用价值，更谈不上生产中的经济效益。因此在仪表的设计过程中，对可靠性的考虑应贯穿于每一环节，采取各种措施提高仪表的可靠性,以保证仪表能长时间地稳定工作。

就硬件而言,仪表所用器件质量的优劣和结构工艺是影响可靠性的重要因素,故应合理地选择元器件和采用极限情况下试验的方法。所谓合理地选择元器件是指在设计时对元器件的负载、速度、功耗、工作环境等技术参数应留有一定的安全量,并对元器件进行老化和筛选。极限情况下的试验是指在研制过程中,一台样机要承受低温、高温、冲击、振动、干扰、盐雾和其他试验,以证实其对环境的适应性。为了提高仪表的可靠性,还可采用"冗余结构"的方法,即在设计时安排双重结构(主件和备用件)的硬件电路。这样当某部件发生故障时,备用件自动切入,从而保证了仪表的长期连续运行。

对软件来说,应尽可能地减少故障。如前所述,采用模块化设计方法,易于编程和调试,可减小故障率和提高软件的可靠性。同时,对软件进行全面测试也是检验错误排除故障的重要手段。与硬件类似,也要对软件进行各种"应力"试验,例如提高时钟速度、增加中断请求率、子程序的百万次重复等,一切可能的参量都必须通过可能的有害于仪表的运行来进行考验。虽然这要付出一定代价,但必须经过这些试验才能证明所设计的仪表是否合适。

随着智能化测量控制仪表在生产中的广泛应用,对仪表可靠性的要求越来越提到重要的位置上来。与此相应,可靠性的评价便不能仅仅停留在定性的概念分析上,而是应该科学地进行定量计算。进行可靠性设计,特别对较复杂的仪表尤为必要。至于如何进行可靠性设计,读者可参阅有关专著。

4. 操作和维护的要求

在仪表的硬件和软件设计时,应当考虑操作方便,尽量降低对操作人员的专业知识的要求,以便产品的推广应用。仪表的控制开关或按钮不能太多、太复杂,操作程序应简单明了,输入/输出应用十进制数表示,操作者无需专门训练便能掌握仪表的使用方法。

智能化测量控制仪表还应有很好的可维护性,为此仪表结构要规范化、模件化,并配有现场故障诊断程序。一旦发生故障,能保证有效地对故障进行定位,以便调换相应的模件,使仪表尽快地恢复正常运行。为便于现场维修,近年来广泛使用专用分析仪器。它要求在研制仪表电路板时,在有关结点上注上"特征"(通常是 4 位十六进制数字),现场诊断时就利用被检测仪表中的单片机来产生激励信号。采用这种方法进行检测(直到元器件级),可以迅速发现故障,从而使故障维修时间大为减小。

9.2 智能化测量控制仪表的硬件电路设计

9.2.1 仪表中专用单片机系统的设计

1. 单片机芯片的选择

在第 1 章已经指出,在单片机的应用领域中 8 位单片机仍将占有相当大的比重。而

80C51单片机在我国已形成主流局面,因此在选取智能化测量控制仪表中的专用单片机芯片时,80C51单片机仍将是优先考虑的机种。需要指出的是,随着新一代CMOS增强型80C51系列单片机的推出,使得8位单片机的选择范围更为扩大,从而在开发智能化测量控制仪表时就可以不仅仅限于采用80C51单片机了。

新一代80C51系列单片机是以MCS-51系列单片机为核心发展起来的。除了Intel公司之外,世界上许多大的电气商都在MCS-51系列单片机的基础上先后推出了与MCS-51系列单片机兼容的新型单片机,统称为80C51系列单片机。其中以荷兰NXP公司推出的80C51系列最为大宗,此外还有其他半导体公司推出各具特色单片机。80C51系列单片机普遍采用CMOS工艺,而且通常都能满足CMOS与TTL的兼容。CMOS工艺的一个最大特点就是其功耗低。新一代80C51系列单片机中已有低功耗、低电压的系列芯片,可以满足低功耗应用系统的需要。这种芯片的工作电压可低至1.8 V,工作频率低限扩展至32 kHz。

片内存储器的容量不断扩大,同时采用新型FLASH作为片内存储器也是当前单片机发展的一个趋势。采用FLASH作为单片机片内程序存储器的最大优点在于便于修改程序代码,目前许多厂家已经推出具有在系统编程(ISP)和在应用编程(IAP)功能的80C51单片机。同时单片机片内数据存储器的容量也在不断扩展,目前已经出现片内数据存储器容量达到1 KB以上的80C51单片机。

芯片的运行速度大为提高,目前主要措施是提高时钟频率,新一代80C51系列单片机中大多数的时钟频率已扩展至24~33 MHz,有些型号(SST89E564、DS80C320)单片机的时钟频率可高达40 MHz。另外,不同厂家还通过改进CPU时序设计,使80C51单片机可以有6种时钟模式工作,从而进一步提高运行速度。

新一代80C51系列单片机芯片内部增加了许多功能部件,例如片内A/D转换器、片内可编程计数器阵列PCA、片内PWM等。许多芯片中都集成了"看门狗"电路(Watchdog Timer),有些型号的芯片中还集成有电源监测、时钟监测电路。尤其值得一提的是NXP 80C51系列单片机中带有I^2C BUS的芯片,这种芯片的I^2C BUS可以让用户灵活方便地构成各种规模、各种功能、各种形态的单片机应用系统。

新一代80C51系列单片机的指令系统与MCS-51系列单片机的指令系统完全兼容,因此对于熟悉MCS-51单片机的人员来说不存在重新学习一套新的指令系统的问题。这对于曾经采用MCS-51系列单片机开发过智能化测量控制仪表的广大工程技术人员无疑是一大福音。

2. 存储器设计

单片机系统中最常用的存储器有只读存储器ROM和随机存取存储器RAM。只读存储器通常用来存储仪表的管理程序和常用运算子程序、常数和表格。ROM是由生产厂通过掩膜编程的,只能一次性将程序装入,以后不能更改。这种ROM价格低廉,适用于大批量生产的仪表。PROM(可编程ROM)由使用者用专用PROM写入器编程。它是标准器件,容易购买,适用于中等批量生产的仪表。EPROM(可擦去的 PROM),也是由使用者自己用专用 EPROM 写入器编程,并且以后可以用 EPROM 擦除器擦去后再次编程,使用极其方便灵活,通常在研制新产品和小批量生产时使用。随着 FLASH 片内 ROM 存储器的大量使用,今后单片机应用系统的程序存储器设计将会变得相对容易。

RAM 有静态和动态之分。静态 RAM 存储的信息可靠,不易丢失;动态 RAM 存储单元密度大,体积小,价格便宜,但容易丢失存储的内容,使用时要有一个刷新(再生)电路不断地对存储器进行刷新。不管是静态 RAM 还是动态 RAM、PROM 和 EPROM,都是标准器件,在设计时只要根据所选择的单片机存取数据的时间和仪表存储程序和数据的容量来选择。RAM 在失去电源时存储的数据会丢失,对于一些在掉电情况下必须保存的数据(例如仪表的校准参数),要设计掉电保护单元。即利用一个备用电源,当电源检测电路检测到电源发生故障(当电压降到规定值以下某一数值)时,立即自动接通备用电源(通常是电池),而在电源恢复(电压上升到某一数值)时,断开备用电源。需要时还可以采用 EEPROM 存储器。这是一种电可擦除的 EPROM 存储器,可以在线写入和擦除数据,使用十分方便,目前已经大量应用于需要掉电保护的数据存储器。

3. 输入/输出接口设计

输入/输出接口是单片机与外部设备交换信息的通道。对于智能化测量控制仪表来说,输入/输出有两方面的含意,即本地输入/输出和远地输入/输出。输入/输出接口的设计是仪表设计的主要部分,它包含有硬件和软件的设计。这里着重讨论接口的硬件电路设计。

(1) 本地输入/输出接口的设计。本地输入/输出接口是指在仪表内部的单片机外部设备(例如 A/D 转换器、输入电路,其中包括自校准电路、键盘、显示器和微型打印机等)与单片机之间的接口。单片机从测量环节(包括 A/D 转换器和输入电路)输入测量信息,从键盘输入仪表需要的各种数据和信息(如功能、量程范围等)。单片机向面板上的显示器和微型打印机输出测量的结果、仪表的工作状态等。

(2) 远地输入/输出接口的设计。远地输入/输出接口是指在仪表外部的各种设备与仪表中单片机之间的接口。常用的有 GPIB 接口、RS-232 接口等。它们是智能化测量控制仪表与外部设备进行双向通信的接口,可使智能化测量控制仪表成为一台可远地程控的仪器。

9.2.2 仪表中其他功能组件的设计

智能化测量控制仪表的实质是一个专用的单片机系统,仪表内除单片机以外的其他硬件部分均可看作是单片机的外部设备,例如测量部分、键盘、显示器和打印机等,可以分别对它们进行设计。

1. 测量部分的设计

测量部分通常由两大部分组成,即模拟测量部件和 A/D 转换器。不同的智能化测量控制仪表具有不同的模拟测量部件,例如智能化直流数字电压表的模拟测量部件就是直流电压测量组件——包括直流衰减器、前置放大器和自动量程控制等。而智能化数字多用表的模拟测量部件除直流电压测量组件外,还包括交流电压测量组件、直流电流测量组件、交流电流测量组件、电阻测量组件和基准单元组件等。这些组件分别是一些独立的模块或组件。如果已有相应的模块芯片出售,设计时只要选用合适(符合技术要求)的芯片即可。如果没有相应的模块供应,则在设计时要根据仪表的技术指标,自行设计这些组件。设计时,首先对各组件的误差进行分配,对各组件提出设计要求,接着确定各组件的原理和电路形式,分析各单元电路的误差来源和计算误差大小,其设计步骤和方法与传统仪表设计完全相同。

2. 键盘和显示器的设计

键盘是智能化测量控制仪表的重要组成部分。根据仪表的功能要求,可采用矩阵式非编码键盘,也可采用专用芯片的编码键盘。键盘都是由一些按键开关组成的,键盘的规模取决于仪表的功能,功能越多规模越大。

显示器是智能化测量控制仪表的主要输出设备。常用的显示器有两种形式,即发光二极管显示器 LED 和液晶显示器 LCD。LCD 器件的功耗低,常用于电池供电的便携式智能化测量控制仪表中,但它的亮度不如 LED。这两种显示器都有 7 段字符型显示器和点阵式显示器。7 段字符显示器的控制电路简单,价格便宜,但只能显示十进制数字和少量的英文字母和符号,主要用在功能简单的智能化测量控制仪表中作为测量结果和运算结果的输出。点阵式显示器能显示全部数字、英文字母、测量用的各种符号,甚至还可显示汉字。它一般用在较复杂的智能化测量控制仪表中,除了用来显示测量结果、运算结果之外,还可实现人-机对话,显示用户的手工编程以及操作过程,比前者有更大的优越性;但其控制电路较复杂,价格较贵。

3. 打印机接口的设计

打印输出也是智能化测量控制仪表通常具有的功能。打印机总是由专业生产厂制造,一般选用微型打印机。由于打印机的结构相互差异较大,其相应的接口电路也各不相同。在智能化测量控制仪表中常用的打印机有两种类型:即描绘式打印机和点阵式打印机。前者是用笔描绘出所需要的字符和图形,后者则是由多次打印得到的若干"点元"组成字符和图形。它们都能打印出各种数字、英文字母、符号,甚至还可以打印出一些曲线和汉字。究竟选用哪一种形式和型号打印机,完全由具体仪表的具体要求来决定。

9.2.3 仪表中硬件电路设计过程

智能化测量控制仪表的硬件电路设计步骤与仪表的复杂程度有关,不能一概而论。一般而言,硬件电路的设计过程有如下步骤:

(1) 自顶向下的设计。硬件电路设计一般也采用自顶向下的设计方法,对硬件电路作一步步细分,直到最后的单元电路是一个独立功能的模块(或组件),并提出设计方案和绘制粗略电路图。

(2) 技术评审。组织有关专家和软件设计师、结构设计师一起对上述粗略的硬件电路图进行评审,看它是否符合设计的总目标和总决策,是否与软件设计的要求相符合,对工艺结构提出的要求是否可以实现等,进而可对硬件电路设计方案作进一步修改。

(3) 设计准备工作。硬件电路设计的准备工作包括拟定工作进度计划,安排人力、工作场所及设备,订购元器件和作出经费预算等。

(4) 电路的设计与计算。根据设计要求将设计指标进一步细化,绘制详细电路图并进行参数计算。对具有重大创新部分的电路除了进行详细的分析与计算外,还要对具体电路进行多次反复试验和修改。

(5) 试验板的制作。电路的书面设计完成之后,还必须根据设计的硬件电路图制作相应的试验板,以便验证并帮助修改电路图,使之臻于完善。一般来说,制作电路试验板的主要目的是为了验证所设计电路图的正确性,因此,对于试验板上元件的安装排列及走线等工艺并不是主要考虑的问题。

(6) 试验板的调试。通过试验板的调试可以验证、修改和改进设计,并要求在硬件和软件联调开始前,查明并排除硬件电路设计中存在的缺陷;否则,将会给以后的联调带来很大的麻烦。

(7) 组装连线。电路板在初步调试和修改好试验板之后,才组装正规的连线电路板。在组装这种手布线的电路板时要仔细安排元件的位置、结构和走线。

(8) 编写调试程序。一旦对所设计的硬件电路完成安装调试后,就要设计一些调试程序或采用软件设计中的某些子程序,来对相应的硬件工作进行检查。

(9) 利用仿真器来调试电路板。当调试程序或相应子程序编完后,即可装入单片机仿真器,然后将仿真器的仿真探头插入初样电路板的单片机插座中,以代替电路板中的单片机芯片,然后开始对电路进行调试。

(10) 制作印刷电路板。待电路板调试成功后,即可制作仪表初样的印刷电路板。通常制作印刷电路板需要 3~5 周时间才能完成,设计时必须给予注意。

(11) 印刷电路板的调试。待初样印刷电路板加工完毕后,先要作一些初步的功能及逻辑检验,在肯定硬件电路能工作后再在单片机仿真器上作电路内仿真。开发系统内预先装入必要的调试程序,在印刷电路板的调试过程中一般总会发现一些硬件的问题。这时就需要一步步地调试,仔细研究虚假信号、竞争状态及其他不正常的操作,并设法加以排除,直到在调试过程中不出问题为止。

待印刷电路板调试成功后,就可进行硬件和软件的联合调试。在某些紧急设计的场合或者生产批量极小的情况下,为了缩短设计周期节省开支,往往采用现成的单片机功能模板代替仪表中的专用单片机系统,从而简化仪表的试制过程。

9.3 智能化测量控制仪表的软件设计

9.3.1 概　述

软件设计是智能化测量控制仪表设计的主要内容和重点。设计人员不仅要能够从事仪表的硬件设计，同时还必须掌握仪表软件的设计技术。通常，软件设计是先画出软件的流程图，然后根据流程图用汇编语言或高级语言进行编程。然而，当所设计的软件程序规模比较大、结构比较复杂时，要预先画出一个完整的流程图是十分困难的。

对于一个复杂而又庞大的程序，应采用结构化程序设计方法。这是一种自顶向下的编程方法，即把总的编程过程逐步细分，分化成一个个的子过程，一直分化到所导出的子过程能直接用编程语言来实现时为止。结构化程序设计是把注意力集中到编程中最容易出错的一点，即程序的逻辑结构，只要总体逻辑结构是正确的，再复杂的程序也可以按划分出来的逻辑功能模块逐个设计出来。结构化程序设计过程包括3方面的工作：

(1) 自顶向下设计，把整个设计分成多个层次，上一层的程序块可以调用下一层的程序块。

(2) 模块化编程，力求使每个模块独立，其正确与否不依赖于上一层模块，从而非常便于调试和查错。

(3) 结构化编程，即使用若干结构良好的转移和控制，而避免用任意转移(GOTO)语句，尽可能使每个程序模块都只有一个入口和一个出口。

同一程序的结构化与非结构化程序结构如图9.2所示。图9.2(a)为非结构化程序，它网状交织，条理不够分明，欲了解其运行过程不易。按照一般情况，每一程序模块能否正确运行

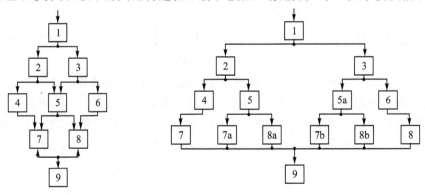

(a) 非结构化程序框图　　　　　　(b) 结构化程序框图

图 9.2　同一程序的两种结构框图

将取决于各种标志、变量等的初始化值是否正确。然而,图9.2(a)中有些模块(例如模块5)有两个入口和两个出口,于是可能发生这样的情况:由模块2进入模块5时,程序运行正常;而由模块3进入模块5时,可能会出错。因此,若预先不知道模块2和模块3是如何工作的,工作是否正常,就无法得知模块5到底能否正常工作。再看图9.2(b)所示的结构化程序,不难看出这个程序的流程与图9.2(a)完全相同;然而它显得脉络分明,很有条理,当某个模块发生故障时很容易查出故障的位置。

9.3.2 自顶向下设计

自顶向下设计的实质上是一种逐步求精的方法。自顶向下设计就是把整个问题划分为若干个大问题,每个大问题又分为若干个小问题,这样一层一层地分下去,直到最底层的每一问题都可以分别予以处理时为止。这是程序设计的一种规范化形式,也是其他科学中复杂系统的传统设计方法。例如,在智能化测量控制仪表的硬件设计中,先由总框图开始,逐层分为更细的框图,直到最后能用一个单元电路来实现的小框图为止。

软件设计中自顶向下设计的要领有以下几点:

- 对于每一个程序模块应明确规定其输入、输出和功能,不能笼统地给出说明或含糊不清的规定。
- 一旦已认定一部分问题能够纳入一个模块之内,就暂时不必再进一步去想如何具体地来实现它,即不要纠缠于编程的一些细节问题。
- 不论在哪一层次,每一个模块的具体规定(说明),不管表示方法是编码形式或是流程图形式,不要过分庞大(例如不要超出一页纸)。如果过分庞大就应该考虑作进一步细分。
- 对于数据的设计应与过程或算法的设计同样重视,在许多情况中,数据是模块之间的接口,必须予以仔细规定。

关于每一模块的详细规定,IBM公司曾提出一种所谓分层的输入、处理、输出图表,如图9.3所示。逐层划分问题,绘出结构图(图9.3(a)),列出每一模块的内容概要(图9.3(b)),然后就其中每一项内容再列出其细目(图9.3(c))。

(a) 结构图　　　(b) 模块内容概要一览表　　　(c) 每一项内容的细目

图9.3　分层输入、处理、输出图表

9.3.3 模块化和结构化编程

稍有编程经验的人都会有这样的概念：若程序中某一段落内的任何逻辑部分，可以任意更改而不影响程序的其余部分，这样的一个程序段可以看作为一个可调用的子程序，这就是一个程序模块。把整个程序按照自顶向下的设计来分层，一层一层地分下去，一直分到最下一层的每个模块能够容易地编码时为止。这就是所谓模块化编程，也就是积木式编程法。其优点是：

- 较之整个程序，单个模块易于编码，也易于调试，易于排除差错和检验、维修。
- 一个模块往往可用于整个程序的好几个地方，甚至可用于其他程序。
- 便于程序设计任务的划分，困难的模块让有经验的编程员来承担编写，较容易的模块可以给经验较少的新手来编写。此外，还可利用以前编好的程序模块。
- 遇到出错时，能够十分方便地诊断出出错的模块。

在进行模块化编程时应遵循两个原则：

- 模块的独立性，即一个模块应尽可能独立于其他模块，一个模块内部的更改不应影响其他模块。应尽量使模块只有一个入口和一个出口。
- 一个模块应具有解决一个问题的完整算法，具有容许输入值的范围和容许输出值的范围，当出错时应能给出一个出错信息。

模块化编程的优点是十分明显的，但也有一些缺点。例如，设计时常常需要多方考虑，因此常要额外多做不少工作。程序执行时往往占有较多的内存空间和需要较多的 CPU 时间，其原因一是通用化的子程序必然比专用子程序效率低一些。其次是由于模块独立性的要求，可能使相互独立的各模块中有重复的功能。此外，由于模块划分时考虑不周，容易使各模块汇编在一起时发生连接上的困难，特别是当各模块分别由几个人编程时尤为常见。

在第一章中曾经指出，结构化程序设计中有 3 种基本结构，即顺序结构、选择结构和循环结构。从理论上来说采用这 3 种基本结构可设计出任意复杂的程序。但是实际编程时可以适当地作一些扩充，例如在编制键盘监控程序时经常采用查表散转的方法，这实际上是有限地使用了任意转移(GOTO)语句。GOTO 语句是用在非结构化程序中的形式，在结构化编程中使用 GOTO 语句是一种妥协。有限地使用 GOTO 语句是允许的，即在一个小的模块内可以采用 GOTO 语句来将程序转移到模块内的任何地方，但绝对不允许利用 GOTO 语句将程序转移到该模块以外的任何地方。

9.4 智能化真有效值数字电压表实例分析

本节以一种基于 80C51 单片机的智能化真有效值数字电压表为例进行分析，以使读者了解如何综合应用前面所学的知识进行智能化测量控制仪表设计。智能化真有效值数字电压表以 80C51 单片机为核心,能够测量任意波形信号的真有效值。它具有键控或定时自动较准、手动或自动量程转换、仪表故障自检、测量数据存储等功能。还能对测量数据进行平均值、最大值、最小值、相对误差等运算处理。全部功能采用键盘输入,程序控制。

9.4.1 单片真有效值/直流转换器

美国 ADI 公司生产的集成电路真有效值/直流转换器 AD536A 可对任意波形的信号进行模拟计算而实现真有效值/直流转换。在输入信号电平大于 100 mV,±3 dB 误差时,带宽可达 2 MHz。由于设有波峰因数补偿电路,即使在波峰因数为 7 时,其误差也不超过 1%。因为生产时采用了激光微调薄膜电阻工艺,所以不加外部微调电路也能保证其额定精度。对于 AD536AK,其最大误差仅为 0.2%,AD536AJ 为 0.5%。

AD536A 的输入和输出都有完善的保护电路,输入电压允许大大超过其电源电压;而输出则有短路保护。在电源电压下降时也不影响其测量精度。

当测量电路增益,特别是测量单频参数时,往往需要用分贝输出。该器件则备有真有效值分贝输出,可直接输出其均方根值的对数值,其动态范围大于 60 dB,而 0 dB 电平则可由用户通过提供一外部参考电流设定。图 9.4 所示为 AD536A 的原理框图及引脚排列。

AD536A 的使用和连接都很方便、简单,而且相当灵活。其标准接法如图 9.5 所示。只要在它的 1 脚 V_{IN} 端输入交流或直流信号,便能在其 6 脚 V_{OUT} 端输出正比于输入信号真有效值的直流电压。

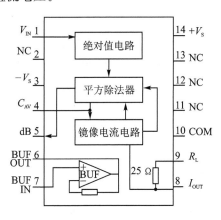

图 9.4 AD536A 原理框图及引脚排列

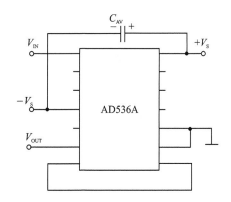

图 9.5 AD536A 基本标准用法

如果输入变化很慢的信号,AD536A 的输出将精确地跟踪输入值;输入信号频率较高时,其输出的平均值等于有效值。这时可能有两种误差:平均误差(或直流误差)和纹波误差。平均误差的大小取决于输入信号的频率和外接滤波电容 C_{AV} 的值。C_{AV} 的最小值可根据输入信号的频率通过查图 9.6 中的曲线来决定,频率越低,所取的 C_{AV} 值应越大。

在给出频率后,若 C_{AV} 取得偏小,转换后的直流误差将增大。例如要求在测量 60 Hz 信号时,其直流误差小于 0.1%,那么查图可知 C_{AV} 应大于 0.65 μF;如果误差允许为 1%,那 C_{AV} 至少要用 0.22 μF。C_{AV} 的选择不仅影响低频信号的测量精度,而且还影响输出信号的纹波大小和稳定时间。通过加大 C_{AV} 是可以减小输出纹波的,但同时使稳定时间相应加长。纹波就是输出电压中的交流成分,要减小纹波,最好的方法是在第 8 脚和第 7 脚之间加一滤波电路,参考电路如图 9.7 所示。

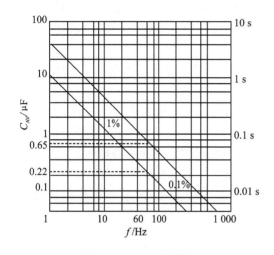

图 9.6　C_{AV}-f 曲线图

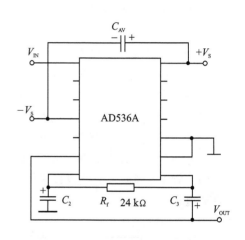

图 9.7　滤波电路

如采用一级滤波,可去掉 C_3 和 R_f,并且使 C_2 的值近似为 C_{AV} 的两倍。例如当 $C_{AV}=1$ μF,$C_2=2.2$ μF,输入 60 Hz 信号时,其纹波可从 10% 减小到 0.3%,但相应的稳定时间加长。当用两级滤波时,在不增加稳定时间的情况下,可更有效地减小纹波。因为直流误差与滤波器无关,而仅与 C_{AV} 有关,所以这时选择 C_{AV},只要考虑其直流误差即可。

AD536A 输入、输出信号电压范围取决于电源电压的高低。它们之间对应关系如图 9.8 所示。一般情况下 AD536A 要求用对称的正负电源供电,电压范围为 ±3～±18 V,正负电源分别接 $+V_S$ 和 $-V_S$ 端。除此之外它还可以工作于单电源供电方式。

AD536A 内部电路是在有效值满量程为 7 V 时整定的,如果希望提高在低量程时 AD536A 的测量精度,则可加上如图 9.9 所示外部调整电路。

由于外部偏置调整电路中 249 Ω 的 R_2 电阻是与片内 25 kΩ 电阻串联的,这将附加 1% 的标度比例系数,但这可以通过调节 R_1 等来修正。调整的步骤如下:

(1) 把输入信号 V_{IN} 端接地,调整 R_4,使第 6 脚输出电压为 0,当然也可以在 V_{IN} 端输入一

第 9 章 智能化测量控制仪表的设计方法与实例分析

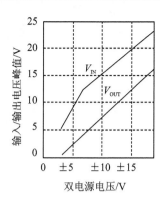
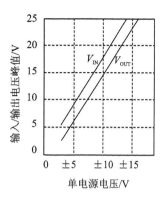

图 9.8 信号电压范围与电源电压的关系

最小设定值，调节 R_4，以得到相应的输出电压。

（2）在 V_{IN} 端输入所要求的满量程输入电平，这可以是直流信号，也可以是经校准后的交流信号（例如建议输入 1 kHz 交流信号），调整 R_1，使第 6 脚输出相应的电压值。例如，若输入 1.000 V 直流电压，应得到 1.000 V 的直流输出电压；若输入峰峰值为 ±1.000 V 的正弦波信号，就应该输出 0.7 V 直流电压。

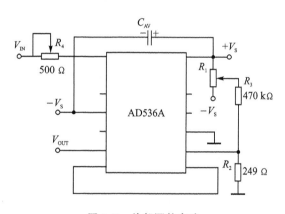

图 9.9 外部调整电路

9.4.2 仪表单元电路的工作原理

1. 输入电路及其接口

输入电路的作用是将不同量程的被测电压规范到 A/D 转换器所要求的电压值。智能化真有效值数字电压表中所采用的 A/D 转换器是单片双积分型 ADC 芯片 ICL7135，它要求输入电压为 0～2 V。仪表的输入电路由输入衰减器、前置放大器、真有效值/直流转换器、量程转换控制以及自动校准切换电路等组成。80C51 单片机通过可编程接口芯片 8155 与其接口，接口电路如图 9.10 所示。

由 9 MΩ、900 kΩ、90 kΩ 和 10 kΩ 电阻组成 1/10、1/100 及 1/1000 的衰减器。继电器 JK_1、JK_2、JK_3 全部释放时，输入信号经过 1/1000 衰减器接入放大器输入回路，此时量程为 1000 V；JK_3 吸合，JK_1、JK_2 释放时，输入信号经过 1/100 衰减器接入放大器输入回路，此时量程为 200 V；JK_3、JK_2 吸合，JK_1 释放时，输入信号经过 1/10 衰减器接入放大器输入回路，此时

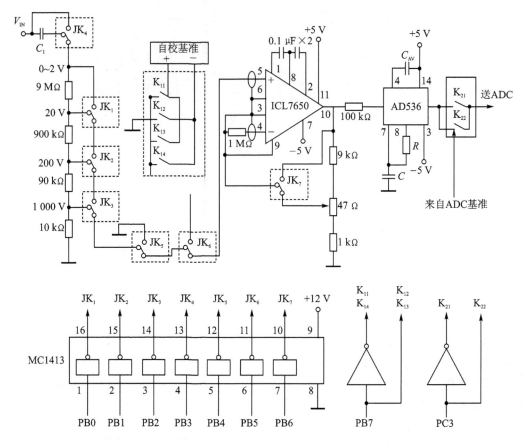

图 9.10 输入电路及其接口

量程为 20 V；JK_1、JK_2、JK_3 全部吸合时，输入信号不经过衰减器直接进入放大器输入回路，此时量程为 2 V。前置放大器采用 ICL7650 单级同相放大器，放大倍数为 1 倍或 10 倍，由继电器 JK_7 控制。在 2～1000 V 量程时 JK_7 释放，放大倍数为 1；JK_7 吸合时放大倍数为 10，这时若 JK_1、JK_2、JK_3 全部吸合，则输入信号被放大了 10 倍，量程为 0.2 V。继电器 JK_4 控制交、直流测量转换，JK_4 释放时输入信号经过隔直电容 C_1 进入前置放大器，此时为交流测量状态；JK_4 吸合时输入信号不经过电容 C_1 而直接进入前置放大器，此时为直流测量状态。JK_5 为零点校正控制，JK_5 释放时为测量状态，吸合时为零点校正状态；JK_6 为增益校正控制，释放时为测量状态，吸合时为增益校正状态；增益校正采用正负增益分别校准，校准用基准电源为一独立的高稳定度自校基准电源，由一组场效应管 K_{11}～K_{14} 交叉切换产生正负校准电源。利用继电器 JK_5、JK_6 的配合作用可以实现仪表的自动校准。采用第 8 章(8.2.1 小节)中介绍的的误差模型校正方法。考虑到直流测量时输入信号有正、负之别，因此自校基准应能提供相应的正、负校准信号。初始测量时所有继电器均为释放状态。

继电器 $JK_1 \sim JK_7$ 由 MC1413 来驱动。MC1413 的输入端与 8155 的 PB 口相联,PB7 通过一个"非"门产生控制场效应管 $K_{11} \sim K_{14}$ 的开关信号。PC3 通过一个"非"门产生控制场效应管 $K_{21} \sim K_{22}$ 的开关信号。设置场效应管 $K_{21} \sim K_{22}$ 是为了控制 ADC 是否进入自检状态。ADC 自检时 K_{21} 断开, K_{22} 接通,这时连到 A/D 转换器输入端的是其本身的基准信号。工作时将 8155 的 PA 口设置为选通输入方式以读取 A/D 转换值,PC0~PC2 为 PA 口的控制信号,将 PB 口设置为输出状态,PC3~PC5 也为输出状态,以控制继电器和场效应管的接通或关断。向 8155 的 PA 口、PB 口和 PC 口写入相应的命令字,各继电器和开关即按写入的命令字动作,从而控制输入回路进入相应的模式和量程。

2. A/D 转换器及其接口

A/D 转换器采用 4 位半高精度的双积分集成 ADC 芯片 ICL7135。它的分辨率相当于 14 位二进制数,转换误差为 ±1 LSB,输入电压范围为 0~±1.999 9 V。ICL7135 转换结果输出是动态的,因此必须通过并行接口才能与单片机连接。图 9.11 所示为其接口电路。图中 74LS157 为 4 位 2 选 1 的数据多路开关。74LS157 的 SEL 输入为低电平时,1A、2A、3A 输入信息从 1Y、2Y、3Y 输出;SEL 为高电平时,1B、2B、3B 输入信息从 1Y、2Y、3Y 输出。因此,当 ICL7135 的高位选通信号 D_5 输出为高时,万位数据 B_1 和极性、过量程、欠量程标志输入到 8155 的 PA0~PA3;当 D_5 为低电平时,ICL7135 的 B_1、B_2、B_4、B_8 输出低位的 BCD 码,此时 BCD 码数据线 B_1、B_2、B_4、B_8 输入到 8155 的 PA0~PA3。

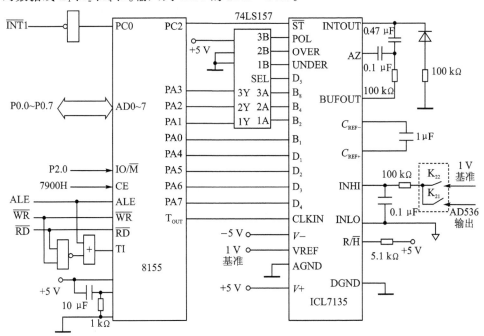

图 9.11 A/D 转换器接口电路

8155 的定时器作为方波发生器，80C51 的晶振频率取 12 MHz，8155 定时器输入时钟频率为 2 MHz，经 16 分频后，定时器输出为 125 kHz 方波，作为 ICL7135 时钟脉冲。8155 的 PA 口工作于选通输入方式，ICL7135 的数据输出选通线 STROBE 接到 8155 的 PA 口数据选通信号线 ASTB(PC2)，8155 PA 口中断请求线 AINTR(PC0) 反相后接 80C51 的 $\overline{INT1}$。当 ICL7135 完成一次 A/D 转换以后产生 5 个数据选通脉冲，分别将各位的 BCD 码结果和标志 $D_1 \sim D_4$ 打入 8155 的 PA 口。PA 口接收到一个数据后，中断标志线 AINTR(PC0) 升高，单片机 80C51 外部中断输入端变为低电平，向 CPU 请求中断。CPU 响应中断后，读取 8155 PA 口的数据。在 ICL7135 的输入端加入一对场效应管 K_{21} 和 K_{22} 是为了用软件实现 ADC 自检。自检时，K_{21} 断开，K_{22} 闭合。此时 ICL7135 的输入是其本身的基准电压 1 V，为满度值的 1/2，所以其理想输出应为满码的 1/2，即 10000。如果读出的 A/D 转换值与 10 000 相比偏差太大，则说明 ICL7135 工作失常，读出值在 9801～10199 范围内则认为工作正常。

3. 键盘显示器接口

图 9.12 所示为采用 8279 芯片组成的键盘显示器接口电路。这种接口由 8279 完成对键盘及显示器的管理，可少占用 CPU 的时间，从而使单片机能有更多的时间进行数据处理及其他的工作。图中键盘的行线接 8279 的 $RL_0 \sim RL_3$。$SL_0 \sim SL_2$ 经 74LS138(1) 译码，输出键盘的 8 条列线，$SL_0 \sim SL_2$ 又由 74LS138(2) 译码，并经 75451 驱动后，输出到各位显示器的公共阴极。$\overline{BD}$ 控制 74LS138(2) 的译码。当位切换时，$\overline{BD}$ 输出低电平，使译码器输出全为高电平。实际上仪表只用了 16 个按键，RL_2、RL_3 行线上并未接有按键。采用中断输入方式，当有键被按下时，8279 的 IRQ 端产生中断请求信号，单片机 80C51 响应中断后，读取 8279 FIFO 中的键码值。

4. 专用单片机系统

智能化真有效值数字电压表采用了 80C51 专用单片机系统，如图 9.13 所示。在 80C51 单片机外扩展了一片 EPROM 芯片 2764、一片 RAM 芯片 6264 和一片 I/O 接口芯片 8155。单片机 80C51 的 P0 口输出的低 8 位地址信号，经 74LS373 锁存后送至 2764 和 6264 的 $A_0 \sim A_7$ 端；P2 口输出的高位地址信号 P2.0～P2.4 送至 2764 和 6264 的 $A_8 \sim A_{12}$ 端。8155 的 $AD_0 \sim AD_7$ 直接连到单片机 80C51 的 P0 口，存储器和 8155 的控制信号线分别与单片机 80C51 的相应端连接。为了提高系统的抗干扰性能，译码电路采用片选法。单片机 80C51 的 P2.5、P2.6、P2.7 与双二-四译码器 74LS139 的 B、A、G 端相连，译码输出端 Y_0 连至 2764 的片选端 $\overline{CS}$；Y_1 连至 6264 的片选端 $\overline{CS}$；Y_3 和 80C51 的 P2.3、P2.4 分别连至 74LS139 的 2G、2B、2A 端，译码输出 $2Y_3$ 连至 8155 的片选端 $\overline{CS}$。从而可得各存储器及 I/O 口的地址如下：

  EPROM 2764 的 8K 地址 0000H～1FFFH
  RAM 6264 的 8K 地址   4000H～5FFFH
  8155 的命令口地址   7900H

第 9 章 智能化测量控制仪表的设计方法与实例分析

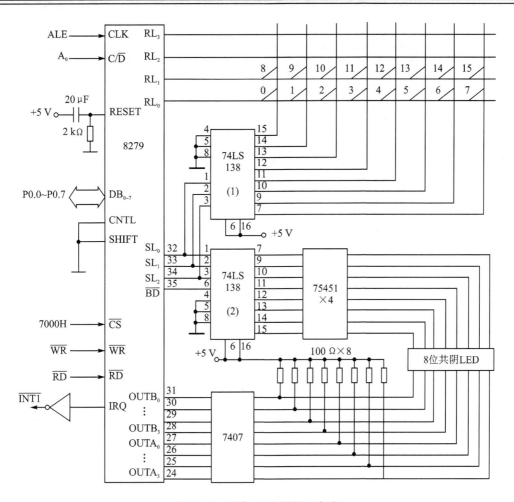

图 9.12 键盘、显示器接口电路

8155 的 PA 口地址	7901H
8155 的 PB 口地址	7902H
8155 的 PC 口地址	7903H
8155 的定时器(低)	7904H
8155 的定时器(高)	7905H
8155 的 RAM 地址	7800H～78FFH
8279 的数据口地址	7000H
8279 的命令口地址	7001H

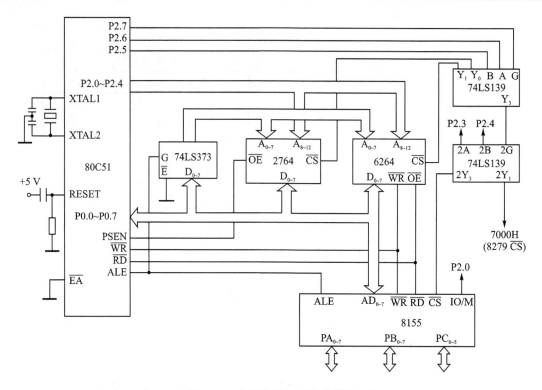

图 9.13 专用单片机系统电路图

9.5 智能化真有效值数字电压表的监控程序

监控程序又称管理程序,是用来管理整个电压表工作的。仪表的全部功能都是在硬件的支持下,由监控程序来实现的。智能化真有效值数字电压表有两种测量工作方式,即初始化测量方式和定次数测量方式。初始化测量方式是仪表上电和复位以后自动进入的一种测量方式。在这种方式下,仪表把每次的测量结果存入一个容量为 100 组测量数据的环形存储器中。当超过 100 个存储数据时,将用第 101 个数据代替第 100 个数据,第 102 个数据代替第 2 个数据等等。因此在初始化测量方式下,当测量次数超过 100 次时,仪表内部总是保存着最新的 100 个测量数据。定次数测量方式是由用户通过键盘给仪表设置一个测量次数,当设置完成并启动测量后,仪表即按照用户设定的次数将测量结果存入数据存储器中。当存储的数据个数达到用户设置的次数时,虽然测量还在继续进行,但不再把新的测量数据存入数据存储器。在这种测量方式下,仪表内总是保存着启动一次测量后与用户设定次数相等的数据量,直到下一次定次数测量启动或回到初始化测量方式。在定次数测量方式下,仪表只对所存储的数据进行数据处理,而与存满后再进行测量的数据无关。

9.5.1 仪表的键盘功能

智能化真有效值数字电压表的键盘排列和功能定义如图 9.14 所示。采用一键双义键盘，按键具有上、下两挡功能，上挡为控制功能，下挡是输入数字。

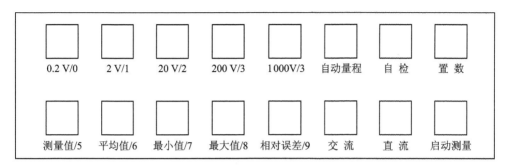

图 9.14　仪表的键盘排列和功能定义

(1) 量程控制键。量程控制有 0.2 V、2 V、20 V、200 V、1 000 V 和自动量程 6 个键，按软件互锁方式工作。当某一量程键被按下时，仪表就退出原量程进入新按下键的量程。

(2) 数据处理功能键。数据处理功能键有测量值、平均值、最大值、最小值、相对误差 5 个键，按软件互锁方式工作。仪表按照键盘选择的数据处理功能显示运算结果。

(3) 自检键。该键为软件自锁键。按下自检键，仪表停止测量并对内部电路进行一次检查，检查正常则显示 PASS 以示正常。如果检查出错则按出错部位显示 ERRn（n 为 1、2、3、4、5）。检查通过后再次按下自检键，仪表返回测量状态。在自检状态时，其余按键全部失效。

(4) 置数键。置数键为定次数测量方式中设置测量次数用，为软件自锁键。首次按下此键，仪表进入次数设置状态，把其余各键切换成下挡功能。此时利用数字键可向仪表设置次数，所置入的数字将在显示器上显示，其范围为 0～100。若设置一个 0 次数字，则仪表回到初始化测量方式。当数字设定完毕后再次按下置数键，仪表就把显示器上显示的设定数字作为定次数测量的次数存入内部存储器并退出设置状态；然后按下测量启动键仪表即按设定的次数进行一次定次数测量。

(5) 测量启动键。此键为软件无锁键，按下此键将首先启动仪表进行一次自校准，然后再按照仪表的测量方式进行测量。在初始化测量方式时，按下此键将启动一次自校准；然后即返回原有测量状态，此时并不影响原有存储数据。在定次数测量方式时，按下此键先进行一次自校准；然后按定次数测量方式进行测量，刷新数据存储区中的数据。

9.5.2 仪表的监控程序结构

智能化真有效值数字电压表的监控程序由整机初始化程序、测量主程序和键盘控制程序 3 大部分组成，键盘控制程序由键盘中断启动。整个程序采用模块化设计，其总框图如图 9.15 所示。

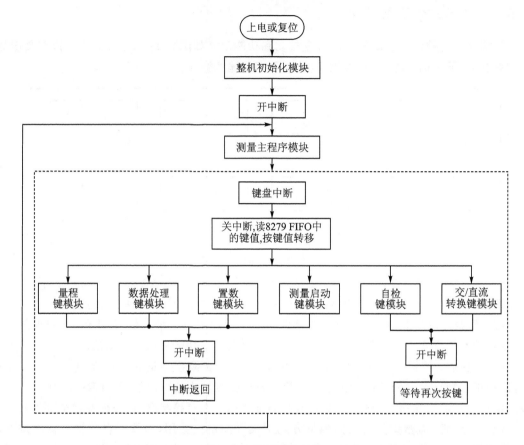

图 9.15 监控程序结构

开机或复位后,仪表首先进行整机初始化处理。监控程序的初始化模块完成仪表的硬件、软件所的初态设置,并把仪表的初始工作状态设置成:初始化测量方式,1 000 V 自动量程以及数据处理功能为"测量值功能"。在完成仪表初始工作状态设置后,还对仪表进行一次自检和自校参数的测量。整机初始化结束后,仪表进入测量主程序开始进行测量。

测量主程序首先通过调用 ADC 输入程序模块获取一个 A/D 转换结果,然后进入测量模块。当按下按键时,由键盘接口产生中断启动键盘控制程序。键盘控制程序通过读取 8279 FIFO 中的键值并按键值转移到相应键的服务程序。当该键服务结束后,退出键盘中断服务状态,同时进入测量主程序或者进入暂停状态,再次等待键盘中断,以完成需要 2 次以上按键的功能,例如手动量程设置、交流或直流测量状态转换等。

9.5.3 仪表的主要功能模块简介

1. 整机初始化程序

当仪表接通电源或总清复位后立即进入整机初始化程序,初始化模块使仪表自动处于初始测量状态:完成设置栈底;信息存储器全部清 0;预置键盘接口、ADC 接口中 8279 和 8155 的工作方式;自校计数器置初值;平均值、最大值、最小值存储单元置初值;初始化测量信息位置位;建立初始测量状态为 1000 V 自动量程,测量值显示;对仪表的主要部件进行开机自检。仪表在测取零位和增益校准参数后开放键盘中断,等待键盘操作。然后进入测量主程序。整机初始化流程图如图 9.16 所示。

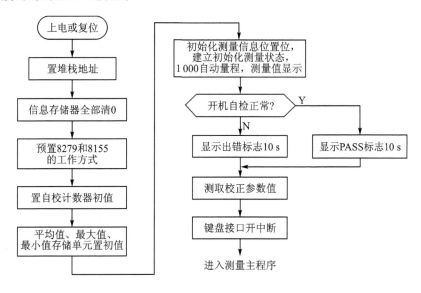

图 9.16 整机初始化程序流程图

2. ADC 输入子程序

ADC 输入子程序的功能为完成一次完整的 A/D 转换结果的输入,并送入约定的存储单元。ICL7135 A/D 转换器是通过 8155 与单片机 80C51 相连的。8155 的 PA 口工作于选通输入方式。当 7135 完成一次 A/D 转换后,产生 5 个数据选通脉冲,分别将万、千、百、十和个位的 BCD 码转换结果和标志打入 8155 的 PA 口。PA 口接收到一个数据之后,中断标志线 AINTR(PC0)升高,通过反相器使 80C51 的 $\overline{INT1}$ 端变低,产生中断请求。80C51 响应中断后读取 8155 PA 口的数据。由于 ICL 7135 的 A/D 转换是自动进行的,完成一次 A/D 转换后,选通脉冲的产生和 80C51 中断的开放是不同步的。为了保证读出数据的完整性,80C51 只对最高位(万位)的中断请求作出响应,低位数据的输入则采用查寻的方法,其流程图如图 9.17 所示。

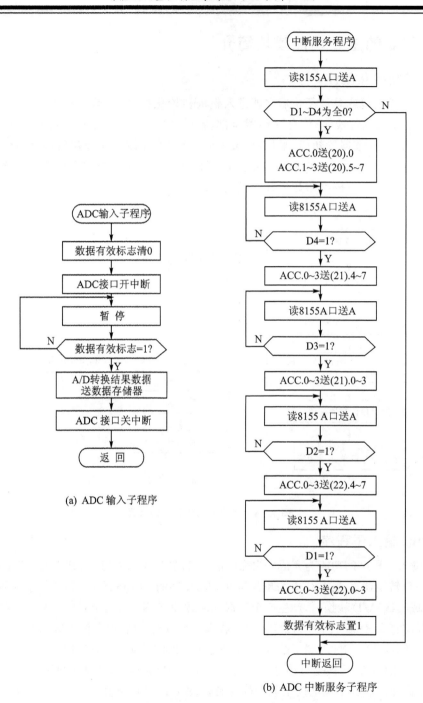

(a) ADC 输入子程序

(b) ADC 中断服务子程序

图 9.17 ADC 输入子程序流程图

当输入子程序被调用时,首先把数据有效标志清除,然后开放 ADC 接口(8155 的 PA 口)中断并进入暂停状态,等待 ADC 中断。在 8155 的中断服务程序中,将 A/D 转换结果送入 80C51 单片机内部 RAM 的 20H、21H 和 22H 单元。当一次 A/D 转换结束后,把数据有效标志置位,然后开中断返回断点。此时,由于数据有效标志为"1",ADC 输入子程序将一次 A/D 转换结束后的一个完整的数据(即 20H、21H 和 22H 单元的内容)送入约定的存储区,并关闭 ADC 接口中断,结束 ADC 输入子程序,返回原程序。由于 ADC 输入子程序独立完成一次 A/D 转换结果的输入操作,所以在其他程序模块中,若需输入 A/D 转换数据,只要使用一条调用指令,即可在约定的存储区中获取一个 A/D 转换结果,而无需考虑整个 A/D 转换器接口的工作过程。

3. 测量主程序

当程序进入主程序后,首先调用 ADC 输入子程序,在约定的输入数据存储器中得到测量结果的十进制数据。为了提高运算精度,数据处理程序采用浮点二进制运算。因此,首先把十进制输入数据转换成浮点二进制格式,并且规格化为 1 个字节的阶码、2 个字节的尾数。一个数据占用 3 个存储单元。然后调用自校准方程,消除放大器和模/数转换器的零点漂移和增益不稳定的影响。当键盘设置为自动量程时,测量程序调用自动量程选择子程序,自动完成升量程和降量程的操作。图 9.18 所示为量程自动转换流程。然后根据不同的测量方式把测量结果的浮点二进制数据存入内存数据区并进行相应的数据处理。

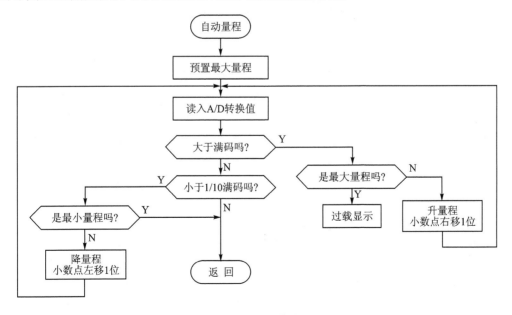

图 9.18 量程自动转换流程图

初始化测量方式时，测量数据存放在环形数据区并进行平均值、最大值、最小值实时数据处理，数据存入内存的地址为数据区首地址加测量次数乘 3（每个数据占用 3 个存储单元）。每测量一次，测量次数存储单元加 1。当测量次数为 100 时，程序将测量次数存储单元清 0，下次测量数据将从数据区首地址开始存入，这是一种软件控制的环形存储器。

定次数测量方式时，按测量启动键后使初始化测量标志复位，测量次数存储单元清 0，测量启动信息位置 1，预置测量次数存入内存单元，然后进入测量主程序。测量数据依次存入内存数据区并进行平均值、最大值、最小值的实时数据处理。每测量一次，测量次数加 1。当测量次数等于预置测量次数时，将测量启动信息位复位。此时仪表仍继续进行测量，但测量数据将不送内存数据区保留，只进行自校准运算而不进行其他的数据处理。

自校计数器设置初值为 3000，每测量一次，自校计数器减 1。当自校计数器为 0 时，再次自动测取零点、增益校准参数及重新设置自校计数器的初值，从而保证每进行 3000 次测量后插入一次自校，提高了仪表的测量准确度。

显示和输出程序按照键盘设置的量程、数据处理方式进行显示，并通过输出接口输出 BCD 码、量程、极性信息和选通信号。当数据过载时，显示闪烁的过载标志(19999)。

每次测量结束将开放键盘和 A/D 中断，返回测量主程序入口 SBA，再次调用 ADC 输入子程序，进入下次测量或等待键盘中断。测量主程序流程如图 9.19 所示。

4. 自检子程序

采用开机自检和键控自检两种方法。当进入自检程序后，首先关闭 ADC 和键盘接口的中断，存储仪器现有的测量功能和量程状态，开始自检各个部件。

首先检查读写存储器 RAM。仪表中 RAM 共有 8 KB 容量，其中 256 个字节将不进行自检，用作测量信息存储器和堆栈区。其余单元用作数据存储器，可进行自检。自检的方法采用常用的步进法，通过对每个存储单元写入和读出全"0"和全"1"信息，来检查 RAM 是否能正常地写入和读出数据。若有错误，显示 ERR1；若无错误，则对 8155 进行自检。自检时，仍是通过对 8155 内部 RAM 写入和读出的数据是否一致来判断其是否正常。当检查出错时，显示 ERR2；否则则进行下一项检测，对 ADC 的自检是通过输入电路控制接口设置 ADC 自检模式：在 ADC 输入端加上一个 1 V 的基准电压，进行一次测量(调用 ADC 输入子程序)，将测量结果与已知值(10000)进行比较。如果在已知值的±2% 内变化，即为正常；否则显示 ERR3。然后再设置输入 0 自检模式：前置放大器设置 2 V 量程，输入端接地。测量结果在±400 个码内，即为正常；否则显示 ERR4。最后设置输入基准电压自检模式：前置放大器设置 2 V 量程，输入端加一个 1 V 的基准电压，测量结果在已知值(10000)的±5% 内即为正常；否则显示 ERR5。在自检中出现错误时，出错标志显示 10 s 后自动进入下一项自检。若自检过程中全部工作正常，将显示 PASS 标志 10 s。自检结束时将自检程序开始前存储的测量功能及量程状态恢复，并将键盘接口开中断后返回。

自检子程序工作流程如图 9.20 所示。

第 9 章 智能化测量控制仪表的设计方法与实例分析

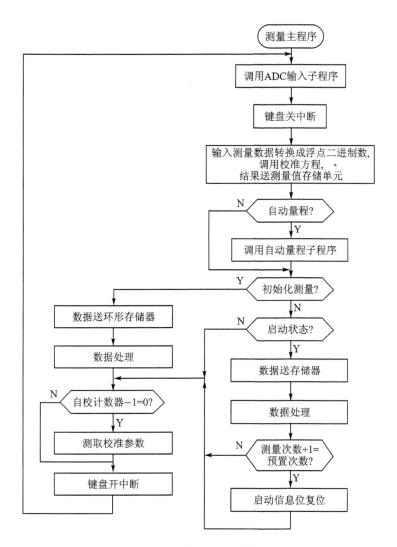

图 9.19 测量主程序流程图

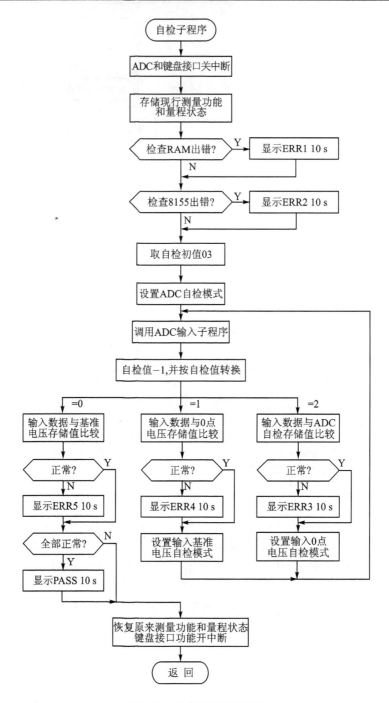

图 9.20　自检子程序流程图

复习思考题

1. 对一台智能化测量控制仪表进行总体设计时要考虑哪些因素？
2. 智能化测量控制仪表中专用单片机系统的设计要涉及哪几个方面？
3. 智能化测量控制仪表中其他功能组件的设计要涉及哪几个方面？
4. 智能化测量控制仪表的硬件电路设计有哪些步骤？
5. 智能化测量控制仪表的软件程序设计有哪些步骤？
6. 智能化真有效值数字电压表有哪些功能？它能进行哪些数据处理？
7. 试根据图 9.6 确定在测量 100 Hz 交流信号，要求直流误差小于 0.1% 时，AD536A 的外接平均电容 C_{AV} 的容值。
8. 在应用 AD536A 时为了减小输出信号中的纹波，有几种方法？它们有什么不同之处？
9. 试结合图 9.10 和图 9.18 分析智能化真有效数字电压表自动量程转换的过程。

附录 A 80C51 指令表

表 A-1～表 A-5 中所用到的符号和含义如下：

P	程序状态字寄存器 PSW 中的奇偶标志位
OV	程序状态字寄存器 PSW 中的溢出标志
AC	程序状态字寄存器 PSW 中的辅助进位标志
CY	程序状态字寄存器 PSW 中的进位标志
addr11	11 位地址
bit	位地址
rel	相对偏移量，为 8 位有符号数(补码形式)
direct	直接地址
#data	立即数
Rn	工作寄存器 Rn(n=0～7)
(Rn)	工作寄存器 Rn 的内容
A	累加器
(A)	累加器内容
Ri	i=0 或 1
(Ri)	R0 或 R1 的内容
((Ri))	R0 或 R1 指出单元的内容
X	某一个寄存器
(X)	某一个寄存器内容
((X))	某一个寄存器指出的单元内容
→	数据传送方向
⊕	逻辑"异或"
∧	逻辑"与"
∨	逻辑"或"
√	对标志产生影响
×	不影响标志

附录 A　80C51 指令表

表 A-1　算术运算指令

十六进制代码	助记符	功　能	对标志影响 P	OV	AC	CY	字节数	周期数
28～2F	ADD A,Rn	(A)+(Rn)→A	√	√	√	√	1	1
25	ADD A,direct	(A)+(direct)→A	√	√	√	√	2	1
26,27	ADD A,@Ri	(A)+((Ri))→A	√	√	√	√	1	1
24	ADD A,#data	(A)+data→A	√	√	√	√	2	1
38～3F	ADDC A,Rn	(A)+(Rn)+CY→A	√	√	√	√	1	1
35	ADDC A,direct	(A)+(direct)+CY→A	√	√	√	√	2	1
36,37	ADDC A,@Ri	(A)+((Ri))+CY→A	√	√	√	√	1	1
34	ADDC A,#data	(A)+data+CY→A	√	√	√	√	2	1
98～9F	SUBB A,Rn	(A)−(Rn)−CY→A	√	√	√	√	1	1
95	SUBB A,dirct	(A)−(direct)−CY→A	√	√	√	√	2	1
96,97	SUBB A,@Ri	(A)−((Ri))−CY→A	√	√	√	√	1	1
94	SUBB A,#data	(A)−data−CY→A	√	√	√	√	2	1
04	INC A	(A)+1→A	√	×	×	×	1	1
08～0F	INC Rn	(Rn)+1→(Rn)	×	×	×	×	1	1
05	INC direct	(direct)+1→direct	×	×	×	×	2	1
06,07	INC @Ri	((Ri))+1→(Ri)	×	×	×	×	1	1
A3	INC DPTR	(DPTR)+1→DPTR	×	×	×	×	1	2
14	DEC A	(A)−1→A	√	×	×	×	1	1
18～1F	DEC Rn	(Rn)−1→Rn	×	×	×	×	1	1
15	DEC direct	(direct)−1→direct	×	×	×	×	2	1
16,17	DEC @Ri	((Ri))−1→(Ri)	×	×	×	×	1	1
A4	MUL AB	(A)*(B)→AB	√	√	×	0	1	4
84	DIV AB	(A)/(B)→AB	√	√	×	0	1	4
D4	DA A	对(A)进行 BCD 码调整	√		√	√	1	1

表 A-2　逻辑运算指令

十六进制代码	助记符	功　能	对标志影响				字节数	周期数
			P	OV	AC	CY		
58~5F	ANL A,Rn	(A)∧(Rn)→A	√	×	×	×	1	1
55	ANL A,direct	(A)∧(direct)→A	√	×	×	×	2	1
56,57	ANL A,@Ri	(A)∧((Ri))→A	√	×	×	×	1	1
54	ANL A,#data	(A)∧data→A	√	×	×	×	2	1
52	ANL direct,A	(direct)∧(A)→direct	×	×	×	×	2	1
53	ANL direct,#data	(direct)∧data→direct	×	×	×	×	3	2
48~4F	ORL A,Rn	(A)∨(Rn)→A	√	×	×	×	1	1
45	ORL A,direct	(A)∨(direct)→A	√	×	×	×	2	1
46,47	ORL A,@Ri	(A)∨((Ri))→A	√	×	×	×	1	1
44	ORL A,#data	(A)∨data→A	√	×	×	×	2	1
42	ORL direct,A	(direct)∨(A)→direct	×	×	×	×	2	1
43	ORL direct,#data	(direct)∨data→direct	×	×	×	×	3	2
68~6F	XRL A,Rn	(A)⊕(Rn)→A	√	×	×	×	1	1
65	XRL A,direct	(A)⊕(direct)→A	√	×	×	×	2	1
66,67	XRL A,@Ri	(A)⊕((Ri))→A	√	×	×	×	1	1
64	XRL A,#data	(A)⊕data→A	√	×	×	×	2	1
62	XRL direct,A	(direct)⊕(A)→direct	×	×	×	×	2	1
63	XRL direct,#data	(direct)⊕data→direct	×	×	×	×	3	2
E4	CLR A	0→A	√	×	×	×	1	1
F4	CPL A	$\overline{(A)}$→A	×	×	×	×	1	1
23	RL A	A 循环左移 1 位	×	×	×	×	1	1
33	RLC A	A 带进位循环左移 1 位	√	×	×	√	1	1
03	RR A	A 循环右移 1 位	×	×	×	×	1	1
13	RRC A	A 带进位循环右移 1 位	√	×	×	√	1	1
C4	SWAP A	A 半字节交换	×	×	×	×	1	1

表 A-3 数据传送指令

十六进制代码	助记符	功 能	对标志影响 P	OV	AC	CY	字节数	周期数
E8~EF	MOV A,Rn	(Rn)→A	√	×	×	×	1	1
E5	MOV A,direct	(direct)→A	√	×	×	×	2	1
E6,E7	MOV A,@Ri	((Ri))→A	√	×	×	×	1	1
74	MOV A,#data	data→A	√	×	×	×	2	1
F8~FF	MOV Rn,A	(A)→Rn	×	×	×	×	1	1
A8~AF	MOV Rn,direct	(direct)→Rn	×	×	×	×	2	2
78~7F	MOV Rn,#data	data→Rn	×	×	×	×	2	1
F5	MOV direct,A	(A)→direct	×	×	×	×	2	1
88~8F	MOV direct,Rn	(Rn)→direct	×	×	×	×	2	2
85	MOV direct1,direct2	(direct2)→direct1	×	×	×	×	3	2
86,87	MOV dirrect,@Ri	((Ri))→direct	×	×	×	×	2	2
75	MOV direct,#data	data→direct	×	×	×	×	3	2
F6,F7	MOV @Ri,A	(A)→((Ri))	×	×	×	×	1	1
A6,A7	MOV @Ri,direct	(direct)→((Ri))	×	×	×	×	2	2
76,77	MOV @Ri,#data	data→((Ri))	×	×	×	×	2	1
90	MOV DPTR,#data16	data16→DPTR	×	×	×	×	3	2
93	MOVC A,@A+DPTR	((A)+(DPTR))→A	√	×	×	×	1	2
83	MOVC A,@A+PC	((A)+(PC))→A	√	×	×	×	1	2
E2,E3	MOVX A,@Ri	((Ri)+(P2))→A	√	×	×	×	1	2
E0	MOVX A,@DPTR	((DPTR))→A	√	×	×	×	1	2
F2,F3	MOVX @Ri,A	(A)→(Ri)+(P2)	×	×	×	×	1	2
F0	MOVX @DPTR,A	(A)→(DPTR)	×	×	×	×	1	2
C0	PUSH direct	(SP)+1→SP (direct)→(SP)	×	×	×	×	2	2
D0	POP direct	((SP))→direct (SP)-1→SP	×	×	×	×	2	2
C8~CF	XCH A,Rn	(A)←→(Rn)	√	×	×	×	1	1
C5	XCH A,direct	(A)←→(direct)	√	×	×	×	2	1
C6,C7	XCH A,@Ri	(A)←→((Ri))	√	×	×	×	1	1
D6,C7	XCHD A,@Ri	(A)0~3←→((Ri))0~3	√	×	×	×	1	1

表 A-4 控制转移指令

十六进制代码	助记符	功　能	对标志影响				字节数	周期数
			P	OV	AC	CY		
*1	ACALL,addr11	(PC)+2→PC,(SP)+1→SP, (PCL)→(SP),(SP)+1→SP, (PCH)→(SP),addr11→PC	×	×	×	×	2	2
12	LCALL addr16	(PC)+3→PC,(SP)+1→SP (PCL)→(SP),(SP)+1→SP, (PCH)→(SP),addr16→PC	×	×	×	×	3	2
22	RET	((SP))→PCH,(SP)−1→SP ((SP))→PCL,(SP)−1→SP	×	×	×	×	1	2
32	RETI	((SP))→PCH,(SP)−1→SP, ((SP))→PCL,(SP)−1→SP, 从中断返回	×	×	×	×	1	2
*1	AJMP addr11	PC+2→PC,addr11→PC	×	×	×	×	2	2
02	LJMP addr16	addr16→PC	×	×	×	×	3	2
80	SJMP rel	(PC)+2→PC,(PC)+rel→PC	×	×	×	×	2	2
73	JMP @A+DPTR	(A)+(DPTR)→PC	×	×	×	×	1	2
60	JZ rel	(PC)+2→PC, 若(A)=0,则(PC)+rel→PC	×	×	×	×	2	2
70	JNZ rel	(PC)+2→PC,若(A)不等0, 则(PC)+rel→PC	×	×	×	×	2	2
40	JC rel	(PC)+2→PC,若 CY=1, 则(PC)+rel→PC	×	×	×	×	2	2
50	JNC rel	(PC)+2→PC,若 CY=0, 则(PC)+rel→PC	×	×	×	×	2	2
20	JB bit,rel	(PC)+3→PC,若(bit)=1, 则(PC)+rel→PC	×	×	×	×	3	2
30	JNB bit,rel	(PC)+3→PC,若(bit)=0, 则(PC)+rel→PC	×	×	×	×	3	2

续表 A-4

十六进制代码	助记符	功 能	对标志影响 P	OV	AC	CY	字节数	周期数
10	JBC bit,rel	(PC)+3→PC,若(bit)=1,则 0→bit,(PC)+rel→PC	×	×	×	×	3	2
B5	CJNE A,direct,rel	(PC)+3→PC,若(A)不等于(direct),则(PC)+rel→PC,若(A)<(direct),则 1→CY	×	×	×	×	3	2
B4	CJNE A,#data,rel	(PC)+3→PC,若(A)不等于data,则(PC)+rel→PC,若(A)<data,则 1→CY	√	×	×	×	3	2
B8~BF	CJNE Rn,#data,rel	(PC)+3→PC,若(Rn)不等于data,则(PC)+rel→PC,若(Rn)<data,则 1→CY	√	×	×	×	3	2
B6,B7	CJNE @Ri,#data,rel	(PC)+3→PC,若((Ri))不等于data,则(PC)+rel→PC,若((Ri))<data,则 1→CY	√	×	×	×	3	2
D8~DF	DJNZ Rn,rel	(PC)+2→PC,(Rn)-1→Rn,若(Rn)不等于 0,则(PC)+rel→PC	√	×	×	×	2	2
D5	DJNZ direct,rel	(PC)+3→PC,(direct)-1→direct,若(direct)不等于 0,则(PC)+rel→PC	×	×	×	×	3	2
00	NOP	空操作	×	×	×	×	1	1

表 A-5 位操作指令

十六进制代码	助记符	功 能	对标志影响 P	OV	AC	CY	字节数	周期数
C3	CLR C	0→CY	×	×	×	√	1	1
C2	CLR bit	0→bit	×	×	×	×	2	1
D3	SETB C	1→CY	×	×	×	√	1	1

续表 A-5

十六进制代码	助记符	功　能	对标志影响				字节数	周期数
			P	OV	AC	CY		
D2	SETB bit	1→bit	×	×	×	×	2	1
B3	CPL C	$\overline{CY}$→CY	×	×	×	√	1	1
B2	CPL bit	$\overline{(bit)}$→bit	×	×	×	×	2	1
82	ANL C,bit	(CY)∧(bit)→CY	×	×	×	√	2	2
B0	ANL C,/bit	(CY)∧$\overline{(bit)}$→CY	×	×	×	√	2	2
72	ORL C,bit	(CY)∨(bit)→CY	×	×	×	√	2	2
A0	ORL C,/bit	(CY)∨$\overline{(bit)}$→CY	×	×	×	√	2	2
A2	MOV C,bit	(bit)→CY	×	×	×	√	2	1
92	MOV bit,C	CY→bit	×	×	×	×	2	2

附录 B Proteus 虚拟仿真

英国 Labcenter 公司推出的 Proteus 软件采用虚拟仿真技术,很好地解决了单片机及其外围电路的设计和协同仿真问题,可以在没有单片机实际硬件的条件下,利用个人计算机实现单片机软件和硬件同步仿真,仿真结果可以直接应用于真实设计,极大地提高了单片机应用系统的设计效率,同时也使得单片机的学习和应用开发过程变得容易和简单。Proteus 软件包提供了丰富的元器件库,可以根据不同要求设计各种单片机应用系统。Proteus 软件已有近 20 年的历史,它针对单片机应用,可以直接在基于原理图的虚拟模型上进行软件编程和虚拟仿真调试;配合虚拟示波器、逻辑分析仪等,用户能看到单片机系统运行后的输入/输出效果。

Proteus 在国外已经得到广泛使用,国内一些高校和公司也开始尝试使用该软件进行单片机教学和系统设计。在不需要专门硬件投入的前提下,利用个人计算机来学习单片机知识,比单纯从书本学习更易于接受和提高,还可以增加实际编程经验。

B.1 集成环境 ISIS

Proteus 软件包提供一种界面友好的人机交互式集成环境 ISIS,其设计功能强大,使用方便。ISIS 在 Windows 环境下运行,启动后弹出如图 B.1 所示界面,由下拉菜单、快捷工具栏、预览窗口、原理图编辑窗口、元器件列表窗口、元器件方向选择、仿真按钮组成。

下拉菜单提供如下功能选项:
- File 菜单包括常用的文件功能,如创建一个新设计、打开已有设计、保存设计、导入/导出文件、打印设计文档等。
- View 菜单包括是否显示网格、设置网格间距、缩放原理图、显示与隐藏各种工具栏等。
- Edit 菜单包括撤销/恢复操作、查找与编辑、剪切、复制、粘贴元器件、设置多个对象的层叠关系等。
- Library 菜单包括添加、创建元器件/图标、调用库管理器。
- Tools 菜单包括实时标注、实时捕捉、自动布线等。
- Design 菜单包括编辑设计属性、编辑图纸属性、进行设计注释等。
- Graph 菜单包括编辑图形、添加 Trace、仿真图形、一致性分析等。
- Source 菜单包括添加/删除源程序文件、定义代码生成工具、调用外部文本编辑器等。
- Debug 菜单包括启动调试、进行仿真、单步执行、重新排布弹出窗口等。

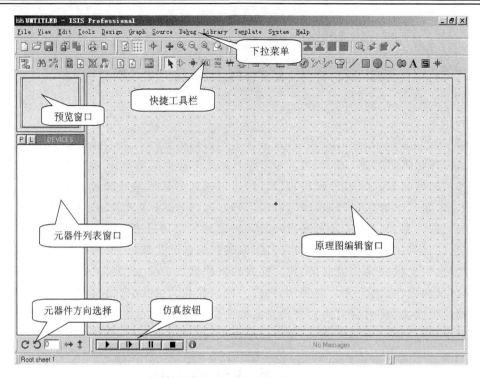

图 B.1　ISIS 环境界面

- Template 菜单包括设置图形格式、文本格式、设计颜色、节点形状等。
- System 菜单包括设置环境变量、工作路径、图纸尺寸大小、字体、快捷键等。
- Help 菜单包括版权信息，帮助文件、例程等。

快捷工具栏分为主工具栏和元器件工具栏。主工具栏包括文件工具、视图工具、编辑工具、设计工具 4 个部分，每个工具栏提供若干快捷按钮。

主工具按钮如图 B.2 所示，从左往右各按钮功能依次为：

- 新建设计；
- 打开已有设计；
- 保存设计；
- 导入文件；
- 导出文件；
- 打印设计文档；
- 标识输出区域。

图 B.2　主工具按钮

视图工具按钮如图 B.3 所示，从左往右各按钮功能依次为：

- 刷新；
- 网格开关；

- 原点；
- 选择显示中心；
- 放大；
- 缩小；
- 全图显示；
- 区域缩放。

图 B.3 视图工具按钮

编辑工具按钮如图 B.4 所示，从左往右各按钮功能依次为：

- 撤销；
- 重做；
- 剪切；
- 复制；
- 粘贴；
- 复制选中对象；
- 移动选中对象；
- 旋转选中对象；
- 删除选中对象；
- 从器件库选元器件；
- 制作器件；
- 封装工具；
- 释放元件。

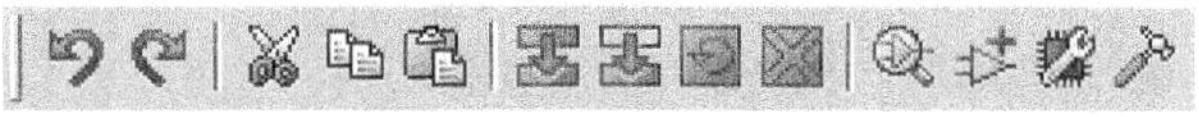

图 B.4 编辑工具按钮

设计工具按钮如图 B.5 所示，从左往右各按钮功能依次为：

- 自动布线；
- 查找；
- 属性分配工具；
- 设计浏览器；
- 新建图纸；
- 删除图纸；
- 退到上层图纸；
- 生成元件列表；
- 生成电器规则检查报告；
- 创建网络表。

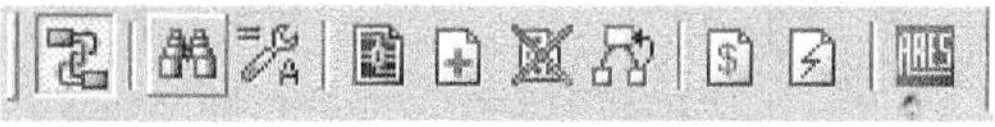

图 B.5 设计工具按钮

元器件工具栏包括方式选择、配件模型、绘制图形 3 个部分，每个工具栏提供若干快捷按钮。
方式选择按钮如图 B.6 所示，从左往右各按钮功能依次为：

- 选择即时编辑元件；

- 选择放置元件；
- 放置节点；
- 放置网络标号；
- 放置文本；
- 绘制总线；
- 放置子电路图。

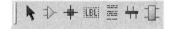

图 B.6　模型选择按钮

配件模型按钮如图 B.7 所示，从左往右各按钮功能依次为：

- 端点方式，有 V_{CC}、地、输出、输入等；
- 器件引脚方式，用于绘制各种引脚；
- 仿真图表；
- 录音机；
- 信号发生器；
- 电压探针；
- 电流探针；
- 虚拟仪表。

图 B.7　配件模型按钮

图形绘制按钮如图 B.8 所示，从左往右各按钮功能依次为：

- 绘制直线；
- 绘制方框；
- 绘制圆；
- 绘制圆弧；
- 绘制多边形；
- 编辑文本；
- 绘制符号；
- 绘制原点。

图 B.8　图形模型按钮

在元器件列表窗口下方有一个元器件方向选择栏，其按钮如图 B.9 所示，从左往右各按钮功能依次为：

- 向右旋转 90 度；
- 向左旋转 90 度；
- 水平翻转；
- 垂直翻转。

图 B.9　元器件方向选择按钮

在原理图编辑窗口下方有一个仿真工具栏，其按钮如图 B.10 所示，从左往右各按钮功能依次为：

- 全速运行；
- 单步运行；

- 暂停；
- 停止。

图 B.10　仿真工具按钮

原理图编辑窗口是用来绘制原理图的,蓝色方框内为编辑区,里面可以放置元器件和进行连线。注意,这个窗口没有滚动条,需要用预览窗口来改变原理图的可视范围,也可以用鼠标滚轮对显示内容进行缩放。

预览窗口可显示两种内容:一种是在元器件列表窗口选中某个元件时,将显示该元件的预览图;另一种是当鼠标落在原理图编辑窗口时(即放置元件到原理图编辑窗口后或在原理图编辑窗口中单击鼠标后),将显示整张原理图的缩略图,并会显示一个绿色的方框,绿色方框里面就是当前原理图编辑窗口中显示的内容,可用鼠标改变绿色方框的位置,从而改变原理图的可视范围。

B.2　绘制原理图

绘制原理图是在原理图编辑窗口中的蓝色方框内完成的,通过下拉菜单 System 中的 Set Sheet Size 选项,可以调整原理图设计页面大小。绘制原理图时首先应根据需要选取元器件,Proteus ISIS 库中提供了大量元器件原理图符号,利用 Proteus ISIS 的搜索功能可以很方便地查找需要的元器件。下面以图 B.11 为例来说明绘制原理图的方法。

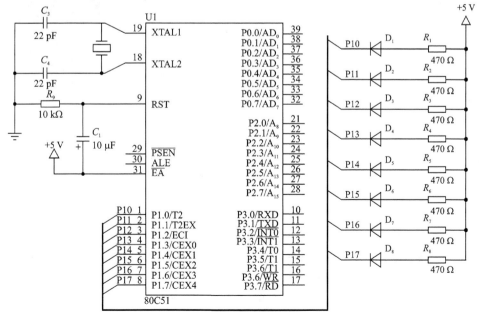

图 B.11　绘制原理图示例

首先根据需要选择器件。单击元器件列表窗口中的按钮"P",弹出如图 B.12 所示元器件选择窗口;在该窗口左上方的"Keywords"内键入 8051,窗口中间的"Results"中将显示出元器件库中所有 8051 单片机;选择其中的 80C51,窗口右上方的"80C51 Preview"将显示出 80C51 图形符号,同时显示该器件的虚拟仿真模型"VSM DLL Model(MCS8051.DLL)";单击 OK 后,选择的器件将出现在器件列表窗口。照此方法选择所有需要的元器件,如果选择的器件显示"No Simulator Model",说明该器件没有仿真模型,将不能进行虚拟仿真。

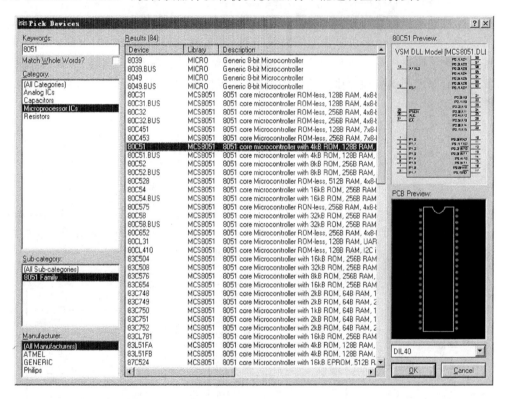

图 B.12 器件选择窗口

如果遇到库中没有的器件,就需要自己创建。通常有两种方法创建自己的元件:一种是用"PROTEUS VSM SDK"开发仿真模型,并制作元件;另一种是在已有的元件基础上进行改造。关于具体创建方法这里不做介绍,请读者查阅相关资料。

器件选择完毕后,就可以开始绘制原理图了。先用鼠标从器件选择窗口选中需要的器件,预览窗口将出现该器件的图标;再将鼠标指向编辑窗口并单击,将选中的器件放置到原理图中。放置电源和地线端时,要从配件模型按钮栏中选取。

在两个器件之间进行连线的方式很简单,先将鼠标指向第 1 个器件的连接点并单击,再将鼠标移到另一个器件的连接点并单击,这两个点就被连接在一起。对于相隔较远,直接连线不方便的器件,可以用标号的方式进行连接,如图 B.11 中发光二极管 $D_1 \sim D_8$ 与 80C51 单片机 P1.0~P1.7 各口线之间就是通过标号相连的。

注意:这里使用总线方式标明了连接点,但真正起作用的是标号,而总线只是一个标示符号而已。

在编辑窗口中绘制原理图的一般操作总结如下:用左键放置元件,右键选择元件,双击右键删除元件,右键拖选多个元件,先右键后左键编辑元件属性,先右键后左键拖动元件,连线用左键,删除用右键,中键缩放整个原理图。

原理图绘制完成后,给单片机添加应用程序,就可以进行虚拟仿真调试。先用鼠标右击选中 80C51 单片机,再单击则弹出如图 B.13 所示器件编辑窗口。

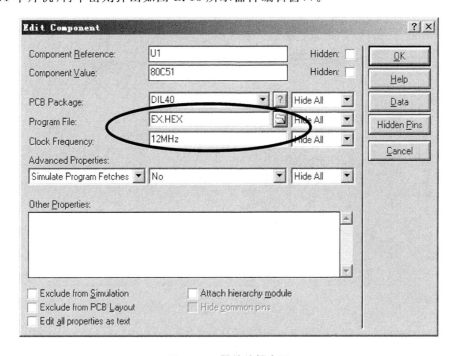

图 B.13 器件编辑窗口

在器件编辑窗口"Program File"中单击文件夹浏览按钮 ,找到需要仿真的 HEX 文件,单击确定按钮完成添加文件;在"Clock Frequency"中把频率改为 12 MHz,单击 OK 退出。这时单击仿真工具栏中"全速运行"按钮即可开始进行虚拟仿真。为了直观看到仿真过程,还可以在原理图中添加一些虚拟仪表,可用的虚拟仪表有:电压表、电流表、虚拟示波器、逻辑分析仪、计数器定时器、虚拟终端、虚拟信号发生器、序列发生器、I^2C 调试器、SPI 调试器等。

B.3　创建汇编语言源代码仿真文件

Proteus 虚拟仿真系统将汇编语言源代码的编辑与编译整合在同一设计环境中,使用户可以在设计中直接编辑汇编语言源程序和生成仿真代码,并且很容易查看源程序经过修改之后对仿真结果的影响。Proteus 软件包自带多种汇编语言工具,生成汇编语言源程序仿真代码十分方便。使用时先要设置代码生成工具,单击 Source 下拉菜单中"Define Code Generation Tools"选项,弹出如图 B.14 所示定义代码生成工具窗口。

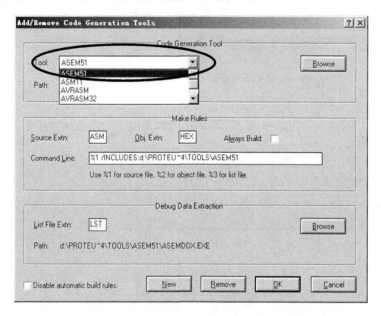

图 B.14　定义代码生成工具窗口

在"Code Generation Tool"的 Tool 下拉列表框内选择 ASEM51,设定 80C51 单片机汇编工具;在"Make Rules"的"Source Extn"下拉列表框内选择 ASM,在 Obj Extn 下拉列表框内选择 HEX,设定源程序扩展名和目标代码扩展名;在"Debug Data Extraction"的"List File Extn"下拉列表框内选择 LST,设定列表文件扩展名。设置完成后单击 OK 按钮退出。

接着要添加源程序文件,单击 Source 下拉菜单中"Add/Remove Source File"选项,弹出如图 B.15 所示添加/删除源程序文件窗口,在"Code Generation Tool"内选择 ASEM51,再单击 New 按钮,弹出如图 B.16 所示源程序文件查找窗口,在"查找范围"内选中源程序文件的保存文件夹,同时在"文件名"中输入源程序名。如果该源程序文件已经存在,单击"打开"按钮即完成源程序文件的添加;如果该源程序文件不存在,单击"打开"按钮后将弹出如图 B.17 所示提示对话框,询问是否创建该文件,单击"是"按钮即在选择的文件夹内创建一个新文件。文件添加完成后再单击 Source，可以看到源程序文件已经位于下拉菜单中，如图 B.18 所示，此时可以直接单击文件名将其打开进行编辑或修改。

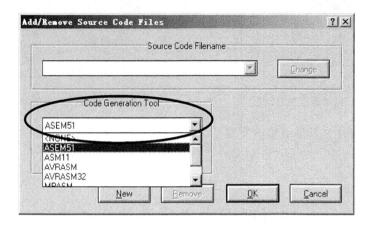

图 B.15　添加/删除源程序文件窗口

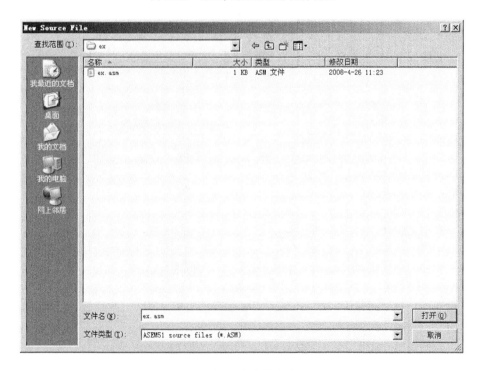

图 B.16　源程序文件查找窗口

图 B.17　创建源程序对话框

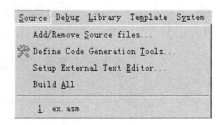
图 B.18　源程序文件被添加到 Source 菜单

已添加的源程序文件编辑修改完成后,单击 Source 菜单中的"Build All"选项,对文件进行汇编链接,生成可执行的十六进制文件(.HEX)、列表文件(.LST)以及源代码仿真调试文件(.SDI)。

B.4　在原理图中进行源代码仿真调试

按照图 B.13 所示方法将生成的 HEX 文件添加到电路原理图的 80C51 单片机中,即可进行源代码仿真调试。单击仿真工具中的"运行"按钮,启动程序全速运行,可以查看单片机系统运行结果;也可以先单击仿真工具中的"暂停"按钮,再单击 Debug 下拉菜单中的"6. 8051 CPU Source Code"选项,弹出如图 B.19 所示源代码调试窗口。

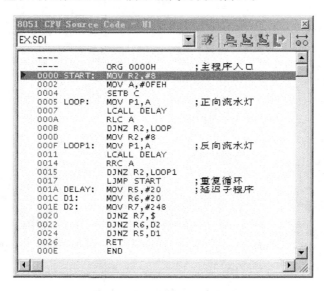

图 B.19　源代码调试窗口

源代码调试窗口右上角提供如下一些调试按钮。

- 全速运行(Run)。启动程序全速运行。
- 单步运行(Step Over)。执行子程序调用指令时,将整个子程序一次执行完。
- 跟踪运行(Step Into)。遇到子程序调用指令时,跟踪进入子程序内部运行。
- 跳出运行(Step Out)。将整个子程序运行完成,并返回到主程序。
- 运行到光标处(Run To)。从当前指令运行到光标所在位置。
- 设置断点(Toggle Breakpoint)。将光标所在位置设置一个断点。

将鼠标指向源代码调试窗口并右击,弹出如图 B.20 所示右键快捷菜单,提供如下功能选项:

- Goto Line 单击该选项,在弹出的对话框中输入源程序代码的行号,光标立即跳转到指定行。
- Goto Address 单击该选项,在弹出的对话框中输入源程序代码的地址,光标立即跳转到指定地址处。
- Find 单击该选项,在弹出的对话框中输入希望查找的文本字符,将在源代码调试窗口从当前光标所在位置开始查找指定的字符。

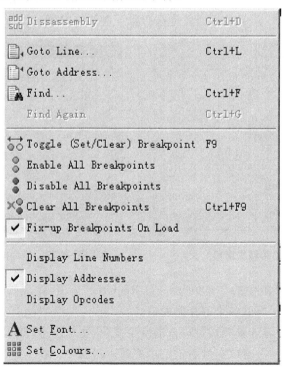

图 B.20 源代码调试窗口中的右键菜单

- Find Again　将重复上次查找内容。
- Toggle (Set/Clear) Breakpoint　在光标所在处设置或删除断点。
- Enable All Breakpoints　允许所有断点。
- Disable All Breakpoints　禁止所有断点。
- Clear All Breakpoints　清除所有断点。
- Fix-up All Breakpoints On Load　装入时修复断点。
- Display Line Numbers　显示行号。
- Display Addresses　显示地址。
- Display Opcodes　显示操作码。
- Set Font　单击该选项,在弹出的对话框中设置源代码调试窗口中显示字符的字体。
- Set Colours　单击该选项,在弹出的对话框中设置弹出窗口的颜色。

在 Proteus 中进行源代码调试时,Debug 下拉菜单提供了多种弹出式窗口,给调试过程带来了许多方便。单击 Debug 下拉菜单中的"5. 8051 CPU Internal(IDATA) Memory"选项,弹出如图 B.21 所示 8051 单片机片内存储器窗口,其中显示当前片内存储器的内容。

单击 Debug 下拉菜单中的"4. 8051 CPU SFR Memory"选项,弹出如图 B.22 所示 8051 单片机 SFR 存储器窗口,其中显示当前特殊功能寄存器的内容。

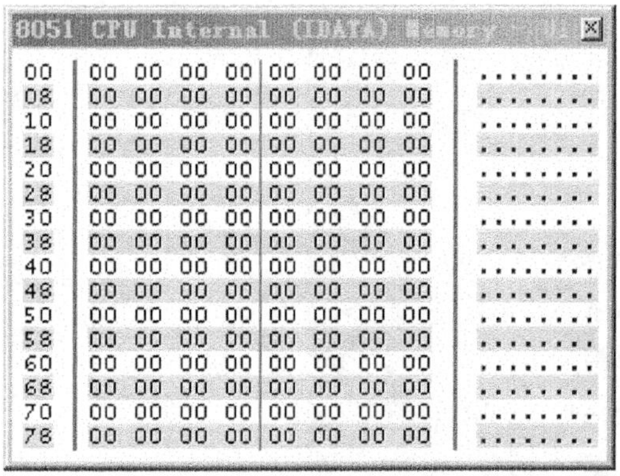

图 B.21　片内存储器窗口 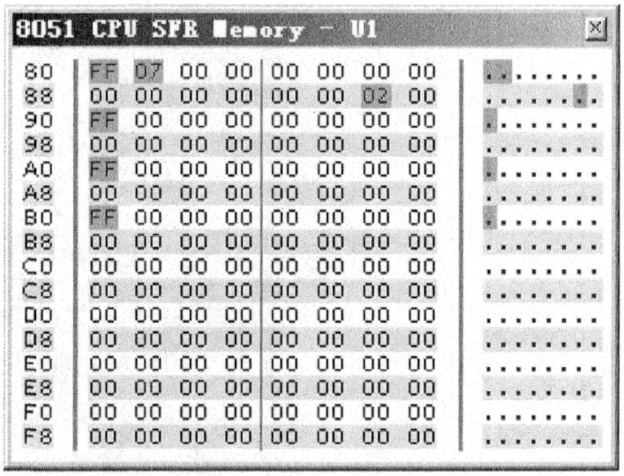　　　　图 B.22　单片机 SFR 存储器窗口

单击 Debug 下拉菜单中的"3. 8051 CPU Register"选项,弹出如图 B.23 所示 8051 单片机寄存器窗口,其中显示当前各个寄存器的值。

上述各个窗口的内容随着调试过程自动发生变化,在单步运行时,发生改变的值会高亮显示,显示格式可以通过相应窗口提供右键菜单选项进行调整。在全速运行时,上述各窗口将自动隐藏。

单击 Debug 下拉菜单中的"2. Watch Window"选项,弹出如图 B.24 所示观测窗口。观测窗口即使在全速运行期间也将保持实时显示,因此可以在观测窗口中添加一些项目,以便于程序调试期间进行察看。添加项目可以通过观测窗口中的右键菜单实现,也可以先在图 B.21 或图 B.22 中单击标记希望进行观测的存储器单元,然后将其直接拖到观测窗口中。

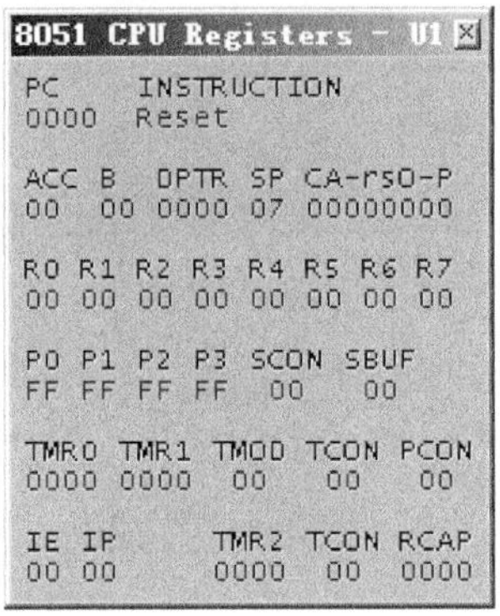

图 B.23 8051 寄存器窗口

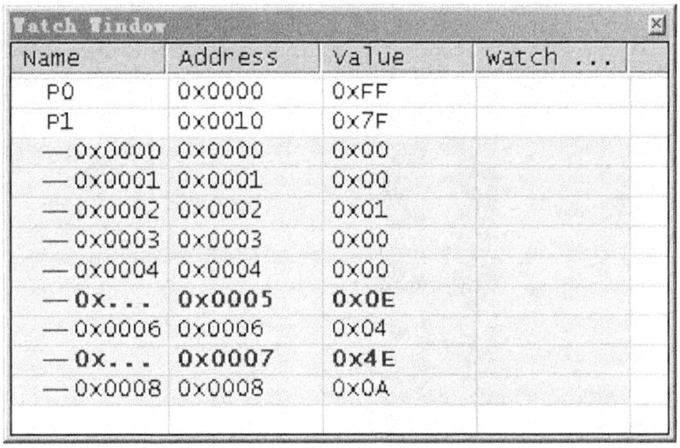

图 B.24 观测窗口

B.5 原理图与 Keil 环境联机仿真调试

德国 Keil Software 公司多年来致力于单片机 C 语言编译器的研究,该公司开发的 Keil C51 是一种专为 80C51 单片机设计的高效率 C 语言编译器,符合 ANSI 标准,生成的程序代码运行速度极高,所需要的存储器空间极小,完全可以和汇编语言相媲美。目前 Keil 公司推出的 C51 编译器,已被完全集成到一个功能强大的全新集成开发环境 μVision3 中,包括项目管理、程序编译、链接定位等,并且还可以通过专门驱动软件(Proteus VSM Keil Debugger Driver)与 Proteus 原理图进行联机仿真,为单片机的开发带来极大的方便。驱动软件可以到 labcenter 网站免费下载。下面通过一个简单实例说明采用 Keil 环境编写单片机 C 语言程序以及与 Proteus 原理图进行联机仿真调试的步骤。

启动 μVision3 后,选择 Project→New Project,在弹出的对话框窗口中输入项目文件名 max,选择合适的保存路径并单击"保存"按钮,创建一个文件名为 max.uv2 的新项目文件,如图 B.25 所示。

项目名保存完毕后将弹出如图 B.26 所示器件数据库对话框窗口,根据需要选择 CPU 器件:Atmel 公司的 AT89C51。

创建新项目后,会自动包含一个默认的目标 Target 1 和文件组 Source Group 1。用户可以给项目添加其他文件组以及文件组中的的源程序文件。选择 File→New,从打开的编辑窗口中输入例 B-1 的 C51 源程序。

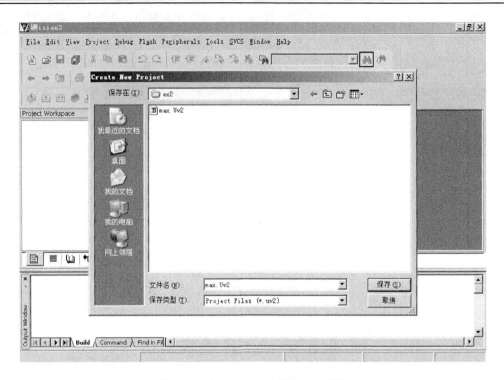

图 B.25 在 μVision3 中新建一个项目

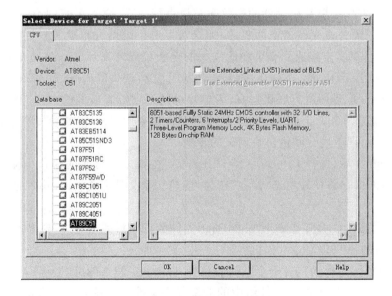

图 B.26 为项目选择 CPU 器件

【例 B-1】 求两个输入数据中较大者的 C51 源程序。

```c
#include <reg51.h>                                    // 预处理命令
#include <stdio.h>
#define uint unsigned int

uint max (uint x,uint y);                             // 功能函数 max 说明

main() {                                              // 主函数
    uint a,A,c;                                       // 主函数的内部变量类型说明
    SCON=0x52; TMOD=0x20;                             // 串行口、定时器初始化
    PCON=0x80; TH1=0x0F3;                             // $f_{osc}=12\ MHz$,波特率=4 800
    TL1=0x0F3; TCON=0x69;
    printf ( "\n Please enter two numbers: \n\n");   // 输出提示符
    scanf ("%d   %d",&a,&A);                          // 输入变量 a 和 b 的值
    c= max (a,A);                                     // 调用 max 函数
    printf ( " \n max = %u \n ",c);                   // 输出较大数据的值
    while(1);
}                                                     // 主程序结束

uint max (uint x,   uint y) {                         // 定义 max 函数,x,y 为形式参数
    if ( x > y)   return (x);                         // 将计算得到的最大值返回到调用处
    else   return(y);
}                                                     // max 函数结束
```

程序输入完成后,保存为扩展名为 .C 的源程序文件,保存路径一般与项目文件相同。然后将鼠标指向 Files 中的"Source Group 1"文件组并右击,从弹出的右键快捷菜单中选择"Add Files to Group 'Source Group 1'"选项,将刚才保存的源程序文件 max.c 添加到项目中去。

接下来需要对项目进行必要的配置。选择 Project→Options for Target,弹出如图 B.27 所示窗口。这是一个十分重要的窗口,包括 Device、Target、Output、Listing、C51、A51、Bl51 Locate、BL51 Misc 和 Debug 等多个选项卡,其中一些选项可以直接用默认值,也可进行适当调整。图 B.27 所示为 Target 配置选项卡,用于设定目标硬件系统的时钟频率 Xtal 为 12.0 MHz、编译器的存储器模式为 SMALL(C51 程序中局部变量位于片内数据存储器 DATA 空间)、程序存储器 ROM 空间设为 LARGE(使用 64 KB 程序存储器)、不采用实时操作系统、不采用代码分组设计。

图 B.28 所示为 Output 配置选项卡,用于设定当前项目在编译链接之后生成的可执行代码文件,默认为与项目文件同名,也可以指定为其他文件名,存放在当前项目文件所在的目录

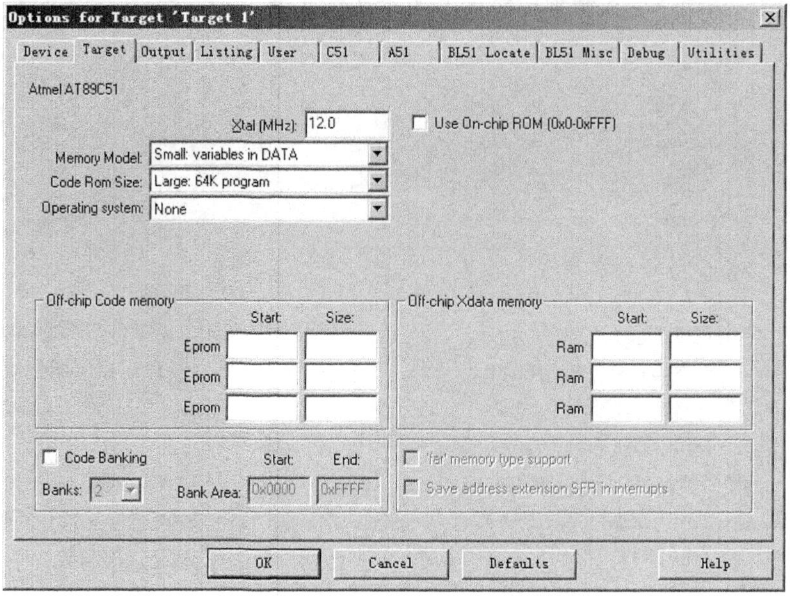

图 B.27 Target 配置选项卡

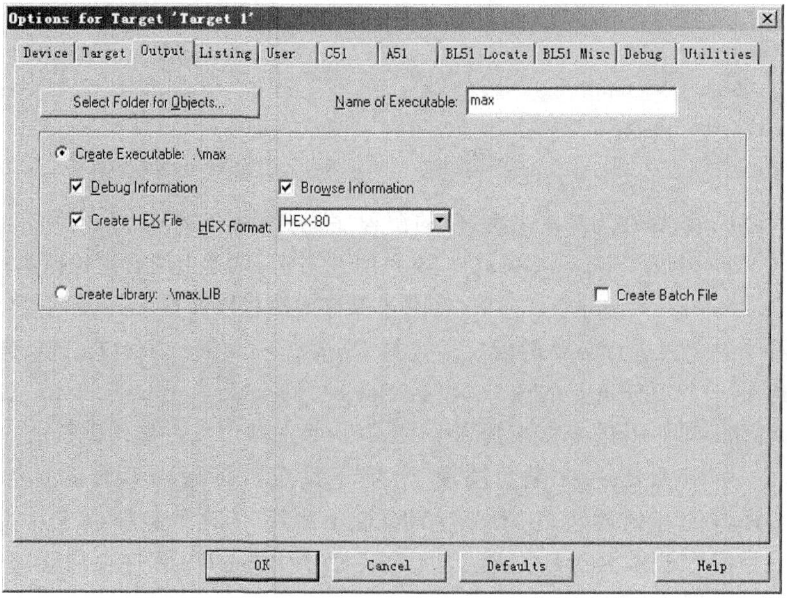

图 B.28 Output 配置选项卡

中,也可以单击"Select Folder For Objects"来指定文件的目录路径。选中复选框"Debug Information",将在输出文件中包含进行源程序调试的符号信息。选中复选框"Browse Information",将在输出文件中包含源程序浏览信息。选中复选框"Create HEX File",表示除了生成可执行代码文件之外,还将生成一个 HEX 文件。

图 B.29 所示为 Debug 配置选项卡,用于设定 μVision3 调试选项。单击选项卡右上部复选框 User,通过文本框中的箭头,选择其中的"Proteus VSM Simulator";再单击右边的按钮 Settings,弹出如图 B.30 所示通信配置选项卡。需要注意的是,用户的 Windows 系统中必须安装 TCP/IP 协议,才能保证 Proteus 与 Keil 正常通信。

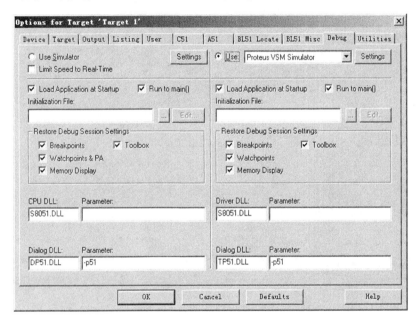

图 B.29　Debug 配置选项卡

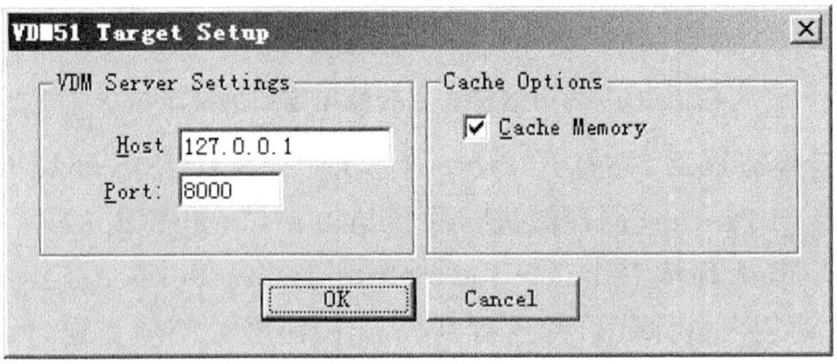

图 B.30　Debug 通信配置选项卡

单击图 B.29 选项卡中"Load Application at Start"和"Go till main()"复选框,可以在启动仿真时自动装入应用程序目标代码并运行到 main()函数处。在"Restore Debug Session Settings"栏中有 4 个复选框:Breafpoints、Watchpoints & PA、Memery Display 和 Toolbox,分别用于在启动 Debug 调试器时自动恢复上次调试过程中所设置的断点、观察点与性能分析器、存储器和工具盒的显示状态。如果在编辑源程序文件时就设置了断点并希望在启动 Debug 仿真调试时能够使用,则应该选中这些复选框。

完成上述基本选项配置之后,将鼠标指向项目窗口中的文件 max.c 并右击,从弹出的右键菜单中单击"Build target"选项,μVision3 将按以上选项配置,自动完成对当前项目中的编译链接,并在输出窗口中显示提示信息,如图 B.31 所示。

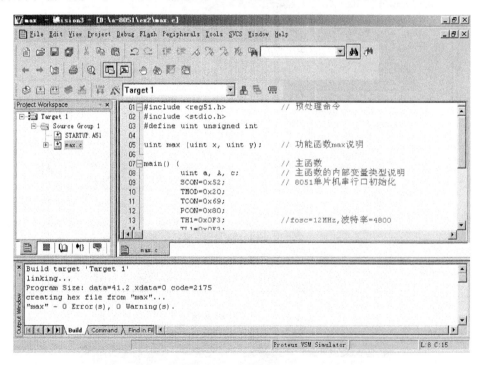

图 B.31　编译链接完成后输出窗口的提示信息

C51 程序编译链接完成后,先打开 Proteus 原理图,选择 ISIS 环境 Debug→Use Remote Debug Monitor,准备与 Protues 原理图进行联机仿真调试,如图 B.32 所示。

然后再选择 μVision3 环境 Debug→Start→Stop Debug Session,启动 μVision3 与 Proteus 联机,联机成功后自动装入目标代码并运行到 main()函数处。项目窗口切换到 Regs 标签页,显示调试过程中单片机内部工作寄存器 R0～R7、累加器 A、堆栈指针 SP、数据指针 DPTR、程序计数器 PC 以及程序状态字 PSW 等的值,如图 B.33 所示。

附录 B　Proteus 虚拟仿真

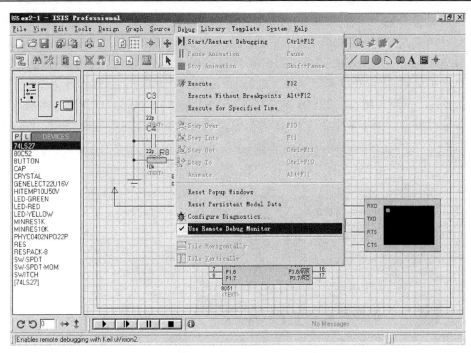

图 B.32　准备与 Protues 原理图进行联机仿真

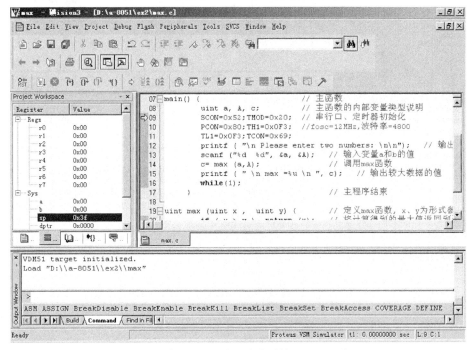

图 B.33　与 Proteus 联机成功后的 μVision3 窗口

联机仿真状态下,可以直接在 μVision3 环境中进行程序调试,同时通过 Proteus 原理图观察程序运行结果。对于本例而言,程序中采用 scanf() 和 printf() 函数所进行的输入/输出操作是通过单片机串行口实现的,为此在 Proteus 原理图中 80C51 单片机的串行端口引脚上链接了一个虚拟终端,用以观察运行结果。选择 μVision3 环境 Debug→Go,启动程序全速运行,然后进入 Proteus 原理图;选择 ISIS 环境 Debug→Virtual Terminal,打开虚拟终端窗口,将鼠标指向该窗口并输入两个数字 123 和 456 后回车,即可看到程序运行结果,如图 B.34 所示。

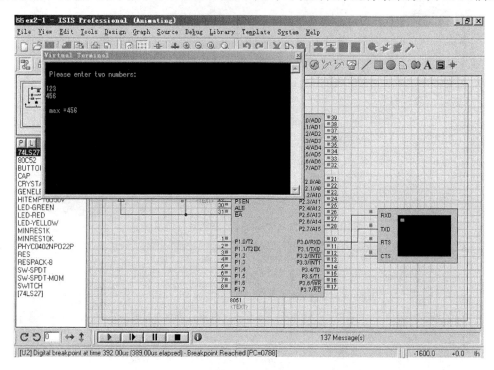

图 B.34　在 Proteus 原理图中观察程序运行结果

μVision3 与 Proteus 原理图联机仿真调试的功能十分完善,除了全速运行之外还可以进行单步、设置断点、运行到光标指定位置等多种操作,调试过程中可同时在 μVision3 环境与 ISIS 环境中观察局部变量以及用户设置的观察点状态、存储器状态、片内集成外围功能状态等,非常方便。关于 μVision3 的详细介绍请参阅《Keil Cx51 V7 单片机高级语言编程与 μVision2 应用实践(第 2 版)》。

附录C 常用集成电路芯片的引脚排列图

8031/8051/8751

*T2/P1.0	1		40	V_{CC}
*T2EX/P1.1	2		39	P0.0
P1.2	3		38	P0.1
P1.3	4		37	P0.2
P1.4	5		36	P0.3
P1.5	6		35	P0.4
P1.6	7		34	P0.5
P1.7	8		33	P0.6
RST/VPD	9		32	P0.7
RXD/P3.0	10		31	$\overline{EA}/V_{DD}$
TXD/P3.1	11		30	ALE/$\overline{PROG}$
INT0/P3.1	12		29	$\overline{PSEN}$
INT1/P3.3	13		28	P2.7
T0/P3.4	14		27	P2.6
T1/P3.5	15		26	P2.5
$\overline{WR}$/P3.6	16		25	P2.4
$\overline{RD}$/P3.7	17		24	P2.3
XTAL2	18		23	P2.2
XTAL1	19		22	P2.1
V_{SS}	20		21	P2.0

8155

PC_3	1		40	V_{CC}
PC_4	2		39	PC_2
TIMERIN	3		38	PC_1
RESET	4		37	PC_0
PC_5	5		36	PB_7
$\overline{TIMEROUT}$	6		35	PB_6
IO/$\overline{M}$	7		34	PB_5
$\overline{CM}$	8		33	PB_4
$\overline{RD}$	9		32	PB_3
$\overline{WR}$	10		31	PB_2
ALE	11		30	PB_1
AD_0	12		29	PB_0
AD_1	13		28	PA_7
AD_2	14		27	PA_6
AD_3	15		26	PA_5
AD_4	16		25	PA_4
AD_5	17		24	PA_3
AD_6	18		23	PA_2
AD_7	19		22	PA_1
GND	20		21	PA_0

8279

RL_2	1		40	V_{CC}
RL_3	2		39	RL_1
CLK	3		38	RL_0
IRQ	4		37	CNTL/STB
RL_4	5		36	SHIFT
RL_5	6		35	SL_3
RL_6	7		34	SL_2
RL_7	8		33	SL_1
RESET	9		32	SL_0
$\overline{RD}$	10		31	$OUTB_0$
$\overline{WR}$	11		30	$OUTB_1$
DB_0	12		29	$OUTB_2$
DB_1	13		28	$OUTB_3$
DB_2	14		27	$OUTA_0$
DB_3	15		26	$OUTA_1$
DB_4	16		25	$OUTA_2$
DB_5	17		24	$OUTA_3$
DB_6	18		23	$\overline{BD}$
DB_7	19		22	$\overline{CS}$
GND	20		21	A_0

8255

PA_3	1		40	PA_4
PA_2	2		39	PA_5
PA_1	3		38	PA_6
PA_0	4		37	PA_7
$\overline{RD}$	5		36	$\overline{WR}$
$\overline{CS}$	6		35	RESET
GND	7		34	D_0
A_1	8		33	D_1
A_0	9		32	D_2
PC_7	10		31	D_3
PC_6	11		30	D_4
PC_5	12		29	D_5
PC_4	13		28	D_6
PC_3	14		27	D_7
PC_2	15		26	V_{CC}
PC_1	16		25	PB_7
PC_0	17		24	PB_6
PB_0	18		23	PB_5
PB_1	19		22	PB_4
PB_2	20		21	PB_3

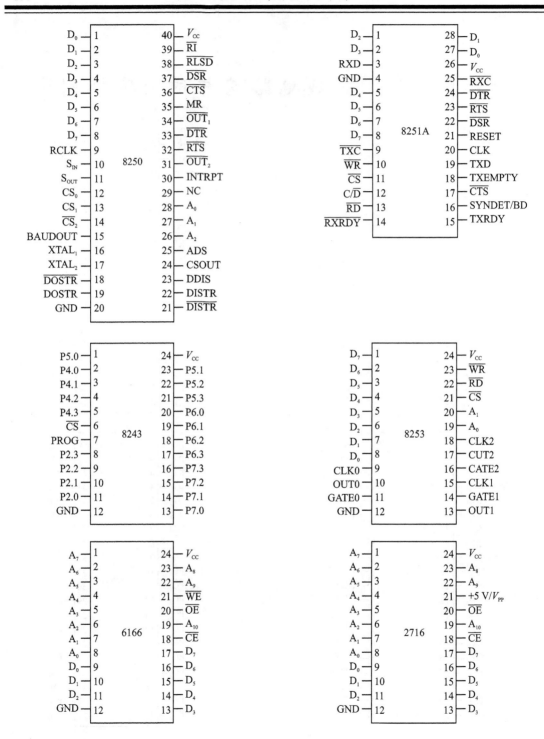

附录C 常用集成电路芯片的引脚排列图

2732
引脚	信号	引脚	信号
1	A_7	24	V_{CC}
2	A_6	23	A_8
3	A_5	22	A_9
4	A_4	21	A_{11}
5	A_3	20	$\overline{OE}/V_{PP}$
6	A_2	19	A_{10}
7	A_1	18	$\overline{CE}$
8	A_0	17	D_7
9	D_0	16	D_6
10	D_1	15	D_5
11	D_2	14	D_4
12	GND	13	D_3

2764
引脚	信号	引脚	信号
1	V_{PP}	28	V_{CC}
2	A_{12}	27	PGM
3	A_7	26	N.C
4	A_6	25	A_8
5	A_5	24	A_9
6	A_4	23	A_{11}
7	A_3	22	$\overline{OE}$
8	A_2	21	A_{10}
9	A_1	20	$\overline{CE}$
10	A_0	19	D_7
11	D_0	18	D_6
12	D_1	17	D_5
13	D_2	16	D_4
14	GND	15	D_3

6264
引脚	信号	引脚	信号
1	N.C	28	V_{CC}
2	A_{12}	27	$\overline{WE}$
3	A_7	26	N.C
4	A_6	25	A_8
5	A_5	24	A_9
6	A_4	23	A_{11}
7	A_3	22	$\overline{OE}$
8	A_2	21	A_{10}
9	A_1	20	$\overline{CE}$
10	A_0	19	D_7
11	D_0	18	D_6
12	D_1	17	D_5
13	D_2	16	D_4
14	GND	15	D_3

27128
引脚	信号	引脚	信号
1	V_{PP}	28	V_{CC}
2	A_{12}	27	PGM
3	A_7	26	A_{13}
4	A_6	25	A_8
5	A_5	24	A_9
6	A_4	23	A_{11}
7	A_3	22	$\overline{OE}$
8	A_2	21	A_{10}
9	A_1	20	$\overline{CE}$
10	A_0	19	D_7
11	D_0	18	D_6
12	D_1	17	D_5
13	D_2	16	D_4
14	GND	15	D_3

27256
引脚	信号	引脚	信号
1	V_{PP}	28	V_{CC}
2	A_{12}	27	A_{14}
3	A_7	26	A_{13}
4	A_6	25	A_8
5	A_5	24	A_9
6	A_4	23	A_{11}
7	A_3	22	$\overline{OE}$
8	A_2	21	A_{10}
9	A_1	20	$\overline{CE}$
10	A_0	19	D_7
11	D_0	18	D_6
12	D_1	17	D_5
13	D_2	16	D_4
14	GND	15	D_3

2816A
引脚	信号	引脚	信号
1	A_7	24	V_{CC}
2	A_6	23	A_8
3	A_5	22	A_9
4	A_4	21	$\overline{WE}$
5	A_3	20	$\overline{OE}$
6	A_2	19	A_{10}
7	A_1	18	$\overline{CE}$
8	A_0	17	D_7
9	D_0	16	D_6
10	D_1	15	D_5
11	D_2	14	D_4
12	GND	13	D_3

2817A

Pin	Signal	Pin	Signal
1	$\overline{RDY/BUSY}$	28	V_{CC}
2	N.C	27	$\overline{WE}$
3	A_7	26	N.C
4	A_6	25	A_8
5	A_5	24	A_9
6	A_4	23	N.C
7	A_3	22	$\overline{OE}$
8	A_2	21	A_{10}
9	A_1	20	$\overline{CE}$
10	A_0	19	D_7
11	D_0	18	D_6
12	D_1	17	D_5
13	D_2	16	D_4
14	GND	15	D_3

2864A

Pin	Signal	Pin	Signal
1	N.C	28	V_{CC}
2	A_{12}	27	$\overline{WE}$
3	A_7	26	N.C
4	A_6	25	A_8
5	A_5	24	A_9
6	A_4	23	A_{11}
7	A_3	22	$\overline{OE}$
8	A_2	21	A_{10}
9	A_1	20	$\overline{CE}$
10	A_0	19	D_7
11	D_0	18	D_6
12	D_1	17	D_5
13	D_2	16	D_4
14	GND	15	D_3

5G14433

Pin	Signal	Pin	Signal
1	V_{AG}	24	V_{DD}
2	V_R	23	Q_3
3	V_X	22	Q_2
4	R_1	21	Q_1
5	R_1/C_1	20	Q_0
6	C_1	19	DS_1
7	C_{01}	18	DS_2
8	C_{02}	17	DS_3
9	DU	16	DS_4
10	CLK1	15	$\overline{OR}$
11	CLK0	14	EOC
12	V_{EE}	13	V_{SS}

ICL7135

Pin	Signal	Pin	Signal
1	$V-$	28	UNDERRANGE
2	V_{REF}	27	OVERRANGE
3	AGND	26	$\overline{STROBE}$
4	INT	25	$R/\overline{H}$
5	AZIN	24	DGND
6	BUFFOUT	23	POL
7	C_{REF-}	22	CLOCK IN
8	C_{REF+}	21	BUSY
9	INLO	20	D_1(LSB)
10	INHI	19	D_2
11	$V+$	18	D_3
12	(MSB)D_5	17	D_4
13	(LSB)B_1	16	B_8(MSB)
14	B_2	15	B_4

ADC0809

Pin	Signal	Pin	Signal
1	IN_3	28	IN_2
2	IN_4	27	IN_1
3	IN_5	26	IN_0
4	IN_6	25	ADDA
5	IN_7	24	ADDB
6	START	23	ADDC
7	EOC	22	ALE
8	D_3	21	D_7
9	OTEN	20	D_6
10	CLK	19	D_5
11	+5 V	18	D_4
12	V_{REF+}	17	D_0
13	GND	16	V_{REF-}
14	D_1	15	D_2

AD574

Pin	Signal	Pin	Signal
1	+5 V	28	STS
2	$12/\overline{8}$	27	DB_{11}
3	$\overline{CS}$	26	DB_{10}
4	A_0	25	DB_9
5	$R/\overline{C}$	24	DB_8
6	CE	23	DB_7
7	+15 V	22	DB_6
8	V_{REFOUT}	21	DB_5
9	AC	20	DB_4
10	REEIN	19	DB_3
11	-15 V	18	DB_2
12	BIPOFF	17	DB_1
13	10 V AIN	16	DB_0
14	20 V AIN	15	DC

附录C 常用集成电路芯片的引脚排列图

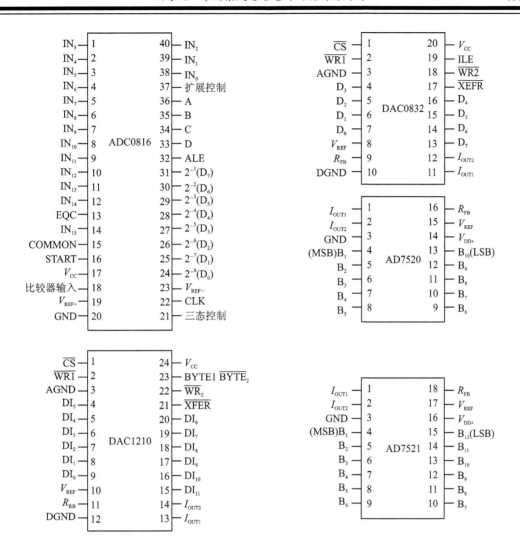

参考文献

[1] 徐爱钧. 单片机原理实用教程——基于 Proteus 虚拟仿真[M]. 北京:电子工业出版社,2009.
[2] 徐爱钧. 智能化测量控制仪表原理与设计[M]. 2 版. 北京:北京航空航天大学出版社,2004.
[3] 李朝青. 单片机原理及接口技术[M]. 3 版. 北京:北京航空航天大学出版社,2005.
[4] 余永权. ATMEL89 系列单片机应用技术[M]. 北京:北京航空航天大学出版社,2002.
[5] 楼然苗,李光飞. 51 系列单片机设计实例[M]. 北京:北京航空航天大学出版社,2003.
[6] 周航慈. 单片机应用程序设计技术(修订版)[M]. 北京:北京航空航天大学出版社,2003.
[7] 梁合庆. 增强核闪存 80C51 教程[M]. 北京:电子工业出版社,2003.
[8] 徐爱钧,彭秀华. Keil Cx51 V7 单片机高级语言编程与 μVision2 应用实践[M]. 2 版. 北京:电子工业出版社,2004.
[9] 李刚. ADμC8xx 系列单片机原理与应用技术[M]. 北京:北京航空航天大学出版社,2002.
[10] Analog Devices. Data Converter Reference Manual, Vol. II. 2003.
[11] Mxim New Release Data Book, Vol. VI. 2003.
[12] NXP Semiconductors. Application Notes and Development Tools for 80C51 Microcontrollers. 2003.
[13] 吕能元,孙育才,杨丰. MCS-51 单片微型计算机原理,接口技术,应用实例[M]. 北京:科学出版社,1993.
[14] 徐惠民,安德宁. 单片微型计算机原理,接口,应用[M]. 北京:北京邮电学院出版社,1990.
[15] 何立民. 单片机应用系统设计[M]. 北京:北京航空航天大学出版社,1990.
[16] 张友德. 飞利浦 80C51 系列单片机原理与应用技术手册[M]. 北京:北京航空航天大学出版社,1992.
[17] 何立民. 新一代 80C51 单片机的技术特点和兼容性[J]. 电子技术应用,1991,6.
[18] 张友德,赵志英,涂时亮. 单片微型机原理、应用、实验[M]. 上海:复旦大学出版社,1992.
[19] 吴勤勤,都志杰. 微机化仪表原理与设计[M]. 上海:华东化工学院出版社,1991.
[20] 夏雪生. 微机化仪器设计[M]. 北京:科学出版社,1988.
[21] 赵新民. 智能仪器原理及设计[M]. 哈尔滨:哈尔滨工业大学出版社,1991.
[22] 尤一鸣,傅景义,王俊省. 单片机总线扩展技术[M]. 北京:北京航空航天大学出版社,1993.
[23] 沙占友. 单片真有效值/直流转换器综述[J]. 电测与仪表,1994,3.
[24] 季建华,吴勤勤. IBM-PC 机与 MCS-51 单片机的快速数据通信[J]. 电子技术应用,1989,6.